Laser in Technik und Forschung

Herausgegeben von
G. Herziger und H. Weber

Laser in Technik und Forschung

Peter Peuser
Nikolaus P. Schmitt

Diodengepumpte Festkörperlaser

Mit 200 Abbildungen

Springer-Verlag
Berlin Heidelberg New York
London Paris Tokyo
Hong Kong Barcelona Budapest

Dr. rer. nat. Peter Peuser
Nelkenstraße 46b
85521 Riemerling

Dipl.-Phys. Nikolaus P. Schmitt
Hohenzollernstraße 152
80797 München

Herausgeber der Reihe:
Prof. Dr.-Ing. Gerd Herziger
Fraunhofer-Institut für Lasertechnik Aachen
52074 Aachen

Prof. Dr.-Ing. Horst Weber
Festkörper-Laser-Institut Berlin GmbH
10785 Berlin

ISBN-13: 978-3-642-85191-9   e-ISBN-13: 978-3-642-85190-2
DOI: 10.1007/978-3-642-85190-2

Cip-Eintrag beantragt

Dieses Werk ist urheberrechtlich geschützt. Die dadurch begründeten Rechte, insbesondere die der Übersetzung, des Nachdrucks, des Vortrags, der Entnahme von Abbildungen und Tabellen, der Funksendung, der Mikroverfilmung oder Vervielfältigung auf anderen Wegen und der Speicherung in Datenverarbeitungsanlagen, bleiben, auch bei nur auszugsweiser Verwertung, vorbehalten. Eine Vervielfältigung dieses Werkes oder von Teilen dieses Werkes ist auch im Einzelfall nur in den Grenzen der gesetzlichen Bestimmungen des Urheberrechtsgesetzes der Bundesrepublik Deutschland vom 9. September 1965 in der jeweils geltenden Fassung zulässig. Sie ist grundsätzlich vergütungspflichtig. Zuwiderhandlungen unterliegen den Strafbestimmungen des Urheberrechtsgesetzes.

© Springer-Verlag Berlin Heidelberg 1995
Softcover reprint of the hardcover 1st edition 1995

Die Wiedergabe von Gebrauchsnamen, Handelsnamen, Warenbezeichnungen usw. in diesem Buch berechtigt auch ohne besondere Kennzeichnung nicht zu der Annahme, daß solche Namen im Sinne der Warenzeichen- und Markenschutz-Gesetzgebung als frei zu betrachten wären und daher von jedermann benutzt werden dürften.

Sollte in diesem Werk direkt oder indirekt auf Gesetze, Vorschriften oder Richtlinien (z.B. DIN, VDI, VDE) Bezug genommen oder aus ihnen zitiert worden sein, so kann der Verlag keine Gewähr für die Richtigkeit, Vollständigkeit oder Aktualität übernehmen. Es empfiehlt sich, gegebenenfalls für die eigenen Arbeiten die vollständigen Vorschriften oder Richtlinien in der jeweils gültigen Fassung hinzuzuziehen.

Satz: Reproduktionsfertige Vorlage der Autoren
SPIN:10097075   60/3020 - 5 4 3 2 1 0 - Gedruckt auf säurefreiem Papier

Geleitwort der Herausgeber

Die zunehmende Verbreitung des Lasers in Wissenschaft und Wirtschaft hat zur Folge, daß sich die Lasertechnik - ausgehend von den physikalischen Grundlagen - zu einer eigenständigen Disziplin entwickelt; ein Vorgang, wie er bereits in vielen Bereichen der Ingenieurwissenschaften stattgefunden hat. Das führt zu einer technologieorientierten Sprache und zu pragmatischen Definitionen und Begriffen. Der Anwender interessiert sich weniger für die fundamentalen, physikalischen Herleitungen, er fordert handliche Formeln, zuverlässige Zahlenwerte und technische Regeln, die sich in der Praxis bewähren.

In diesem Sinne wendet sich die vorliegende Buchreihe an Ingenieure und Wissenschaftler, die den Laser in der Praxis einsetzen wollen.

In einer Reihe von Monographien werden die verschiedenen Anwendungsbereiche behandelt. Der Reihe vorangestellt sind einführende Bände, die die Grundlagen der Laserphysik und der Laserkomponenten behandeln, gefolgt von Monographien, die die wichtigsten Laser als industrielle Systeme beschreiben. Jeder Band ist in sich abgeschlossen und verständlich, d.h. die wichtigsten Begriffe, die benutzt werden, sind jeweils dargestellt.

Die Reihe wird fortgesetzt mit Monographien zu allen Bereichen der Laseranwendungen.

Der hier vorliegende Band "Diodengepumpte Festkörperlaser" befaßt sich mit einem aktuellen Gebiet, dessen Bedeutung noch nicht abzusehen ist. Man kann jedoch erwarten, daß die Hochleistungsdiodenlaser mit ihren hohen Wirkungsgraden direkt oder über die Festkörperlaser in den nächsten Jahren einen breiten Raum in der Palette der Lasersysteme einnehmen werden. Hierzu soll dieser Band die physikalischen und technologischen Grundlagen legen.

Aachen und Berlin, im September 1994
    Prof. Dr. G. Herziger
    Fraunhofer-Institut für Laser-Technik
    Lehrstuhl für Laser-Technik
    der RWTH Aachen

    Prof. Dr. H. Weber
    Festkörper-Laser-Institut Berlin GmbH
    Optisches Institut der TU Berlin

Vorwort

Die Entwicklung leistungsstarker, zuverlässiger Halbleiterlaser in den zurückliegenden Jahren hat das Gebiet der Festkörperlaser außerordentlich belebt, da die Diodenlaser ideale Lichtquellen für das optische Pumpen darstellen. Dabei hat sich gezeigt, daß es sich nicht nur einfach um eine andere Technik der optischen Anregung handelt; es ergab sich auch eine Fülle neuer und interessanter laserphysikalischer Aspekte.

Viele neuartige Laserkonfigurationen mit hervorragenden Eigenschaften konnten bisher schon damit realisiert werden. Diese Laser zeichnen sich insbesondere in Hinsicht auf einen großen Wirkungsgrad, hohe Strahlqualität, große Frequenzstabilität, neue und abstimmbare Wellenlängen, Kompaktheit sowie lange Lebensdauer aus. In Verbindung mit moderner Mikrokanalkühlung für die Pumpdioden läßt sich das Gebiet der Hochleistungslaser erschließen, wobei Strahlparameterprodukte nahe an der Beugungsgrenze realisiert werden können. Darüber hinaus ist im unteren Leistungsbereich eine extreme Miniaturisierung bis an die Grenze zur Mikrosystemtechnik möglich.

Parallel zu diesen Entwicklungen wurden auch große Fortschritte bei den Festkörperlaser-Materialien erzielt, nicht zuletzt beeinflußt durch das Interesse am Diodenpumpen. Weiterhin ermöglicht die mit diesen Lasern erreichbare hohe Strahlqualität in Verbindung mit neuen optischen Materialien effiziente nichtlineare Prozesse. Somit kann man zu Recht auch von einer Renaissance der Festkörperlaser sprechen. Für die Laser bietet sich schon heute ein bedeutendes Anwendungspotential in der angewandten und in der Grundlagenforschung.

Das vorliegende Buch entstand aus einer Vorlesung über diodengepumpte Festkörperlaser, die ich 1992/93 an der Technischen Universität Berlin gehalten habe. Es wendet sich in erster Linie an Leser, die mit den Grundlagen der Laserphysik schon vertraut sind. Da sich das Gebiet der diodengepumpten Festkörperlaser sehr lebhaft weiterentwickelt, was sich besonders auch an einer hohen Publikationsrate zeigt, kann im Rahmen dieses Buches außer einer allgemeinen Darstellung der wesentlichen physikalischen Eigenschaften diodengepumpter Festkörperlaser nur eine begrenzte, exemplarische Auswahl aus all diesen Entwicklungen präsentiert werden. Dabei wird jedoch versucht, durch ausführliche Literaturangaben weiterführende Studien zu erleichtern.

Die Anregung zu diesem Buch gab Herr Prof. Dr. H. Weber, dem dafür und auch für viele wertvolle Hinweise mein ganz persönlicher Dank gilt.

Meinem langjährigen Mitarbeiter und Koautor, Herrn N.P. Schmitt, danke ich für seine Bereitschaft, dieses Buch durch Beiträge insbesondere zu den Themen Diodenstabilisierung, Transferoptik, Miniaturisierung und single-frequency-Laser mitzugestalten.

Danken möchte ich weiterhin all denjenigen Mitstreitern auf dem Gebiet der diodengepumpten Festkörperlaser, die mit großer Begeisterung halfen, dieses Arbeitsgebiet bei der damaligen Firma MBB in der zweiten Hälfte der achtziger Jahre aufzubauen. Zahlreiche, von den Firmen Spectra Diode Labs, Sony, Siemens und Heimann dankenswerterweise zur Erprobung überlassene neue Diodenlaser-Labormodelle ermöglichten frühzeitig interessante Experimente über diodengepumpte Laser. Den Firmen Union Carbide und HAM-Kristalltechnologie Andreas Maier gebührt Dank für viele neue Laserkristallproben. Herrn T. Brand, Festkörperlaser-Institut Berlin, danke ich für die freundliche Überlassung mehrerer Abbildungen.

Schließlich danke ich sehr herzlich meiner Frau Agnes für ihre konstruktive Kritik und Mithilfe bei der Fertigstellung des Manuskriptes.

München, im Juli 1994   Dr. Peter Peuser

Diodengepumpte Festkörperlaser haben aufgrund ihrer spezifischen Vorteile gegenüber anderen Lasern ein weites Feld neuer oder auch neu belebter Anwendungen eröffnet. Diese reichen von der physikalischen Grundlagenforschung, etwa zum Nachweis der postulierten Gravitationswellen, über die Biotechnologie bis hin zur Kommunikationtechnik mit Glasfasern oder im Weltraum mit Satelliten. In der Materialbearbeitung wird eine neue Qualität möglich, und für die Umwelttechnik werden diodengepumpte Festkörperlaser zur Messung von Schadstoffen entwickelt. Weiterhin bietet sich diese Lasertechnologie für unterschiedlichste Aufgaben in der Meß- und Prüftechnik an, wobei in miniaturisierten Konfigurationen die Laser selbst als hochempfindliche Sensoren eingesetzt werden können. Andererseits kann mit den diodengepumpten Festkörperlasern ein großer Spektralbereich vom UV bis weit ins mittlere IR überdeckt werden, was einerseits für die Displaytechnik oder die Drucktechnik von Bedeutung ist und andererseits auch der Laserspektroskopie zugute kommt. Nicht zuletzt können diese Laser aber auch einen hohen Stellenwert in der Medizintechnik erlangen.

Wichtig für die Verbreitung der diodengepumpten Laser in zahlreichen Anwendungsgebieten war insbesondere die Preisentwicklung bei den Pumpdioden, die zwar sehr allmählich, jedoch stetig nach unten fortschreitet.

Somit ist dieses Buch auch für den Laseranwender gedacht, der interessiert ist, die vielfältigen Vorteile dieser Laser in seinem speziellen Problemkreis umzusetzen. Vielleicht regt es aber auch die Phantasie des Lesers dazu an, weitere neue Eigenschaften diodengepumpter Festkörperlaser zu erforschen und spezifisch auszunutzen.

München, im Juli 1994   Nikolaus P. Schmitt

Inhalt

1 Einführung 1
   1.1   Historie 1
   1.2   Prinzip der diodengepumpten Festkörperlaser 4
   1.3   Vergleich mit den Diodenlasern 8
   1.4   Allgemeine Eigenschaften diodengepumpter
         Festkörperlaser 9

2 Energietransfer und Effizienz 11
   2.1   Differentielle Effizienz (slope efficiency) 11
   2.2   Gesamteffizienz 21

3 Theoretische Beschreibung diodengepumpter Festkörperlaser 24
   3.1   Allgemeine Ratengleichungsanalyse für
         kontinuierlich gepumpte Laser 24
   3.2   Longitudinales Pumpen 29
         3.2.1 Beugungseffekte bei Gaußscher Strahlausbreitung 31
         3.2.2 Quasi-drei-Niveau-Laser 32
   3.3   Transversal gepumpte Laser 36
   3.4   Puls-Pumpen 37

4 Hochleistungsdiodenlaser 41
   4.1   Grundlagen 41
   4.2   Optische Charakteristik 54
   4.3   Zuverlässigkeit und Alterung von Laserdioden 57
   4.4   Diodenlaser hoher Leistung 66
   4.5   Kühlung 79

5 Festkörperlaser-Materialien ... 98
5.1 Grundlegende Betrachtungen ... 98
5.2 Neodym-dotierte Lasermaterialien ... 105
5.3 Neuere Entwicklungen bei Neodym-dotierten Kristallen ... 111
5.4 Ytterbium-dotierte Lasermaterialien ... 115
5.5 Cr^{3+}-dotierte Laserkristalle ... 118
5.6 Cr^{4+}- und Ti^{3+}-dotierte Kristalle ... 122
5.7 Thulium- und Holmium-Laser bei 2 µm ... 122
5.8 Erbium-Laser bei 3 µm ... 126
5.9 Laseraktive Fasermaterialien ... 130

6 Laser niedriger und mittlerer Ausgangsleistungen ... 136
6.1 Kontinuierlich gepumpte Laser ... 136
6.1.1 Pulslaser ... 150
6.1.2 Resonantes Pumpen ... 155
6.2 Puls-gepumpte Laser ... 158
6.3 Miniaturisierung ... 164
6.3.1 Hybridaufbau ... 165
6.3.2 Faserpumpen ... 166
6.3.3 Dreidimensionaler Schichtaufbau ... 167
6.3.4 Wellenleiterlaser ... 170
6.4 Laserdiodenstabilisierung und Transferoptik für longitudinale Pumpanordnungen ... 171
6.4.1 Stabilisierung von Halbleiter-Laserdioden ... 171
6.4.2 Transferoptik ... 177

7 Festkörperlaser hoher Durchschnittsleistungen ... 190
7.1 Thermische Effekte in Laserstäben ... 193
7.1.1 Rod-Geometrie ... 193
7.1.2 Slab-Geometrie ... 202
7.2 Experimentelle Hochleistungslaser ... 208
7.2.1 Laser mit einer rod-Pumpgeometrie ... 209
7.2.2 Laser mit einer slab-Pumpgeometrie ... 212
7.2.3 Master-Oszillator-Verstärker-Systeme mit rod- oder slab-Pumpgeometrien ... 215
7.2.4 Aktiver-Spiegel-Laserverstärker ... 219
7.2.5 Longitudinale Pumpgeometrie ... 220

8 Single-frequency-Laser 222

    8.1   Konfigurationen zur Erzeugung monofrequenter Laserstrahlung 225
           8.1.1   Laser mit frequenzselektiven Elementen im Resonator 225
           8.1.2   Laser mit gekoppelten Resonatoren 228
           8.1.3   Ringlaser 229
           8.1.4   Twisted-Mode-Cavity Laser 234
           8.1.5   Mikrokristall-Laser 237
           8.1.6   Laser mit kurzem, direkt an einem Spiegel plazierten Kristall 251

    8.2   Aktive Frequenzstabilisierung 252

    8.3   Single-frequency-Laser höherer Leistung 259

    8.4   Gepulste single-frequency-Laser 262

    8.5   Sensoren auf der Basis diodengepumpter single-frequency-Laser 265

9 Nichtlineare Prozesse mit diodengepumpten Festkörperlasern 270

    9.1   Frequenzverdoppelnde Lasersysteme 270
           9.1.1   Intracavity-Frequenzverdopplung 270
           9.1.2   Externe resonante Frequenzverdopplung 274
           9.1.3   Selbstfrequenzverdopplung 279

    9.2   Optische parametrische Oszillatoren 280

    9.3   Upconversion-Laser 282

Literaturverzeichnis 288

Quellenverzeichnis 323

Sachwortverzeichnis 327

Farbtafel 334

1 Einführung

1.1 Historie

Die Idee zu einem diodengepumpten Festkörperlaser wurde schon kurz nach der Entdeckung des Diodenlasers [1.1] Anfang der sechziger Jahre beschrieben. Damals beobachtete R. Newman die starke Fluoreszenz des Nd^{3+}-Ions bei 1.06 µm in einem $CaWO_4$-Kristall, den er mit Rekombinationsstrahlung von einem GaAs-pn-Übergang anregte [1.2]. Das Potential solcher Laser erkennend, wies er in seiner Publikation auf die Konsequenzen seines Experiments hin:

"The potential advantages of this type of pumping source for a laser are several. The small size and simple structure of the diodes will make possible a direct coupling of the pumping radiation to the laser without any complex optics. This in turn will greatly reduce the size and cost of the functional devices. The efficiency of conversion of input power to output power, both as regards the pump source and the internal conversion of energy within the laser, may permit continuous power output several orders of magnitude higher than is presently possible".

Schon bald darauf bauten R.J. Keyes und T.M. Quist den ersten auf diese Weise gepumpten Festkörperlaser [1.3]. Dieser bestand aus einem kleinen zylindrischen Laserstab aus U^{3+}:CaF_2 (Dotierung: 0.1 %), der von fünf elektrisch in Reihe geschalteten GaAs-Laserdioden von der Seite gepumpt wurde (Abb.1.1).

Zwecks besserer Absorption der Pumpstrahlung war der Kristall in eine reflektierende Kammer eingesetzt und besaß mit Silber beschichtete, konfokal geschliffene Endflächen mit einem Auskoppelgrad von 1 %. Die Anregung erfolgte in ein $^4I_{15/2}$-Niveau bei einer Wellenlänge von 840 nm mit einer Pumpleistung von immerhin insgesamt 4.5 W. Gepumpt wurde mit Pulslängen von mehreren 100 µs bis zu einigen ms, und die Repetitionsraten lagen bei 10 Hz.

Die Lasertätigkeit wurde mit einem InSb-Detektor und einem Oszillographen nachgewiesen. Die gesamte Anordnung befand sich in einem mit flüssigem Helium auf 4.2 K gekühlten Gefäß. Der vom $^4I_{11/2}$-Niveau ausgehende Laser-

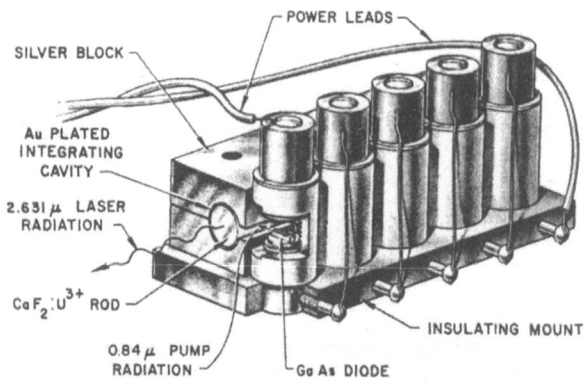

Abb. 1.1   Der erste diodengepumpte Festkörperlaser [Q1.1]

übergang des Kristalls endet im $^4I_{9/2}$-Niveau bei 609 cm^{-1}, wobei die Emissionswellenlänge dieses Quasi-drei-Niveau-Lasers 2.613 µm beträgt. In ihrer Publikation wiesen die beiden Autoren schon auf den hohen Wirkungsgrad eines diodengepumpten Neodym-Lasers hin.

Nachdem dann etwas später S.A. Ochs und J.I. Pancove über einen diodengepumpten $Dy^{2+}:CaF_2$ Laser berichteten [1.4], erschien 1968 eine Publikation von M. Ross, in welcher der erste diodengepumpte Nd:YAG-Laser beschrieben wurde [1.5]. Zur transversalen Anregung dieses Vier-Niveau-Lasers wurde eine einzelne GaAs-Laserdiode verwendet, die auf 170 K gekühlt war und bei 867 nm emittierte. Die Laseremission erfolgte bei 1.06 µm, wobei Pulsrepetitionsraten von 200 Hz erzielt wurden. Besonders interessant ist auch der Hinweis auf eine Vergleichsmessung mit Blitzlampenpumpen, die zum Erreichen der Laserschwelle eine Pumpenergie von 1.2 mJ ergab, wohingegen beim Diodenpumpen nur 0.06 mJ erforderlich waren.

Solche Laserkristalle aus Nd:YAG wurden auch fast ausschließlich in den während der folgenden Jahre entwickelten diodengepumpten Festkörperlasern verwendet, wobei dann die optische Anregung häufig auch bei der intensiven Absorption nahe 810 nm erfolgte. So entstanden dann der erste, noch bei 77 K gekühlte, kontinuierliche diodengepumpte Laser [1.6] und schließlich auch ein bei Raumtemperatur betriebener, kontinuierlicher diodengepumpter Laser [1.7].

Die ersten Laser dieser Art wurden alle seitlich gepumpt, was hauptsächlich an der geringen Strahlqualität der Pumpdioden lag. Dabei wurde das Pumplicht entweder direkt in den Laserkristall eingekoppelt oder auch mit Hilfe einer

Historie 3

elliptischen Reflektorkammer eingestrahlt. Erst Anfang der siebziger Jahre wurde ein in Richtung der Resonatorachse longitudinal gepumpter Laser realisiert [1.8]. Wegen des hierbei wesentlich größeren Absorptionsweges für die Diodenstrahlung wurde nun schon recht wirkungsvoll gepumpt. Mit einer longitudinalen Pumpgeometrie konnte dann auch die Miniaturisierbarkeit solcher Laser demonstriert werden [1.9]. Besonders effiziente, miniaturisierte Laser wurden in den folgenden Jahren mit Kristallen sehr hoher Neodym-Konzentrationen (stöchiometrische Laserkristalle) und dementsprechend sehr kleinen Absorptionslängen entwickelt [1.10, 1.11].

Im weiteren Verlauf dieser frühen Entwicklungsphase diodengepumpter Festkörperlaser entstanden unterschiedliche Laseranordnungen an verschiedenen Forschungsinstituten, wobei aus der schrittweisen Verbesserung der Laserdioden allmählich auch immer bessere, leistungsfähigere Festkörperlaser resultierten. So wurde bald die 100 mW-Marke bei der Ausgangsleistung überschritten [1.12]. Anfang der achtziger Jahre erkannte man auch die Vorteile der diodengepumpten Laser für Raumfahrt-Anwendungen [1.13, 1.14], was den Fortschritt dieser Lasertechnologie sicherlich beschleunigte.

In den ersten 20 bis 25 Jahren war die Entwicklung diodengepumpter Laser im wesentlichen auf Institute beschränkt, in denen auch die Technologie der Pumpdioden vorhanden war. Leistungsstärkere Laserdioden waren damals besonders kostbare Elemente. Die Anzahl der Publikationen auf diesem Forschungsgebiet betrug nur wenige Beiträge pro Jahr. Dies änderte sich dann Mitte der achtziger Jahre, als mit der Einführung moderner Epitaxie-Verfahren bei der Laserdiodenherstellung und der Entwicklung zuverlässiger und leistungsstarker Diodenlaser auch die ersten kommerziellen Pumpdioden verfügbar wurden. Seitdem hat das Gebiet der diodengepumpten Festkörperlaser auf der Basis sich immer weiter entwickelnder Diodenlaser-Technologien einen enormen, stetigen Aufschwung erfahren. Gleichzeitig wurden wichtige Fortschritte auf dem Gebiet der Festkörperlaser-Kristalle erzielt, beeinflußt nicht zuletzt auch durch das Interesse am Diodenpumpen. Als wichtigste Festkörperlaser-Materialien sind dabei die mit Lanthaniden-Ionen dotierten Kristalle zu nennen. Aber auch die mit Chrom-Ionen dotierten Kristalle sind weiterentwickelt worden, mit denen sich abstimmbare Festkörperlaser bauen lassen, die mit Diodenlasern gepumpt werden können.

4 Einführung

1.2 Prinzip der diodengepumpten Festkörperlaser

Die entscheidenden Vorteile des optischen Pumpens mit Laserdioden lassen sich gut am Beispiel eines Yb:YAG-Lasers darstellen [1.15]. Die Anregung kann bei 941 nm oder 968 nm erfolgen (Abb.1.2a,b), wofür InGaAs-Diodenlaser sehr geeignet sind.

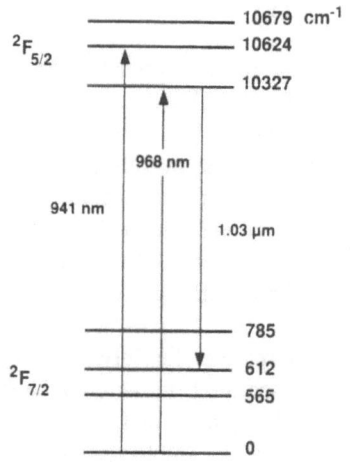

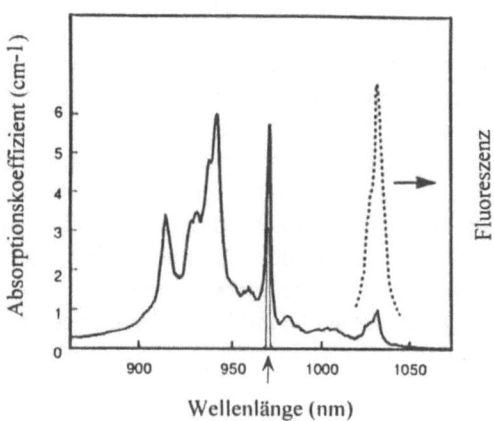

Abb.1.2a,b Energieniveauschema von Yb:YAG sowie Ausschnitte aus den entsprechenden Absorptions- und Fluoreszenzspektren (Dotierung: 6.5 %). Zusätzlich ist das Emissionsspektrum einer InGaAs-Laserdiode eingezeichnet (nach [1.15]).

Der stärkste Laserübergang bei 1.03 µm liegt nahe bei diesen Anregungswellenlängen, so daß die Pumpenergie nicht viel größer als die Laserenergie ist und somit ein sehr hoher Pumpwirkungsgrad resultiert. Anhand des Absorptionsspektrums wird deutlich, wie gut das typischerweise 2 bis 3 nm breite Emissionsspektrum des Diodenlasers in den Absorptionspeak bei 968 nm paßt. Durch einfaches Temperaturabstimmen des Diodenlasers (mit einer Abstimmrate von etwa 0.3 nm/K) läßt sich das Maximum der Emission exakt in das Maximum der Absorption legen, so daß sich ein optimaler, kurzer Absorptionsweg für die Pumpstrahlung ergibt. Wählt man den breiteren Absorptionspeak bei 941 nm für die Anregung, wobei dann der Pumpwirkungsgrad geringfügig kleiner ist, so kann die Feinabstimmung der Emissionswellenlänge bei einer passenden Wahl der Pumpdiode sogar entfallen.

Abb.1.3 zeigt das Prinzip eines besonders einfachen diodengepumpten Festkörperlasers mit einem sogenannten "monolithischen" Laserresonator.

Dabei ist der Laserkristall (bzw. auch Laserglas) an den Endflächen so geschliffen und verspiegelt, daß er einen stabilen aktiven Resonator bildet. Dieser wird meist kollinear zur Resonatorachse gepumpt, wobei die Pumpstrahlung der Laserdiode mit einer geeigneten Transferoptik kollimiert und in den Laserkristall fokussiert werden kann. Man bezeichnet eine solche Anordnung als longitudinal gepumpten Laser.

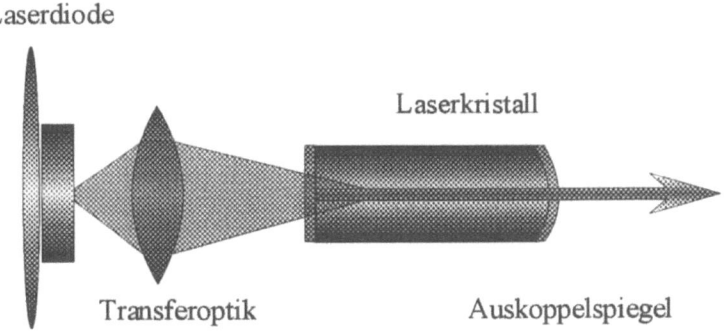

Abb.1.3   Prinzipskizze eines "monolithischen" diodengepumpten Festkörperlasers

Die Diodenlaser sind praktisch ideale Pumplichtquellen. Wie wir gesehen haben, ist damit eine sehr gute spektrale Anpassung an die Absorption des Festkörperlaser-Mediums möglich. Darüber hinaus weisen sie relativ hohe

Strahldichten ("brightness") auf. Die Diodenlaserstrahlung läßt sich recht gut kollimieren und fokussieren, und es lassen sich schon mit einfachen Laserdioden hohe Pumpintensitäten im Bereich von mehreren kW/cm^2 erreichen. Der elektrisch-optische Wirkungsgrad moderner Laserdioden kann mehr als 50 % betragen, eine weitere günstige Eigenschaft, ebenso wie die niedrige Versorgungsspannung, die bei etwa 2 V liegt. Sie stellen sehr zuverlässige Pumpquellen dar. Für GaAlAs-Hochleistungsdiodenlaser kann man mit einer mittleren Lebenserwartung von typisch 10.000 Stunden und mehr rechnen. Mit gepulsten ("quasi-cw") Diodenlasern wird eine Lebensdauer von weit mehr als 10^{10} Pulsen erreicht. Außerdem sind für diesen gepulsten Betrieb hohe Repetitionsraten bis zu mehreren kHz möglich. Die Diodenlaser sind sehr "ruhige", rauscharme Pumplichtquellen, mit einer hohen Konstanz der Ausgangsleistung bzw. der Pulsamplitude. Schließlich ist als ein weiterer Vorteil auch die Kompaktheit aufzuführen.

Inzwischen sind Hochleistungsdiodenlaser auch für mehrere verschiedene Emissionswellenlängenbereiche verfügbar (Kap.4), so daß unterschiedliche Lasermaterialien optimal gepumpt werden können (Kap.5). In Abb.1.4 sind die spektralen Gebiete der Emission wichtiger Hochleistungsdiodenlaser in Relation zu Energieniveaus verschiedener Lanthaniden-Ionen sowie auch für das Chrom-Ion dargestellt.

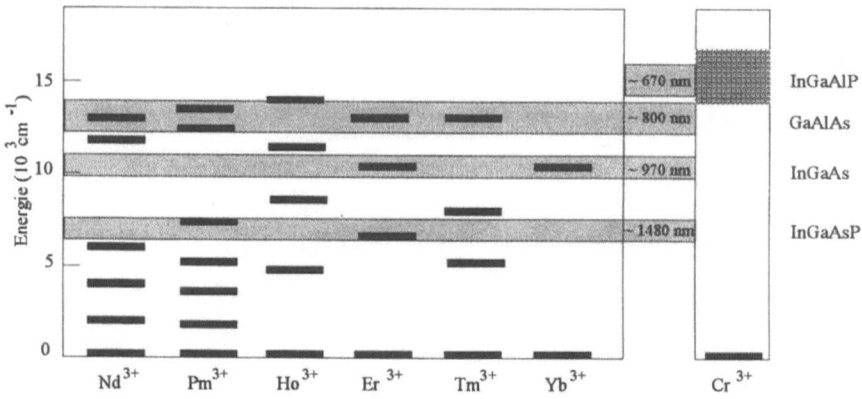

Abb.1.4   Spektrale Emissionsgebiete von Hochleistungsdiodenlasern in Relation zu (vereinfachten) Energieniveauschemata wichtiger trivalenter Lanthaniden sowie des Cr^{3+}-Ions

Diodengepumpte Festkörperlaser können in sehr unterschiedlichen Konfigurationen aufgebaut werden, wie in einer Übersichtsskizze in Abb.1.5 dargestellt ist.

Außer dem monolithischen Resonator eignen sich natürlich auch Anordnungen mit einem separaten Auskoppelspiegel, wodurch eine größere Flexibilität

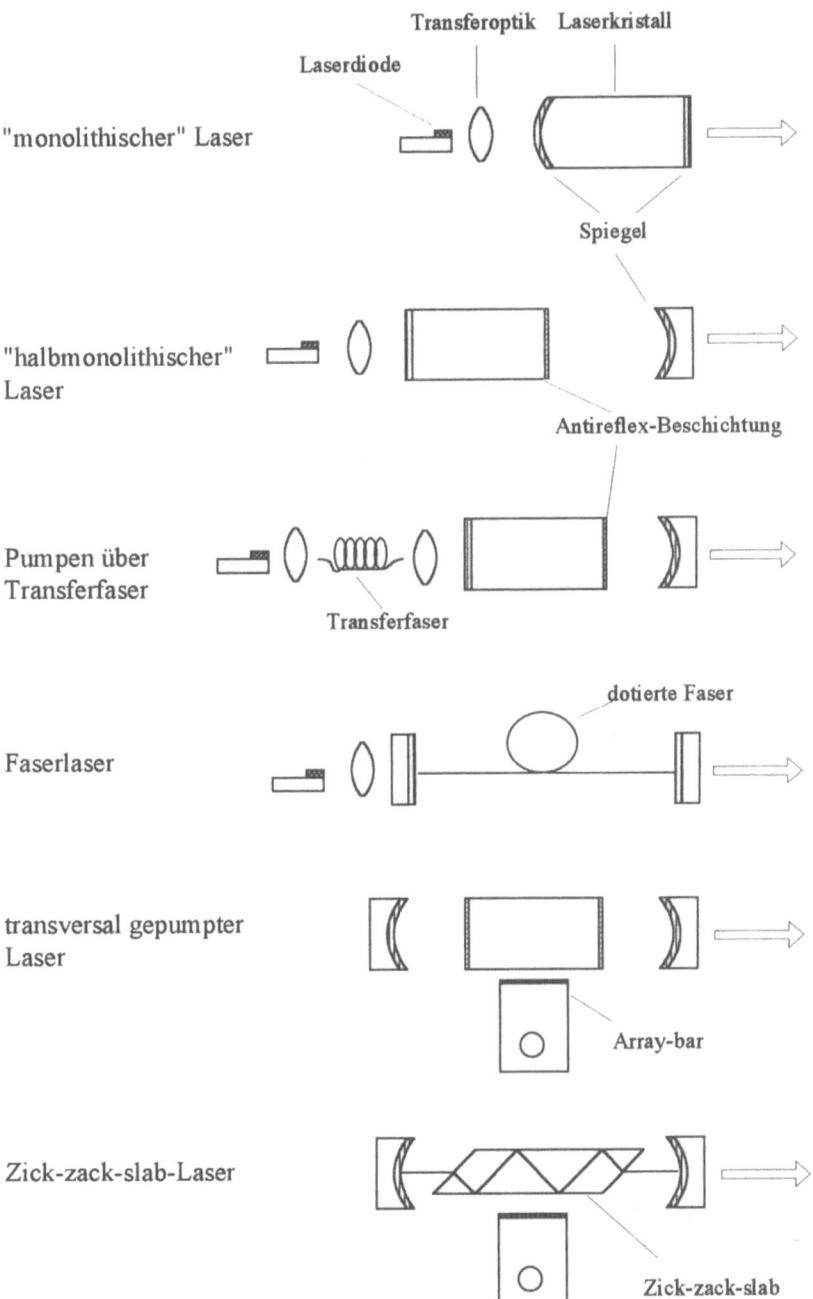

Abb.1.5 Übersicht zu den typischen Pumpkonfigurationen diodengepumpter Festkörperlaser

bei der Optimierung des Resonators ermöglicht wird und auch zusätzliche Elemente in den Resonator eingesetzt werden können. Die Strahleigenschaften einer Laserdiode gestatten es auch, die Pumpstrahlung zunächst in einen Lichtwellenleiter einzukoppeln und dann zu einem entfernten Laserresonator zu leiten, wodurch sehr kompakte Laseraufbauten ermöglicht werden. Beim Faserlaser ist das aktive Medium ein mit laseraktiven Ionen dotierter Lichtwellenleiter, der sich gut mit geeigneten Laserdioden pumpen läßt und besondere Emissionseigenschaften aufweist. Durch Anordnung der Pumpdioden seitlich an der Oberfläche des Laserkristalls lassen sich viele Laserdioden unterbringen, so daß hohe Pumpleistungen zur Verfügung stehen. Mit dieser Pumpgeometrie können sehr große Ausgangsleistungen erzielt werden.

1.3 Vergleich mit den Diodenlasern

Die Diodenlaser sind im Vergleich zu den Festkörperlasern in ihrer Ausgangsleistung und Strahlqualität eingeschränkt. Die Strahlung der Diodenlaser läßt sich aber auf eine relativ einfache Weise durch optisches Pumpen geeigneter Festkörperlaser-Materialien in Laserstrahlung sehr hoher Leistung und Strahlqualität "konvertieren". Dabei kann die Ausgangsleistung von sehr vielen Laserdioden in eine Pumpkonfiguration integriert werden. Mit einem einzigen Diodenlasertyp können allein durch die Wahl des Festkörperlaser-Mediums zahlreiche Wellenlängenbereiche erschlossen oder auch über weite Bereiche abstimmbare Laser realisiert werden (Kap.5).

Bei den Laserdioden ist wegen der kurzen Rekombinationszeit der Ladungsträger von etwa 1 ns keine signifikante Energiespeicherung möglich. Somit können bei gepulstem Betrieb nur unwesentlich über der kontinuierlichen Ausgangsleistung liegende Werte erzielt werden. Dagegen läßt sich beim optischen Pumpen von Festkörperlaser-Materialien aufgrund der langen Lebensdauer der oberen Laserniveaus bis zu etwa 10 ms sehr viel Energie speichern, die dann in kurzen Pulsen abgerufen werden kann (Kap.6). Prinzipiell können auf diese Weise extrem hohe Pulsleistungen (im GW- oder sogar TW-Bereich) erzielt werden. Mit hohen Pulsleistungen wird weiterhin auch eine effiziente Frequenzkonversion durch nichtlineare Prozesse ermöglicht.

Durch die Kombination eines Diodenlasers mit einem Laserkristall läßt sich die spektrale Strahldichte im Vergleich zur Pumpdiode um viele Größenordnungen erhöhen (mit relativ einfachen Laseraufbauten schon bis zu etwa 10 Größenordnungen). Mit einigem experimentellen Aufwand können auf diese Weise sehr geringe Laser-Linienbreiten unter 1 Hz erzielt werden, wobei insbesondere auch das Phasenrauschen bei den diodengepumpten Festkörperlasern um Größenordnungen geringer als bei den Laserdioden ist (Kap.8).

Zwar ist im direkten Vergleich mit den Diodenlasern bei den diodengepumpten Festkörperlasern eine höhere Komplexität in Kauf zu nehmen. Diese hält sich jedoch in Grenzen und ist technologisch gut beherrschbar. Dabei resultiert ein enormer Zugewinn in Hinsicht auf die Vielfalt neuer Laserkonfigurationen mit neuen Eigenschaften (Kap.6-9). Der Gesamtwirkungsgrad eines diodengepumpten Lasers ist natürlich kleiner als bei einem Diodenlaser; dennoch können beim Diodenpumpen sehr hohe optisch-zu-optische Konversionseffizienzen erzielt werden (Werte von mehr als 50 % wurden mit einigen Laseranordnungen erreicht) (Kap.2).

1.4 Allgemeine Eigenschaften diodengepumpter Festkörperlaser

Für die diodengepumpten Laser lassen sich, insbesondere im Vergleich zu den lampengepumpten Festkörperlasern, viele wesentliche Vorteile anführen:

- Aus dem beträchtlich höheren erreichbaren Gesamtwirkungsgrad resultieren nicht nur geringere Anforderungen an das Kühlsystem. Wegen der niedrigeren thermischen Belastung des Lasermaterials kann bei Hochleistungslasern eine höhere Ausgangsleistung mit einem vorgegebenen Laserstab erzielt werden. Auch die Resonatorverluste durch Depolarisation und die Verstärkungsverluste aufgrund von Temperaturgradienten sind reduziert. Mit den günstigen thermischen Verhältnissen im Lasermaterial läßt sich eine hohe Strahlqualität bei hoher Ausgangsleistung erreichen, was ganz besonders für Anwendungen in der Materialbearbeitung von Bedeutung ist (Kap.7).

- Durch das Diodenpumpen werden sehr vielfältige Pump- und Laserkonfigurationen ermöglicht, womit sich sehr große Wirkungsgrade bei einer hohen Strahlqualität erreichen lassen. Die Zuführung der Pumpstrahlung über Lichtwellenleiter gestattet besonders kompakte Resonatoraufbauten (Kap.6).

- Aufgrund der geringen thermischen Belastung des Lasermediums, der reduzierten Kühlanforderungen und der stabilen, rauscharmen Diodenlaser-Pumpquellen können nun insbesondere auch in Verbindung mit den mechanisch äußerst stabilen, monolithischen Laserresonatoren hoher Güte, die gerade für Diodenlaser-Pumpgeometrien sehr geeignet sind, extrem frequenzstabile, effiziente single-frequency-Laser realisiert werden (Kap.8).

- Mit der hohen Strahlqualität der diodengepumpten Laser, insbesondere mit den single-frequency-Lasern, ist wiederum die Voraussetzung für eine effiziente Frequenzkonversion durch optisch nichtlineare Prozesse gegeben (Kap.9).

10   Einführung

- Die großen Pumpintensitäten der Diodenlaser erlauben es, auch schwierig anzuregende Laserübergänge der Quasi-drei-Niveau-Laser bei Raumtemperatur effizient zu pumpen. Zusätzlich wirken sich gerade hierbei auch der günstige Energieumsatz und die infolgedessen niedrigeren Temperaturen im Lasermedium positiv auf den Laserbetrieb aus, da das untere Laserniveau dann geringer bevölkert ist (Kap.3, 5).

- Da sich beim Diodenpumpen hohe Inversionsdichten und niedrige Pumpschwellen erreichen lassen und andererseits Konfigurationen mit sehr kurzen Resonatoren möglich sind, kann man kontinuierlich gepumpte, gütegeschaltete Festkörperlaser mit Pulslängen im ns- bzw. sub-ns-Bereich bauen (Kap.6, 8).

- Aufgrund der durch das Diodenpumpen realisierbaren neuen Pump- und Resonatorgeometrien und begünstigt durch die hohe Strahlstabilität der Diodenlaser wurden interessante Entwicklungen auf dem Gebiet des modelocking diodengepumpter Nd-Festkörperlaser mit unterschiedlichen aktiven und passiven Techniken eingeleitet. Dies hat zu kompakten, effizienten Lasersystemen geführt, welche im Vergleich zu lampengepumpten Lasern eine viel kürzere Pulsdauer und höhere Amplitudenstabilität sowie höhere Repetitionsraten ermöglichen (Kap.6).

- Die mit den Diodenlasern erreichbaren hohen Pumpintensitäten gestatten es, Laser mit kürzeren Emissionswellenlängen als die Pumpwellenlänge durch nichtlineare Pumpprozesse direkt anzuregen (Kap.9).

- Mit Diodenlaser-Pumpkonfigurationen können Laserverstärker mit einem langen Verstärkungsweg bei optimaler Ausnutzung des invertierten Volumens gebaut werden, so daß sich auch bei kontinuierlichem Pumpen eine hohe Verstärkung ergibt (Kap.6).

- Schließlich sei die Miniaturisierbarkeit der diodengepumpten Laser erwähnt, die durch die kleinen Abmessungen der Pumpdiode, ihre hohe Strahldichte sowie durch die kleinen Absorptionslängen im Laserkristall möglich wird (Kap.6).

- Natürlich müssen auch die niedrige Versorgungsspannung und die lange Lebensdauer der Pumpdioden in die Vorzüge der diodengepumpten Festkörperlaser einbezogen werden (Kap.4).

2 Energietransfer und Effizienz

Diodengepumpte Festkörperlaser können einen sehr großen Wirkungsgrad haben, wenn das Systemdesign entsprechend optimiert ist. Wie eingangs schon erwähnt, ist der Diodenlaser eine ideale Pumpquelle für einen Festkörperlaser, wobei der Energietransfer von der elektrischen Energie in Laserstrahlung einen ganz wesentlichen Punkt darstellt. Für die günstige Energieumsetzung sind im einzelnen verantwortlich: a) der große elektrisch-zu-optische Wirkungsgrad der Diodenlaser, b) die relativ gute Kollimier- und Fokussierbarkeit der Diodenlaserstrahlung, c) die optimale spektrale Anpassung der Diodenlaseremission an die Absorption des aktiven Mediums und d) die Möglichkeit, die Pumpwellenlänge sehr nahe bei der Laserwellenlänge zu wählen.

In diesem Kapitel wollen wir uns anhand eines vereinfachten Modells eines kontinuierlichen, longitudinal gepumpten Vier-Niveau-Lasers einen Überblick darüber verschaffen, welche Einzeleffizienzen bei dem Energietransfer von der Pumpdiode zum Laserstrahl zu berücksichtigen sind. Das Produkt dieser Einzeleffizienzen bestimmt den Wirkungsgrad des Lasers, und wir können somit die maximal erreichbaren Werte für die differentielle Effizienz und die Gesamteffizienz eines diodengepumpten Lasers abschätzen. Wir werden dafür die Ausgangsleistung des Lasers mit Hilfe der beteiligten Effizienzfaktoren als Funktion der Eingangsleistung darstellen. Hieraus ergibt sich die Gleichung einer Geraden, deren Steigung das Produkt aus allen beteiligten partiellen Effizienzen ist und als differentielle Effizienz bezeichnet wird. Anschließend können wir dann auch die maximale Gesamteffizienz für den diodengepumpten Laser berechnen.

2.1 Differentielle Effizienz (slope efficiency)

Um einen Ausdruck für die Laserausgangsleistung in Abhängigkeit von der Eingangsleistung abzuleiten, benötigen wir nur einige grundlegende, einfache Beziehungen aus der Laserphysik [2.1-2.5]. Die Ausgangsleistung ist das Produkt aus der Intensität I der im Resonator umlaufenden Photonen, der Querschnittsfläche F_{akt} des aktiven Volumens und der Transmission T des Auskoppelspiegels:

$$P_{aus} = F_{akt} \cdot I \cdot T \tag{2.1}$$

Die Intensität der umlaufenden Photonen ist die Hälfte der gesamten Intensität I_{ges} im Resonator:

$$I = \frac{1}{2} I_{ges} \quad \text{mit} \quad I_{ges} = c \cdot h\nu \cdot \Phi \tag{2.2a,b}$$

(c : Lichtgeschwindigkeit, $h\nu$: Energie eines Laserphotons, Φ : Photonendichte im Resonator). Weiterhin benötigen wir den gesättigten Verstärkungskoeffizienten ("saturated gain coefficient"), definiert durch

$$g = \frac{g_0}{1 + I_{ges} / I_{sätt}} \quad \text{mit} \quad I_{sätt} = \frac{h\nu}{\sigma \cdot \tau} \tag{2.3a,b}$$

(g_0: Kleinsignal-Verstärkungskoeffizient ("unsaturated gain-coefficient"), $I_{sätt}$: Sättigungsintensität (Intensität im aktiven Medium, bei der $g = g_0 / 2$ ist), σ: Emissionswirkungsquerschnitt, τ : Fluoreszenzlebensdauer des oberen Laserniveaus).

Schließlich benutzen wir noch die Bedingung für das Erreichen der Laserschwelle, die sich für den Fall eines hinreichend kleinen Auskoppelgrades T in einer einfachen Näherungsformel darstellen läßt :

$$2g \cdot L \approx T + \delta \tag{2.4}$$

(L : Länge des aktiven Mediums, δ : Resonatorverluste).

Nun können wir mittels Gl.(2.2a, 2.3a, 2.4) die umlaufende Intensität bestimmen, setzen dies in Gl.(2.1) ein und erhalten

$$P_{aus} = \frac{T}{T + \delta} \cdot g_0 \cdot I_{sätt} \cdot F_{akt} \cdot L \; - \; \frac{1}{2} F_{akt} \cdot I_{sätt} \cdot T \tag{2.5}$$

Da man bei einem Vier-Niveau-System näherungsweise für den Kleinsignal-Verstärkungskoeffizienten schreiben kann:

$$g_0 = \sigma \cdot N_o \tag{2.6}$$

(N_o : Populationsdichte im oberen Laserniveau), ergibt sich mit Gl.(2.3b)

$$g_0 \cdot I_{sätt} = \frac{N_o \cdot h\nu}{\tau} \tag{2.7}$$

Das Produkt $N_o \cdot h\nu$ stellt die im oberen Laserniveau pro Volumeneinheit gespeicherte Energie dar, und somit ist die gesamte im aktiven Medium verfügbare Leistung:

$$P_{verfüg} = g_0 \cdot I_{sätt} \cdot F_{akt} \cdot L \tag{2.8}$$

Andererseits muß diese insgesamt verfügbare Leistung proportional zur optischen Eingangsleistung sein, also $P_{verfüg} \sim P_d$ (P_d: Ausgangsleistung des Pumpdiodenlasers), und wir wollen nun den entsprechenden Proportionalitätsfaktor bestimmen, der den Energietransfer von der Pumpdiode zur Laserstrahlung beschreibt.

Wir beginnen mit der spektralen Überlappung der Diodenlaseremission mit der Absorption im Laserkristall bzw. -glas. Für eine sehr große Zahl von Lasermaterialien gibt es passende Pumpdioden, die im relevanten Spektralbereich der aktiven Medien emittieren, d. h. bei Absorptionsmaxima möglichst nahe der Festkörperlaser-Wellenlänge. Nach der Selektion der Emissionswellenlänge eines geeigneten Diodenlasers kann eine Feinabstimmung der Pumpwellenlänge in Bezug auf ein Absorptionsmaximum des Laserkristalls erfolgen, indem die Abhängigkeit der Diodenlaser-Wellenlänge von der Temperatur des pn-Übergangs genutzt wird. Der typische Wert der Abstimmrate eines GaAlAs-Diodenlasers liegt bei etwa 0.3 nm/K.

Bei der Auswahl des Pumplasers sollte man beachten, daß sich durch die Energieumsetzung beim Injektionspumpen des Diodenlasers die Temperatur des pn-Übergangs erhöht und sich ein Temperaturgradient zur Wärmesenke ausbildet, so daß sich bei hohen Ausgangsleistungen der Pumpdiode eine entsprechende Wellenlängenverschiebung zu einer größeren Wellenlänge hin ergibt. Wenn diese dann gerade im Maximum der Absorption liegt und auch die Temperatur an der Wärmesenke des Diodenlasers (in Hinsicht auf dessen Langlebigkeit) nicht zu groß ist, hat man optimale Bedingungen für eine hohe Systemeffizienz, da somit ein Minimum der Kühlleistung für den Betrieb des Diodenlasers erreicht ist. Liegt die Emissionswellenlänge jedoch zu hoch, muß entsprechend mehr Energie zur Kühlung aufgewandt werden, was die Gesamtleistungsbilanz des Festkörperlasers ganz erheblich verschlechtern kann.

Diodenlaser haben im allgemeinen eine Breite des Emissionsspektrums (Halbwertsbreite) von etwa 2 bis 4 nm, wohingegen die "Linien"-Breite der Absorption eines Laserkristalls mit streng geordneter Gitterstruktur wie z. B. Nd:YAG bei oder sogar unterhalb von 1 nm liegen kann. Wenn nun die Schwerpunkte des Pumpspektrums und der Absorptionslinie mittels Feinabstimmung der Diodentemperatur übereinandergelegt werden, so wird dennoch ein Teil der

Pumpintensität nicht ideal absorbiert, da die spektrale Überlappung nicht optimal ist. Hinzu kommt, daß in der Praxis häufig sowohl das Pumpspektrum wie auch das Absorptionsspektrum eine Feinstruktur aufweisen, so daß man eigentlich das Faltungsintegral für die Verteilungskurven berechnen müßte. Das ist jedoch problematisch, da deren Verlauf erst einmal hinreichend bekannt sein müßte und sich auch im allgemeinen die Struktur und die Breite des Pumpspektrums mit der Ausgangsleistung des Diodenlasers ändern.

Diese Problematik läßt sich jedoch einfacher anhand der weiter unten behandelten Absorptionseffizienz diskutieren. Im Falle von nicht exakt im Absorptionsmaximum liegender Pumpstrahlung ist der Absorptionskoeffizient kleiner, und es ist (bei longitudinalem Pumpen) im Prinzip nur eine größere Kristall-Länge erforderlich, um dies auszugleichen. Wenn diese hinreichend groß ist, so kann die "spektrale Überlappungseffizienz" in dieser Diskussion vernachlässigt werden. Natürlich kann man prinzipiell auch die Dotierungskonzentration erhöhen oder auch mittels einer reflektierenden Schicht am Kristall-Ende die effektive Kristall-Länge vergrößern. Vorausgesetzt ist allerdings, daß die Schwerpunkte des Pumpspektrums und des Absorptionsprofils nahe beieinanderliegen und deren gemittelte spektrale Breiten sich nicht zu stark unterscheiden, was jedoch praktisch gut zu erfüllen ist.

Im Falle von Lasergläsern ist das Absorptionsprofil ungefähr eine Größenordnung breiter als bei Kristallen mit einem streng geordneten Aufbau, und es ist über diesen Bereich nicht strukturiert. Typische Werte für die Breite des Absorptionsintervalls liegen bei mehr als 10 nm. Dazu kommt, daß Lasergläser sehr hoch mit laseraktiven Ionen dotiert werden können. Die spektrale Überlappungseffizienz spielt somit keine Rolle. Ähnliches gilt auch für die Laserkristalle mit "ungeordnetem" Gitteraufbau, die gleichfalls eine größere Breite des Absorptionsprofils haben und auch hoch dotiert werden können (Kap.5).

Als nächstes betrachten wir den Wirkungsgrad der Pumpdiode. Man unterscheidet zwischen dem elektrisch-zu-optischen Gesamtwirkungsgrad

$$\eta_D = \frac{P_d}{P_{el}} \qquad (2.9)$$

(P_d : optische Leistung und P_{el} : elektrische Eingangsleistung des Diodenlasers)

und dem differentiellen elektrisch-zu-optischen Wirkungsgrad, der durch die Steigung der Kennlinie des Diodenlasers gegeben ist:

$$\eta_d = \frac{dP_d}{dP_{el}} \qquad (2.10)$$

Der elektrisch-zu-optische Gesamtwirkungsgrad des Halbleiterlasers ist eine Variable, die von der Diodenlaserschwelle an mit zunehmendem Diodenstrom (bzw. zunehmender elektrischer Leistung) steil ansteigt und dann, flacher verlaufend, einem maximalen Wert entgegenstrebt, bei welchem häufig die sogenannte "operating efficiency" (Betriebseffizienz) ε_d definiert wird (Kap.4):

$$\varepsilon_d = \frac{P_{d,\max}}{P_{el,\max}} \quad (2.11)$$

Hierbei sind dann $P_{d,\max}$ und $P_{el,\max}$ die optische bzw. elektrische Betriebsleistung bei der maximalen Diodenlasereffizienz. (Bei weiter ansteigendem Diodenstrom nimmt der elektrisch-zu-optische Wirkungsgrad im allgemeinen wieder ab). Entsprechend ist auch η_d eigentlich eine Variable. Diese nimmt (außerhalb des Schwellenbereiches) mit zunehmendem Diodenstrom allmählich ab; denn P_d steigt zwar über einem großen Bereich des Diodenstromes linear mit diesem an, jedoch nimmt auch die Diodenspannung wegen des inneren Widerstandes der Laserdiode langsam zu. Da die Änderung von η_d nur gering ist und sich in der Praxis auch bei größeren Diodenstromänderungen im allgemeinen kaum auswirkt, wollen wir im folgenden diese Größe als Konstante annehmen und schreiben von nun an:

$$\eta_d = \frac{\Delta P_d}{\Delta P_{el}} = \frac{P_d}{P_{el} - P_{el,s}} \quad (2.12)$$

($P_{el,s}$: elektrische Leistung des Diodenlasers an der Diodenlaserschwelle). Somit gilt auch:

$$\varepsilon_d \cdot P_{el,\max} = \eta_d \cdot \left(P_{el,\max} - P_{el,s} \right) \quad (2.13)$$

Typische Werte für die maximale elektrisch-zu-optische Effizienz ε_d eines kommerziellen GaAlAs-Diodenlasers liegen bei etwa 0.3 bis 0.35, und die differentielle Effizienz η_d kann Werte um 0.5 annehmen. Laborwerte können erheblich höher liegen.

Den Transfer der Pumpstrahlung in das aktive Medium kann man mit der optischen Transfer-Effizienz beschreiben:

$$\eta_t = \frac{P_t}{P_d} \quad (2.14)$$

(P_t : Anteil der Diodenleistung, der in das aktive Medium gelangt)

16 Energietransfer und Effizienz

Diese Einzeleffizienz beschreibt z. B. im Falle einer Transferoptik und weiterer zwischen Pumpdiode und Laserkristall vorhandener optischer Elemente (etwa ein Lichtwellenleiter oder ein Laserspiegel) die Transmission aller dieser Elemente, wobei auch der Anteil der Pumpstrahlung eingeht, der direkt an der Pumpdiode von der Apertur der Transferoptik erfaßt wird. Bei der direkten Pumplicht-Einkopplung, d. h., wenn die Laserdiode unmittelbar am Laserkristall angeordnet ist, wird mit diesem Effizienzparameter das reflektierte Pumplicht berücksichtigt.

Weiterhin muß die Absorption der Pumpstrahlung im aktiven Medium betrachtet werden. Diese läßt sich beschreiben mit der Absorptionseffizienz:

$$\eta_a = \frac{P_a}{P_t} \quad \text{mit} \quad P_a = P_t \cdot [1 - \exp(-\alpha \cdot l)] \tag{2.15a,b}$$

(P_a : absorbierte Leistung, α : Absorptionskoeffizient bei der Pumpwellenlänge, l : Weglänge im aktiven Medium)

Wegen der spektralen Verteilung der Pumpstrahlung wird hierbei der Schwerpunkt des Emissionsspektrums als Pumpwellenlänge bezeichnet. Wie im Zusammenhang mit der spektralen Überlappung des Pump- und Absorptionsspektrums schon diskutiert wurde, ist α als ein gemittelter Absorptionskoeffizient anzusehen. Wir können einen effektiven Absorptionskoeffizienten α_{eff} definieren, der sich mit Hilfe eines Integrals des Produktes aus der spektralen Verteilungsfunktion $p_d(\lambda)$ der Diodenlaserleistung und dem von der Wellenlänge abhängigen Absorptionskoeffizienten $\alpha(\lambda)$ darstellen läßt:

$$\alpha_{\text{eff}} = \frac{\int_{\lambda_1}^{\lambda_2} p_d(\lambda) \cdot \alpha(\lambda) \cdot d\lambda}{\int_{\lambda_1}^{\lambda_2} p_d(\lambda) \cdot d\lambda} \tag{2.16}$$

Die Integration erstreckt sich dabei über ein "sinnvolles" Wellenlängenintervall, das durch die Ausdehnung des Diodenlaserspektrums und des Absorptionsspektrums bestimmt ist. Wird das Diodenlaserspektrum vom Absorptionsspektrum ausreichend überdeckt, so darf man $\alpha_{\text{eff}} \approx \alpha$ setzen. Im Falle einer longitudinalen Einkopplung der Pumpstrahlung (in Richtung der Resonatorachse bei einem linearen Resonator) läßt sich durch eine geeignete Wahl der Kristall-Länge und der Dotierungskonzentration auch bei einer kleineren Breite des Absorptionspeaks ein hoher Wert für die Absorptionseffizienz nahe 1 erzielen. Auch bei transversalen Pumpanordnungen (Einkopplung senkrecht zur Resonatorachse) kann trotz der hierbei in Richtung des Pumpstrahles meist kleineren

Kristalldimension ein großer Teil der Pumpintensität absorbiert werden, wenn z. B. das Pumplicht durch einen Spiegel auf der gegenüberliegenden Kristallfläche in den Kristall zurückreflektiert wird.

In enger Verknüpfung mit dem Absorptionsprozeß ist der Energietransfer in das obere Laserniveau zu sehen, den die entsprechende Transfereffizienz η_{to} repräsentiert. Diese ist wiederum das Produkt aus zwei weiteren Teileffizienzen:

$$\eta_{to} = \eta_{st} \cdot \eta_q \quad (2.17)$$

Dabei ist η_{st} die sogenannte Stokes-Effizienz ("Stokes-shift", "colour efficiency") die durch das Verhältnis der Energien eines Laserphotons und eines Pumpphotons gegeben ist:

$$\eta_{st} = \frac{h\nu_l}{h\nu_p} = \frac{\lambda_p}{\lambda_l} \quad (2.18)$$

(ν_l, λ_l : Frequenz bzw. Wellenlänge der Laserstrahlung, ν_p, λ_p : Frequenz bzw. Wellenlänge der Pumpstrahlung), und η_q ist die Pumpquanteneffizienz.

Die Stokes-Effizienz beträgt im Falle des stärksten Übergangs des Nd:YAG-Lasers (λ_l=1.064 µm) etwa 0.76, wenn bei 809 nm gepumpt wird. Die fehlende Energie findet sich vorwiegend in strahlungslosen Übergängen wieder und trägt wesentlich zur Erwärmung des Laserkristalls bei. Es lassen sich jedoch noch höhere Werte für η_{st} finden, wofür einige Beispiele in Tab.2.1 aufgelistet sind.

Tabelle 2.1: Stokes-Effizienzen für verschiedene Laserkristalle

	η_{st}	λ_p (nm)	Pumpdiode	λ_l (nm)	Ref.
Yb:YAG	0.94	968	InGaAs	1030 *)	[2.6]
Ho:YAG	0.91	1910	GaInAsSb	2100 *)	[2.7]
Cr^{3+}:LiCAF	0.93-0.8	673	InGaAlP	720-840 **)	[2.8]
Nd:YAG	0.85	809	GaAlAs	946 *)	[2.9]

*) Quasi-drei-Niveau-Laser   **) abstimmbarer Laser

Die Pumpquanteneffizienz η_q läßt sich einfach darstellen als Quotient aus der Zahl der Photonen, die zur Laseremission beitragen, und der Zahl der Pumpphotonen. Sie ist bei Nd-dotierten aktiven Materialien im allgemeinen kleiner als eins. Der Grund hierfür liegt darin, daß nicht jedes absorbierte Pumpphoton ein

18 Energietransfer und Effizienz

aktives Ion im oberen Laserniveau erzeugt, sondern so manches in sekundären Prozessen "verschwindet". Dies können Zerfälle in ein anderes Multiplett sein (dem das obere Laserniveau nicht angehört) oder strahlungslose Übergänge direkt in den Grundzustand. Niedrige Werte für η_q können in manchen Fällen auch durch einen "excited state absorption"-Prozeß [2.10] oder auch durch den sogenannten "cooperative energy transfer upconversion"-Prozeß erklärt werden, wodurch die Population des oberen Laserniveaus reduziert wird [2.11] (Kap.5). Diese Prozesse machen sich besonders bei hohen Pumpintensitäten, d. h. hohen Inversionsdichten bemerkbar, was bedeutet, daß η_q dann nicht mehr als Konstante betrachtet werden kann, sondern mit zunehmender Pumpintensität bzw. Inversionsdichte abnimmt. Bei vielen laseraktiven Materialien ist die Ursache für eine kleine Quanteneffizienz noch nicht eindeutig bestimmt worden. Selbst das sehr gut untersuchte Nd:YAG-Lasermaterial ist in dieser Hinsicht nicht vollständig verstanden; ein Wert von 1 für η_q wäre mit vielen Messungen differentieller Lasereffizienzen nicht konsistent. Beim longitudinalen Pumpen eines Nd:YAG-Kristalls mit einer GaAlAs-Diode kann man im Bereich der eingekoppelten Pumpstrahlung ein blasses, "weißliches" Leuchten im Kristall erkennen, was darauf hindeutet, daß sekundäre Energietransferprozesse vorhanden sind, welche die Pumpquanteneffizienz reduzieren. Im Falle des Nd:YLF beobachtet man eine besonders intensive, gelbliche Strahlung. Dies wird in Kap.5 näher diskutiert.

Einige Zahlenwerte für die Pumpquanteneffizienz einiger Nd-dotierter Lasermaterialien sind in Tab.2.2 aufgeführt. Bemerkenswert ist hierbei, wie sehr sich die für Nd:YAG angegebenen Literaturwerte voneinander unterscheiden. Möglicherweise hat die verwendete Kristallqualität einen erheblichen Einfluß auf die Größe von η_q.

Tabelle 2.2: Pumpquanteneffizienzen für verschiedene Lasermaterialien

	η_q [Ref.]
Nd:YAG	0.70 [2.11], 0.79 [2.12], 0.6-0.8 [2.13], 0.95 [2.10]
Nd:YVO$_4$	0.95 [2.10], 0.79 [2.12]
Nd:BEL (y-Achse)	0.83 [2.10]
Nd:Cr:GSGG	0.69 [2.10]
LNA (a-Achse)	0.94 [2.10]
Nd:Glas	0.85 [2.2]

Bei anderen Dotierungs-Ionen gibt es Fälle, bei denen die Quanteneffizienz aufgrund besonderer Energietransferprozesse im Kristall erheblich größer als 1 ist. So kann z. B. die Pumpquanteneffizienz für die Anregung von Tm^{3+} mit Pumpstrahlung bei 785 nm Werte annehmen, die nahe bei 2 liegen (Kap.5).

Als nächstes betrachten wir die Konversion der im oberen Laserniveau gespeicherten Energie in vom Laser emittierte Energie. Dabei muß zunächst die Überlappung des gepumpten Volumens mit dem Volumen des Lasermode berücksichtigt werden. Die entsprechende Strahlüberlappungseffizienz $\eta_ü$ beschreibt, in welchem Maße Pumpenergie innerhalb des Modenvolumens deponiert wird. Wenn das Pumpvolumen vollständig vom Modenvolumen überdeckt wird, wobei auch das Pumpvolumen erheblich kleiner als das Modenvolumen sein kann, wird $\eta_ü$ gleich 1 gesetzt. Dies ist praktisch nur beim longitudinalen Pumpen möglich, wenn die Pumpenergie kollinear zur Modenachse eingestrahlt wird. Für diesen Modellfall läßt sich $\eta_ü$ relativ einfach berechnen, wenn man Gauß-Verteilungen für die Photonendichten im Pump- und im Modenvolumen annimmt, d. h. für TEM$_{00}$-Betrieb. Die Strahlüberlappungseffizienz läßt sich folgendermaßen beschreiben:

$$\eta_ü = \frac{\iiint\limits_{Resonator} r_p(x,y,z) \cdot s_m(x,y,z) \cdot dV}{\iiint\limits_{Resonator} s_m^2(x,y,z) \cdot dV} \qquad (2.19)$$

wobei $r_p(x,y,z)$ die lokale Inversionsdichte und $s_m(x,y,z)$ die lokale Photonendichte ist, mit der Normierung

$$\iiint\limits_{Resonator} r_p(x,y,z) \cdot dV = \iiint\limits_{Resonator} s_m(x,y,z) \cdot dV = 1 \qquad (2.20)$$

Gl.(2.19) läßt sich anschaulich interpretieren: wenn nämlich das Pumpvolumen größer ist als das Modenvolumen, ist die Konzentration angeregter Laserionen im Bereich des Lasermode infolge der Normierung klein, d. h. die Größe des Produktes unter dem Integral im Zähler ist reduziert. Das maximale Produkt wird bei vollständiger Überlappung erreicht, was durch den Ausdruck im Nenner repräsentiert wird. In der Literatur wurde die Strahlüberlappung für mehrere Fälle untersucht, so z. B. für unterschiedliche Pumpintensitätsverteilungen [2.14, 2.15] und eine nicht-kollineare Anordnung von Pumpstrahl und Lasermode [2.16]. Auch der Einfluß höherer transversaler Moden im Resonator [2.16, 2.17] sowie Beugungseffekte im aktiven Medium wurden diskutiert [2.18] (Kap.3).

Damit haben wir praktisch alle Einzeleffizienzen zum Energietransfer diskutiert und können jetzt die insgesamt im Laser verfügbare Leistung als Funktion der Eingangsleistung darstellen:

$$P_{verfüg} = \eta_t \cdot \eta_a \cdot \eta_{st} \cdot \eta_q \cdot \eta_ü \cdot P_d = \eta^* \cdot P_d \qquad (2.21)$$

20 Energietransfer und Effizienz

Unter Berücksichtigung von Gl.(2.8) setzen wir diesen Ausdruck in Gl.(2.5) ein und erhalten

$$P_{aus} = \frac{T}{T+\delta} \cdot \eta^* \cdot \left(P_d - \frac{F_{akt} \cdot I_{sätt} \cdot (T+\delta)}{2\eta^*} \right)$$

$$= \frac{T}{T+\delta} \cdot \eta^* \cdot \eta_d \left(P_{el} - P_{el,s} - \frac{F_{akt} \cdot I_{sätt} \cdot (T+\delta)}{2\eta^* \cdot \eta_d} \right) \quad (2.22)$$

Dies läßt sich mit dem konstanten Schwellenterm

$$P_s = P_{el,s} + \frac{F_{akt} \cdot I_{sätt} \cdot (T+\delta)}{2\eta^* \cdot \eta_d} \quad (2.23)$$

zusammenfassen zu

$$P_{aus} = \eta \cdot (P_{el} - P_s) \quad (2.24)$$

wobei η die differentielle Effizienz ist:

$$\eta = \frac{T}{T+\delta} \cdot \eta_d \cdot \eta_t \cdot \eta_a \cdot \eta_{st} \cdot \eta_q \cdot \eta_ü \quad (2.25)$$

Ein Satz optimaler partieller Effizienzen ist in Tab.2.3 für das Beispiel eines longitudinal gepumpten Yb:YAG-Lasers aufgelistet, der eine besonders hohe Stokes-Effizienz aufweist. (Dieser ist ein sogenannter Quasi-drei-Niveau-Laser, häufig auch als Quasi-vier-Niveau-Laser bezeichnet (Kap.3, 5)).

Tabelle 2.3: Optimaler Satz partieller Effizienzen für einen Yb:YAG-Laser

$\frac{T}{T+\delta}$	η_d	η_t	η_a	η_{st}	η_q	$\eta_ü$
0.95	0.5	0.90	1	0.94	0.95	1

Damit errechnet sich ein elektrisch-zu-optischer differentieller Wirkungsgrad von annähernd 38 % (entsprechend optisch-zu-optisch 76 %). Diese Betrachtungen sollen zeigen, daß mit einem diodengepumpten Festkörperlaser prinzipiell eine sehr hohe differentielle Effizienz erreicht werden kann.

Eine Übersicht über die beteiligten partiellen Effizienzen gibt Abb.2.1.

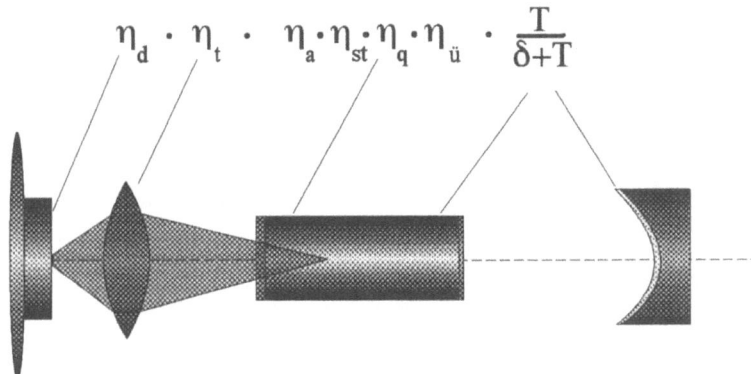

Abb. 2.1   Prinzipskizze zur Übersicht über die partiellen Effizienzen bei einem longitudinal diodengepumpten Festkörperlaser

2.2 Gesamteffizienz

Gl.(2.25) bzw. Gl.(2.5) zeigen, daß die differentielle Effizienz größer wird, wenn der Auskoppelgrad größere Werte annimmt; jedoch steigt dann auch die Laserschwelle an, und die Lasertätigkeit wird bei einem bestimmten Wert der Auskopplung aufhören. Man sieht auch, daß bei einem kleinen Auskoppelgrad die differentielle Effizienz von den Resonatorverlusten wesentlich beeinflußt wird. Das Maximum der Ausgangsleistung wird mit dem optimalen Wert des Auskoppelgrades T_{optim} erreicht (Abb.2.2).

Dieser optimale Wert läßt sich einfach aus Gl.(2.5) mittels $dP_{aus}/dT = 0$ bestimmen. Man erhält damit

$$T_{optim} = \delta \cdot \left(\sqrt{\frac{2g_0 \cdot L}{\delta}} - 1 \right) \tag{2.26}$$

Setzt man dies in Gl.(2.5) ein, ergibt sich für das Maximum der Kurve

$$P_{aus,optim} = g_0 \cdot I_{sätt} \cdot F_{akt} \cdot L \cdot \left(1 - \sqrt{\frac{\delta}{2g_0 \cdot L}} \right)^2 \tag{2.27}$$

22 Energietransfer und Effizienz

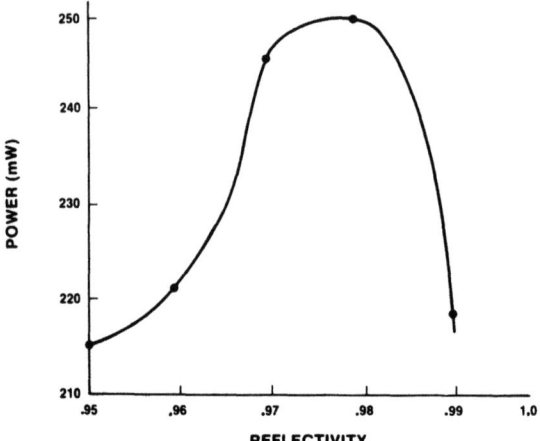

Abb.2.2 Ausgangsleistung eines diodengepumpten Nd:BEL-Lasers als Funktion des Auskoppelgrades (nach [Q2.1])

Vergleichen wir diesen Ausdruck mit Gl.(2.8), so können wir schreiben

$$P_{aus,optim} = \eta_{ex} \cdot P_{verfüg} \quad \text{mit} \quad \eta_{ex} = \left(1 - \sqrt{\frac{\delta}{2g_0 \cdot L}}\right)^2 \qquad (2.28a,b)$$

wobei η_{ex}, die Extraktionseffizienz, den Teil der gesamten im oberen Laserniveau gespeicherten Energie angibt, der aus dem Resonator extrahiert werden kann. Der Grund dafür, daß diese Zahl immer kleiner als 1 ist, liegt darin, daß die umlaufende Intensität im Resonator durch die internen Verluste δ verringert wird, somit also ein Teil der ursprünglich im oberen Laserniveau vorhandenen Energie im Resonator dissipiert wird.

Mit Gl.(2.21, 2.12) haben wir dann

$$P_{aus,optim} = \eta_{ex} \cdot \eta^* \cdot P_d = \eta_{ex} \cdot \eta^* \cdot \eta_d \cdot (P_{el} - P_{el,s}) \quad , \qquad (2.29)$$

und mit einer Pumpleistung bei der maximalen Diodenlaser-Effizienz ergibt sich dann für die Ausgangsleistung des Festkörperlasers (vorausgesetzt, daß alle Resonatorparameter konstant bleiben) mit Gl.(2.13):

$$P_{aus,max} = \eta_{ex} \cdot \eta_t \cdot \eta_a \cdot \eta_{st} \cdot \eta_q \cdot \eta_{ü} \cdot \varepsilon_d \cdot P_{el,max} \qquad (2.30)$$

Das Produkt aus diesen Effizienzfaktoren kann man als maximale Gesamteffizienz $\eta_{ges,\max}$ bezeichnen:

$$\eta_{ges,\max} = \eta_{ex} \cdot \eta_t \cdot \eta_a \cdot \eta_{st} \cdot \eta_q \cdot \eta_{ü} \cdot \varepsilon_d \qquad (2.31)$$

Mit einer bei kleinen Resonatorverlusten erreichbaren Extraktionseffizienz von 0.8 und einer Laserdiode mit einem relativ guten $\varepsilon_d = 0.35$ errechnet sich mit den Effizienz-Werten aus Tab. 2.3 und $\eta_{st} = 0.76$ für Nd:YAG eine maximale (elektrisch-zu-optische) Gesamteffizienz von etwa 18 %. Vergleichbare Werte konnten mit Nd:YVO$_4$ und Nd:YAG experimentell erzielt werden [2.10, 2.19].

3 Theoretische Beschreibung diodengepumpter Festkörperlaser

Unser Ziel in diesem Kapitel soll es sein, ausgehend von den Ratengleichungen, zunächst allgemeine Formulierungen für die Ausgangsleistung, den differentiellen Wirkungsgrad und die Pumprate bzw. auch für die absorbierte Pumpleistung an der Laserschwelle herzuleiten. Im Anschluß daran wird dann der beim Diodenpumpen besonders wichtige Fall des longitudinalen Pumpens detaillierter diskutiert, wobei auch die Problematik der besonders in Hinsicht auf die Selbstabsorption bei der Emissionswellenlänge schwieriger anzuregenden Quasi-drei-Niveau-Laser behandelt wird. Weiterhin werden auch transversal und diskontinuierlich gepumpte Pulslaser erörtert.

Für diese theoretischen Darstellungen werden dabei einige vereinfachende Annahmen gemacht: so soll die Relaxation des unteren Laserniveaus beliebig schnell sein, die Resonatorverluste sollen niedrig sein, ein konstanter Anteil der Anregungen in das Pumpband relaxiere zum oberen Laserniveau, es sollen keine Prozesse höherer Ordnung vorhanden sein (wie z. B. "excited state absorption" oder "upconversion" (Kap.5)), die Populationen des Pumpbandes und des oberen Laserniveaus an der Laserschwelle seien derart, daß die Entleerung des Grundzustandes vernachlässigt werden kann, die Population des unteren Laserniveaus im thermischen Gleichgewicht sei klein gegenüber der Dotierungskonzentration, und die Resonatorlänge sei gleich der Länge des aktiven Mediums.

3.1 Allgemeine Ratengleichungsanalyse für kontinuierlich gepumpte Laser

Die theoretische Beschreibung diodengepumpter Festkörperlaser läßt sich mittels einer Ratengleichungsanalyse formulieren, die von Kubodera und Otsuka [3.1] sowie Digonnet und Gaeta [3.2] entwickelt wurde.

Wir beginnen mit der Gleichung für die lokale Populationsinversionsdichte $\Delta N(x,y,z)$ (in cm^{-3}) :

Allgemeine Ratengleichungsanalyse für kontinuierlich gepumpte Laser

$$\frac{d\Delta N(x,y,z)}{dt} = r(x,y,z) - \frac{\Delta N(x,y,z)}{\tau} - \frac{c\cdot\sigma}{n_k}\cdot\Delta N(x,y,z)\cdot\sum_{j=1}^{M}s_j(x,y,z) = 0 \qquad (3.1)$$

mit $r(x,y,z)$ lokale Pumprate (in cm^{-3}s^{-1})
     τ Fluoreszenz-Lebensdauer
     c Lichtgeschwindigkeit
     σ stimulierter Emissionswirkungsquerschnitt
     n_k Brechungsindex des aktiven Mediums
     $s_i(x,y,z)$ lokale Photonendichte im i-ten Mode
     M Anzahl der Lasermoden im Resonator

Der erste Term auf der rechten Seite von Gl.(3.1) beschreibt den Pumpprozeß, der zweite kann als Relaxationsterm bezeichnet werden, der die spontane Emission und die nichtstrahlende Relaxation enthält, und der dritte steht für die stimulierte Emission.

Weiterhin ist

$$S_i(x,y,z) = \iiint_{Resonator} s_i(x,y,z)\cdot dV \qquad (3.2)$$

die Zahl der gesamten Photonen im i-ten Mode, wobei gilt:

$$\frac{dS_i}{dt} = \frac{c\cdot\sigma}{n_k}\cdot\iiint_{Resonator}\Delta N(x,y,z)\cdot s_i(x,y,z)\cdot dV - \frac{c\cdot\delta_i}{2L\cdot n_k}\cdot S_i = 0 \qquad (3.3)$$

(δ_i : "round-trip"-Verluste des i-ten Mode, einschließlich der Auskoppelverluste, L : Länge des aktiven Mediums)

In dieser Gleichung beschreibt der erste Ausdruck auf der rechten Seite das Anwachsen der Photonenanzahl aufgrund der stimulierten Emission und der zweite Term die Verringerung der Photonenanzahl entsprechend den Resonatorverlusten.

Die Auflösung von Gl.(3.1) nach $\Delta N(x,y,z)$ ergibt nun

$$\Delta N(x,y,z) = r(x,y,z)\cdot\left[\frac{1}{\tau} + \frac{c\cdot\sigma}{n_k}\cdot\sum_{j=1}^{M}s_j(x,y,z)\right]^{-1} \qquad (3.4)$$

und Einsetzen von Gl.(3.4) in Gl.(3.3):

$$S_i = \frac{2L \cdot \sigma}{\delta_i} \cdot \iiint_{Resonator} r(x,y,z) \cdot \left[\frac{1}{\tau} + \frac{c \cdot \sigma}{n_k} \cdot \sum_{j=1}^{M} s_j(x,y,z) \right]^{-1} \cdot s_j(x,y,z) \cdot dV \qquad (3.5)$$

Die lokale Pumprate und die lokale Photonendichte können normiert werden gemäß

$$r_o(x,y,z) = \frac{r(x,y,z)}{R} \quad ; \quad R = \iiint_{Resonator} r(x,y,z) \cdot dV \qquad (3.6\text{a,b})$$

(R: totale Pumprate) und

$$s_{io}(x,y,z) = \frac{s_i(x,y,z)}{S_i} \quad ; \quad S_i = \iiint_{Resonator} s_i(x,y,z) \cdot dV \qquad (3.7\text{a,b})$$

Nach der entsprechenden Substitution in Gl.(3.5),

$$S_i = \frac{2L \cdot \sigma}{\delta_i} \cdot \iiint_{Resonator} R \cdot r_o(x,y,z) \cdot \left[\frac{1}{\tau} + \frac{c \cdot \sigma}{n_k} \cdot \sum_{j=1}^{M} S_j \cdot s_{jo}(x,y,z) \right]^{-1} \cdot S_i \cdot s_{io}(x,y,z) \cdot dV \qquad (3.8)$$

läßt sich nun schreiben:

$$\frac{\delta_i}{2L \cdot \sigma \cdot \tau \cdot R} = \iiint_{Resonator} \frac{s_{io}(x,y,z) \cdot r_o(x,y,z)}{1 + \frac{c \cdot \sigma \cdot \tau}{n_k} \cdot \sum_{j=1}^{M} S_j \cdot s_{jo}(x,y,z)} \cdot dV \qquad (3.9)$$

Dies ist ein Satz von M gekoppelten Gleichungen, wobei der für die M im Resonator vorhandenen Moden charakteristische Satz von Photonendichte-Funktionen die Unbekannten darstellt. Wenn nur ein Mode vorhanden ist, vereinfachen sich die Gleichungen beträchtlich. Bevor wir diese Vereinfachung machen, führen wir eine Variable $J_i(S_1, S_2, \ldots, S_N)$ ein, die gleich den beiden Seiten von Gl.(3.9) ist. Für den wichtigen Fall des Laserbetriebes mit einem einzigen Mode niedrigster Ordnung können wir dann schreiben:

$$J_1(S_1, 0, 0, \ldots, 0) = \frac{\delta_1}{2L \cdot \sigma \cdot \tau \cdot R} = \iiint_{Resonator} \frac{s_{1o}(x,y,z) \cdot r_o(x,y,z)}{1 + \frac{c \cdot \sigma \cdot \tau}{n_k} \cdot S_1 \cdot s_{1o}(x,y,z)} \cdot dV \qquad (3.10)$$

Allgemeine Ratengleichungsanalyse für kontinuierlich gepumpte Laser 27

Wir wollen die Ausgangsleistung des Lasers als Funktion der Eingangsleistung beschreiben. Dafür benötigen wir eine Darstellung der Photonenzahl S_1 durch die totale Pumprate R. Somit müßten wir Gl.(3.10) entsprechend auflösen. Dies würde jedoch zu einer komplizierten, unübersichtlichen mathematischen Formel führen, die physikalisch nicht mehr interpretiert werden kann. Deshalb ist es vorteilhaft, die Rechnung mit einer Approximation weiterzuführen.

Deutlich oberhalb der Laserschwelle ist die Modenintensität groß gegen die Sättigungsintensität, d. h. es gilt dann:

$$\frac{1}{n_k} \cdot S_1 \cdot s_{lo}(x,y,z) \gg \frac{1}{c \cdot \sigma \cdot \tau} \quad \text{bzw.} \quad \frac{c \cdot \sigma \cdot \tau}{n_k} \cdot S_1 \cdot s_{lo}(x,y,z) \gg 1 \qquad (3.11)$$

Dies gestattet es, $J_1(S_1)$ für ein großes S_1 folgendermaßen angenähert darzustellen, vorausgesetzt, daß $s_{lo}(x,y,z)$ hinreichend groß ist, um diese Approximation zu erlauben:

$$J_1 \to \frac{1}{S_1} \cdot \iiint_{Resonator} \frac{n_k}{c \cdot \sigma \cdot \tau} \cdot r_o(x,y,z) \cdot dV \qquad (3.12)$$

Dementsprechend muß dann die Integration nur noch über die Modenregion ausgeführt werden, da außerhalb des Modenvolumens liegende Beiträge vernachlässigt werden können.

Andererseits gilt für den Grenzfall $S_1 \to 0$:

$$J_1 \to \iiint_{Resonator} s_{lo}(x,y,z) \cdot r_o(x,y,z) \cdot dV \qquad (3.13)$$

Dies legt es nahe, $J_1(S_1)$ in folgender Form darzustellen: (3.14)

$$\frac{1}{J_1(S_1)} = \frac{1}{\iiint\limits_{Resonator} s_{lo}(x,y,z) \cdot r_o(x,y,z) \cdot dV} + S_1 \cdot \frac{1}{\iiint\limits_{Modenregion} \frac{n_k}{c \cdot \sigma \cdot \tau} \cdot r_o(x,y,z) \cdot dV}$$

$$= \frac{1}{\delta_1} \cdot 2L \cdot \sigma \cdot \tau \cdot R \qquad \text{(s. Gl.(3.10))}$$

Nun läßt sich schreiben:

28 Theoretische Beschreibung diodengepumpter Festkörperlaser

$$S_1 = \frac{2L \cdot R \cdot n_k}{\delta_1 \cdot c} \cdot \iiint_{\text{Modenregion}} r_o(x,y,z) \cdot dv - \frac{\iiint_{\text{Modenregion}} \frac{n_k}{c \cdot \sigma \cdot \tau} \cdot r_o(x,y,z) \cdot dv}{\iiint_{\text{Resonator}} s_{1o}(x,y,z) \cdot r_o(x,y,z) \cdot dv} \quad (3.15)$$

Damit können wir jetzt die Ausgangsleistung P_{aus} des Lasers berechnen. Es gilt

$$P_{aus} = h\nu \cdot S_o = h\nu \cdot \frac{T \cdot c}{2n_k \cdot L} \cdot S_1 \quad (3.16)$$

($h\nu$: Energie eines Laserphotons, S_o : Zahl der vom Laser pro Zeiteinheit emittierten Photonen, T : Transmission des Auskoppelspiegels) und somit:

$$P_{aus} = \frac{T \cdot R \cdot h\nu}{\delta_1} \cdot \iiint_{\text{Modenregion}} r_o(x,y,z) \cdot dV - \frac{T \cdot h\nu}{2L \cdot \sigma \cdot \tau} \cdot \frac{\iiint_{\text{Modenregion}} r_o(x,y,z) \cdot dV}{\iiint_{\text{Resonator}} s_{1o}(x,y,z) \cdot r_o(x,y,z) \cdot dV} \quad (3.17)$$

Weiterhin ist die totale Pumprate

$$R = \frac{\eta_q \cdot P_a}{h\nu_p} \quad (3.18)$$

(η_q : Pumpquanteneffizienz, $h\nu_p$: Energie eines Pumpphotons, P_a : absorbierte Pumpleistung), und wir können damit die Ausgangsleistung als Funktion der Eingangsleistung darstellen:

$$P_{aus} = \frac{T \cdot \eta_q \cdot P_a \cdot h\nu}{\delta_1 \cdot h\nu_p} \cdot \iiint_{\text{Modenregion}} r_o(x,y,z) \cdot dV - \frac{T \cdot h\nu}{2L \cdot \sigma \cdot \tau} \cdot \frac{\iiint_{\text{Modenregion}} r_o(x,y,z) \cdot dV}{\iiint_{\text{Resonator}} s_{1o}(x,y,z) \cdot r_o(x,y,z) \cdot dV} \quad (3.19)$$

Dies stellt eine Gerade mit der Variablen P_a dar, wobei die Steigung die differentielle Effizienz ("slope efficiency") η ist:

$$\eta = \eta_q \cdot \frac{\nu}{\nu_p} \cdot \frac{T}{\delta_1} \cdot \iiint_{\text{Modenregion}} r_o(x,y,z) \cdot dV \quad (3.20)$$

Man sieht, daß die slope efficiency im wesentlichen durch das Verhältnis des Auskoppelgrades zu den Gesamtverlusten, das Verhältnis aus Laser- und Pumpphoton-Energie sowie durch das Ausmaß bestimmt wird, mit welchem die Anregungsregion und die Modenregion überlappen. Die beiden letzten Punkte lassen unmittelbar erkennen, daß beim Diodenpumpen sehr große Werte für die slope efficiency erreicht werden können, da beide Verhälnisse im optimalen Fall nahe bei 1 liegen.

Nun können wir auch noch die Pumprate an der Laserschwelle, R_s, bestimmen, indem wir $P_{aus} = 0$ in Gl.(3.17) setzen. Man erhält dann

$$R_s = \frac{\delta_1}{2L \cdot \sigma \cdot \tau} \cdot \frac{1}{\underset{Resonator}{\iiint} s_{lo}(x,y,z) \cdot r_o(x,y,z) \cdot dV} \quad , \tag{3.21}$$

und aus Gl.(3.18) folgt für die absorbierte Pumpleistung an der Schwelle:

$$P_{a,s} = \frac{h\nu_p \cdot \delta_1}{2L \cdot \sigma \cdot \eta_q \cdot \tau} \cdot \frac{1}{\underset{Resonator}{\iiint} s_{lo}(x,y,z) \cdot r_o(x,y,z) \cdot dV} \tag{3.22}$$

Hieraus ersieht man, daß die Laserschwelle, anders als die slope efficiency, explizit von den für den Laserübergang charakteristischen Parametern abhängt, d. h. vom Emissionswirkungsquerschnitt σ und der Fluoreszenzlebensdauer τ. Gleichfalls ist zu erkennen, daß ein scharfes "peaking" der $s_{lo}(x,y,z)$- und $r_o(x,y,z)$-Funktionen (ähnlich einer δ-Funktion) der normierten Pump- und Laserfeldverteilungen unter dem Volumenintegral in einer niedrigen Schwelle resultiert. Dies wird häufig auch als "hartes" Pumpen bezeichnet., d. h. hohe Pumpintensität und kleiner Modenquerschnitt.

Diese Ergebnisse sind von "allgemeiner" Gültigkeit und können sowohl auf longitudinal wie auch transversal gepumpte Laser angewandt werden. Sie können gleichfalls auch im Falle von Laserverstärkern oder für nicht-kontinuierliches Pumpen verwendet werden.

3.2 Longitudinales Pumpen

Die Gl.(3.21) läßt sich für den wichtigen Fall einer longitudinalen Pumpgeometrie unter der Annahme von Gauß-Verteilungen für die normierten Pump- und Laserfeldverteilungen auf einfache Weise in einer analytischen, geschlossenen Form weiterentwickeln. Wir nehmen dazu folgende funktionale Formen für s_{lo}

und r_o an (von nun an der Einfachheit halber mit s_m bzw. r_p bezeichnet), indem wir den Resonatormode als TEM$_{00}$-Gauß-Strahl und den Pumpstrahl ebenfalls mit einer Gauß-Verteilung beschreiben, wobei sinnvollerweise auf ein zylindrisches Koordinatensystem übergegangen wird:

$$s_m(r,z) = \frac{2}{\pi \cdot w_m^2 \cdot L} \cdot \exp\left(-\frac{2r^2}{w_m^2}\right) \tag{3.23}$$

$$r_p(r,z) = \frac{2\alpha}{\pi \cdot w_p^2 \cdot (1-\exp(-\alpha \cdot L))} \cdot \exp(-\alpha \cdot z) \cdot \exp\left(-\frac{2r^2}{w_p^2}\right) \tag{3.24}$$

(w_m : Gauß-Radius des Resonatormode, w_p : Gauß-Radius des Pumpstrahls, d. h. für $r = w_m$ oder $r = w_p$ ist die elektrische Feldamplitude auf 1/e der Amplitude bei $r = 0$ abgefallen; α : Absorptionskoeffizient bei der Pumpwellenlänge). Diese Funktionen erfüllen die Normierungsbedingung

$$\iiint\limits_{Resonator} s_m(x,y,z) \cdot dV = \iiint\limits_{Resonator} r_p(x,y,z) \cdot dV = 1 \tag{3.25}$$

Die Ausführung des Integrals in Gl.(3.21) ergibt mit diesen Funktionen:

$$\iiint\limits_{Resonator} s_m(r,z) \cdot r_p(r,z) \cdot dV = \frac{2}{\pi \cdot L \cdot \left(w_m^2 + w_p^2\right)} \quad , \tag{3.26}$$

und für die Pumprate an der Laserschwelle folgt:

$$R_s = \frac{\pi \cdot \left(w_m^2 + w_p^2\right)}{2\sigma \cdot \tau} \cdot \frac{\delta_1}{2} \tag{3.27}$$

Ensprechend erhält man auch mittels G.(3.22) die absorbierte Pumpleistung an der Schwelle :

$$P_{a,s} = \frac{\pi \cdot h\nu_p \cdot \left(w_m^2 + w_p^2\right)}{2\sigma \cdot \eta_q \cdot \tau} \cdot \frac{\delta_1}{2} \tag{3.28}$$

Mit niedrigen Verlusten und kleinen Pump- und Modenradien im aktiven Medium läßt sich also eine niedrige Laserschwelle erzielen. Jedoch begrenzt die Beugung den minimal erreichbaren mittleren Radius, was in der obigen Gleichung nicht berücksichtigt ist.

Wir betrachten noch die Resonatorverluste. Die "round trip"-Resonatorverluste δ_1 kann man aufteilen in sogenannte "extrinsische" Verluste δ_{ex}, die unabhängig von der Länge des aktiven Materials sind und die Verluste durch Auskopplung T, Streuung und Beugung $\delta_{s,b}$ umfassen, sowie "intrinsische" Verluste δ_{in} aufgrund der Absorption durch Verunreinigungen und Streuung im Lasermaterial, mit α_{in} als entsprechendem Absorptionskoeffizient:

$$\delta_1 = \delta_{ex} + \delta_{in} = T + \delta_{s,b} + 2\alpha_{in} \cdot L \tag{3.29}$$

3.2.1 Beugungseffekte bei Gaußscher Strahlausbreitung

In der vorausgegangenen Diskussion wurde ersichtlich, daß der günstigste Fall dann realisiert ist, wenn der Pumpstrahl das kleinste Volumen innerhalb eines vorgegebenen Lasermodenvolumens einnimmt. Dadurch wird sowohl die Laserschwelle minimiert als auch die slope efficiency sowie die Verstärkung maximiert. Das kleinste Volumen wird erreicht, wenn der Mittelwert des Pumpstrahlradius $\overline{w_p^2}$ minimal ist. Dieser Mittelwert ist definiert gemäß

$$\overline{w_p^2} = \frac{1}{L} \cdot \int_0^L w_p^2(z) \cdot dz \tag{3.30}$$

Eine analoge Formel gilt ebenso für den Lasermode. Die Länge des Laserkristalls soll dabei der Absorptionslänge der Pumpstrahlung im Kristall entsprechen. Der Wert für $w_p(z)$ ist durch die bekannte Beugungsgleichung gegeben [3.3]:

$$w_p^2(z) = w_p^2 \cdot \left[1 + \left(\frac{\lambda_p \cdot (z - z_p)}{\pi \cdot w_p^2 \cdot n_k}\right)^2\right] \tag{3.31}$$

(z_p : Ort der Pumpstrahltaille im Lasermedium, in Strahlrichtung gesehen; an der Stirnfläche des Kristalls ist $z = 0$). Setzt man diesen Ausdruck in Gl.(3.30) ein, so erhält man

$$\overline{w_p^2} = w_p^2 \cdot \left[1 + \frac{1}{3}\left(\frac{\lambda_p \cdot L}{\pi \cdot w_p^2 \cdot n_k}\right)^2\right] \quad , \tag{3.32}$$

wobei die Strahltaille an das Kristallende gelegt wurde, d. h. $z_p = L$.

Um $\overline{w_p}$ bezüglich w_p zu minimieren, setzen wir $\dfrac{d\,\overline{w_p}}{dw_p}=0$ und erhalten als optimalen Wert für den Taillenradius des Gauß-Strahles, bei dem das Pumpstrahlvolumen den kleinsten Wert annimmt:

$$w_{p,opt} = \left(\frac{\lambda_p \cdot L}{(3\pi)^{1/2} \cdot n_k} \right)^{1/2} \tag{3.33}$$

Mit dem Begriff der optimalen Rayleigh-Länge formuliert,

$$Z_{R,opt} = \frac{\pi \cdot w_{p,opt}^2 \cdot n_k}{\lambda_p}, \tag{3.34}$$

zeigt dieses Ergebnis, daß die Verstärkung dann den größten Wert annimmt, wenn die Rayleigh-Länge ungefähr gleich der Länge des aktiven Mediums ist:

$$Z_{R,opt} = \left(\frac{\pi}{3} \right)^{1/2} \cdot L \approx L \tag{3.35}$$

Da der Pumpstrahl und der Lasermode hierbei symmetrische Rollen spielen, gilt diese Beziehung für beide Größen.

3.2.2 Quasi-drei-Niveau-Laser

Alle diese Gleichungen sind bisher unter der Voraussetzung eines Vier-Niveau-Lasers mit einem unbesetzten unteren Laserniveau hergeleitet worden. Als weiterer wichtiger Fall sollen nun auch die sogenannten "Quasi-drei-Niveau-Laser" diskutiert werden, da hierbei die optische Anregung mit Diodenlasern besonders vorteilhaft in Erscheinung tritt; denn z. B. Laserübergänge, die bisher nur bei tiefen Temperaturen genutzt werden konnten, können nun auch bei Raumtemperatur betrieben werden, oder es werden auch ganz neue Laserübergänge ermöglicht. Der Grund hierfür liegt darin, daß diese Laser beträchtliche Reabsorptionsverluste infolge der Besetzung des unteren Laserniveaus haben. Mittels des longitudinalen Diodenpumpens lassen sich jedoch sehr große Inversionsdichten in einem kleinen Volumen erreichen, so daß diese Reabsorptionsverluste überwunden werden können. Günstig ist dabei auch die geringere Aufheizung des Lasermediums infolge des effizienten Energieumsatzes beim Diodenpumpen.

Theoretische Modelle für diodengepumpte Quasi-drei-Niveau-Laser sind von Fan und Byer [3.4] und Risk [3.5] entwickelt worden.

Wir bleiben beim Fall des longitudinal gepumpten Lasers mit Gauß-förmigen Intensitätsverteilungen für den Pumpstrahl und den TEM_{00}-Lasermode und gehen noch einmal zurück zur Ausgangsgleichung Gl.(3.1). Nun berücksichtigen wir noch die Anteile f_o und f_u der Populationen des oberen bzw. unteren Multipletts im oberen und unteren Laserniveau. Diese werden durch Boltzmann-Verteilungen beschrieben. Weiterhin ist ΔN_{th} die Populationsinversionsdichte im thermischen Gleichgewicht, wofür man schreiben kann:

$$\Delta N_{th} = -N_u = -f_u \cdot N_{ion} \tag{3.36}$$

(N_u : Populationsdichte im unteren Laserniveau, N_{ion} : Dotierungskonzentration der Laserionen)

Damit kann man den Absorptionskoeffizient α_l für die Absorption im Lasermedium bei der Laserwellenlänge beschreiben :

$$\alpha_l = \sigma \cdot f_u \cdot N_{ion} = -\sigma \cdot \Delta N_{th} \tag{3.37}$$

Dann erhalten wir eine neue Gleichung für die Populationsinversionsdichte anstelle von Gl.(3.1), wobei nun auch die Absorption bei der Laserwellenlänge berücksichtigt ist:

(3.38)
$$\frac{d\Delta N(r,z)}{dt} = (f_o + f_u) \cdot R \cdot r_p(r,z)$$
$$- \frac{\Delta N(r,z) - \Delta N_{th}}{\tau} - \frac{(f_o + f_u) \cdot c \cdot \sigma \cdot \Delta N(r,z)}{n_k} \cdot S \cdot s_m(r,z) = 0$$

(Aus Gründen einer einfacheren Schreibweise haben wir dabei $s_{i=1}(x,y,z) = S_1 \cdot s_{lo} = S \cdot s_m$ gesetzt). Hierbei ist im wesentlichen der Relaxationsterm (der zweite Term auf der rechten Seite) durch die Einbeziehung der Besetzung des unteren Laserniveaus verändert. Für die Zahl der Photonen im Resonator gilt entsprechend Gl.(3.3):

$$\frac{dS}{dt} = \frac{c \cdot \sigma}{n_k} \cdot \iiint_{Resonator} \Delta N(r,z) \cdot S \cdot s_m(r,z) \cdot dV - \frac{c \cdot \delta_1}{2 n_k \cdot L} \cdot S = 0 \tag{3.39}$$

Gl.(3.38) lösen wir nun nach $\Delta N(r,z)$ auf und erhalten:

$$\Delta N(r,z) = \frac{(f_o + f_u) \cdot R \cdot r_p(r,z) + \dfrac{\Delta N_{th}}{\tau}}{\dfrac{1}{\tau} + \dfrac{c \cdot \sigma \cdot (f_o + f_u)}{n_k} \cdot S \cdot s_m(r,z)} \tag{3.40}$$

bzw. unter Verwendung von Gl.(3.37):

$$\Delta N(r,z) = \frac{(f_o+f_u)\cdot R \cdot r_p(r,z)\cdot \tau - \dfrac{\alpha_l}{\sigma}}{1+\dfrac{c\cdot \sigma \cdot \tau \cdot (f_o+f_u)}{n_k}\cdot S \cdot s_m(r,z)} \qquad (3.41)$$

Dies setzen wir in Gl.(3.39) ein und erhalten:

(3.42)

$$\frac{\delta_1 \cdot S}{2\sigma \cdot L} = \iiint\limits_{Resonator} \frac{(f_o+f_u)\cdot R \cdot r_p(r,z)\cdot \tau - \dfrac{\alpha_l}{\sigma}}{1+\dfrac{c\cdot \sigma \cdot \tau \cdot (f_o+f_u)}{n_k}\cdot S \cdot s_m(r,z)} \cdot S \cdot s_m(r,z)\cdot dV$$

woraus nach einer kleineren Umformung folgt:

(3.43)

$$\frac{1}{2\sigma\cdot L}\cdot\left(\delta_1 + 2\alpha_l \cdot L \cdot \iiint\limits_{Resonator} \frac{s_m(r,z)}{1+\dfrac{c\cdot \sigma \cdot \tau \cdot (f_o+f_u)}{n_k}\cdot S \cdot s_m(r,z)}\cdot dV\right) =$$

$$(f_o+f_u)\cdot R \cdot \tau \cdot \iiint\limits_{Resonator} \frac{r_p(r,z)\cdot s_m(r,z)}{1+\dfrac{c\cdot \sigma \cdot \tau \cdot (f_o+f_u)}{n_k}\cdot S \cdot s_m(r,z)}\cdot dV$$

Die linke Seite dieser Gleichung rührt von den Verlusttermen in Gl.(3.3) bzw. Gl.(3.39) her, und die rechte Seite repräsentiert die Verstärkung. Man sieht nun, daß sich die Verluste aus zwei Komponenten zusammensetzen: aus dem uns schon bekannten "round-trip"-Verlust δ_1 und einem zweiten Ausdruck, der durch die Besetzung des unteren Laserniveaus zustandekommt. Dieser Verlustterm ist im Falle eines Vier-Niveau-Lasers gleich 0, und Gl.(3.43) reduziert sich dann auf die Form von Gl.(3.10). Wie im folgenden gezeigt wird, lassen sich die von der Besetzung des unteren Laserniveaus herrührenden Verluste als sättigbare Verluste interpretieren. Wir betrachten dazu diesen Verlustterm näher und schreiben:

$$\delta_{sätt} = 2\alpha_l \cdot L \cdot \iiint\limits_{Resonator} \frac{s_m(r,z)\cdot dV}{1+\dfrac{c\cdot \sigma \cdot \tau \cdot (f_o+f_u)}{n_k}\cdot S \cdot s_m(r,z)} \qquad (3.44)$$

bzw. nach Einsetzen der Modenintensitätsverteilung nach Gl.(3.23) und der teilweisen Ausführung des Integrals:

(3.45)

$$\delta_{sätt} = 2\alpha_l \cdot L \cdot \frac{2}{\pi \cdot w_m^2 \cdot L} \cdot 2\pi \cdot L \cdot \int_0^\infty \frac{r \cdot \exp(-2r^2/w_m^2) \cdot dr}{1 + \frac{(f_o + f_u) \cdot \sigma \cdot \tau}{h\nu} \cdot \frac{h\nu \cdot c \cdot S}{n_k \cdot \pi \cdot w_m^2 \cdot L} \cdot \exp(-2r^2/w_m^2)}$$

Im Nenner des Integranden erkennt man nun den Kehrwert der Sättigungsintensität

$$I_{sätt} = \frac{h\nu}{(f_o + f_u) \cdot \sigma \cdot \tau} \tag{3.46}$$

sowie die über den Gauß-Strahl gemittelte zirkulierende Intensität [3.4]:

$$I = \frac{c \cdot h\nu \cdot S}{n_k \cdot \pi \cdot \omega_m^2 \cdot L} \quad , \tag{3.47}$$

Somit können wir schreiben:

$$\delta_{sätt} = \frac{8\alpha_l \cdot L}{w_m^2} \cdot \int_0^\infty \frac{r \cdot \exp(-2r^2/w_m^2) \cdot dr}{1 + \frac{2I}{I_{sätt}} \cdot \exp(-2r^2/w_m^2)} \quad , \tag{3.48}$$

woraus sich nach der Integration ergibt:

$$\delta_{sätt} = \frac{\alpha_l \cdot L \cdot I_{sätt}}{I} \cdot \ln\left(1 + \frac{2I}{I_{sätt}}\right) \tag{3.49}$$

Man erkennt nun leicht, daß für eine große umlaufende Intensität im Resonator $\delta_{sätt}$ verschwindet, da der reziproke Wert von I schneller gegen null geht als der logarithmische Term ansteigt.
Jetzt können wir Gl.(3.29) vervollständigen, indem wir die Verluste infolge der Selbstabsorption bei der Laserwellenlänge einschließen,

$$\delta_1 = \delta_{ex} + 2\alpha_{in} \cdot L + 2\alpha_l \cdot L \quad , \tag{3.50}$$

und erhalten somit für die absorbierte Pumpleistung eines Quasi-drei-Niveau-Lasers an der Laserschwelle, wenn die Besetzung des unteren Laserniveaus berücksichtigt wird:

$$P_{a,s} = \frac{\pi \cdot h\nu_p \cdot \left(w_m^2 + w_p^2\right)}{2\sigma \cdot \eta_q \cdot \tau} \cdot \left(\delta_{ex} + \alpha_{in} \cdot L + \alpha_l \cdot L\right) \tag{3.51}$$

3.3 Transversal gepumpte Laser

Seitlich gepumpte Laser mit guter Stahlqualität unterscheiden sich in ihrer Problematik beträchtlich von den axial gepumpten Anordnungen. Wenn bei diesen sehr kleine Modendurchmesser wünschenswert sind, um die Pumpschwelle zu minimieren (vorausgesetzt, daß $w_p \leq w_m$, um die slope efficiency zu erhalten), so begrenzen kleine Modenradien bei seitlich gepumpten Lasern die Pumplichtabsorption und verkleinern somit die slope-efficiency. Jedoch können seitlich gepumpte Laser (wegen der großen pumpbaren Kristall-Länge) mit höherer Verstärkung betrieben werden als axial gepumpte Laser, wodurch die für einen größeren Modendurchmeser geopferte Effizienz wenigstens teilweise kompensiert wird.

Allerdings gibt es beim transversalen Pumpen einen Verlust in der Effizienz, der zunächst nicht ausgeglichen werden kann. Dies ergibt sich aus der Tatsache, daß bei einem zylindrischen Laserstab der Modenradius immer beträchtlich kleiner als der Radius des Laserstabes sein muß, damit der Gauß-Mode sich ohne größere Beugungsverluste ausbilden kann. Die Pumpstrahlung muß also erst ein Gebiet des Laserstabes durchdringen, in welchem kaum Lasermodenintensität vorhanden ist, welche die Pumpenergie nutzen könnte.

Daher wurden Laser entworfen, bei denen der Lasermode an die Kristalloberfläche herangeführt wird, wo dieser aufgrund von Totalreflexion oder einer entsprechenden optischen Beschichtung reflektiert wird und dann den Weg im Resonator weiterverfolgt. Dies kann mehrfach und an allen möglichen Kristalloberflächen geschehen, so daß dadurch an vielen Reflexionspunkten Pumpstrahlung eingekoppelt werden kann, ohne daß zuerst Pumpenergie in "inaktiven" Gebieten absorbiert wird. Dabei wird die Pumpstrahlung je nach Design mehr oder weniger "quasi-longitudinal" bzw. auch "quasi-transversal" in das Modenvolumen eingekoppelt. Solche Pumpgeometrien sind in erster Linie für den unteren bis mittleren Leistungsbereich von Interesse, da sie häufig die Effizienz des longitudinalen Pumpens mit der Leistungsskalierbarkeit der transversalen Pumpgeometrie verbinden können. Die Möglichkeit des Diodenpumpens hat hierbei eine Vielzahl unterschiedlichster Laser hervorgebracht, von denen einige besonders interessante später diskutiert werden (Kap. 6).

Als modernere Alternative zum klassischen, seitlich gepumpten, zylindrischen Laserstab ist daher die sogenannte "Zick-zack-slab"-Geometrie mit einem rechteckigen Stabquerschnitt zu sehen, wobei der Lasermode in Richtung der Resonatorachse im Laserstab einen zick-zack-förmigen Weg verfolgt. Diese Form des Laserstabes bietet im unteren bis mittleren Leistungsbereich den Vorteil der soeben diskutierten besseren Überlappung von Pump- und Modenvolumen und eröffnet im höheren Leistungsbereich, wo thermische Probleme dominieren, die Möglichkeit, eine bessere Strahlqualität sowie eine höhere Bruchgrenze zu erreichen (Kap. 7).

Diese Ausführungen zeigen, daß sich beim transversalen Pumpen vielfältige Pump- bzw. Laserkonfigurationen ergeben. Eine ähnliche Analyse wie beim longitudinalen Pumpen ist hierbei natürlich auch möglich, jedoch wird die theoretische Diskussion sehr viel mehr vom speziellen Design des transversal gepumpten Lasers abhängen als im Falle des longitudinal gepumpten Lasers.

3.4 Puls-Pumpen

Als nächstes wollen wir nun den Laserbetrieb mit diskontinuierlicher optischer Anregung diskutieren und müssen dafür die Zeitabhängigkeit in die Ratengleichung für die Inversion, Gl.(3.1), einführen. Wenn kein Lasermode vorhanden ist, lautet die Gleichung dann:

$$\frac{d\Delta N(x,y,z,t)}{dt} = r(x,y,z,t) - \frac{\Delta N(x,y,z,t)}{\tau} \quad (3.52)$$

Die Variablen haben dieselbe Bedeutung wie bisher. Diese Gleichung läßt sich problemlos mit der Methode des integrierenden Faktors (für $\Delta N(x,y,z,0) = 0$ überall) lösen, und wir erhalten:

$$\Delta N(x,y,z,t) = \exp(-t/\tau) \cdot \int_0^t r(x,y,z,t') \cdot \exp(t'/\tau) \cdot dt' \quad (3.53)$$

Diese Beziehung zeigt eigentlich nur, daß die Pumpenergie, die zu einem frühen Zeitpunkt im Pumppuls eingestrahlt wurde, zur Inversion bei der Zeit t nur insoweit beiträgt, wie diese sich nicht in der Zwischenzeit durch spontane Emission wieder abgebaut hat. Da frühzeitig zugeführte Energie mehr Zeit hat, zu "zerfallen", trägt sie weniger zur Inversion bei der Zeit t bei als Energie, die nahe dem Pulsende im aktiven Medium deponiert wird.

38 Theoretische Beschreibung diodengepumpter Festkörperlaser

Dies legt es eigentlich nahe, den Pumppuls entsprechend zu formen, um möglichst effizient zu pumpen, was jedoch in Hinsicht auf die dann ungünstigere Leistungsbilanz des pulsformenden elektrischen Versorgungsteils der Laserdioden nicht praktikabel ist. Daher wird bis auf Spezialfälle immer ein rechteckförmiger Pumppuls bevorzugt. Beim sogenannten Quasi-cw-Betrieb einer Laserdiode oder eines Dioden-arrays stabilisiert sich die Temperatur des pn-Übergangs recht schnell (innerhalb weniger µs oder noch kürzer) in Bezug auf die umgebende Wärmesenke (daher Quasi-cw-Betrieb). Somit können wir in guter Näherung einen Rechteck-Strompuls verwenden, um einen rechteckförmigen Anregungspuls zu erhalten; d. h. die lokale Pumprate läßt sich folgendermaßen darstellen:

$$r(x,y,z,t) = r(x,y,z) \cdot \left[\Theta(t) - \Theta(t-t_p)\right] \quad \text{mit:} \quad \Theta(x) = \begin{cases} 0, & x < 0 \\ 1, & x > 0 \end{cases} \tag{3.54}$$

(t_p : Dauer des Pumppulses)

Mit dieser Näherung erhalten wir aus Gl.(3.53), wobei sich das Integral über den Pumppuls (von $t = 0$ bis $t = t_p$) erstreckt:

$$\Delta N(x,y,z,t_p) = \tau \cdot r(x,y,z) \cdot \left[1 - \exp(-t_p / \tau)\right] \tag{3.55}$$

Für $t_p \to \infty$ (kontinuierliches Pumpen) erhält man:

$$\Delta N(x,y,z,\infty) = \tau \cdot r(x,y,z) \tag{3.56}$$

Aus den beiden letzten Ausdrücken sieht man, daß der Faktor $\left[1 - \exp(-t_p / \tau)\right]$ den Bruchteil der Inversion beschreibt, den man beim Pulspumpen im Vergleich zum cw-Pumpen erreicht. Für den Fall der Güteschaltung ist es interessant, den Anteil der invertierten Ionen anzugeben, der am Ende des Pumppulses verblieben ist, wobei der fehlende Anteil auf die spontane Emission zurückzuführen ist. Wir erhalten für diese "Pumppulseffizienz":

$$\eta(t_p) = \frac{\Delta N(x,y,z,t_p)}{t_p \cdot r(x,y,z)} = \frac{\tau}{t_p} \cdot \left[1 - \exp(-t_p / \tau)\right] \tag{3.57}$$

Für $t_p \to 0$ gilt $\eta(t_p) \to 1$. Dies bedeutet, daß wir im Falle eines sehr kurzen Pumppulses keine Fluoreszenzverluste haben. Jedoch baut sich dann auch keine Inversion auf. Andererseits erhalten wir für $t_p \to \infty$ zwar die volle cw-Inversion, jedoch ist die Pumppulseffizienz effektiv null. Ein Kompromiß läßt sich mit der Wahl von $t_p = \tau$ erreichen; dann erhalten wir immerhin 63 % der Inversion wie beim cw-Pumpen mit dieser Pumpleistung, und wir haben eine Pumppulseffizienz von gleichfalls 63 %. Im Vergleich hierzu betragen die Fluoreszenzverluste für $t_p = \tau/2$ nur 21 % (vorher: 37 %), doch muß die Pumpleistung 1.61 mal höher sein, um die gleiche Inversion aufzubauen wie mit dem längeren, weniger leistungsstarken Pumppuls. Die richtige Wahl der Pumppulslänge ist sicherlich stark systemabhängig.

Abschließend wollen wir noch diese Ergebnisse auf einen diodengepumpten, gepulsten slab-Laser mit hoher Verstärkung anwenden. Für die Laserverstärkung gilt in diesem Fall

$$G(t) = \exp\left[\overline{g_0}(t) \cdot \frac{L}{\sin\Theta}\right] \quad (3.58)$$

mit $G(t)$ numerische Verstärkung
$\overline{g_0}(t)$ mittlerer ungesättigter Verstärkungskoeffizient
L gepumpte Länge des slab
Θ interner Reflexionswinkel, bezogen auf die Normale der totalreflektierenden slab-Fläche

Der mittlere ungesättigte Verstärkungskoeffizient ist einfach die gemittelte Inversionsdichte multipliziert mit dem Wirkungsquerschnitt:

$$\overline{g_0}(t) = \sigma \cdot \overline{\Delta N}(t) = \sigma \cdot \frac{1}{V} \cdot \int_{\substack{gepumptes \\ Volumen}} \Delta N(x,y,z,t) \cdot dV \quad (3.59)$$

(V: gepumptes (aktives) Kristallvolumen). Mit Gl.(3.55) gilt nun

$$\overline{\Delta N}(t_p) = \tau \cdot \overline{r} \cdot \left[1 - \exp(-t_p/\tau)\right] = \tau \cdot \frac{R}{V} \cdot \left[1 - \exp(-t_p/\tau)\right] \quad (3.60)$$

(R: totale Pumprate) und mit Gl.(3.18)

$$\overline{\Delta N}(t_p) = \tau \cdot \frac{P_a \cdot \eta_q}{h\nu_p \cdot V} \cdot \left[1 - \exp(-t_p/\tau)\right] \quad (3.61)$$

(P_a: im aktiven Volumen absorbierte Pumpleistung, η_q: Pumpquanteneffizienz). Damit erhalten wir

$$\overline{g_0}(t_p) = \sigma \cdot \frac{P_a \cdot \eta_q}{h\nu_p} \cdot \frac{1}{L \cdot a \cdot b} \cdot \tau \cdot \left[1 - \exp(-t_p/\tau)\right] \quad (3.62)$$

40 Theoretische Beschreibung diodengepumpter Festkörperlaser

Für die absorbierte Pumpleistung P_a können wir schreiben (Kap.2):

$$P_a = P_d \cdot \eta_t \cdot \eta_a \cdot \eta_ü \tag{3.63}$$

(P_d: Ausgangsleistung der Pumpdioden, η_t: Transfereffizienz, η_a: Absorptionseffizienz, $\eta_ü$: Überlappungseffizienz für Pump- und Modenvolumen). Mit der Beziehung für die Sättigungsenergiedichte (in J/cm^2):

$$E_{sätt} = \frac{h\nu}{\sigma} \tag{3.64}$$

erhalten wir dann

$$\overline{g_0}(t_p) = \frac{P_d \cdot \eta_t \cdot \eta_a \cdot \eta_ü \cdot \eta_q \cdot h\nu}{E_{sätt} \cdot h\nu_p} \cdot \frac{1}{L \cdot a \cdot b} \cdot \tau \cdot \left[1 - \exp(-t_p / \tau)\right] \tag{3.65}$$

und

$$G(t_p) = \exp\left[\frac{P_d \cdot \eta_t \cdot \eta_a \cdot \eta_ü \cdot \eta_q \cdot h\nu}{E_{sätt} \cdot h\nu_p} \cdot \frac{\tau \cdot (1 - \exp(-t_p / \tau))}{a \cdot b \cdot \sin\Theta}\right] \tag{3.66}$$

(a,b : Dicke bzw. Breite des slab).

Wenn man den slab-Laser als Verstärker betreiben will, kann man mit dieser Gleichung und unter Verwendung der Frantz-Nodvik-Gleichung für Pulsverstärkung die Energiedichte E_{aus} des verstärkten Laserstrahles als Funktion der Eingangsenergiedichte E_{ein} berechnen [3.6]:

$$E_{aus} = E_{sätt} \cdot \ln\left\{1 + \left[\exp\left(\frac{E_{ein}}{E_{sätt}}\right) - 1\right] \cdot G(t_p)\right\} \tag{3.67}$$

4 Hochleistungsdiodenlaser

Die Diodenlaser gehören zu den effizientesten Wandlern von elektrischer Energie in Laserenergie. Absolute Wirkungsgrade von deutlich mehr als 60 % sind erzielt worden. Die Gründe für diese hohe Effizienz sind nicht zuletzt in der geringen Größe der Diodenlaser und dem direkten Prozeß zu sehen, durch den eine Laserverstärkung erreicht wird.

In diesem Kapitel sollen die physikalischen Prinzipien dieser auch "Injektionslaser" genannten Systeme nur sehr allgemein erörtert werden, da zahlreiche detaillierte Darstellungen der Diodenlaser in der Literatur zu finden sind [4.1-4.4]. Wir wollen uns hier ausschließlich auf die Aspekte der Hochleistungsdiodenlaser in engem Zusammenhang mit dem optischen Pumpen von Festkörperlasern beschränken, wobei insbesondere auch die Zuverlässigkeitsproblematik, die Temperaturabhängigkeit der Betriebsparameter und die Kühlung einbezogen werden.

4.1 Grundlagen

Bei einem Halbleiterlaser stellt der pn-Übergang zwischen zwei hochdotierten n- und p-Materialien das aktive Medium dar. Dabei liegt das Fermi-Niveau im n-dotierten Material innerhalb des Leitungsbandes und im p-dotierten Material innerhalb des Valenzbandes. Wenn eine Vorwärtsspannung von etwa der Größe der Spannung des Bandabstandes, $V_{pn} = E_g / e$ (E_g: Energiebandabstand, e: Elementarladung), an den pn-Übergang angelegt wird, werden Elektronen und Löcher über dem pn-Übergang "injiziert", so daß in einer schmalen Zone eine Inversion erzeugt wird. Dieses Gebiet wird als aktive Zone bezeichnet. In geeigneten Halbleitermaterialien wie z. B. GaAs, den sogenannten "direct bandgap"-Halbleitern, ist eine große Wahrscheinlichkeit für eine strahlende Rekombination vorhanden. Durch die Wechselwirkung der Rekombinationsstrahlung mit Elektronen im Leitungsband entsteht stimulierte Emission weiterer Photonen derselben Frequenz $v_d = E_g / h$. Vereinfacht formuliert, ergibt sich nun bei hinreichender Konzentration der injizierten Ladungsträger eine optische Verstärkung, so daß schließlich mit dem durch die Grenzflächen des aktiven Materials gebildeten Resonator Laserstrahlung emittiert wird.

Die ersten Halbleiterlaser waren GaAs-Laserdioden, in denen ein pn-Übergang durch Diffusion erzeugt wurde. Da die Ladungsträger praktisch nicht eingeschlossen waren, konnten für eine gegebene Stromdichte nur sehr geringe Ladungsträgerdichten erreicht werden. Große Stromdichten von etwa 50 kA/cm^2 waren erforderlich, um die Laserschwelle zu erreichen. Die Dicke der Rekombinationsregion war lediglich durch die Diffusionslänge der Ladungsträger von etwa 1 µm bestimmt. Bei diesen Systemen war nur gepulster Laserbetrieb bei sehr tiefen Temperaturen möglich, wobei dennoch relativ hohe Pulsleistungen erzielt wurden, vorausgesetzt, daß die Pulse kurz und der "duty cycle" (Tastverhälnis) sehr klein waren. Solche Laserdioden werden "homojunction"-Laser genannt.

Nahe Verwandte dieser Laser sind die "single heterostructure"-Laser. Bei diesen Lasern wurde eine größere Ladungsträgerdichte dadurch erreicht, daß die Diffusion der Elektronen nahe am pn-Übergang durch eine Schicht aus einem Material mit größerem Bandabstand, GaAlAs, begrenzt wurde. Die Rekombinationsregion war hierbei zwar immer noch nicht besonders gut definiert, doch konnte gepulster Laserbetrieb bei Zimmertemperatur erreicht werden, wenn auch nur mit relativ geringen mittleren Leistungen.

Kontinuierlicher Betrieb bei Zimmertemperatur wurde erst durch die Entwicklung der "double heterostructure"-Laser möglich, bei denen die Ladungsträger auf beiden Seiten des pn-Übergangs durch "confinement"-Schichten aus GaAlAs eingeschlossen werden. Die aktive Region ist hierbei eine typisch etwa 200 nm dicke Schicht aus GaAs oder auch GaAlAs mit einem geringeren Aluminium-Anteil als in den benachbarten Schichten. Durch die Einbettung der Rekombinationsregion in ein Halbleitermaterial mit einem höheren Bandabstand wurde nicht nur eine geeignete Formation von Potentialbarrieren und damit ein Einschluß der injizierten Ladungsträger in ein eng begrenztes Gebiet erreicht, sondern auch ein Einschluß des optischen Feldes aufgrund des niedrigeren Brechungsindex dieser Grenzschichten.

Mit dieser Wellenleiterstruktur kann der Lasermode effizient Energie aus der Verstärkungsregion extrahieren, ohne die hoch dotierten und deshalb verlustreichen Gebiete ober- und unterhalb der einschließenden Schichten zu durchdringen. Hieraus resultiert eine Reduktion der Schwellenstromdichte und eine bessere Effizienz. Eine wichtige Bedingung für diese Laserdioden ist, daß die Schichtmaterialien (hierbei: GaAs und GaAlAs) bezüglich der Gitterkonstante a gut angepaßt sein müssen ($\Delta a / a < 0.1\%$). Bei großem Δa ergeben sich nichtstrahlende Rekombinationen an den Heterostruktur-Grenzflächen (Auger-Prozesse). Eine hohe Kristall-Perfektion ist erforderlich, da Kristall-Defekte, wie

z. B. Versetzungen, gleichfalls als Zentren für nicht-strahlende Rekombinationen wirken.

Ebenso wichtig wie der transversale Einschluß der Ladungsträger und der Photonen, um kontrollierten Laserbetrieb bei Zimmertemperatur zu erreichen, ist auch der laterale Einschluß, wodurch der totale Schwellenstrom reduziert wird. (Die laterale Richtung in einer Laserdiode ist parallel zu den Spiegelflächen und senkrecht zur Normalen des pn-Übergangs). Ohne eine seitliche Eingrenzung der aktiven Region entsteht das Problem, daß die Laserstrahlung in sogenannte "filaments" aufbricht, die etwa 3 bis 10 µm breit sind und instabilen, inkohärenten und unkontrollierten Laserbetrieb verursachen, der auch zur lokalen Beschädigung der Spiegelfacetten und zur Zerstörung der Diode führen kann. Eine Lösung hierfür stellt der sogenannte Streifen-Geometrie-Laser dar, bei dem sich nur ein filament ausbildet. Man unterscheidet hierbei die Gewinn-geführten ("gain-guided") und die Index-geführten ("index-guided") Diodenlaser.

Im Falle der gain-guided Laserdioden erreicht man eine laterale Begrenzung der injizierten Ladungsträger mittels eines entsprechend ausgebildeten elektrischen Kontaktstreifens an der Diodenoberfläche in Richtung der Resonatorachse. Die nicht gepumpten Gebiete auf beiden Seiten bringen interne Verluste bei der Laserwellenlänge, wodurch eine effektive Führung des optischen Feldes erreicht wird. Zusätzlich ergibt sich noch eine Führung durch ein reales Brechungsindex-Profil, das sich aufgrund eines hierbei entstehenden lateralen Temperatur-Profils und Ladungsträgerdichte-Profils ausbildet.

Bei den index-guided Laserdioden dagegen werden die Ladungsträger und die Photonen durch eine geeignete zweidimensionale Strukturierung des Laserdiodenaufbaus eingeschlossen (Abb.4.1). Dabei ergibt sich der laterale optische Einschluß infolge eines Brechungsindex-Profiles in seitlicher Richtung.

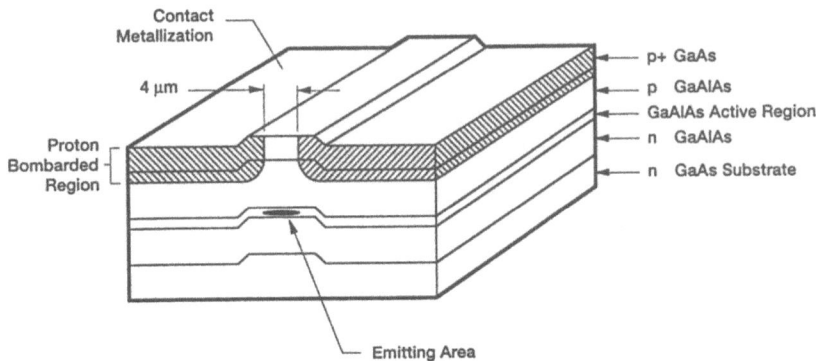

Abb.4.1   Ein-Streifen-Geometrie-Laserdiode ("index-guided") [Q4.1]

Wichtige Beispiele sind der Oxid-Streifen-Laser und der Protonen-implantierte Streifen-Laser. Bei ersterem befindet sich direkt unter der metallischen Kontaktschicht an der Oberfläche der Diode eine isolierende Oxid-Schicht, die nur einen schmalen Streifen von einigen µm Breite frei läßt, durch den der Strom fließen kann. Im zweiten Fall wird die isolierende Schicht durch eine Protonen-Implantation erzeugt. Als ein typischer Vertreter der index-guided Laserdioden kann der "buried heterostructure" Laser angeführt werden, bei dem die Rekombinationsregion vollständig von Material mit höherem Bandabstand und geringerem Brechungsindex umgeben ist.

Bei solchen relativ einfachen Laserdiodenkonfigurationen sind typische Streifenbreiten 6 µm. Die Laserschwelle liegt bei etwa 50-60 mA, und es werden kontinuierliche Ausgangsleistungen von einigen 10 mW erreicht.

Der Schwerpunkt der Emissionswellenlänge wird hierbei durch den Aluminium-Anteil in der aktiven Schicht festgelegt, wobei eine höhere Aluminium-Konzentration den Bandabstand vergrößert und somit die Emissionswellenlänge zu kürzeren Wellenlängen verschiebt. Bei der ternären Verbindung ("compound") $Ga_{1-x}Al_xAs$ entspricht eine Variation von x zwischen 0 und 0.45 Emissionswellenlängen von 870 nm bis 620 nm gemäß der Formel für den Bandabstand [4.3]: $E_g = 1.424 + 1.247 \cdot x$ (eV). Um z. B. Nd:YAG bei 807 nm zu pumpen, sollte die aktive Schicht des Diodenlasers aus $Ga_{0.91}Al_{0.09}As$ bestehen. An dieser Stelle sei bemerkt, daß ein hoher Aluminium-Anteil sich ungünstig auf die Lebenserwartung der Laserdiode auswirkt, was sich schon bei Emissionswellenlängen von etwa 780 nm und darunter deutlich bemerkbar macht.

Die Funktion einer Laserdiode läßt sich durch die sogenannten L-I - und V-I - Kurven charakterisieren (Abb.4.2). Unterhalb eines bestimmten Stromwertes I_s, Schwellenstrom genannt, besteht die gesamte Strahlung der Diode aus spontaner Emission. Das Emissionsspektrum ist entsprechend breit. Wenn sich mit dem Erreichen des Schwellenstromes Laserbetrieb einstellt, zieht sich das optische Spektrum zusammen, und mit zunehmendem Strom ("I") steigt die optische Ausgangsleistung ("L") linear mit einer großen Effizienz an. Die Effizienz wird gewöhnlich durch das Verhältnis der Zahl der aus der Laserdiode emittierten Photonen zur Zahl der injizierten Ladungsträger ausgedrückt. Diese Effizienz wird als externe differentielle Quanteneffizienz η_{ext} bezeichnet. Bezogen auf die Ausgangsleistung von beiden Spiegelfacetten, läßt sich diese Größe schreiben als [4.5]

$$\eta_{ext} = \eta_{int} \cdot \frac{2\Delta P_d / h\nu}{\Delta I / q} \tag{4.1}$$

Dabei ist η_{int} die interne differentielle Quanteneffizienz, die das Verhältnis aus der Zahl der erzeugten Photonen zur Zahl der in der aktiven Schicht injizierten

Ladungsträger darstellt; $h\nu$ ist die Photonenenergie, und q ist die Ladung eines Elektrons. $\Delta P_d / \Delta I$ ist die Steigung der L-I-Kennlinie und wird auch als differentielle Effizienz η_{L-I} ("slope efficiency") mit der Einheit mW/mA bezeichnet. Für symmetrische double-heterostructure-Diodenkonfigurationen beträgt die typische differentielle Effizienz etwa 0.4 mW/mA, bezogen auf die an einem der beiden Spiegel emittierte Strahlung.

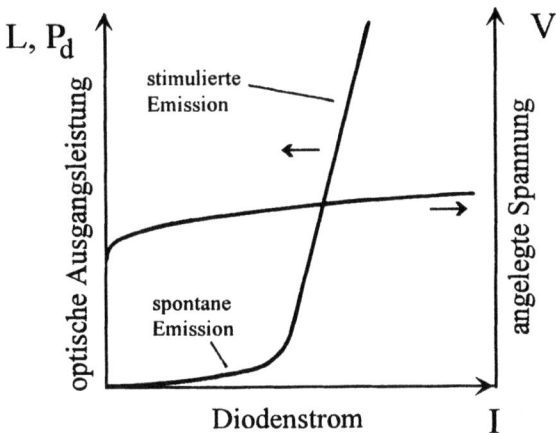

Abb.4.2   Typische L-I- bzw. V-I-Kurve einer Laserdiode

Die V-I-Kurve beschreibt den Zusammenhang von Diodenspannung ("V") und Diodenstrom. Sie ist charakterisiert durch einen längeren, mit zunehmendem Strom allmählich ansteigenden, annähernd linearen Kurvenabschnitt, dessen Steigung den Diodenwiderstand R_d darstellt. Die Extrapolation dieses Kurventeils nach I = 0 ergibt als Achsenabschnitt eine Spannung V_{pn}, die dem Bandabstand der Laserdiode entspricht. Die Betriebsspannung einer GaAlAs-Laserdiode liegt bei etwa 2 V.

In einem einfachen Modell läßt sich die absolute Laserdioden-Effizienz η_D darstellen als

$$\eta_D = \frac{P_d}{P_{el}} = \frac{\eta_{L-I} \cdot (I - I_s)}{I \cdot (V_{pn} + R_d \cdot I)} \qquad (4.2)$$

(P_d : optische Ausgangsleistung der Laserdiode, P_{el} : elektrische Eingangsleistung). Bei großem Diodenstrom dominiert der quadratische Stromterm im Nenner, so daß die Laserdioden-Effizienz nach Erreichen eines Maximums wieder abnimmt (Abb.4.3). Die maximale Effizienz läßt sich aus Gl.(4.2) mittels $d\eta_D / dI = 0$ berechnen. Häufig wird hier der Arbeitspunkt der Laserdiode definiert.

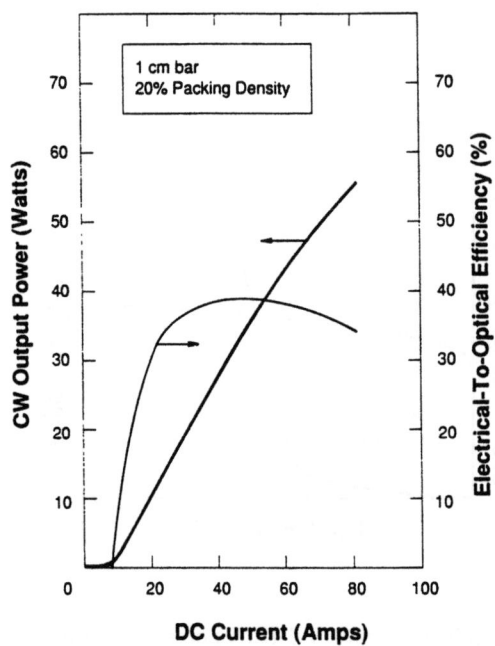

Abb.4.3   Abhängigkeit der Ausgangsleistung und der elektrisch-zu-optischen Effizienz vom Diodenlaserstrom am Beispiel eines kontinuierlichen Hochleistungsdiodenlasers [Q4.2]

Erst mit der Entwicklung moderner Fabrikationstechniken wurde es möglich, leistungsfähige und zuverlässige Laserdioden zu konstruieren. Bei der sogenannten LPE ("liquid phase epitaxy") wachsen in einem Graphit-Schiffchen bei typisch 800 °C (für GaAlAs-Systeme) epitaktische Schichten aus gesättigten Lösungen auf einem Substrat auf [4.6]. Die Wachstumsrate liegt bei etwa 1 µm/min. Dies ist eine relativ einfache, kostengünstige Herstellungsmethode mit einer hohen Wachstumsrate, die jedoch nur eine geringe Qualität bezüglich der Gleichförmigkeit der Schichtdicken und der Zusammensetzung bereitstellt. Insbesondere sind keine extrem dünnen und exakten Schichten möglich.

Anders dagegen die MBE ("molecular beam epitaxy"), die zwar aufwendig und teuer ist, aber eine hohe Qualität, d. h. extrem dünne, exakte Schichten liefert [4.7]. Hierbei treffen thermische Molekül- oder Atomstrahlen im Ultra-

Hochvakuum auf ein geheiztes Substrat auf. Man verwendet dabei z. B. As, P bzw. AsH$_3$ (Arsin) und PH$_3$ (Phosphin) sowie Be für die p-Dotierung und Sn oder Si für die n-Dotierung. Die Wachstumsrate beträgt nur etwa 1 μm/h.

Besondere Bedeutung hat die MOCVD oder MOVPE ("metal organic chemical vapor deposition" bzw. "metal organic vapor phase epitaxy") erlangt, die eine preisgünstigere Produktion als die MBE erlaubt, da insbesondere kein UHV erforderlich ist [4.8]. Hierbei werden beispielsweise organometallische Verbindungen der Gruppe-III-Elemente (Trimethyl-Gallium, Trimethyl-Aluminium) sowie AsH$_3$ und PH$_3$ für die Gruppe-V-Elemente aus der Dampf-Phase in einem Reaktor auf einem geheizten Substrat abgeschieden. Die p-Dotierung erfolgt mit Dimethyl-Zink oder Diethyl-Zink, die n-Dotierung mit H$_2$Se (für GaAlAs/GaAs) oder H$_2$S (für InGaAsP/InP). Die Wachstumsrate liegt bei etwa 10 bis 20 nm/min. Auf dem Substrat ("wafer") von z. B. 3 Zoll Durchmesser können typisch etwa 1000 Laser/cm^2 produziert werden.

Zur Fabrikation der Laserdioden sind im wesentlichen die folgenden Schritte notwendig: 1.) Herstellung des heterostructure-wafers. 2.) Formation von Laserstreifen durch Photolithographie, Ätzen, Protonen-Implantation. 3.) Metallisierung. 4.) Formation des Resonators. Bei dem weit verbreiteten Fabry-Perot-Typ wird dies z. B. durch Ätzen oder "cleaving", d. h. Herstellen einer glatten Bruchfläche erreicht (bei GaAlAs entsprechend der 110-Flächenorientierung), da die kristalline Bruchfläche ein sehr guter Spiegel ist. Bei GaAlAs ist der Brechungsindex 3.5, so daß sich an einem solchen Spiegel eine Fresnel-Reflexion von 32 % ergibt. Wegen der hohen Verstärkung reicht dies für den Laserbetrieb aus. 5.) Spiegelbeschichtung mit SiO$_2$, Al$_2$O$_3$ und 6.) Aufbau, Kontaktierung, Konfektionierung ("mounting, bonding, packaging").

Um hohe Laserdioden-Ausgangsleistungen zu erreichen, die für das optische Pumpen von Festkörperlasern erforderlich sind, müssen im wesentlichen zwei Problematiken beherrscht werden. Dies sind zum einen der hohe optische Fluß und zum andern der hohe Strom in der Diode.

Hohe optische Flüsse sind mit dem Problem der maximalen Spiegelbelastbarkeit verbunden. So ergibt sich bei einer typischen Facettenfläche von 0.1 μm x 5 μm schon für eine relativ geringe Diodenleistung von nur 10 mW eine optische Leistungsdichte von 2 MW/cm^2. Da das Fermi-Niveau der Ladungsträger an den Facetten als Grenzflächen der aktiven Schicht infolge von nichtstrahlender Oberflächen-Rekombination absinkt, ergibt sich dort eine Selbstabsorption bei der Laserdiodenwellenlänge, die bei einem zu hohen optischen Fluß zu lokalem Schmelzen der Facetten führt ("catastrophic optical damage", abgekürzt COD).

Als Lösungsmöglichkeiten bieten sich an: a) eine Reduktion der Oberflächen-Rekombinationsrate, b) eine Verbreiterung der Spiegelfläche in lateraler Richtung und c) eine Verbreiterung der Spiegelfläche in vertikaler Richtung.

48 Hochleistungsdiodenlaser

Die Oberflächen-Rekombinationsrate läßt sich durch das Aufbringen einer dielektrischen Beschichtung, z. B. aus Al_2O_3, Si_3N_4 oder SiO_2, erheblich verringern, wobei Al_2O_3 hinsichtlich des thermischen Ausdehnungskoeffizienten besonders gut für GaAlAs geeignet ist. Infolge dieser Beschichtung wird auch die Wärmeableitung an der Spiegelfläche verbessert, der Oxidationsschutz erhöht, und außerdem läßt sich damit natürlich auch die Strahl-Auskopplung optimieren. (Kommerzielle Laserdioden haben auf der hinteren Facette oft eine hoch reflektierende optische Beschichtung mit einer typischen Reflexion von 95 %). Eine andere Methode wird bei der sogenannten "non absorbing mirror" (NAM)- Laserdiode angewandt. Hier wird bei der Diodenherstellung an den Laserfacetten eine Region mit einem größeren Bandabstand eingebaut, wodurch gleichfalls die Oberflächen-Rekombination reduziert wird. Man erreicht damit beträchtlich höhere Zerstörschwellen, jedoch ist dies mit einer aufwendigeren Fabrikation verbunden, und das Fernfeld-Strahlprofil wird ungünstig beeinflußt.

Zur Verbreiterung der Spiegel in lateraler Richtung wurden die sogenannten "multi-stripe arrays" entwickelt [4.9]. Dies sind periodisch angeordnete parallele Streifenlaser auf einem gemeinsamen Substrat, wobei typische arrays etwa 10 bis 20 Streifen haben (Abb.4.4).

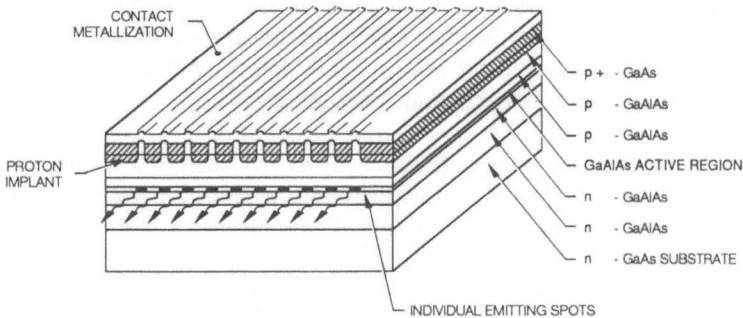

Abb.4.4 Diodenlaser-array aus mehreren parallel angeordneten Laserdioden-Streifen ("multi-stripe gain-guided array") [Q4.1]

Da der Lasermode eines Streifens nicht scharf begrenzt ist, ergibt sich bei einem hinreichend kleinen Abstand (typ. < 10 µm) eine Phasenkopplung benachbarter Laser, und die optischen Verluste werden kleiner. Die Phasenbeziehung benachbarter Streifenlaser ist nicht ohne weiteres kontrollierbar. Die Phasen stellen sich so ein, daß die Laserschwelle minimal wird. Diese Phasenbeziehungen des Nahfeldes beeinflussen das Fernfeld. Ähnlich einem System gekoppelter Oszillatoren hat ein array von N gekoppelten Lasern N Eigenoszillationen, Supermoden genannt. Es ergibt sich eine winkelabhängige Intensitätsverteilung des Fernfeldes [4.9]:

$$I(\Theta) \sim \cos^2\Theta \cdot |E_F(\Theta)|^2 \cdot G(\Theta) \qquad (4.3)$$

(Θ: Fernfeld-Winkel, $\cos^2(\Theta)$: Inklinationsfaktor, $E_F(\Theta)$: Fourier-Transformierte des Einzelemitter-Nahfeldes, d. h. Fernfeld eines Emitters, $G(\Theta)$: "sampling"-Funktion) mit

$$G(\Theta) = \frac{1 - \cos[N \cdot (k_0 \cdot D \cdot \tan\Theta + \varphi)]}{1 - \cos[k_0 \cdot D \cdot \tan\Theta + \varphi]} \qquad (4.4)$$

(N: Anzahl der Streifen, D: Streifenperiodizität (Abstand der Streifenzentren), φ: Phasendifferenz zwischen benachbarten Streifen, $k_0 = 2\pi/\lambda$, λ: Laserwellenlänge).

Eine Phasendifferenz von $\varphi = 0$ würde danach eine um $\Theta = 0°$ symmetrische Intensitätsverteilung ergeben, wohingegen sich für $\varphi = \pi$ zwei Maxima bei $\Theta = \pm \tan^{-1}(\lambda/2D)$ einstellen würden. Nun wird aber in einem multi-stripe array mit Emittern gleichen Abstandes im allgemeinen der Supermode höchster Ordnung mit $\varphi = \pi$ bevorzugt, da sich hierfür die niedrigste Laserschwelle ergibt. Somit zeigt sich dann im Fernfeld das typische "Hasenohrenprofil" (Abb.4.5). Weiterhin ergibt sich bei den arrays auch eine spektrale Einengung infolge eines frequenzselektiven Effektes bei der lateralen optischen Kopplung.

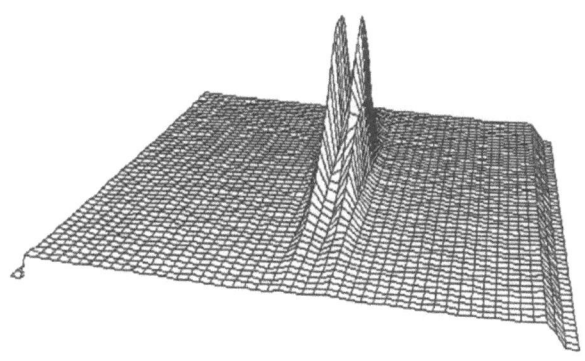

Abb.4.5   Strahlprofil im Fernfeld eines multi-stripe-arrays

50 Hochleistungsdiodenlaser

Das grundsätzliche Problem der Filamentation bei Laserdioden kann auch mit einer instabilen Resonatorgeometrie umgangen werden, wobei ein großes Modenvolumen und somit eine laterale Vergrößerung der Laserfacetten erzielt wird und sich gleichfalls eine gute Strahlqualität erreichen läßt [4.10, 4.11].

Diese beiden Konzepte der Streifen-arrays und der instabilen Resonatoren erfordern jedoch relativ aufwendige Herstellungsprozesse und sind auch mit spezifischen Problemen behaftet. Deshalb wurden Anstrengungen unternommen, auf der Basis des einfacheren "broad area"-Diodenlaser-Konzeptes stabilen Laserbetrieb bei hohen Ausgangsleistungen zu erreichen. So konnten schließlich mittels sehr weit entwickelter Epitaxie-Prozesse, mit denen sich extrem gleichförmige Halbleiterschichten herstellen ließen, in Verbindung mit dem quantumwell-Aufbau (der im folgenden diskutiert wird) leistungsstarke Laserdioden mit einer sehr breiten Apertur bis hin zu etwa 500 µm entwickelt werden, die einen stabilen Laserbetrieb gewährleisten ("broad area laser") [4.12-4.14] (Abb.4.6).

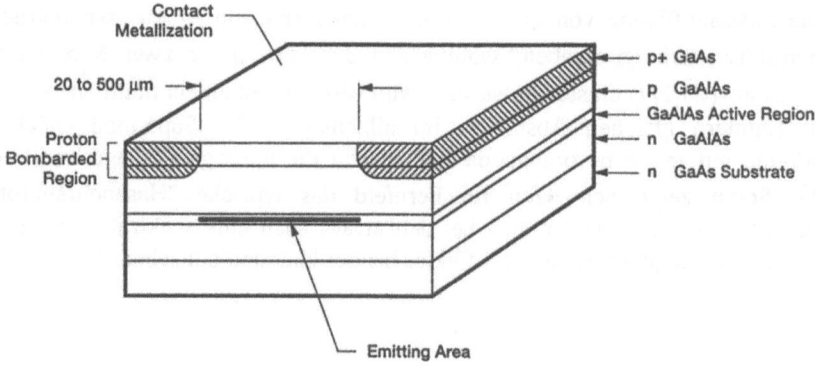

Abb.4.6   "Broad-area"-Laserdiode [Q4.1]

Ein besonderes Problem bei diesen Laserdioden stellt die Vermeidung von ASE ("amplified spontaneous emission") dar, die erheblich zunimmt, wenn sich die Aperturbreite der Größe der Resonatorlänge nähert. Während das Auftreten von ASE bei den Streifen-arrays (durch die Aufteilung in Streifen) a priori weitgehend verhindert wird, konnte dies bei den broad-area-Laserdioden dadurch gelöst werden, daß in einer entsprechenden Weise kleine Lücken in der aktiven Region eingebaut wurden. Ein weiterer Vorteil dieser Laserdioden ist eine relativ gleichförmige Intensitätsverteilung im Fernfeld. Dieser Diodenlasertyp hat

Grundlagen 51

mittlerweile die wichtigste Bedeutung bei den modernen Pumpdiodenlasern erlangt.

Die Verbreiterung der aktiven Spiegelfläche in vertikaler Richtung führt direkt zu den sogenannten "quantum well" (QW)-Lasern. Hierbei handelt es sich um Laserdioden mit einer extrem dünnen aktiven Zone von der Größenordnung der de Broglie-Wellenlänge der Ladungsträger, d. h. von etwa 5 bis 10 nm. In dem resultierenden Potentialtopf (quantum well) können sich die Ladungsträger nur noch parallel zur aktiven Zone bewegen, und die Energiezustände im Leitungs- und Valenzband sind nun diskret. Bei einem typischen GaAlAs-Diodenlaser-Aufbau wird die QW-Zone zwischen zwei Wellenleiter-Schichten aus GaAlAs eingebettet, wobei sich aufgrund der Änderung der Aluminium-Konzentration in vertikaler Richtung ein bestimmtes Brechungsindexprofil einstellt.

Die Wellenführung findet nun nicht mehr allein in der aktiven Zone statt, sondern überwiegend in den nicht absorptiven, separaten Wellenleiter-Schichten. Daraus resultiert eine vertikale Vergrößerung der aktiven Spiegelfläche. Die Emissionswellenlänge wird hierbei durch die Materialzusammensetzung und die Breite des Potentialtopfes bestimmt. Außerdem ist der Schwellenstrom sehr klein, da die Besetzungsinversion nur zwischen einzelnen Energieniveaus in einem sehr kleinen aktiven Volumen erzeugt wird. Infolgedessen stellt sich auch ein hoher Wirkungsgrad ein, was wiederum mit einer geringeren Wärmeentwicklung verbunden ist.

Die aktive Region kann aus einem oder auch mehreren quantum wells bestehen; dementsprechend werden die Laserdioden mit "single quantum well" (SQW) oder "multiple quantum well" (MQW) bezeichnet. Die Anzahl der QWs und ihre Zusammensetzung sowie Breite werden durch die geforderten Laserdiodenspezifikationen bestimmt. Bei einem MQW-Diodenlaser beträgt die Überlappung des optischen Mode und der Verstärkungsregion etwa 15 bis 20 %, wohingegen bei einem SQW-Laser der entsprechende Wert bei etwa 4 % oder weniger liegt; allerdings sind hierbei die internen Verluste geringer [4.15]. Somit haben beide Strukturen sehr ähnliche Eigenschaften; jedoch sind die MQW-Laser in optimaler Konfiguration kürzer als die SQW-Laser. Dieser Unterschied in der Länge resultiert in einem niedrigeren thermischen Widerstand der SQW-Laser, was häufig von Vorteil ist. Für einen GaAlAs-Laser ist im allgemeinen ein einziger QW ausreichend.

Die planaren Wellenleiter können in zwei Design-Gruppen unterteilt werden: die sogenannte (Stufen-Index) "separate confinement heterojunction" (SCH) und die "graded index separate confinement heterojunction" (GRINSCH) Struktur mit einem kontinuierlichen Verlauf der Brechungsindexänderung (Abb.4.7). Vorteile des einen Designs gegenüber dem anderen haben sich bisher nicht manifestiert.

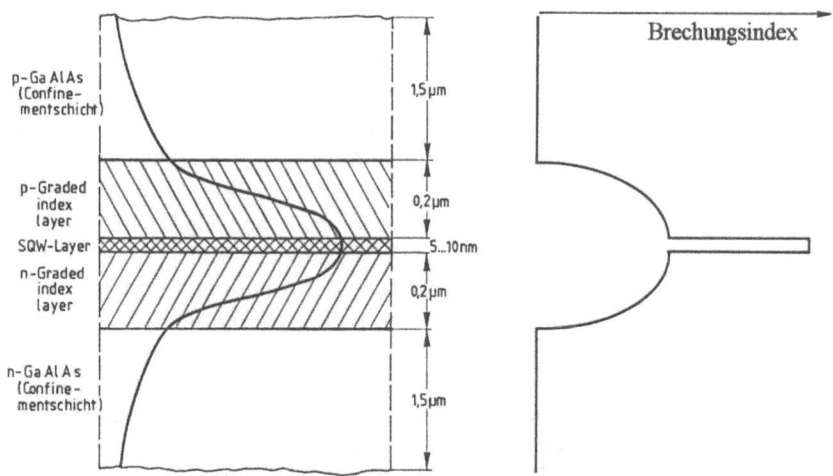

Abb. 4.7 Prinzipieller Aufbau eines SQW-GRINSCH-Lasers [Q4.3]

Zur besseren Übersicht zeigt Abb. 4.8 eine vereinfachte Darstellung der Laserdioden-Familie, die im folgenden noch weiter erläutert wird.

Für das zweite Hauptproblem auf dem Weg zu leistungsstarken Laserdioden, nämlich die durch große Ströme hervorgerufene Wärmeentwicklung, sind im wesentlichen zwei Prozesse verantwortlich, die eine Temperaturerhöhung in der aktiven Schicht verursachen. Dies sind zum einen die Ohmschen Verluste in den Kontaktschichten und in den oberen "cladding"-Schichten (Aufbauschichten mit einem kleineren Brechungsindex im Vergleich zur aktiven Schicht), zum anderen die Konversion eines Teils des injizierten Stroms in der aktiven Schicht in Wärme. Das hieraus resultierende Temperaturverhalten der Laserdiode läßt sich innerhalb eines vereinfachten Modells beschreiben [4.4]. Für die Ausgangsleistung pro Facette ergibt sich

$$P_d = \frac{1}{2} \cdot V_{pn} \cdot B \cdot L \cdot (I - I_s) \cdot \eta_{int} \quad (4.5)$$

(V_{pn}: Spannung am pn-Übergang, B: Breite des emittierenden Gebietes, L: Resonatorlänge, I: Stromdichte am Kontakt, I_s: Schwellen-Stromdichte, η_{int}: interne Effizienz der Laserdiode, d. h. das Verhältnis aus der Zahl der Rekombinationen durch Strahlung und der Zahl der injizierten Ladungsträger); für die Schwellen-Stromdichte gilt

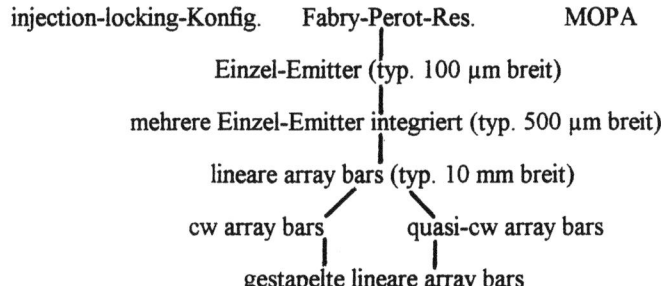

Aktive Schicht

konventioneller Halbleiteraufbau quantum well
 single quantum well   multiple quantum well
         strained layers

Abb. 4.8 Kategorisierte Darstellung von Diodenlaserstrukturen (erheblich vereinfacht)

$$I_s = I_{s,0} \cdot \exp(\Delta T / T_1) \tag{4.6}$$

($I_{s,0}$: Schwellen-Stromdichte bei Raumtemperatur (300 K), $\Delta T = T - 300K$, T: Temperatur am pn-Übergang, T_1: experimentell bestimmter Parameter, der beispielsweise für GaAlAs zu 160 °C angenommen werden kann). Die interne Effizienz läßt sich darstellen als

$$\eta_{int} = \eta_0 \cdot \exp(-\Delta T / T_2) \tag{4.7}$$

(η_0: interne Effizienz bei 300 K, T_2: experimentell bestimmter Parameter, der

z. B. für GaAlAs 100 °C ist); der Temperaturanstieg am pn-Übergang wird beschrieben durch

$$\Delta T = R \cdot I \cdot V_{pn} + C \cdot I^2 \qquad \text{für } I < I_s \qquad (4.8a)$$

$$\Delta T = R \cdot (1 - \eta_{int}) \cdot I \cdot V_{pn} + C \cdot I^2 \qquad \text{für } I > I_s \qquad (4.8b)$$

Die Größen R und C sind Funktionen der Dicke und der thermischen Leitfähigkeit der verschiedenen Schichten, wobei C zusätzlich auch noch vom elektrischen Widerstand der Schichten abhängt. Hieraus ersieht man, daß die Ohmschen Verluste wegen des quadratischen Terms bei großen Stromdichten dominieren.

Mit diesem Formelsatz läßt sich die maximale Ausgangsleistung der Laserdiode in Abhängigkeit von den verschiedenen Parametern untersuchen. Hieraus ergibt sich, daß Wärmeableitung und Kühlung einen großen Einfluß auf die maximale Ausgangsleistung der Laserdiode haben. Insbesondere zeigt sich hier, daß es günstiger ist, das Substrat mit der p-dotierten Seite nach unten auf dem sogenannten "submount" bzw. der Wärmesenke zu montieren ("p-side down"). Die p-Seite der Laserdiode ist die dem pn-Übergang am nächsten gelegene Oberfläche und nur wenige μm von der aktiven Region entfernt.

Der thermische Widerstand von cw- und gepulsten Laserdioden liegt typisch zwischen 10 und 25 K/W. Da die thermische Belastung bei gepulsten Laserdioden geringer ist, kann man hierbei auch die n-dotierte Seite der Diode zur Wärmesenke hin montieren, was produktionstechnisch günstiger ist. Die Wärmeleitfähigkeit der weiteren Aufbauschichten einschließlich der Wärmesenke ist in demselben Maße für den effizienten Betrieb einer Laserdiode von Bedeutung. Spitzenwerte für die Ausgangsleistung werden mit Diamant als Wärmesenke-Material erzielt.

Die Optimierung der Wärmeableitung bzw. Kühlung ist jedoch nicht nur wegen der Effizienz, sondern insbesondere auch in Hinsicht auf den unvermeidlichen Alterungsprozeß beim Betrieb einer Laserdiode notwendig (Kap.4.3).

4.2 Optische Charakteristik

Die meisten cw- und gepulsten gain-guided multi-stripe arrays weisen ähnliche optische Charakteristiken auf. Sie haben ein multi-longitudinales Modenspektrum, wobei der Modenabstand $\Delta\lambda$ durch die Resonatorlänge L, die Wellenlänge λ, den effektiven Brechungsindex n und einen Faktor β bestimmt wird, der die gewichtete Dispersion der Laserschichten der aktiven Region repräsentiert:

$$\Delta\lambda \approx \frac{\lambda^2}{2n \cdot L} \cdot \beta \qquad (4.9)$$

Die typische Emissionslinienbreite eines arrays ist ungefähr 2 nm, entsprechend etwa 1000 GHz, wobei innerhalb dieser Bandbreite typisch etwa 10 bis 15 longitudinale Moden liegen, deren einzelne Linienbreiten von der jeweils in einem Mode enthaltenen Leistung abhängen und zwischen 10 MHz und 5 GHz betragen können (Abb.4.9).

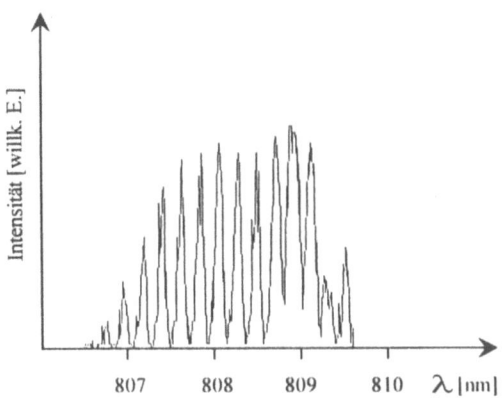

Abb.4.9 Typisches Emissionsspektrum eines Diodenlaser-multi-stripe-arrays

Der Modenabstand beträgt etwa 100 GHz. Laserdioden emittieren sowohl unter- wie auch oberhalb der Laserschwelle einen Anteil an breitbandiger inkohärenter Strahlung. Die Bandbreite dieser spontanen Emission beträgt etwa 25 nm (FWHM), und die darin enthaltene optische Leistung liegt bei 1 bis 2 %, bezogen auf die maximale Ausgangsleistung. Hierbei nimmt die spontane Emission nicht mehr mit dem Strom zu, wenn die Laserdiode oberhalb der Laserschwelle ist. Der kurzwellige Anteil dieser spontanen Emission ist beim Betrieb einer GaAlAs-Laserdiode als rotes Leuchten an den Facetten zu beobachten.

Wenn sich die Temperatur der Laserdiode ändert, so verlagert sich auch der Schwerpunkt des Emissionsspektrums. Der Grad der Änderung hängt vom Laserdiodentyp ab und beträgt etwa 0.25 bis 0.3 nm/K für GaAlAs-Laserdioden. Dabei wird die Wellenlänge λ_d größer, wenn die Temperatur steigt (siehe auch Kap.6):

$$\lambda_d(T) = \lambda_0 + k_\lambda \cdot (T - T_0) \qquad (4.10)$$

(λ_0: Emissionswellenlänge bei $T = T_0$ (meistens 20 oder 25 °C), k_λ: Temperaturkoeffizient der Wellenlänge).

Diese Verschiebung resultiert aus der Abhängigkeit des Bandabstandes und des Brechungsindex von der Temperatur. Dies läßt sich z. B. durch eine Temperaturänderung der Wärmesenke erreichen, so daß das Emissionsspektrum fein abgestimmt werden kann. Andererseits ändert sich die Temperatur gemäß Gl.(4.8) auch mit dem Betriebsstrom, und es resultiert dementsprechend eine Wellenlängenverschiebung. Im Falle der gepulsten Quasi-cw-Laserdioden ergibt sich gleichfalls eine Wellenlängenverschiebung, wenn sich bei konstantem Betriebsstrom die Repetitionsrate verändert (bei konstaner Pulslänge), oder wenn die Pulslänge bei konstanter Wiederholungsrate verändert wird, d. h. mit der Änderung des "duty cycle" (Tastverhältnis). Dies muß beim Design des Festkörperlasers berücksichtigt oder durch eine Temperatursteuerung kompensiert werden, da sich sonst die Effizienz des Festkörperlasers sowie auch andere Laserparameter ändern.

Die gain-guided Laserdioden strahlen in der Ebene senkrecht zum pn-Übergang mit einer nahezu Gauß-förmigen Intensitätsverteilung, wobei in der zum pn-Übergang parallelen Ebene im allgemeinen ein recht komplexes Intensitätsmuster vorhanden ist. (Bei den arrays ist dies, wie in Kap.4.1 diskutiert, ein mehr oder weniger ausgeprägtes "Hasenohrenprofil"). Außerdem weisen sie Astigmatismus auf: Diese mit gain-guided bezeichneten Laserdioden sind in der zum pn-Übergang senkrechten Ebene "index-guided" und in der anderen Ebene, parallel zum pn-Übergang, "gain-guided". Für die Lage der Strahltaillen ergeben sich unterschiedliche Orte. Für die "index-guided" Strahlebene liegt die Strahltaille meist auf der Ausgangsfacette, wohingegen für die andere Strahlebene die Taille hinter der Facette liegt. Die Kohärenzlänge von gain-guided Diodenlasern beträgt nur etwa 0.5 mm. Das Polarisationsverhältnis ist typisch 10:1 oder auch etwas größer, wobei der elektrische Feldvektor in der Ebene des pn-Übergangs liegt.

Anders dagegen die index-guided Laserdioden, die im allgemeinen einen einzelnen longitudinalen Mode ausbilden. Als Einstreifen-Laserdioden haben sie in beiden Strahlungsebenen eine annähernd Gauß-förmige Intensitätsverteilung, wenn auch mit unterschiedlichen Radien, so daß ein elliptisches Strahlprofil resultiert. Aufgrund ihrer besseren Strahlqualität weisen sie Kohärenzlängen bis zu 10 m auf und haben nur einen sehr geringen Astigmatismus. Ihre Ausgangsleistung liegt jedoch erheblich unter derjenigen der gain-guided Laserdioden, so daß sie heute nur für Festkörperlaser im untersten Leistungsbereich als Pumpquellen infrage kommen, hierfür aber hervorragend geeignet sind. Das typische Polarisationsverhältnis dieser index-guided Laserdioden beträgt etwa 50:1 bis zu 100:1.

Laserdioden haben ein relativ geringes optisches Amplitudenrauschen mit einer 1/f-Charakteristik und einem verhältnismäßig flachen Verlauf zwischen etwa 100 kHz bis zu 2 GHz. Aus der 1/f-Charakteristik resultiert im Intervall von 10 Hz bis 100 kHz eine Abnahme der Rauschamplitude von etwa 10 dB pro Frequenzdekade. Auf einen konstanten Intensitätswert bezogen, kann man z. B. bei 200 Hz einen Rauschanteil von -125 dB annehmen. Durch Rückstreuung von Laserdiodenstrahlung auf die Emissionsapertur wird jedoch im allgemeinen ein beträchtlicher Anstieg des Rausch-Niveaus hervorgerufen.

4.3 Zuverlässigkeit und Alterung von Laserdioden

Die lange Lebenserwartung der Pumpdioden gehört zu den besonders wichtigen Merkmalen der diodengepumpten Festkörperlaser. Für cw-Hochleistungsdiodenlaser sind Lebensdauern von 10^4 Stunden und mehr möglich, und für einige Pumpdioden im unteren Leistungsbereich können sogar Werte von mehr als 10^5 Stunden angesetzt werden. Bei den Quasi-cw-Laserdioden liegen die entsprechenden Angaben bei mehr als 10^{10} Einzelpulsen. Diese Zahlen müssen jedoch relativiert werden, da die Thematik der Zuverlässigkeit und Lebenserwartung von Laserdioden recht komplex ist, wobei sehr unterschiedliche Degradationsmechanismen vorhanden sind.

Wenn ein Festkörperlaser von nur einer Pumpdiode angeregt wird, hört bei Ausfall der Diode natürlich auch der Laserbetrieb auf; die Lebensdauer eines solchen Lasers ist gleich derjenigen der Pumpdiode. Werden mehrere Pumpdioden verwendet, wird sich zumindest die Ausgangsleistung des Festkörperlasers verändern sowie gegebenenfalls auch das Strahlprofil oder noch weitere Laserparameter, entsprechend der Laser- bzw. Pumpkonfiguration. Wenn eine große Zahl von Laserdioden zum optischen Pumpen verwendet wird, schlägt der Ausfall einer einzigen oder auch mehrerer Dioden entsprechend weniger zu Buche. Dies ist sicherlich bei den Hochleistungs-Festkörperlasern der Fall, wobei jedoch bei serieller elektrischer Schaltung der Ausfall einer einzigen Diode auch zum Ausfall weiterer Dioden (durch eine Strom-Unterbrechung) führen kann. Insbesondere dann, wenn eine hohe Strahlqualität des Festkörperlasers gefordert ist, kann ein lokaler Schaden bei den Pumpdioden zu einer lokalen Änderung des Temperatur- und des Verstärkungsprofils und damit zu einer erheblichen Vergrößerung des Strahlparameterproduktes führen. Da der Ausfall von Pumpdioden sich also sehr direkt auf den Betrieb eines Festkörperlasers auswirkt, soll diese Zuverlässigkeitsproblematik eingehender betrachtet werden.

Der Begriff "Zuverlässigkeit" läßt sich beschreiben als die Wahrscheinlichkeit, daß eine Pumpdiode unter normalen Bedingungen für eine bestimmte Zeit ohne Fehler arbeitet. Entsprechend komplementär wird der Begriff "Unzuverlässigkeit", d. h. Fehlfunktion oder Ausfall definiert. Dabei wird aber im allgemeinen als Ausfall der Laserdiode nicht die Zustandsänderung bezeichnet, wenn die Laserdiode aufhört, Laserlicht zu emittieren. Als Kriterium für eine Fehlfunktion der Laserdiode kann z. B. gelten, daß der Betriebsstrom I_{op}, der nötig ist, eine vorgegebene, konstante Ausgangsleistung P_d zu erreichen, einen bestimmten Wert, z. B. $1.2 \cdot I_{op}$ oder auch $1.5 \cdot I_{op}$, überschreitet. Andere Kriterien können darin bestehen, daß bei konstantem Betriebsstrom die Ausgangsleistung unter einen bestimmten Wert fällt, etwa auf $1/e \cdot P_d$, oder daß sich die Laserschwelle um einen bestimmten Betrag erhöht. Die Zeit von der Inbetriebnahme bis zum Auftreten eines so definierten Fehlers bzw. Ausfalls wird mit TTF ("time to failure") bezeichnet. Dann kann man bei einer hinreichenden Zahl von Ausfällen aus der kumulativen Fehlerverteilung die Fehler-Wahrscheinlichkeitsdichte-Funktion $f(t)$ bestimmen und die MTTF ("mean time to failure") berechnen gemäß [4.5]:

$$MTTF = \int_0^\infty t \cdot f(t) \cdot dt \qquad (4.11)$$

Ein anderer, in diesem Zusammenhang häufig verwendeter Begriff ist die sogenannte "median life-time". Diese bezieht sich auf ein Zeitintervall, in dem die Hälfte eines Ensembles von Laserdioden ausgefallen ist (Abb.4.10).

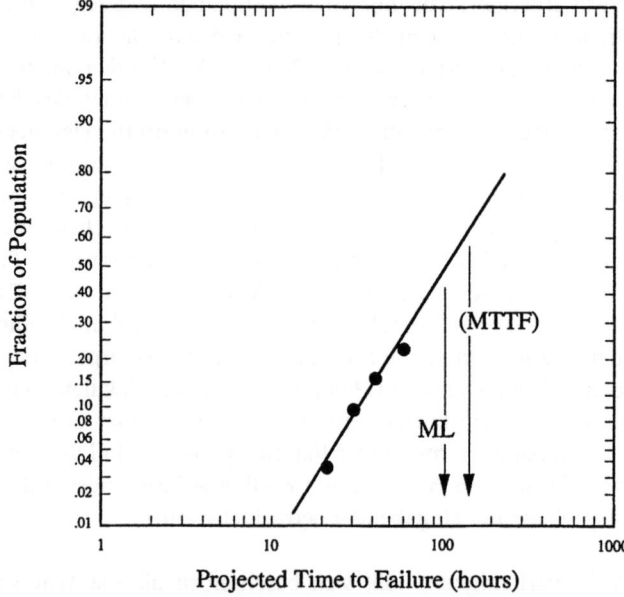

Abb.4.10 Charakteristische Darstellung des Anteils ausgefallener Diodenlaser aus einer vorgegeben Diodenlaser-Anzahl über der Zeit; die Pfeile kennzeichnen die ML (median life-time) und die MTTF (mean time to failure) [Q4.1]

Um Aussagen zur Zuverlässigkeit von Laserdioden zu machen, werden üblicherweise sogenannte "beschleunigte" Lebensdauertests durchgeführt, wobei die Laserdioden erhöhtem Stress ausgesetzt sind. Dies kann z. B. eine erhöhte Umgebungstemperatur sein. Mit Hilfe von Methoden der Zuverlässigkeitsmathematik ("reliability mathematics") und der Fehlerphysik ("failure physics") werden dann unter Verwendung von statistischen sowie physikalischen Modellen Fehler-Modellrechnungen durchgeführt. Die statistischen Modelle beruhen auf bestimmten Fehler-Verteilungsfunktionen wie etwa der logarithmischen Normalverteilung oder der Exponentialverteilung. Diese statistischen Modelle können mit physikalischen Modellen verknüpft werden, wie z. B. dem Reaktionsmodell im Falle einer aufgezwungenen Temperaturerhöhung der Laserdiode. Hierbei wird die Lebenserwartung τ einer Laserdiode empirisch in Relation zur Temperatur T gesetzt, gemäß der sogenannten Arrhenius-Relation:

$$\tau = A_T \cdot \exp(E_a / kT) \qquad (4.12)$$

(A_T: Proportionalitätsfaktor, E_a: entspricht einer Aktivierungsenergie, k: Boltzmann-Faktor). Entsprechend der jeweils zu beschreibenden Degradationsart nimmt die Aktivierungsenergie einen bestimmten Wert an. Dabei wird die Temperatur desjenigen Teils der Laserdiode eingesetzt, von dem die Degradation ausgeht, z. B. die Temperatur des pn-Übergangs oder des Lotes. Durch den Proportionalitätsfaktor wird die Abhängigkeit der Degradation von bestimmten Betriebsparametern berücksichtigt. Dieser Faktor kann z. B. von der Ausgangsleistung oder auch vom Betriebsstrom abhängen. Mit diesem Modell können die Ergebnisse von Lebensdauertests bei hohen Temperaturen relativ gut beschrieben werden, jedoch sollte es nicht über einen zu großen Temperaturbereich angewandt werden [4.16].

Laserdioden können, wenn sie einmal ausgefallen sind, im allgemeinen nicht repariert werden, und dementsprechend ändert sich auch die Fehlerrate einer Anzahl von Laserdioden im Laufe der Betriebszeit. Die Kurve für die Fehlerrate in Abhängigkeit von der Betriebsdauer hat die Form einer sogenannten "Badewannenkurve". Sie setzt sich aus drei Kurvenstücken zusammen und besteht im ersten Teil ("early failure period") aus einem relativ steil abfallenden Kurvenstück, das durch die frühen Ausfälle infolge von nicht optimaler Produktion erzeugt wird. Diese hohen Ausfallraten lassen sich jedoch in der Praxis durch geeignete Selektionsverfahren ("screening") fast vollständig eliminieren. Dabei wird z. B. während eines kurzen Alterungsprozesses unter mehr oder weniger harten Stressbedingungen die Änderung des Laserverhaltens beobachtet, wodurch die "Spreu vom Weizen" getrennt werden kann. An diesen ersten Kurventeil schließt sich ein flaches Kurvenstück, der "Boden" der Badewannenkurve an, die sogenannte "random failure period". Dieser flache Kurventeil ist auch unter den anderen Kurventeilen vorhanden, so daß nach einer gründlichen Selektion das erste Zeitintervall der random failure period zugerechnet werden kann. Im dritten und letzten Teil des Kurvenverlaufs steigt die Fehlerrate wieder an. Dieser Teil wird "wear-out period" genannt, da man sich nun der "maximal möglichen" Lebenszeit der Laserdioden nähert. Je nach Kurvenstück werden unterschiedliche Fehlermodelle zur Beschreibung der Zuverlässigkeit verwendet.

Wenn man die Meßkurven zur Bestimmung der Alterung bzw. der Lebensdauer von Laserdioden betrachtet, also Ausgangsleistung über der Zeit bei konstantem Strom bzw. Strom über der Zeit bei konstanter optischer Leistung, so lassen sich unterschiedliche Degradationsverläufe erkennen, die man grob mit den Begriffen "schnell" (rapid), "langsam" (gradual, slow) und "plötzlich" (sudden) beschreiben kann. Zusätzlich ist auch eine "infant mortality" vorhanden, wenn noch kein screening durchgeführt worden ist (Abb.4.11).

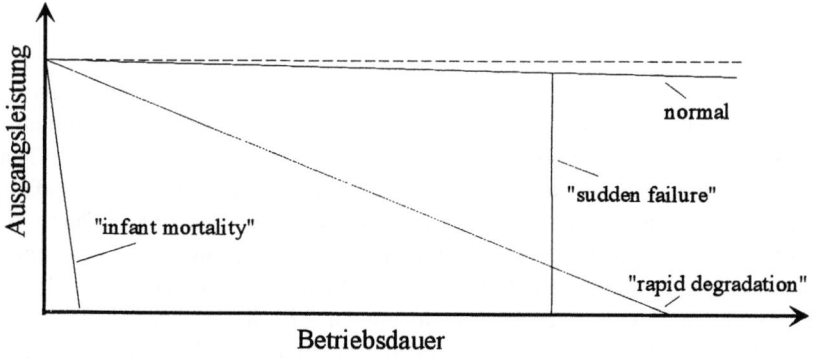

Abb.4.11 Schematische Darstellung verschiedener Ausfallarten für Diodenlaser, kategorisiert nach der Degradationsgeschwindigkeit. Die Augangsleistung bezieht sich auf einen konstanten Betriebsstrom.

Als Beispiel hierzu sind in Abb.4.12 experimentelle Strom-Meßkurven für eine Anzahl von Laserdioden gezeigt, bei welchen spontane Ausfälle sowie auch schnelle Degradation erkennbar sind.

Für diese Kurvenverläufe sind unterschiedliche, zum Teil sehr komplexe, und manchmal auch noch nicht vollständig bekannte Degradationsmechanismen verantwortlich, zu deren Klärung extensive Untersuchungen durchgeführt worden sind. Die Ursachen und die Häufigkeit (Wahrscheinlichkeit) für das Auftreten einer bestimmten Degradationsart hängen vom Laserdiodentyp, der inneren Struktur der Laserdiode sowie vom gesamten Aufbau auf der Wärmesenke und von den verwendeten Materialien ab. So verhalten sich GaAlAs-Laserdioden in dieser Hinsicht anders als z. B. InGaAsP-Laserdioden.

Zuverlässigkeit und Alterung von Laserdioden 61

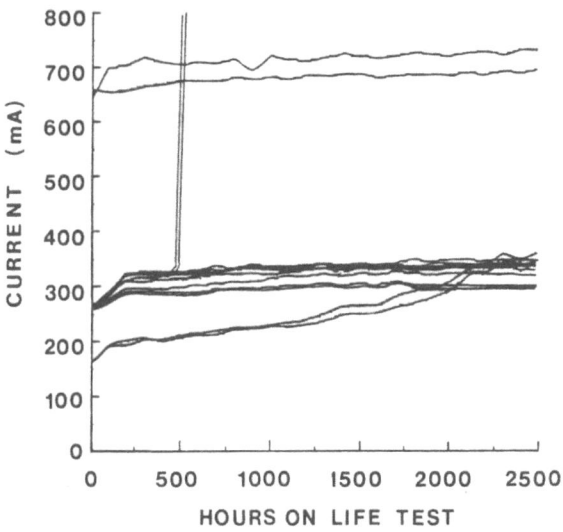

Abb.4.12 Beispiel einer Messung des Laserdiodenstroms über der Zeit für eine Anzahl von Laserdioden, wobei spontane Ausfälle sowie schnelle Degradation auftraten [Q4.4]

Der prinzipielle Aufbau einer Laserdiode auf einer Wärmesenke ist in Abb.4.13 dargestellt. Die durch Degradation gefährdeten Teile sind die innere Region der Laserdiode, d. h. die aktive Schicht und die cladding-Schichten, die Facetten, die Elektrodenschicht, die sogenannten "bonding"-Schichten (Lot-Schichten) und die Wärmesenke.

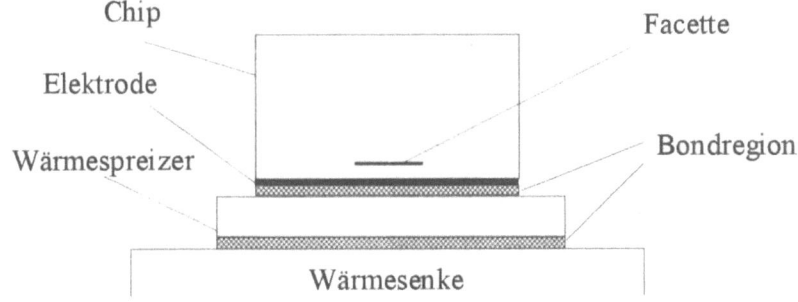

Abb.4.13 Prinzipieller Aufbau einer Laserdiode auf einer Wärmesenke

Die von der inneren Region ausgehende Degradation rührt von Fehlern im Kristall-Aufbau des Halbleitermaterials her. Dies ist besonders bei den GaAlAs-Laserdioden ein Problem. Die Hauptursache liegt dabei in Versetzungen im Kristallgitter (Liniendefekte), die entweder direkt beim Herstellungsproze der inneren Schichten oder später, z. B. durch mechanischen Stress bei der Montage, entstanden sind. Auch unterschiedliche thermische Ausdehnungskoeffizienten von Halbleiter- und Wärmesenke-Material können mechanischen Stress verursachen, der im Prinzip durch weiche Lötmaterialien ausgeglichen werden kann. Diese Versetzungen weiten sich aus, indem sie ein feines Linien-Netzwerk bilden, das früher oder später, je nachdem auch, wo die primäre Störung im Kristall entstanden ist, die aktive Region zerstört.

Diese Defekte sind z. B. in "electroluminiscence"- (EL) oder "electron-beam-induced current"- (EBIC) Aufnahmen des pn-Übergangs aufgrund nichtstrahlender Rekombination und Absorption anfangs als dunkle Flecken, infolge Wachstums dann als Linien zu erkennen und werden als "dark spot defects" (DSD) bzw. "dark line defects" (DLD) bezeichnet, wobei die DLD noch bezüglich ihrer Hauptausbreitungsrichtung im Kristall, z. B. mit <100>DLD, klassifiziert werden.

Die DLD erhöhen zunächst die interne Absorption und verkürzen die Lebenszeit der Ladungsträger infolge des Ansteigens der nicht-strahlenden Rekombination. Sie können eine schnelle Degradation innerhalb einiger 100 Stunden nach Inbetriebnahme verursachen. Die Degradation muß nicht monoton erfolgen, sondern kann auch in Stufen voranschreiten, entsprechend dem Ausbreiten der DLD, was sich dann z. B. in einer stufenförmigen Abnahme der Ausgangsleistung bei konstantem Strom bemerkbar macht. Die DLD können aber auch zu einem abrupten Ende der Laseremission ohne irgendeine Vorankündigung führen. Das Wachsen der Versetzungen wird durch einen großen injizierten Strom beschleunigt, d. h. durch eine große Dichte von Elektron-Loch-Paaren, aber auch aufgrund Joulescher Wärme und hoher Umgebungstemperatur sowie hoher Laserphotonendichte. Bei den QW-Diodenlasern gibt es Hinweise, daß die Zuverlässigkeit abnimmt, wenn die Dicke des QW kleiner als etwa 10 nm wird, was auf die hohen Stromdichten zurückgeführt wird [4.17].

Die auf DLD zurückzuführenden Laserdioden-Ausfälle stellten ursprünglich bei den GaAlAs-Laserdioden ein großes Problem dar. Nachdem jedoch die wesentlichen Ursachen für das Entstehen der DLD weitgehend identifiziert wurden, konnte durch entsprechend größere Sorgfalt bei der Herstellung der epitaktischen Schichten, bei der Auswahl der Aufbaumaterialien und bei der Montage diese Degradationsart erheblich unterdrückt, wenn auch nicht eliminiert werden. Bei anderen Halbleiterlasern wie z. B. bei den InGaAs- oder auch InGaAsP-Laserdioden ist dieser Degradationsmechanismus praktisch ohne Bedeutung.

Außer diesen schnell ablaufenden oder abrupt auftretenden DLD-Degradationsprozessen in der inneren Laserdioden-Region ist ein "natürlicher", langsamer Alterungsprozeß vorhanden, der die maximal mögliche Lebensdauer der Laserdioden bestimmt und für GaAlAs-Laserdioden durch eine typische Zeitkonstante von etwa 10^6 Stunden charakterisiert ist [4.16], entsprechend einer Aktivierungsenergie (s. Gl.(4.12)) von ungefähr 0.5 eV [4.18]. Während im Falle der GaAlAs-Laserdioden das langsame Altern einem Anwachsen von Punktdefekten im Kristallgitter zugeordnet werden kann, wurde diese Degradation z. B. bei InGaAsP-InP Diodenlasern nicht beobachtet [4.19]. Da beim graduellen Alterungsprozeß der Laserdiode ein immer höherer Strom zum Erreichen einer bestimmten Ausgangsleistung erforderlich wird, erhöht sich dabei auch die Temperatur der Diode, und der Alterungsprozeß wird beschleunigt. Durch den größeren Betriebsstrom (bei konstanter Ausgangsleistung) sinkt die Effizienz der Laserdiode. Die Temperaturerhöhung bewirkt auch eine Erhöhung der Emissionswellenlänge. Dies alles ist beim Laserdesign zu berücksichtigen.

Die Degradationsrate steigt auch mit zunehmender Aluminium-Konzentration in der aktiven Schicht an. Dies kann zum Teil durch den erhöhten Stress erklärt werden, der sich durch eine Gitter-Fehlanpassung zwischen der aktiven Schicht und dem Substrat ergibt. Andererseits ist auch ein höherer Betriebsstrom für diese Laserdioden erforderlich.

Eine andere Degradationsart ist mit der Verringerung der Facettenqualität korreliert, wobei die Oxidation der Facetten durch eine photo-unterstützte Reaktion die hauptsächlich Rolle spielt. Das heißt auch, daß dieser Prozeß durch hohe optische Leistungsdichten sowie Umgebungsfeuchtigkeit beschleunigt wird und von der Art des aktiven Materials abhängt. Die Facettenoxidation ist prinzipiell ein relativ langsam ablaufender Prozeß, mit einer charakteristischen Zeitkonstante von typisch 10^4 Stunden, im Laufe dessen sich die Leistungsdaten der Laserdiode allmählich verändern. Die Facettenoxidation kann durch das Aufbringen einer dielektrischen Schicht erheblich reduziert werden. Damit ist jedoch eine Degradation nicht vollständig unterbunden, da unter der Schutzschicht lokale Facettendefekte durch Absorption von Laserlicht entstehen können.

Wie oben schon erwähnt wurde, führen hohe optische Leistungsdichten zur Zerstörung der Spiegelfacetten (COD). Dabei ist zunächst infolge von Oberflächen-Rekombinationen die Populationsinversion reduziert, so daß an den Spiegelfacetten der Absorptionskoeffizient für die Laserdiodenstrahlung erhöht ist. Bei sehr hohen Ausgangsleistungen steigt die Temperatur an der Spiegelfacette stark an, was wiederum zu einer erhöhten Absorption führt und in einer positiven Rückkoppelschleife die Facetten dann sehr schnell (~ 100 ns) zum Schmelzen bringt. Deshalb muß beim Betrieb der Laserdioden bzw. beim Aufbau eines diodengepumpten Festkörperlasers auch besonders darauf geachtet werden, daß möglichst wenig der emittierten Laserstrahlung auf die Spiegelfacetten zurückreflektiert wird.

Für gepulsten Betrieb von GaAlAs-Laserdioden wird COD, abhängig von der Pulslänge, bei etwa 10^6 bis 10^7 W/cm^2 beobachtet; bei kontinuierlichem Betrieb stellt sich COD schon bei um etwa eine Größenordnung niedrigeren Leistungsdichten ein. Mit einer thermisch gut leitenden dielektrischen Schicht an der Facettenfläche können höhere COD-Werte erreicht werden. Der COD-Wert hängt auch von der inneren Struktur der Laserdiode ab. So weisen quantum-well-Laserdioden besonders hohe COD-Werte auf. COD-gefährdet sind hauptsächlich GaAlAs-Laserdioden und andere, im sichtbaren Bereich emittierende Halbleiterlaser.

An dieser Stelle sei auch darauf hingewiesen, daß die häufig verwendeten "offenen" Laserdioden, deren emittierende Fläche ungeschützt der Umgebung ausgesetzt ist, vor Staub und Aerosolen bewahrt werden müssen. Schon kleine Ablagerungen an den Facetten können zur Absorption der emittierten Strahlung und einer lokalen Aufheizung oder auch zur Rückreflexion mit den soeben diskutierten Auswirkungen führen.

Ein weiterer Degradationsprozeß geht von der Elektrode aus. Dabei diffundiert das Elektroden-Metall langsam in die innere Region der Laserdiode. Dieser Prozeß wird durch einen großen Injektionsstrom und eine hohe Temperatur beschleunigt. Da die Elektrode sich in einem größeren Abstand zur aktiven Schicht befindet, macht sich diese Art der Degradation erst nach längeren Betriebszeiten bemerkbar. Auch hierfür gibt es sehr komplexe Prozeßabläufe ebenso wie für die Degradation im Zusammenhang mit den sogenannten bond-Schichten, metallischen Lot-Schichten, welche die Laserdiode und die Wärmesenke verbinden. Bei einer ungeeigneten Auswahl des Lotes und des Aufbaumaterials können spontane Laserdiodenausfälle auftreten. Dafür wurden verschiedene Ursachen gefunden. So kann z. B. das Lot durch Strom-induzierte lokale Erwärmung in der unmittelbaren Umgebung der Laserfacette in den Laserkristall hineinwandern, oder es wachsen sogenannte "whisker" aus Lot-Bestandteilen wie Indium und Zinn, die bei 1 bis 2 µm Dicke und Längen von 100 bis 200 µm einen elektrischen Kurzschluß der Laserdiode verursachen [4.20, 4.21].

Die Lot-Instabilitäten werden durch große Ströme erhöht. Außerdem fand man heraus, daß whisker bei einer ganz bestimmten Umgebungstemperatur besonders schnell wachsen können. Die dadurch hervorgerufenen spontanen Ausfallmechanismen sind weitgehend unabhängig vom Laserdiodentyp (aktives Medium) und können durch eine sorgfältige Optimierung des Aufbaus, d. h. insbesondere von Lot- und Aufbaumaterial, weitgehend eliminiert werden. Zur Klärung der hiermit zusammenhängenden, zum Teil sehr komplizierten metallurgischen Reaktionen waren langwierige Untersuchungen erforderlich, und viele Details blieben bis heute "Firmengeheimnisse", da diese Aufbau- und Verbindungstechnik eine der Schlüsseltechnologien in der Halbleiterproduktion ist.

Zur Übersicht sind die Degradationsarten für GaAlAs-Laserdioden in Abb.4.14 bezüglich ihres charakteristischen Zeitablaufes und der typischen Zeit ihres Auftretens über der Betriebsdauer dargestellt.

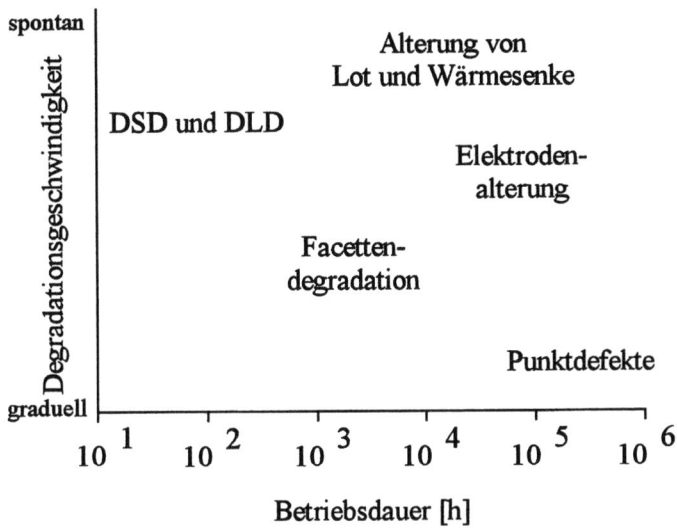

Abb.4.14 Schemadarstellung der Degradationsarten (für GaAlAs-Laserdioden) bezüglich der Degradationsgeschwindigkeit und der typischen Zeit ihres Auftretens (nach [4.5])

Die Zuverlässigkeit, die mit moderner Laserdioden-Technologie erreicht worden ist, zeigt sich in dem beispielhaften, hohen Wert von $4 \cdot 10^5$ Stunden für die Lebenserwartung (median life-time) von 500 mW-GaAlAs-Laserdioden bei einer erhöhten Temperatur von 50 °C [4.22]. Dies gilt in ähnlicher Weise auch für Diodenlaser im Bereich weit höherer Leistungen, wie aus den in Abb.4.15 gezeigten Meßkurven für kontinuierliche 20 W-Diodenlaser hervorgeht. Dabei weist der für mehrere Diodenlaser bei konstanter Ausgangsleistung aufgenommene Verlauf des Betriebsstroms eine bemerkenswerte Konstanz auf.

Laserdioden können natürlich auch durch Überspannung bzw. -strom zerstört werden (insbesondere auch bei statischer Aufladung). Dabei ist der nach Typ bzw. Aufbau der Laserdiode jeweils schwächste Teil betroffen. Dies kann die Facette, der pn-Übergang oder die Elektrode sein. Die Polung, in Vorwärts- oder Rückwärtsrichtung, hat dabei unterschiedliche Auswirkungen auf den Degradationsmodus. So wird im Falle eines Überspannungspulses in Vorwärtsrichtung

66 Hochleistungsdiodenlaser

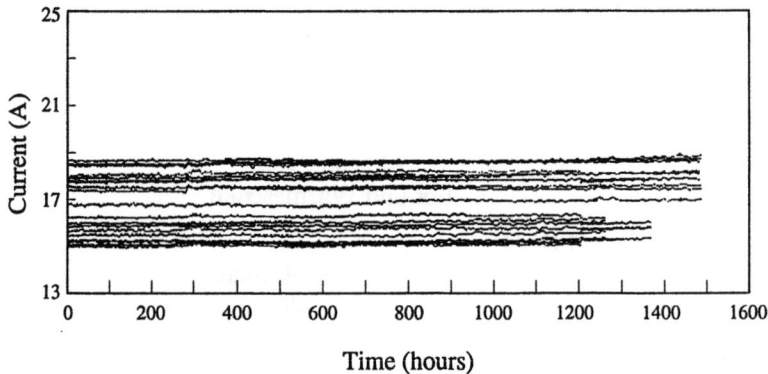

Abb.4.15 Diodenlaserstrom über der Zeit, aufgenommen für eine Anzahl von kontinuierlichen 20 W-Diodenlasern [Q4.1]

bei einer Laserdiode wie GaAlAs, die COD-gefährdet ist, die Facette zerstört, bei nicht COD-gefährdeten Halbleiterlasern wie z. B. den GaInAsP-Laserdioden ist dies die Zwischenschicht ("interface") zwischen der Elektrode und dem Halbleiterkristall. Bei Rückwärts-Fehlerspannungspulsen entspricht der Degradationsmechanismus etwa dem bei einer Si-Diode, da dann der pn-Übergang unmittelbar zerstört wird. Je nach Laserdiodentyp reichen schon geringe Pulsamplituden von wenigen Volt aus, um eine "katastrophale" Degradation zu erzeugen. Infolgedessen ist selbstverständlich eine hohe Sorgfalt beim Umgang mit Laserdioden geboten, und entsprechend muß auch bei der Spannungs- bzw. Stromversorgung ausreichend Vorsorge getroffen werden, damit keine Fehlimpulse zur Laserdiode gelangen, etwa durch einen geeigneten Schutzkreis [4.23]. Bei der Konstruktion der Pumpanordnung ist gleichfalls zu beachten, daß eine geignete elektromagnetische Abschirmung gewährleistet ist.

4.4 Diodenlaser hoher Leistung

Die maximalen Ausgangsleistungen der Diodenlaser haben sich seit Mitte der achtziger Jahre beträchtlich erhöht. In den Entwicklungslabors wurden immer größere Werte erzielt, was dann in verhältnismäßig kurzen Zeitspannen auch zu zuverlässigen kommerziellen Produkten führte. Da die Entwicklung schnell weiter voranschreitet, können die im folgenden genannten Werte schon bald überholt sein.

Bei den Hochleistungsdiodenlasern haben zunächst die GaAlAs-Diodenlaser die größte Bedeutung erlangt. Wir unterscheiden hier die sogenannten Kantenemitter, die ihre Strahlung parallel zu den epitaktischen Schichten emittieren, und die Oberflächenemitter, die senkrecht zu diesen Schichten abstrahlen. Die modernen kontinuierlichen Hochleistungsdiodenlaser des Kantenemitter-Typs lassen sich grob in drei Leistungsklassen unterteilen, die durch die Geometrie ihrer emittierenden Fläche charakterisierbar sind. Der unteren Leistungsklasse werden die Laserdioden-Streifen-arrays zugeordnet sowie die broad-area-Laserdioden, mit typischen Emissionsaperturen zwischen etwa 50 µm und 200 µm oder mehr (bei etwa 1 µm Höhe) und typischen maximalen Ausgangsleistungen von 200 mW bis etwa 2 W. Faßt man einige, z. B. drei oder vier solcher Diodenlaser zusammen, so ergibt sich ein Diodenlaser, der bei einer insgesamt etwa 500 µm breiten Emissionsfläche eine maximale Ausgangsleistung von mehreren Watt aufweist und mittels eines einfachen Peltier-Elementes noch ausreichend gekühlt und temperaturgesteuert werden kann. Solche Diodenlaser haben sich beim optischen Pumpen von kompakten Nd:YAG Lasern im Leistungsbereich von 1 W gut bewährt.

Die nächst höhere Leistungsklasse wird durch die sogenannten linearen "array bars" bestimmt. Hierbei sind Laserdioden-arrays bzw. broad-area-Laserdioden in einer größeren Anzahl (etwa 20 oder mehr) auf einer Breite von typisch 10 mm nebeneinander angeordnet. Die Kohärenz ist dann nur noch von untergeordneter Bedeutung. Die thermische Begrenzung bestimmt den Abstand der einzelnen Elemente, der z. B. bei einer Apertur-Breite eines einzelnen Diodenlaser-Elementes von 100 µm etwa 400 µm beträgt, woraus sich dann ein "Füllfaktor" von 20 % ergibt (Abb.4.16).

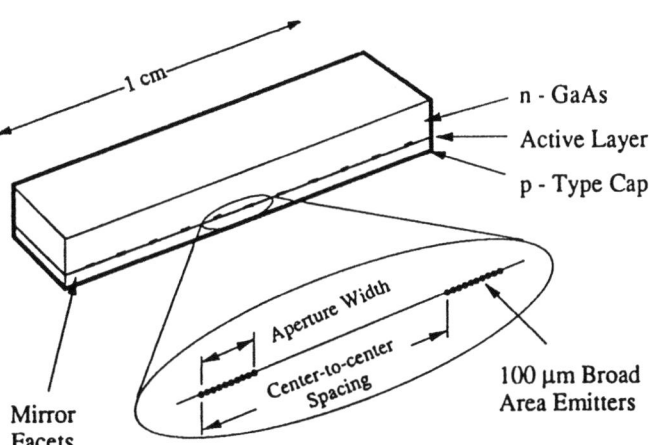

Abb.4.16 Schematische Ansicht eines monolithischen Diodenlaser-arrays (lineares array bar) [Q4.5]

68 Hochleistungsdiodenlaser

Mit einem ähnlichen Aufbau wurden zuverlässige Pumpdioden von 20 W cw-Ausgangsleistung entwickelt, wofür 48 einzelne broad-area-Laser mit 100 µm-Aperturen verwendet wurden [4.24]. Der Füllfaktor kann noch weiter erhöht werden, um noch größere Ausgangsleistungen zu erzielen; dies ist jedoch nur mit einer entsprechenden Kühlung realisierbar. Unter Verwendung von Diamant zur Wärmeableitung wurde mit einem linearen array ein Laborwert von 120 W cw bei Raumtemperatur erreicht [4.25].

Einen ähnlichen Aufbau wie die kontinuierlich emittierenden array-bars haben die sogenannten Quasi-cw-array-bars, die bei gepulsten Festkörperlasern eingesetzt werden. Hierbei sind Pump-Pulslängen in der Größe der Lebensdauer des oberen Laserniveaus erforderlich (etwa 200 µs im Falle von Nd:YAG oder etwa 400 µs bei Nd:YLF) sowie möglichst hohe Pulsleistungen. Infolge des kleinen Laservolumens der Diodenlaser resultiert beim Pulsbetrieb mit solchen Pulslängen ein schneller lokaler Temperaturanstieg am pn-Übergang, so daß die Leistungsbegrenzung in diesem "Langpuls"-Betrieb wie bei einer kontinuierlichen Emission zu bewerten ist (daher der Terminus "quasi-cw").

Hohe Pulsleistungen lassen sich nur durch eine Erhöhung der Emitter-Zahl erreichen, da die maximale optische Pulsleistung einer Laserdiode nicht wesentlich über derjenigen bei kontinuierlichem Betrieb liegen kann. Dabei wird dann der Füllfaktor auf 80 % bis annähernd 100 % erhöht (ca. 1000 Streifen/cm) und der duty cycle entsprechend verringert, um die thermische Belastung zu beschränken. Die mittlere Temperatur des Diodenlasers wird durch die gesamte in der Diode erzeugten Wärme bestimmt, wobei die instantane Temperatur des pn-Übergangs Exkursionen über die mittlere Temperatur macht. War bei den ersten Quasi-cw-array-bars nur ein duty cycle von 1 bis 2 % möglich, so ist es mittlerweile aufgrund wesentlich verbesserter Wärmeableitung gelungen, diese Werte für spezielle Anordnungen um mehr als eine Größenordnung zu erhöhen. So wurde mit einer ausgefeilten Aufbau- und Kühlertechnologie auf der Basis von linearen array bars mit einem Füllfaktor von etwa 80 %, (die ursprünglich für Quasi-cw-Betrieb bei maximal 60 W Ausgangsleistung spezifiziert waren), dauerhafter, zuverlässiger, kontinuierlicher Betrieb bei 22.2 W optischer Leistung realisiert [4.26].

Typische kommerzielle lineare Quasi-cw-array-bars erreichen mehr als 100 W Quasi-cw-Pulsleistung, entsprechend einer Pulsenergie von mehr als 20 mJ bei 200 µs Pulslänge, wobei Pulswiederholungsraten über 200 Hz möglich sind. Mit besonderen linearen array bars sind auch noch erheblich größere Pulslängen bis zu einigen ms möglich, bei einem typischen duty cycle von 8 bis 10 %. Diese array bars eignen sich zum optischen Pumpen von Lasermaterialien mit einer langen Lebensdauer des oberen Laserniveaus von mehreren ms, wie z. B. Tm/Ho-dotierte Kristalle (Kap.5). Die Verlustwärme ist natürlich erheblich kleiner als bei den cw-array-bars. Elektrisch-zu-optische Wirkungsgrade von deutlich mehr als 30 % sind auch hierbei üblich. Wie sich die elektrische Gesamtleistung aufteilt, ist in Abb.4.17 für ein lineares array bar mit 60 W quasi-cw optischer Ausgangsleistung dargestellt [4.27].

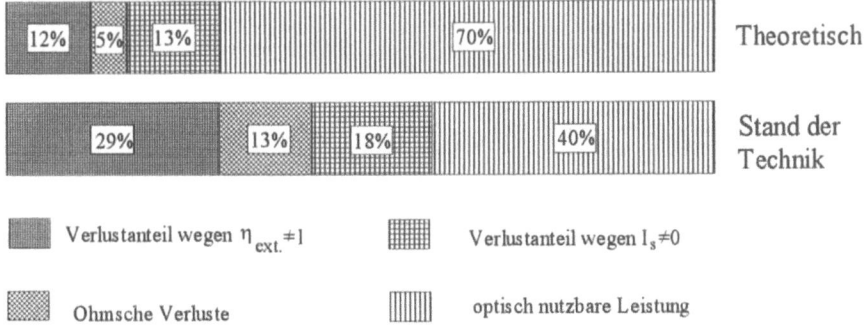

Abb.4.17 Leistungsbilanz für ein lineares Quasi-cw-array-bar (nach [4.27])

Um insgesamt noch höhere Diodenlaser-Leistungen für das Diodenpumpen zur Verfügung zu haben, können die Laserdioden flächig angeordnet werden. Bei diesen zweidimensionalen Aufbauten unterscheidet man zwei grundsätzliche Konfigurationen. Dies sind zum einen aufeinander gestapelte ("stacked") lineare array bars, zum anderen die sogenannten "monolithischen" Oberflächenemitter.

Während sich letztere heute noch im Entwicklungsstadium befinden, haben die stacked array bars schon kommerzielle Bedeutung erlangt, und die ersten diodengepumpten Hochleistungs-Festkörperlaser wurden mit dieser Technologie gebaut (Abb.4.18).

Die Packungsdichte (und damit die Leistungsdichte) ist hierbei im wesentlichen bestimmt durch die Dicke eines linearen array bars, das Abstandsstück für die elektrischen Kontakte und die Dicke der Wärmesenke. Mit einer Aufbaudicke von weniger als 1 mm für ein lineares Quasi-cw-array-bar kann man durch eine geeignete Stapeltechnik somit optische Leistungsdichten (bezogen auf 1 cm^2) von weit mehr als 1 kW/cm^2 erreichen (Abb.4.19).

Der maximale duty cycle wird dabei entscheidend durch die Leistungsfähigkeit des Gesamtaufbaus hinsichtlich der Wärmeableitung bestimmt (Kap. 4.5). So wurde mit den oben erwähnten, optimierten gestapelten array-bars [4.26] eine durchschnittliche optische Leistung von mehr als 120 W pro cm^2 erzielt [4.28]. Die Strahldivergenz solcher Diodenlaserkonfigurationen kann für die beugungsbegrenzte Strahlebene durch Mikrolinsen-arrays, die direkt an der Emissionsapertur angebracht sind, auf typisch etwa 10 mrad reduziert werden (Abb.4.20).

70 Hochleistungsdiodenlaser

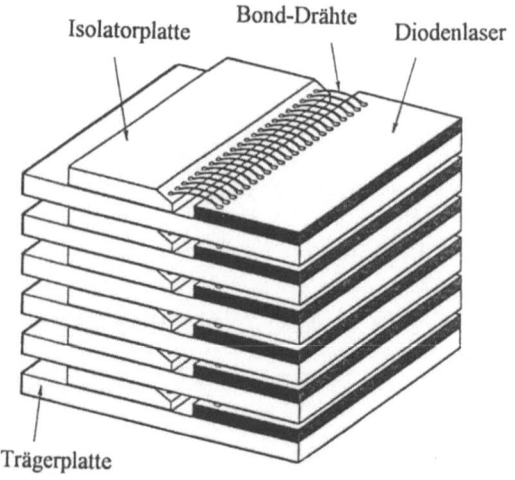

Abb.4.18 Gestapelte lineare array bars

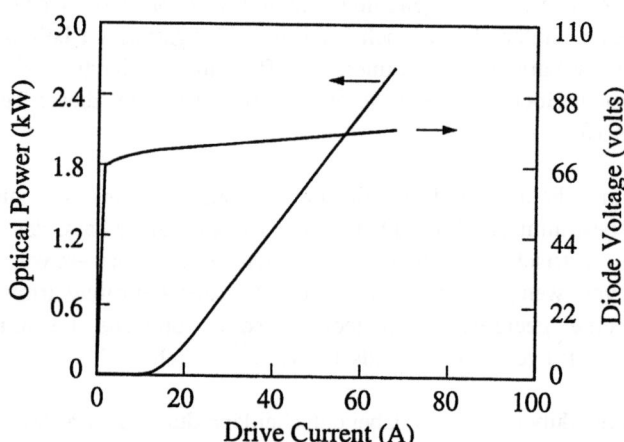

Abb.4.19 L-I- und V-I-Kurven für einen Quasi-cw-Hochleistungsdiodenlaser (stacked array bars) [Q4.1]

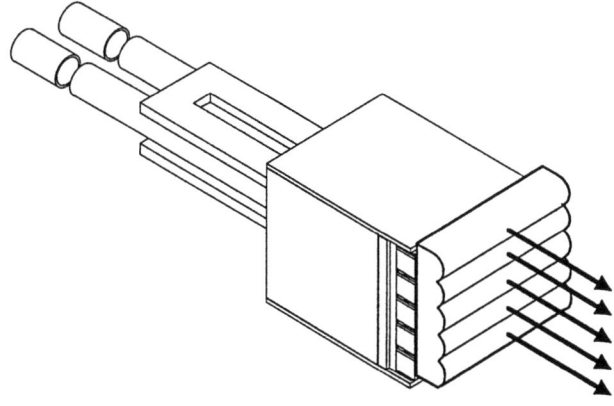

Abb.4.20 Hochleistungs-Diodenlaseranordnung mit einem Mikrozylinderlinsen-array zur Verringerung der Divergenz [Q4.1]

Die wie die gestapelten array bars "zweidimensional" emittierenden Oberflächenemitter werden auf der Basis moderner epitaktischer Herstellungsverfahren ähnlich wie die Kantenemitter-Diodenlaser produziert. Der wafer wird am Ende des Herstellungsprozesses in größere Stücke aufgeteilt, die viele einzelne Oberflächenemitter enthalten. Dabei lassen sich grundsätzlich drei unterschiedliche Konfigurationen angeben. Im einen Falle befinden sich auf dem wafer zahlreiche planar aufgebaute Laserdioden bzw. -arrays, deren Strahlung mittels z. B. in die wafer-Struktur geätzter Umlenkspiegel senkrecht zu den epitaktischen Schichten ausgekoppelt wird (HCSEL: "horizontal cavity surface emitting laser") [4.29, 4.30] (Abb.4.21a,b).

In einer anderen Version erfolgt die Strahlauskopplung entsprechend mittels eines in die Laserdiodenstruktur eingebauten optischen Gitters (GSEL: "grating coupled surface emitting laser") [4.31] (Abb.4.22). Diese Diodenlaser können als kohärente lineare arrays aufgebaut werden, die eine gute Strahlqualität bereitstellen [4.32]. Dabei hat das optische Gitter eine Schlüsselfunktion: in der nullten Ordnung gestattet es die Transmission der Strahlung zur Ankopplung an die nächste Verstärkungsregion, die erste Ordnung dient zur Strahlauskopplung senkrecht zur Oberfläche, und in der zweiten Ordnung kann die Strahlung rückgekoppelt werden.

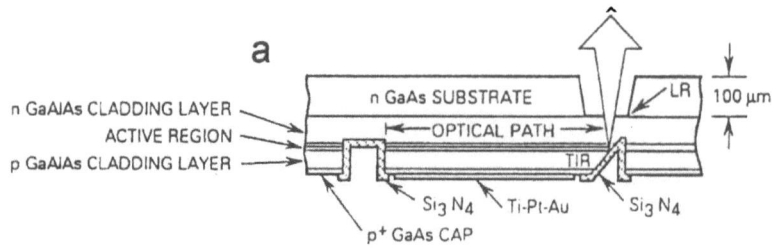

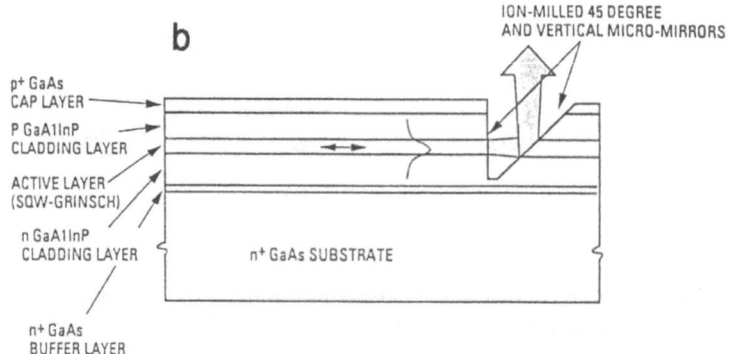

Abb. 4.21a,b   Aufbauschemata von oberflächenemittierenden Laserdioden (HCSELs) mit 45°-Mikrospiegeln [Q4.6] (a) und [Q4.7] (b)

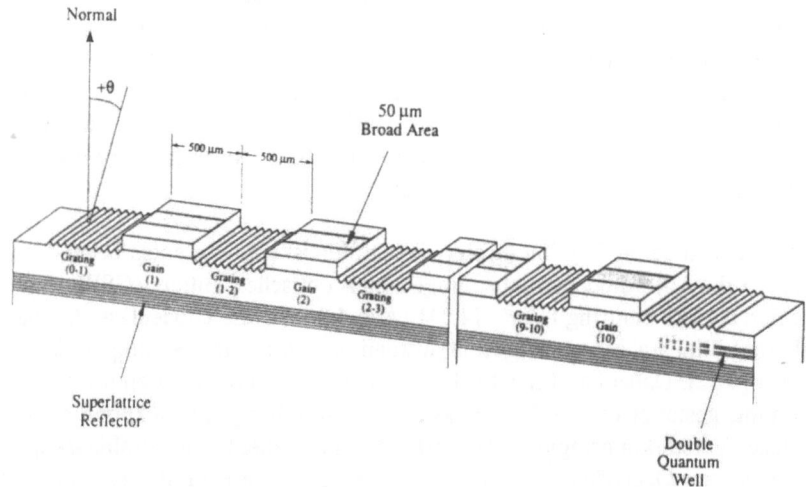

Abb. 4.22   Beispiel für einen oberflächenemittierenden Diodenlaser mit Gitter-Auskopplung (GSEL) [Q4.8]

Im Gegensatz dazu ist bei den sogenannten VCSELs ("vertical cavity surface emitting laser") der Resonator senkrecht zu den epitaktischen Schichten aufgebaut [4.33] (Abb.4.23). Mit letzteren läßt sich ein rundes Strahlprofil ohne Astigmatismus erzeugen.

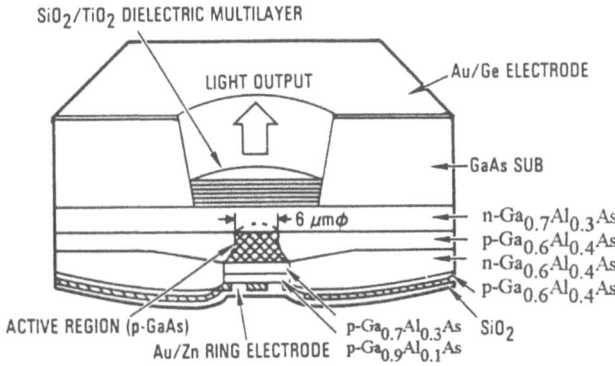

Abb.4.23 Schema eines Oberflächenemitters mit vertikalem Resonatoraufbau (VCSEL) [Q4.9]

Bei allen diesen oberflächenemittierenden Laserdioden ist bei einer parallelen elektrischen Ansteuerung die Unterbringung der Stromzuführung ein fundamentales Problem, wie sich aus einer einfachen Abschätzung ersehen läßt: Um eine optische (peak-) Leistung von 1 kW bei 1 cm^2 Emissionsfläche zu erreichen, wäre bei einem Wirkungsgrad von 25 % und einer Spannung von 2 V ein Betriebsstrom von 2 kA erforderlich. Die hierfür benötigten Leitungen würden im Falle von Gold-Drähten in einer parallelen Anordnung eine Breite von ca. 40 cm ergeben, d. h. etwa das 10-fache des verfügbaren Umfangs. Diese Problematik läßt sich entschärfen, indem Untergruppen aus mehreren Laserdioden gebildet werden, die elektrisch seriell geschaltet sind. Nimmt man für die Packungsdichte bei den VCSELs etwa 200 bis 250 Dioden pro cm an, ergibt sich eine Zahl von über 40.000 Emittern/cm^2. Mit 20 bis 30 mW Ausgangsleistung pro Einzelemitter ließen sich dann Leistungsdichten nahe 1 kW/cm^2 erreichen.

Für die anderen Oberflächenemitter errechnet sich mit einer typischen Länge von 300 µm pro Element (Laserdiode plus Auskoppelelement Umlenkspiegel oder Gitter) eine Zahl von etwa 30 bis 40 Dioden pro cm. Bei allen zweidimensionalen Anordnungen muß das Problem der lateralen Superluminseszenz berücksichtigt werden; d. h., wenn transversal zur Laserdiodenachse ausreichende

Verstärkung zwischen zwei Emittern vorhanden ist, kann sich entsprechend auch transversal zur Laserdiodenachse ein Laserstrahl bilden. Dies läßt sich durch den Einbau von lokalen Verlusten unterbinden.

Seit Beginn der neunziger Jahre sind stetige Fortschritte bei den oberflächenemittierenden Diodenlasern zu verzeichnen. Insbesondere bei den HCSEL-Konfigurationen wurden erste hohe Ausgangsleistungen erzielt. Dabei wurden von einem Diodenelement mit einem 1000 µm langen Aufbau 1.4 W cw Strahlung mit mehr als 30 % absoluter Effizienz erzeugt, und auch Lebensdauertests wurden erfolgreich durchgeführt [4.34]. Mit einem Aufbau aus zehn Diodenlaser-Elementen mit je 0.1 cm^2 Fläche wurde eine Ausgangsleistung von 1 kW quasi-cw bei einem duty cycle von 1 % erreicht [4.30].

Parallel zu diesen Entwicklungen wird in den Forschungslabors mit großem Aufwand daran gearbeitet, beugungsbegrenzte Strahlung auch bei Hochleistungsdiodenlasern zu erzeugen. Zwar wurde beugungsbegrenzte Strahlung mit schmalen Einzelstreifen-Emittern erzielt, jedoch nur bis etwa 200 mW [4.35]. Um zu größeren Ausgangsleistungen zu gelangen, müssen Anordnungen mit größeren Aperturen verwendet werden. Als ein geeignetes Schema bietet sich an, die Strahlung eines "single mode" Laserdioden-Oszillators niedriger Leistung in einen Verstärker mit breiter aktiver Region (broad area) einzukoppeln. Damit gelang es, in den Leistungsbereich von mehreren Watt cw vorzudringen, und zwar für unterschiedliche aktive Materialien wie GaAlAs und InGaAs. Bei dem sogenannten "monolithic master oscillator power amplifier" (M-MOPA) wird die von einem Oszillator emittierte single-frequency-Strahlung in einer linearen Kette aus ähnlich aufgebauten Verstärker-Modulen, die sich alle auf demselben Substrat befinden, verstärkt und durch Gitter ausgekoppelt [4.36]. Diese Konfiguration ist der in Abb.4.22 dargestellten sehr ähnlich, wobei jedoch nun das erste Element als Oszillator und die folgenden Elemente als Verstärker wirken, was im wesentlichen durch eine andere Gestaltung der optischen Gitter erreicht wird.

In einer anderen Aufbauweise erfolgt die Auskopplung der Strahlung direkt, parallel zur aktiven Schicht, wobei dann die Spiegelfacetten des Verstärkers nur eine geringe Restreflektivität aufweisen. Bei diesen MOPA-Designs wächst die Breite der Verstärkungsregion, in Strahlrichtung gesehen, von einigen µm auf mehrere hundert µm an, entsprechend dem Beugungswinkel des Eingangsstrahles vom Oszillator), so daß der Verstärkerteil den Oszillatorstrahl optimal verstärkt ("tapered amplifier") [4.37, 4.38] (Abb.4.24).

Eine weitere geeignete Technik, die Ausgangsleistung für beugungsbegrenzte Strahlung von Diodenlasern zu erhöhen, besteht darin, die Ausgangsstrahlung von mehreren individuellen Diodenlasern kohärent zu vereinigen, z. B. durch den Talbot-Effekt [4.39]. Auch mit den sogenannten "antiguide laser arrays" kann eine hohe Ausgangsleistung bei nahezu beugungsbegrenzter Strahlqualität erzeugt werden [4.40, 4.41].

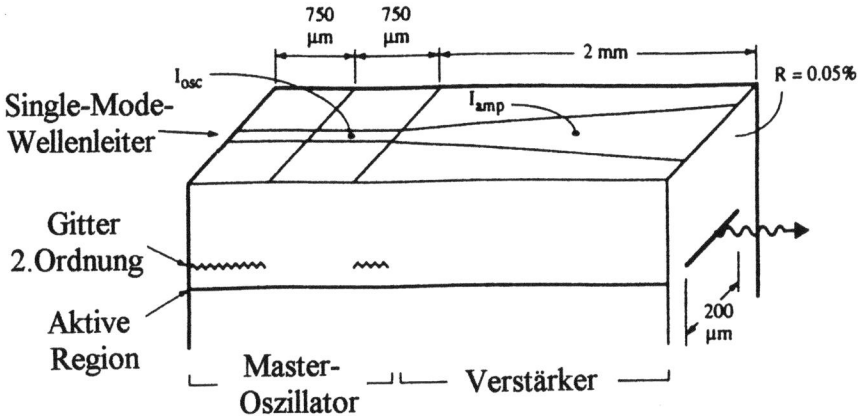

Abb.4.24 Schemaskizze einer Diodenlaser-Oszillator-Verstärker-Konfiguration ("tapered amplifier") (nach [Q4.10])

Eine besonders hohe Strahlqualität bei relativ großer Ausgangsleistung läßt sich mit dem sogenannten "injection-locking"-Verfahren (bzw. auch "master-slave"-Betrieb genannt) erreichen [4.42-4.44]. Dabei wird die Emissionscharakteristik leistungsstarker Laserdioden mit breiter Apertur, z. B. phasengekoppelter arrays, durch eine leistungsschwache Laserdiode hoher räumlicher und spektraler Leistungsdichte bestimmt, wenn die Differenz zwischen den Frequenzen des master oscillators und des slave oscillators innerhalb des sogenannten "locking range" liegt. So konnte z. B. durch injection locking eines phasengekoppelten gain-guided arrays eine mehr als 10 bis 40 mal höhere räumliche Strahldichte und eine mehr als 10^5 mal größere spektrale Strahldichte erzielt werden [4.45] (Abb.25a,b). Die spektrale Bandbreite verringerte sich dabei von einigen tausend GHz auf etwa 10 MHz (Abb.26a, b).

Lange Zeit waren die GaAlAs-Laserdioden die einzigen leistungsstarken Halbleiterlaser. Ende der achtziger Jahre wurden dann intensive Entwicklungsarbeiten begonnen, um hohe Ausgangsleistungen auch mit anderen aktiven Materialien zu erzielen. Dabei ergaben sich insbesondere durch die sogenannten "strained-layer"-Laserdioden ganz neue Möglichkeiten, Festkörperlaser bei anderen Wellenlängen optisch zu pumpen. Bei den traditionellen Halbleiterlasern wie den GaAlAs-Laserdioden war man auf Schicht-Materialien ("compounds") mit praktisch gleichen Gitterkonstanten a beschränkt, d. h. $\Delta a / a < 0.1 \%$. Eine Gitter-Fehlanpassung zwischen den Aufbauschichten und dem Substrat würde zu Fehlstellen im Kristall und zu einer relativ schnellen Degradation der Laserdiode

76 Hochleistungsdiodenlaser

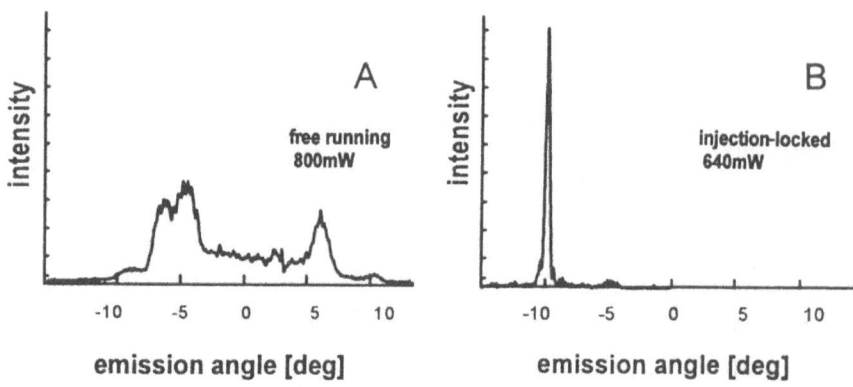

Abb.4.25 Fernfeld-Strahlprofil eines 20-Streifen-Diodenlaser-arrays ohne (A) und mit (B) injection-locking [Q4.11]

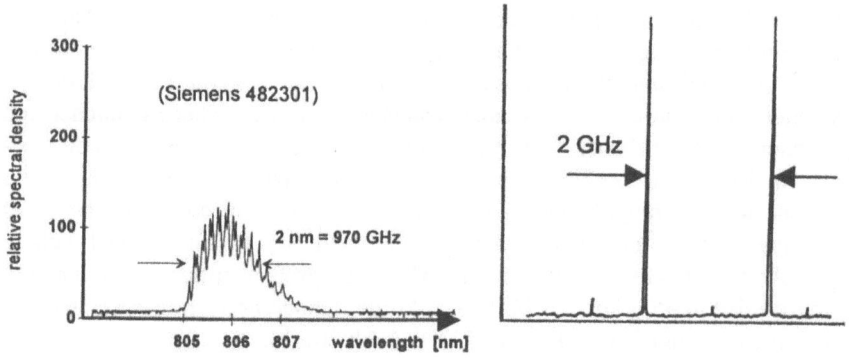

Abb.4.26 Spektrale Bandbreite eines Diodenlaser-arrays, freilaufend (links) und mit injection-locking (rechts) [Q4.11]

führen. Man fand jedoch heraus, daß sehr dünne Schichten unterhalb einer "kritischen Dicke" von einigen 10 nm die Spannungen durch Gitter-Fehlanpassungen bis zu etwa $\Delta a / a \approx 1\%$ ausgleichen können. Das hieraus resultierende strained-layer-Konzept [4.46-4.48] erlaubt infolgedessen neue Schichtenkombinationen, und so entstanden Laserdioden mit neuen Eigenschaften, was im folgenden näher erläutert wird. Auch bei Wellenlängen, die mit Gitter-angepaßten Laserdioden erzeugt werden können, lassen strained-layer-Strukturen Vorteile erwarten, indem z. B. die "dark line defects" (DLD) unterdrückt werden und die Schwellenströme verkleinert werden. Auch wird im allgemeinen das Verhalten bei hohen Temperaturen verbessert, da Auger-Rekombinationen reduziert werden [4.49].

Um die hohen Pumpleistungen für die Festkörperlaser aufzubringen, sollte bei den Pumpdioden der Schwellenstrom möglichst niedrig und die differentielle Quanteneffizienz so groß wie möglich sein, während der innere Widerstand der Laserdiode klein sein muß, um die Erwärmung des pn-Übergangs bei hohen Betriebsströmen zu minimieren. Hierfür bietet das strained-layer-Konzept die besten Voraussetzungen. So wurden z. B. bei der InGaAs-AlGaAs-Laserdiode (eine der ersten Konfigurationen mit einer strained-layer-Struktur) extrem niedrige Werte für den Schwellenstrom erzielt. Diese Laserdioden emittieren im Wellenlängenbereich um 980 nm und sind mit confinement- (bzw. cladding-) Schichten aus AlGaAs auf GaAs-Substraten aufgebaut. (Bei der Bezeichnung der Laserdiode wird häufig zuerst das aktive Material und danach das Material der cladding-Schichten genannt). Schon nach relativ kurzer Entwicklungszeit wurden lange Lebensdauern erreicht, und Anfang der neunziger Jahre konnte über maximale Ausgangsleistungen von 3 W cw bei $\lambda = 960$ nm und einer 100 µm breiten Apertur berichtet werden [4.50]. Der verfügbare Wellenlängenbereich liegt zwischen etwa 870 und 1100 nm, wobei insbesondere die Wellenlängen bei 940 nm oder auch 970 nm zum optischen Pumpen von Yb- und Er-dotierten Kristallen von Bedeutung sind.

Die Entwicklung der strained-layer-Strukturen führte weiterhin auch zu relativ leistungsfähigen InGaAs-InGaAsP-Laserdioden, die auf InP-Substraten aufgebaut sind. Diese Laser emittieren im längerwelligen Gebiet oberhalb 1.1 µm, wobei die Wellenlänge von 1480 nm besonders zum optischen Pumpen von Er-dotierten Materialien interessant ist. Hierfür wurde eine maximale Ausgangsleistung von etwa 200 mW erreicht [4.51, 4.52].

Andere wichtige Halbleiterlaser mit einem strained-layer-Aufbau sind die AlInGaAs-AlGaAs-Laserdioden, die im Wellenlängenbereich von 780 bis 870 nm emittieren und daher als Alternative zu den AlGaAs-AlGaAs-Dioden besonders für die Nd-dotierten Festkörperlaser interessant sind. Infolge des strained-layer-Aufbaus treten die die Lebensdauer beeinträchtigenden DLD praktisch nicht auf, wodurch insbesondere auch der Fabrikationsprozeß weniger aufwendig wird, da gerade hierbei die Gefahr der Implementation von DLD besteht. Publiziert wurde eine maximale Ausgangsleistung von 4.9 W cw mit einer 500 µm breiten Apertur [4.53].

Im gleichen Wellenlängenbereich wie diese Laserdioden emittieren auch die (Gitter-angepaßten) GaInAsP-GaInP-Laserdioden, die auf GaAs-Substraten aufgebaut sind, wobei jedoch eine sehr präzise Kontrolle der Materialzusammensetzung erforderlich ist, um die Gitteranpassung zu gewährleisten. Phosphide haben gegenüber den Arseniden kleinere Oberflächenrekombinationsraten, was zu einer erheblich geringeren thermischen Belastung der Laserspiegel führt. Aluminium-freie Phosphide sind relativ leicht in sehr guter Qualität zu züchten, so daß hiermit ein Halbleitermaterial mit hoher optischer Qualität zur Verfügung steht. Darüber hinaus hat GaInP eine höhere Wärmeleitfähigkeit als AlGaAs, und es bietet mehr Freiheitsgrade für eine Strukturierung (Ätzen). Die Facetten sind weniger oxidationsgefährdet. Im Vergleich zu den konventionellen AlGaAs-AlGaAs-Lasern kann man aufgrund der Al-freien Struktur produktionstechnische Vorteile sehen, wobei es Anzeichen gibt, daß die Laserdioden auch unempfindlicher hinsichtlich herstellungsinduzierter Defekte sind. Ihre Leistungsfähigkeit wird mit derjenigen der besten AlGaAs-Laser verglichen. Eine Ausgangsleistung von mehr als 5 W cw bei 810 nm wurde mit einer 100 µm breiten Emitterfläche bei hoher Konversionseffizienz erzielt. Die Temperatur der Facetten war erheblich niedriger als bei den AlGaAs-Lasern, und es wurden bei Hochleistungsbetrieb keine DLD-induzierten Ausfälle beobachtet [4.54].

Im sichtbaren Bereich zwischen etwa 670 nm und 690 nm bzw. auch bei noch kürzeren Wellenlängen emittieren die GaInP-AlGaInP-Laserdioden. Mit diesen Laserdioden lassen sich viele Cr^{3+}-dotierte Kristalle pumpen. Kontinuierliche Ausgangsleistungen von 20 W bei 690 nm [4.55] (Abb.4.27) und 3 W bei 633 nm [4.56] sowie auch Quasi-cw-Betrieb mit 60 W bei 690 nm [4.57] wurden mit linearen Anordnungen von 7.5 bis 10 mm Breite erzielt.

Bei den AlGaInP-Laserdioden werden im allgemeinen strained-layer-Konfigurationen verwendet. In Lebensdauermessungen wurde zuverlässiger Betrieb solcher Dioden bei hohen Ausgangsleistungen nachgewiesen [4.58]. Auch sehr niedrige Laserschwellen konnten realisiert werden [4.59]. Der Wirkungsgrad dieser Laserdioden liegt zwar unter derjenigen von GaAlAs-Laserdioden, doch wurde bei neueren Entwicklungen eine Effizienz von mehr als 40 % erzielt [4.60].

Weiterhin sind leistungsstarke GaInAsSb-AlGaAsSb-Laserdioden hergestellt worden, die auf GaSb-Substraten aufgebaut sind. Eine kontinuierliche Ausgangsleistung von 1.3 W wurde bei Raumtemperatur mit einer 300 µm breiten Struktur bei einer Emissionswellenlänge von 1.9 µm erreicht, womit Holmium-dotierte Kristalle gepumpt werden können [4.61]. Die Emissionsbandbreite war jedoch recht breit und betrug etwa 7 nm. Laserdioden in diesem Wellenlängenbereich können auch auf der Basis von InP-Substraten hergestellt werden. Dies sind strained-layer-InGaAs-InGaAsP-Laser, mit denen eine Ausgangsleistung von 0.8 W pro Facette erzielt wurde [4.62, 4.63].

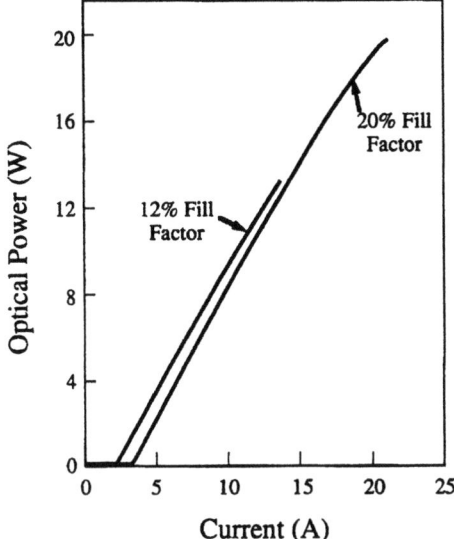

Abb.4.27 L-I-Charakteristik für einen bei 690 nm emittierenden Hochleistungs-Diodenlaser [Q4.5]

Die lebhaften Forschungs- und Entwicklungsarbeiten auf diesen Gebieten lassen für die Zukunft noch höhere Ausgangsleistungen bei weiter verbesserter Strahlqualität und Zuverlässigkeit der Diodenlaser erwarten, wobei auch leistungsstarke Laserdioden bei noch anderen Wellenlängen entstehen werden. Nachdem 1991 zum erstenmal über die Realisierung eines blau-grün emittierenden II-VI-Halbleiterlasers berichtet wurde [4.64], sind auch hier stetige Fortschritte zu verzeichnen [4.65]. Hier ist jedoch noch eine Fülle von größeren Problemen vorhanden, so daß der Weg zu einem leistungsstarken, zuverlässigen blau-grünen Diodenlaser lang zu sein scheint.

4.5 Kühlung

Für Diodenlaser im Bereich bis etwa maximal 5 W mittlerer Leistung ist eine Kühlung mittels Peltier-Elementen gut geeignet, wobei sich über eine Regelung des Peltier-Stroms die Temperatur des Diodenlasers und somit die Emissionswellenlänge auf eine relativ einfache Weise steuern bzw. stabilisieren läßt. Die Temperatur am pn-Übergang der Laserdiode läßt sich auf der Basis eines einfachen Modells darstellen, bei dem die Laserdiode auf einem als Wärmesenke fungierenden Träger (submount) aufgelötet ist, der wiederum mit dem thermoelektrischen Kühler verbunden ist (durch eine Lot- oder Kleberschicht), dessen heiße Seite mit der weiteren Umgebung in Wärmekontakt ist [4.66] (Abb.4.28).

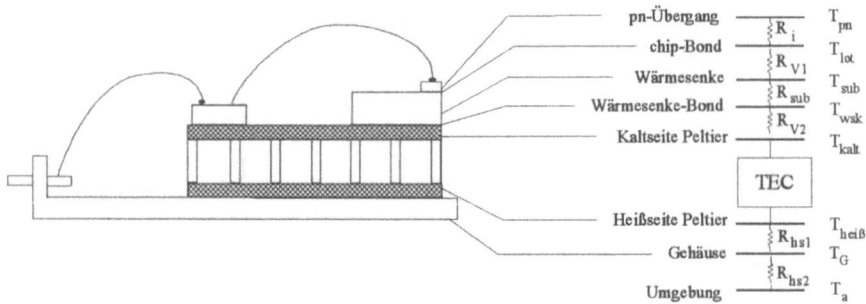

Abb.4.28 Schema eines Laserdioden-Wärmesenke-Aufbaus
(TEC: thermoelektrischer Kühler) (nach [4.66])

Hierbei müssen verschiedene thermische Impedanzen zwischen der aktiven Schicht und der äußeren Umgebung berücksichtigt werden. Dies sind der innere thermische Widerstand der Laserdiode R_i sowie die thermischen Widerstände der Verbindungsschicht zwischen dem Laserdiodenchip und dem submount R_{V1}, des submounts R_{sub}, der Verbindungsschicht zwischen dem submount und dem Peltier-Kühler R_{V2} und schließlich der thermische Widerstand zwischen der heißen Seite des Kühlers und der Umgebung $R_{hs} = R_{hs1} + R_{hs2}$. Für die Temperatur des pn-Übergangs ergibt sich dann

$$T_{pn} = T_a + (R_i + R_{V1} + R_{sub} + R_{V2}) \cdot P_W$$
$$+ (T_{kalt} - T_{heiß}) + R_{hs} \cdot (P_W + P_{Pelt}) \quad (4.13)$$

mit T_a Temperatur der äußeren Umgebung
$T_{kalt}, T_{heiß}$ Temperatur der kalten bzw. heißen Seite des Peltier-Kühlers
P_W Wärmeleistung, die von der Laserdiode dissipiert wird
P_{Pelt} elektrische Eingangsleistung des Peltier-Kühlers

wobei gilt:

$$P_W = P_{el} - P_d \cong (V_{pn} + R_d \cdot I) \cdot I - P_d \quad (4.14)$$

mit P_{el} elektrische Eingangsleistung der Laserdiode
       P_d optische Ausgangsleistung der Laserdiode
       V_{pn} Spannung am pn-Übergang
       R_d elektrischer Serienwiderstand der Laserdiode
       I Betriebsstrom der Laserdiode

sowie:

$$P_{Pelt} = I_{Pelt}^2 \cdot R_{Pelt} = V_{Pelt} \cdot I_{Pelt} \tag{4.15}$$

mit I_{Pelt} Betriebsstrom
       R_{Pelt} elektrischer Widerstand
       V_{Pelt} Betriebsspannung des Peltier-Kühlers

Es ist jedoch zu beachten, daß einige dieser Parameter miteinander wechselwirken, da T_{pn} mit I ansteigt und I wiederum für ein konstantes P_d von T_{pn} abhängt. Der Betrieb des thermoelektrischen Kühlers wird gleichfalls durch die Größe von T_{pn} beeinflußt.

Die Betriebscharakteristik des Kühlers läßt sich durch eine Kurvenschar beschreiben, wobei die Temperaturdifferenz zwischen der kalten und der heißen Seite mit der Wärmelast als Parameter durch eine Funktion des Betriebsstroms approximiert wird:

$$T_{heiß} - T_{kalt} = \frac{n \cdot S}{K_{Pelt}} \cdot T_{kalt} \cdot I_{Pelt} - \frac{R_{Pelt}}{2K_{Pelt}} \cdot I_{Pelt}^2 - \frac{1}{K_{Pelt}} \cdot Q \tag{4.16}$$

(n : Zahl der Einzelelemente des thermoelektrischen Kühlers, S : mittlerer Seebeck-Koeffizient des Peltier-Elements (in V/K), K_{Pelt} : "Über-alles"-Wärmetransferkoeffizient des Peltier-Elements (in W/K), Q: vom Peltier-Element absorbierte Wärmeleistung). Hierbei ist $n \cdot S / K_{Pelt}$ die Proportionalitätskonstante für die thermoelektrische Leistung des Kühlers, welche durch die Kurvensteigung nahe $I = 0$ gegeben ist. Die Proportionalitätskonstante $R_{Pelt} / 2K_{Pelt}$ für die Selbstheizung des Peltier-Kühlers infolge Ohmscher Verluste in den Kühlerelementen wird durch die Krümmung der Kurven repräsentiert, und $1/K_{Pelt}$ stellt im wesentlichen den thermischen Widerstand des Kühlers dar, wobei diese Größe dem Abstand der Kurven untereinander entspricht (Abb.4.29).

Man ersieht hieraus, daß die thermoelektrische Kühlung nur für kleine Wärmelasten und kleine Temperaturdifferenzen effizient ist, hingegen für große

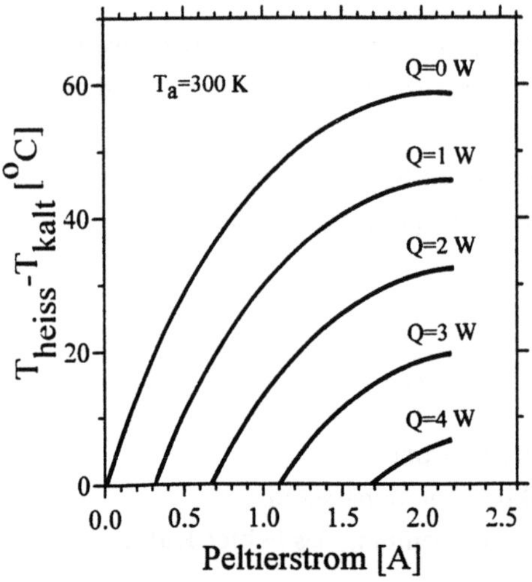

Abb.4.29 Charakteristik eines thermoelektrischen Kühlers für Laserdioden im unteren Leistungsbereich. Der Parameter Q entspricht der Wärme, die von der kalten zur heißen Seite des Kühlers gepumpt wird (nach [4.66])

Betriebsströme ineffizient wird und dann die Gesamtsystem-Effizienz E, gegeben durch

$$E = \frac{P_d}{P_{el} + P_{Peltier}} ,\qquad(4.17)$$

wesentlich bestimmt. Dies wird am Beispiel eines thermoelektrisch gekühlten Laserdioden-arrays in Abb.4.30 verdeutlicht.

Ist für kleinere Laserdiodenleistungen die thermoelektrische Kühlung praktikabel, so müssen bei großen durchschnittlichen Ausgangsleistungen völlig andere Kühlkonzepte angewandt werden. Laserdioden eignen sich prinzipiell wegen ihrer extrem geringen Abmessungen für die Integration vieler Elemente auf kleinster Fläche. Selbst mit den großen elektrisch-zu-optischen Effizienzen von etwa 65 % [4.22] ergeben sich dabei aber entsprechend hohe Leistungsdichten für die Verlustwärme. Diese hohe thermische Belastung in Verbindung mit der Notwendigkeit, die Laserdioden bei Raumtemperatur zu betreiben, begrenzt die Integrationsdichte bei den Hochleistungsdiodenlasern. Bei der Bemühung, hohe mittlere Leistungen von zweidimensionalen Anordnungen zu ermöglichen, wurden unterschiedliche Packungsarchitekturen entwickelt, die integrale, aktive Wärmesenken enthalten. Dabei kann man grob zwei Gruppen

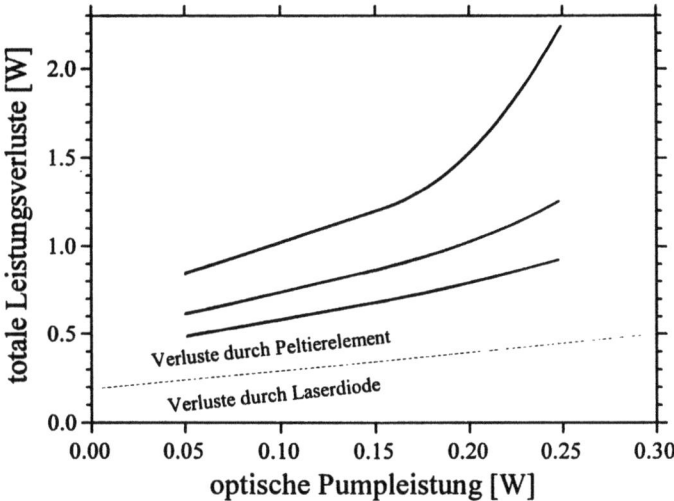

Abb.4.30 Gesamtverlustleistung einer thermoelektrisch gekühlten Pumpdiode als Funktion der optischen Leistung

unterscheiden. In dem einen Fall wird das sogenannte "back-plane-cooling" angewandt, d. h. viele Laserdioden-arrays oder Oberflächenemitter sind auf einer einzigen Wärmesenke-Struktur montiert. Im anderen Fall, der praktisch nur die linearen array bars betrifft, hat jedes array bar seine eigene Wärmesenke.

Das back-plane-cooling gestattet sehr hohe Integrationsdichten, weshalb eine besonders wirkungsvolle Kühlung erforderlich ist, wofür sich z. B. die im folgenden ausführlicher diskutierte Mikrokanalkühltechnik anbietet (Abb.31). Möglicherweise sind hierbei auch produktionstechnische Vorteile vorhanden.

Das modulare Design dagegen erlaubt eine einfache, frühzeitige Charakterisierung sowie Selektion der array bars, bevor diese zu größeren Gruppen zusammengestellt und montiert werden (Abb.4.32). Dadurch ist eine gute Uniformität bezüglich der Emissionswellenlänge zu erreichen, und die Größe des gesamten Aufbaus kann leicht auf die jeweilige Pumpanordnung abgestimmt werden. Mit diesem Design wurden die ersten zweidimensionalen Hochleistungsdiodenlaser-Anordnungen realisiert. Auch hierbei sind in Verbindung mit der Mikrokanalkühltechnik sehr hohe Integrationsdichten möglich.

Für einen relativ einfachen Aufbau eignet sich massives Kupfer, auf das die Diodenlaser aufgelötet werden und das an einer anderen Stelle von einem Kühlmittel (meistens Wasser) umspült wird. Dies kann sowohl beim back-plane-

84 Hochleistungsdiodenlaser

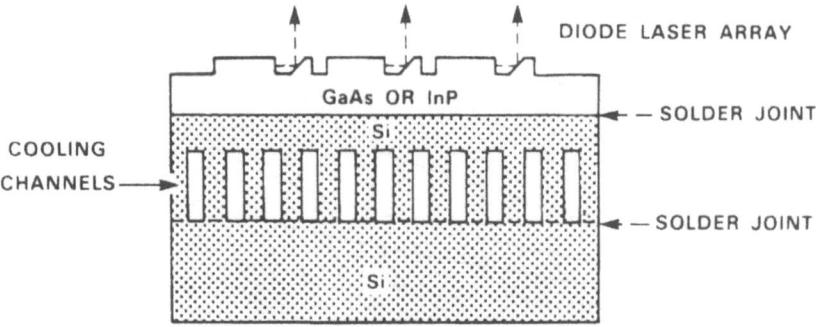

Abb.4.31 Beispiel zum "back-plane-cooling" mit hohen Integrationsdichten für Oberflächenemitter [Q4.12]

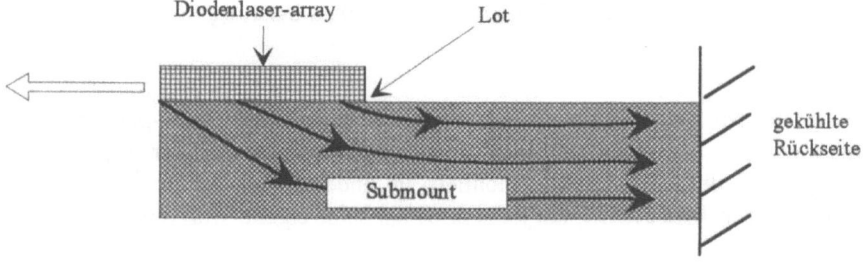

Abb.4.32 Diodenlaser-Modulaufbau mit einem linearen array bar auf einer Wärmesenke. Der Wärmefluß ist durch Pfeile angedeutet.

cooling wie auch beim modularen Design kostengünstig angewandt werden, jedoch nur in solchen Fällen, bei denen die mittlere Leistung nicht zu hohe Werte annimmt, d. h. bei Quasi-cw-Betrieb und einem kleinen bis mittleren duty cycle von typisch weniger als etwa 10 bis 20 %. Bei einem modularen Aufbau, bei dem das lineare array bar an dem einen Ende einer dünnen Kupferplatte montiert ist und das andere Ende mit Wasser gekühlt wird, muß der Kupferträger um so dicker und der Abstand der einzelnen array bars zueinander entsprechend um so größer sein, je höher der duty cycle gewählt wird, bzw. auch, je länger die Pumppulse sind.

Letzteres wird anhand von Abb.4.33 verdeutlicht. Hierbei wurde der Temperaturanstieg an der Laserfacette als Funktion der Dauer eines von einem linearen array bar ausgehenden Wärmepulses und für zwei verschiedene Plattendicken berechnet [4.15]. Als Plattendicken wurden 0.15 mm und 0.5 mm angenommen, und die Wärmelast betrug 3.2 kW/cm². Diese Leistungsdichte entspricht einer Verlustwärmeleistung von 80 W eines 10 mm breiten und 250 μm langen linearen array bars und repräsentiert somit eine Diode von 50 W Ausgangsleistung bei 38 % absoluter Effizienz.

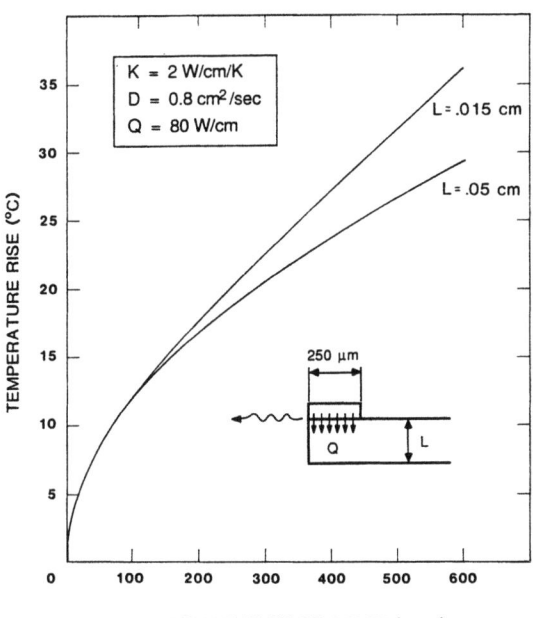

Abb.4.33 Transienter Temperaturanstieg für eine Diodenlaser-array-Struktur [Q4.13]

Man erkennt am Beginn des Wärmepulses einen steilen Temperaturanstieg, der innerhalb der ersten 150 bis 200 μs praktisch keinen Unterschied für die beiden Plattendicken zeigt. Dies heißt, daß in diesem Intervall die Verlustwärme sich nur lokal begrenzt auswirkt, wobei die Verlustwärme von der Diode in erster Linie dann direkt in die Trägerplatte diffundiert. Erst danach macht sich ein Unterschied im Temperaturanstieg bemerkbar, wenn die Wärmeleitung längs der Trägerplatte zur Wärmesenke hin dominant wird. Somit muß bei einem solchen Aufbau eine entsprechende Trägerdicke vorgesehen werden, wenn lange Pumppulse im ms-Bereich erzeugt werden sollen, wie sie z. B. für Lasermaterialien mit einer hohen Lebensdauer des oberen Laserniveaus erforderlich sind.

Diese Betrachtungen zeigen auch, daß sich mit Hilfe eines zwischen dem Diodenlaser und der Trägerplatte plazierten "heat spreader" hoher thermischer Leitfähigkeit (etwa einer Diamantschicht mit einer größeren Fläche als die

Diodengrundfläche) der Temperaturanstieg am Pulsbeginn reduzieren läßt, denn damit wird die Verlustwärme auf eine größere Fläche des Trägers verteilt. Typische Dicken des Kupferträgers reichen von einigen Zehntel mm (bei niedrigen duty-cycle-Werten von einigen Prozent und relativ kurzen Pulsdauern) bis hin zu etwa 2 mm (bei einem duty cycle von 20 % und ms-Pulsen) [4.67]. Immerhin lassen sich mit solchen relativ einfachen Konfigurationen durch eine sehr weit entwickelte Aufbautechnik Werte von etwa 80 W/cm^2 durchschnittlicher optischer Leistung (emittiert von 1 cm^2) realisieren, wobei die thermische Last im Bereich von 160 W/cm^2 liegt [4.68].

Eine fast optimale, wenn auch aufwendigere Kühlanordnung ergibt sich mit der Mikrokanalkühltechnik, die ursprünglich für die Kühlung von ICs entwickelt wurde [4.69, 4.70]. Hiermit lassen sich außerordentlich geringe thermische Impedanzen erreichen. Diese Mikrokanalkühler bestehen aus einem thermisch gut leitenden Material, in das feinste Kanäle mit typischen Kanal- und Stegbreiten von einigen 10 bis 100 µm und Kanalhöhen von einigen 100 µm eingearbeitet sind. Die von den (auf der Oberfläche des Kühlers montierten) Laserdioden erzeugte Wärme wird über diese Stege in das durch die Kanalstruktur fließende Kühlmittel geleitet (Abb.4.34). Prinzipiell lassen sich somit Verlustwärmemengen entsprechend mittleren Leistungsdichten von mehr als 1 kW/cm^2 ableiten, so daß keine exzessive Temperaturerhöhung am Laserdiodenchip entsteht.

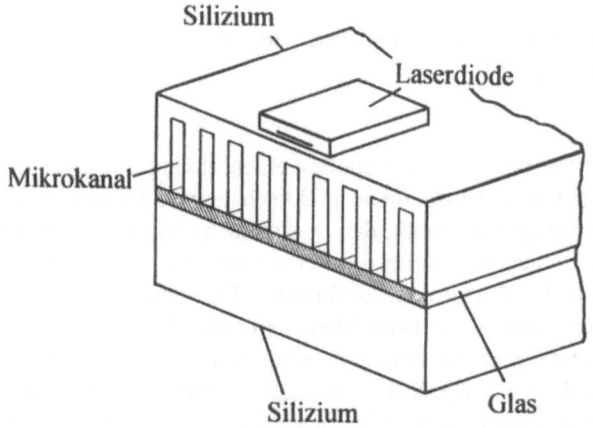

Abb.4.34   Prinzipbild eines Diodenlaser-Mikrokanalkühler-Aufbaus

Ein für die Herstellung der Mikrokanalkühler besonders gut geeignetes Verfahren besteht im Ätzen von Silizium, wobei unter Ausnutzung anisotroper Ätzgeschwindigkeiten die feinen Strukturen sehr exakt erzeugt werden können [4.71]. Ein zusätzlicher Vorteil ist hierbei auch der relativ geringe Unterschied der thermischen Expansionskoeffizienten von Silizium und den sehr häufig verwendeten GaAs-Substraten. Andere Techniken bestehen im Diamant-Sägen von Silizium, Kupfer oder Bornitrid, im Laserabtragen oder auch im Einritzen der Mikrokanäle mittels feiner Diamant-Zähne [4.72].

Für die thermo-hydraulische Modellierung eines Mikrokanalkühlers muß der totale thermische Widerstand optimiert werden, der sich anhand eines einfachen Modells berechnen läßt. Dabei gilt zunächst allgemein für einen thermischen Widerstand

$$R_{therm} = \frac{\Delta T}{Q} \tag{4.18}$$

wobei ΔT der Temperaturunterschied zu einer Referenztemperatur (Umgebungstemperatur) und Q die gesamte abzuleitende Verlustleistung ist. Zur Berechnung des totalen thermischen Widerstandes R_{total} eines Mikrokanalkühlers ist es günstiger, eine modifizierte Definition für den thermischen Widerstand zu verwenden:

$$R_{total} = R_{therm} \cdot F_Q = \frac{\Delta T}{Q} \cdot F_Q = \frac{\Delta T}{Q} \cdot l \cdot (b_K + b_S) = \frac{\Delta T}{q} \tag{4.19}$$

Hierbei ist F_Q die Fläche, durch welche die Verlustwärme abgeleitet wird, l , b_K und b_S sind die Kanallänge bzw. Kanalbreite und Stegbreite, und q ist somit die Verlustwärmeleistung pro Flächeneinheit. ΔT ist nun die Temperaturdifferenz zwischen der Laserdiodenoberfläche (bzw. -bodenfläche) und dem Kühlmittel. Als Referenztemperatur nimmt man dabei die Einlaßtemperatur. Dieser modifizierte thermische Widerstand mit der Maßeinheit K·cm^2/W wird oft als thermische Impedanz bezeichnet. Mit Hilfe dieses Parameters wird es möglich, die thermische Analyse auf der Basis eines einzigen Kanals und des benachbarten Steges zu formulieren. (Dies ist gestattet, weil benachbarte Kanäle und Stege symmetrisch bezüglich ihrer thermischen Eigenschaften sind). Weiterhin ist damit auch ein leichterer Vergleich von unterschiedlichen Aufbauten möglich.

Den totalen thermischen Widerstand R_{total} eines Mikrokanalkühlers kann man sich aus insgesamt sechs Komponenten zusammengesetzt vorstellen (Abb.4.35).
Der erste thermische Widerstand R_{spread} resultiert aus der Verteilung der Wärme von einer diskreten Wärmequelle (der Laserdiode) auf eine größere Fläche ("thermal spreading resistance"). Die nächste Komponente R_{solid} be-

schreibt die Wärmeleitung von der heißen Oberfläche durch das Festkörpermaterial zur Steg- und Kanalbasis. Dieser thermische Widerstand ist im einfachsten Fall durch $R_{solid} = d / k_{substrat}$, gegeben, wobei d die Substratdicke und $k_{substrat}$ die thermische Leitfähigkeit des Substrates bei einer gemittelten Temperatur ist. Wenn hierbei verschiedene Materialschichten vorhanden sind, z. B. ein heat spreader, so muß dies natürlich bei der Berechnung von R_{solid} berücksichtigt werden.

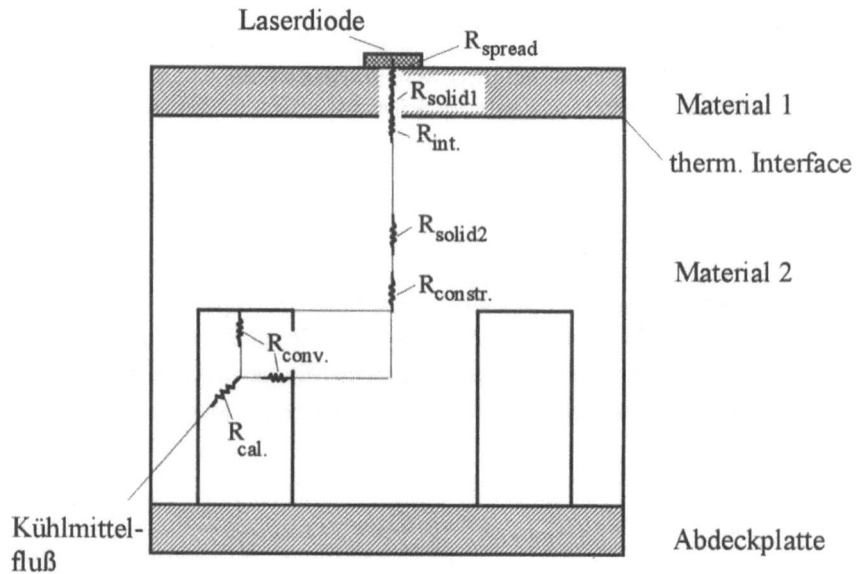

Abb.4.35   Schema der thermischen Widerstände einer Diodenlaser-Mikrokanalkühler-Anordnung

Weiterhin repräsentiert $R_{interface}$ den thermischen Widerstand der Verbindungsschichten ("thermal interface") beim Übergang von der Wärmequelle zum Mikrokühler bzw. auch vom heat spreader zum Mikrokühler. Falls der Mikrokühler direkt in das Substrat der Laserdiode eingearbeitet ist, gilt $R_{interface} = 0$. Als nächstes muß die Konzentration der Wärmeleitung vom flächigen Kühlermaterial auf den Steg betrachtet werden. Der entsprechende thermische Widerstand $R_{constrict}$ tritt an der Steg-Basis auf, da aufgrund der Weiterführung der Wärme in dem engen Steg ein "Konstriktionseffekt" resultiert. Die Konvektion der Wärme von der Kanalbasis und den -wänden wird durch $R_{convect}$ beschrieben, worin auch die Wärmeleitung durch die Kanalstege enthalten ist. Schließlich ergibt sich auch aus der Temperaturerhöhung des Kühlmittels beim Durchfließen der Kanäle ein thermischer Widerstand, R_{calor}, da das

Kühlmittel selbst wegen seiner begrenzten Wärmekapazität einen kalorischen Widerstand darstellt.
Somit stellt sich der totale thermische Widerstand des Mikrokanalkühlers als die Summe aus diesen sechs Einzelwiderständen dar:

$$R_{total} = R_{spread} + R_{solid} + R_{interface} + R_{constrict} + R_{convect} + R_{calor} \qquad (4.20)$$

Eine detaillierte Berechnung der einzelnen thermischen Widerstände findet man z. B. in [4.73]. Beim Kühlerdesign müssen nun im wesentlichen die Kanaltiefe und -breite für eine vorgegebene Kühlergröße und vorgegebenen Druck optimiert werden. Meistens wird die Kanalbreite gleich der Stegbreite gewählt. Die Kanalbreite bestimmt die Strömungsverhältnisse, wobei sich für eine kleine Kanalbreite laminare Strömung und für eine große Kanalbreite turbulente Strömung einstellt (Abb.4.36).

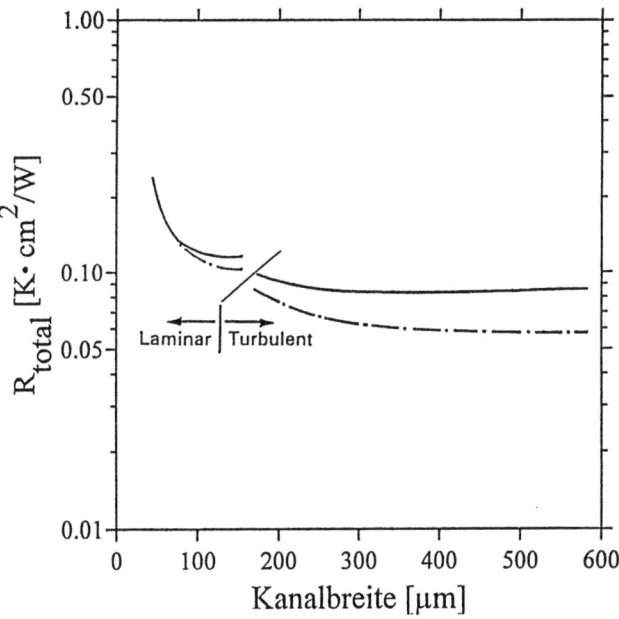

Abb.4.36 Berechnete thermische Impedanz als Funktion der Kanalbreite eines Mikrokühlers aus Silizium (obere Kurve) und Kupfer (untere Kurve) (nach [4.70])

Um einen möglichst niedrigen thermischen Widerstand zu erzielen, darf die Kanalbreite nicht zu klein gewählt werden. Typische Werte des Druckabfalls für das Kühlmedium liegen bei 1 bis 3 bar. Da rauhe Kanaloberflächen und turbulente Strömungsverhältnisse thermal-hydraulisch günstig für eine hohe Wärmetransferrate sind, sollte sich prinzipiell ein noch besserer Wärmeaustausch durch eine Unterbrechung der Kanalstege erreichen lassen. Diese "interrupted fins" stellen jedoch ein sehr komplexes theoretisches Problem dar, so daß hierbei in erster Linie eine experimentelle Optimierung der Mikrokanalstruktur infrage kommt.

Mit optimierten Mikrokanalkühlern können außerordentlich niedrige Werte für den totalen thermischen Widerstand von deutlich weniger als 0.1 K/(W/cm^2) erzielt werden, was von großer Bedeutung für die diodengepumpten Festkörperlaser ist. Es ist daher von Interesse, kurz zu diskutieren, warum sich dies gerade mit so feinen Strukturen erzielen läßt. Dazu betrachten wir die Gleichung für den "Über-alles"-Wärmetransfer:

$$Q = K \cdot F_Q \cdot \Delta T \qquad (4.21)$$

K ist der "Über-alles"-Wärmetransferkoeffizient. Wenn man einen möglichst großen Wert für Q erzielen will, muß bei konstantem ΔT das Produkt $K \cdot F_Q$ größer werden. Dies läßt sich nur mit einem größeren Wert für K erreichen, da im allgemeinen F_Q nicht ohne weiteres vergrößert werden kann. Einen großen Zuwachs in K erhält man, indem der konvektive Wärmetransferkoeffizient $K_{convect}$ vergrößert wird. Dazu müssen wir nun Grundlagen des Wärmetransfers heranziehen: Wenn die Strömung in einem Kanal voll entwickelt ist, dann ist die dimensionslose Nusselt-Zahl

$$Nu = K_{convect} \cdot D / k_f, \qquad (4.22)$$

die den Wärmetransfer von der Kanalwand in die strömende Flüssigkeit beschreibt, eine Konstante. Dabei ist D der sogenannte hydraulische Kanaldurchmesser und k_f die thermische Leitfähigkeit des Kühlmittels. Da für eine Flüssigkeit $k_f = const.$ ist, kann $K_{convect}$ nur in dem Maße erhöht werden, in dem D kleiner wird. Diese Größe läßt sich darstellen durch [4.73]:

$$D = 4 b_K \cdot h_K / (2 b_K + 2 h_K) \qquad (4.23)$$

(b_K, h_K : Kanalbreite bzw. -höhe)

Für Wasser als Kühlmittel ist bei voll entwickelter Strömung $Nu = 5.0$, und k_f beträgt etwa 0.6 W/m·K. Mit Kanaldimensionen in der Größe von 100 µm erhält man dann für den konvektiven Wärmetransferkoeffizienten $K_{convect}$ sehr große Werte um 30.000 W/m^2·K, womit offensichtlich wird, weshalb die Kanalstruktur so klein ist.

Ein typischer modularer Diodenlaser-Mikrokanalkühler-Aufbau ist in [4.74] ausführlich beschrieben. Dabei wird das lineare array bar, das eine Breite von 10 bis 20 mm hat, ähnlich wie beim Aufbau auf einem Kupferträger nahe am Rande des Mikrokanalkühlers aufgelötet. Das array bar ist vom Rande etwas zurückgesetzt montiert, damit ein optimaler Wärmetransport zu den Kühlkanälen gewährleistet ist. Der in Abb.4.37 gezeigte Aufbau hat eine abgeschrägte Frontkante vor dem linearen array bar. Dies gestattet es, eine Mikro-Zylinderlinse für eine optimale Kollimation in der beugungsbegrenzten Strahlebene vor der Diodenzeile anzubringen.

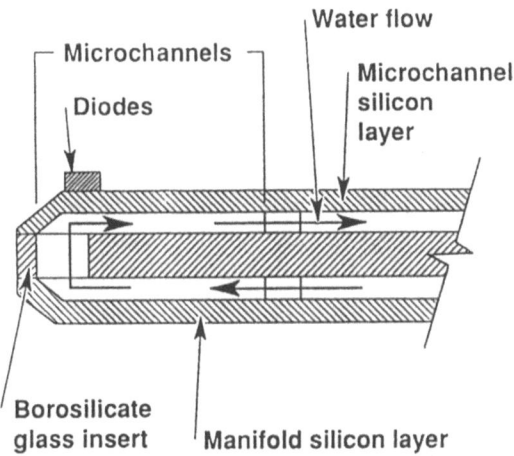

Abb.4.37 Querschnitt eines Diodenlaser-Mikrokanalkühler-Aufbaus [Q4.14]

Die Module werden mit Hilfe von elektrisch leitenden Silber-Silikon-Elastomer-Dichtungen, die etwa das gleiche Profil wie ein Kühlermodul haben, zu größeren zweidimensionalen Diodenlaser-Anordnungen zusammengebaut. Somit können die Module elektrisch in Reihe geschaltet werden, wobei sie hydraulisch parallel geschaltet sind.

Ein Modul besteht im wesentlichen aus drei Schichten in einer Silizium-Glas-Silizium-"sandwich"-Konfiguration (Abb.4.38). In der oberen Schicht wird das Kühlwasser von der Einlaß-Öffnung zu den eingeätzten Mikrokanälen geleitet, die sich direkt unterhalb des Laserdioden-bars befinden. Der mittlere Glas-Einsatz enthält außer den zu den Silizium-Teilen passenden Durchführungen einen nahe am Rand parallel dazu verlaufenden Schlitz, durch den das aus den Mikro-

92 Hochleistungsdiodenlaser

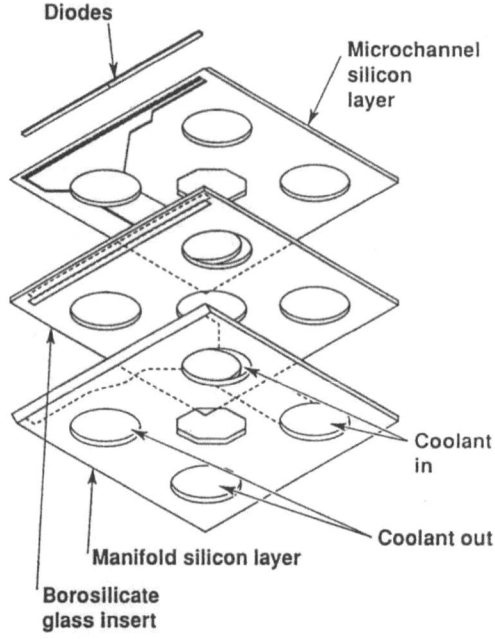

Abb.4.38   Skizze zum Schichtaufbau von Mikrokanalkühlern [Q4.14]

kanälen strömende Kühlwasser in die Bodenschicht gelangt, in der das Kühlwasser zur Auslaßöffnung geleitet wird. Die Durchführungen in den Schichten dienen als Wassereinlaß- und -auslaßöffnungen, wobei die zentrale Durchführung für einen Montagebolzen vorgesehen ist. Die Gesamtdicke eines solchen Moduls nebst Dichtungsteil kann deutlich unter 2 mm liegen, so daß hohe Packungsdichten möglich sind.

Die Mikrokanalschichten und die Bodenschichten werden aus einem (bzw. mehreren) 3-Zoll Silizium-wafern mittels einer anisotropen Ätzprozedur hergestellt. Dazu wird der wafer zunächst mit SiN beschichtet, das anschließend in einem photolithographischen Prozeß strukturiert wird, wodurch die zu ätzenden Bereiche des wafer definiert werden. Der wafer wird dann schließlich einer 44 %-igen KOH-Lösung bei 35°C ausgesetzt, wobei die typische Ätzrate etwa 4 µm/h beträgt.

Die drei Aufbauschichten des Moduls werden durch sogenanntes anodisches Bonden fest miteinander verbunden [4.75] und anschließend in einem "sputter"-Verfahren mit einer ziemlich komplexen Metallisierungsstruktur aus Ti-, Pt- und Au-Schichten sowie auch In versehen, die in erster Linie der Stromzufuhr dienen sowie auch für das Auflöten des array bar erforderlich sind. Dieses wird dann mit der p-Seite nach unten in einer H_2-Atmosphäre bei 200 °C aufgelötet. Schließlich erfolgt das Draht-Bonden von der n-Seite des array bar zur Au-Kontaktschicht des Moduls, wofür bis zu etwa 200 feine Golddrähte verwendet werden.

Wie oben schon diskutiert wurde, ist der für die Charakterisierung eines Laserdioden-Wärmesenke-Aufbaus wichtigste Parameter der experimentell bestimmte thermische Widerstand, d. h. die Steigung der Temperaturkennlinie über der von den Diodenlasern dissipierten Wärmeleistung. Dieser thermische Widerstand hängt auch vom Druck (typisch etwa 1.5 bis 3 bar) des durch die Kanäle fließenden Kühlmittels ab, wobei sich mit zunehmendem Druck kleinere Werte ergeben.

Das Temperaturverhalten der montierten Diodenlaser wird durch die Messung der Emissionswellenlänge bestimmt. Die Verlustwärmeleistung der Dioden erhält man einfach aus der Differenz der zugeführten elektrischen Leistung und der optischen Ausgangsleistung, wobei sich für Quasi-cw-Pumpen die mittlere dissipierte Leistung berechnet gemäß

$$P_{diss} = f \cdot (I \cdot V - P_d) \qquad (4.24)$$

Der duty cycle f ist gegeben durch das Produkt aus der Pulsbreite und der Repetitionsrate; V und P_d sind die Spannung und die optische Leistung beim Betriebsstrom I.

Diese Ausführungen zeigen, daß für das Erzielen einer hohen mittleren Ausgangsleistung der Pumpdioden in erster Linie eine kleine thermische Impedanz des Diodenlaser-Wärmesenke-Aufbaus wichtig ist. Es muß jedoch darauf geachtet werden, daß über der Länge eines jeden linearen array bars die thermische Impedanz möglichst konstant ist und nur geringe Temperaturdifferenzen vorhanden sind, damit keine spektrale Verbreiterung der Diodenemission resultiert, welche die Effizienz des Festkörperlasers beeinträchtigen könnte.
Darüber hinaus wird bei Pulsbetrieb (Quasi-cw-Pumpen) die effektive Linienbreite beeinflußt, d. h. die über die Pumppulsdauer integrierte Linienbreite: Infolge der Erwärmung des pn-Übergangs verschiebt sich der Schwerpunkt des Emissionsspektrums vom Pulsbeginn an um so mehr zu größeren Wellenlängen hin, je länger der Pumppuls dauert. Dies kann mehrere nm betragen. Mit einem optimierten thermischen Widerstand kann dieser Effekt reduziert werden. Da sich das Emissionsspektrum mit größer werdender Pulsrate sowie auch bei einer Erhöhung des Betriebsstroms aus demselben Grund zu größeren Wellenlängen verlagert und auch verbreitert, können diese Effekte gleichfalls durch eine Optimierung der Wärmeableitung minimiert werden.

Beim praktischen Betrieb der Diodenlaser-Mikrokanalkühler muß natürlich auf größtmögliche Sauberkeit des Kühlsystems und des Kühlmediums geachtet werden, das häufig aus einem Wasser-Glykol-Gemisch besteht, damit die feinen Kanalstrukturen nicht verstopft werden. Durch Abrieb im Kühlkreislauf entstehende Mikropartikel müssen ständig herausgefiltert werden. Häufig wird auch die Umlaufrichtung des Kühlmediums von Zeit zu Zeit geändert, um einen "Freispüleffekt" zu erreichen. Von der Anfangszeit der Mikrokanalkühltechnik wird sogar berichtet, daß durch Bakterienwuchs im warmen Kühlwasser ein Totalausfall eines Mikrokanalkühlsystems verursacht wurde.

Die Bedeutung der Mikrokanalkühlung für die diodengepumpten Festkörperlaser hoher durchschnittlicher Ausgangsleistungen soll nun anhand eines Designbeispiels für einen kompakten 1 kW cw-Laser dargestellt werden. Ein hierfür geeigneter Laserkristall wäre ein 80 mm langer, slab-förmiger Nd:YAG-Kristall mit einem Querschnitt von 6 mm x 16 mm, der von beiden großen Flächen aus mit zweidimensional angeordneten Diodenlasern gepumpt wird (Kap.7). Nimmt man einen optisch-zu-optischen Wirkungsgrad von 25 % an, so beträgt die erforderliche optische Diodenleistung $P_d = 4$ kW. Da die gesamte gepumpte Fläche $F = 25.6$ cm^2 ist, ergibt sich für die Pumpleistungsdichte ein Wert von $P_d / F = 156.25$ W/cm^2. Mit einem elektrisch-zu-optischen Wirkungsgrad der Laserdioden von 30 % folgt hieraus dann eine Verlustleistungsdichte von rund 365 W/cm^2.

Wir nehmen weiterhin an, daß lineare array bars verwendet werden, die bei einer Breite von 1 cm eine Ausgangsleistung von je 15 W cw liefern sollen. Somit müßten wir einen Aufbau mit etwa $10\frac{1}{2}$ linearen array bars pro cm realisieren, d. h., für ein lineares array bar stünden etwa 0.95 mm an Aufbaudicke zur Verfügung. Ein möglicher Aufbau ist in Abb.4.39a,b skizziert.

Um diese hohe Aufbaudichte für die linearen array bars zu erreichen, sind hierbei jeweils zwei solcher Diodenzeilen mit heat spreader aus Diamant auf einem einzigen Mikrokanalkühler-Element aufgebaut. Ein solches Modul würde 30 W cw optische Diodenleistung bei 70 W Verlustwärmeleistung erzeugen können. Die Integration solcher Module zu einem gestapelten Aufbau kann wie in Abb.4.40 dargestellt erfolgen.

Nun berechnen wir die Temperaturdifferenz, die sich zwischen der Diodenzeile und der Kühlflüssigkeit (Einlaßtemperatur) einstellen würde. Für einen Si-Mikrokanalkühler können wir eine thermische Impedanz von 0.1 K·cm^2/W ansetzen. Mit einer Grundfläche des heat spreaders von 3 mm x 10 mm ergibt sich dann ein thermischer Widerstand von 0.33 K/W, so daß bei 70 W dissipierter Wärmeleistung eine Temperaturerhöhung von etwa 23 K resultieren würde.

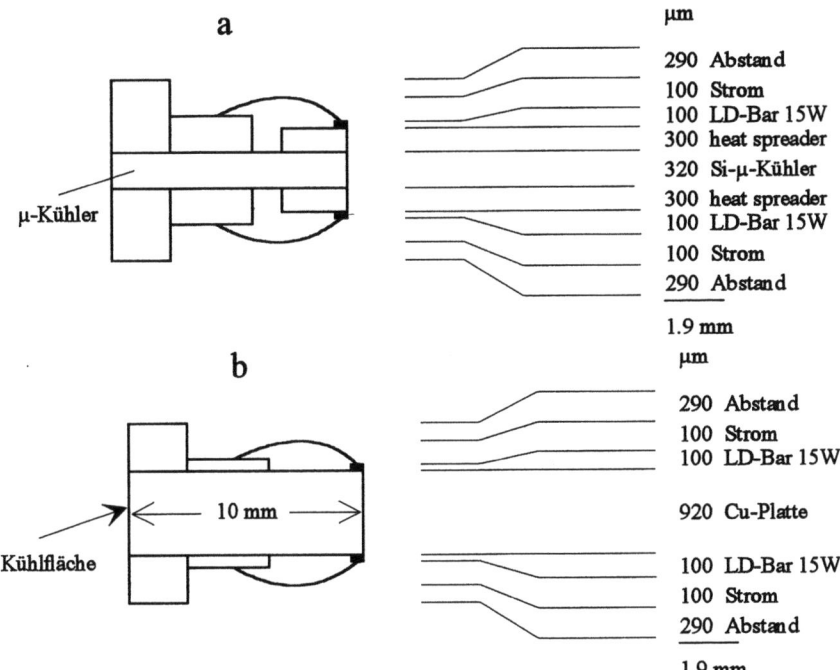

Abb.4.39a,b Schematische Darstellung für den Vergleich zwischen einem Diodenlaseraufbau auf einem Mikrokanalkühler (a) und einem Kühler aus massivem Kupfer (b)

Wollten wir die Diodenzeilen mit dem gleichen Abstand direkt auf einem massiven Träger aus Kupfer montieren, so würde eine extreme Temperaturerhöhung resultieren, wie die folgende Abschätzung zeigt. Wie aus der entsprechenden Aufbauskizze (Abb.4.39b) entnommen werden kann, wäre dann die Kupferplatte 920 µm dick. Mit der Gleichung für den thermischen Widerstand

$$R_{therm} = \frac{d}{k \cdot F} \qquad (4.25)$$

(d: Schichtdicke, k: thermische Leitfähigkeit, F: Fläche für die Wärmeableitung) erhalten wir für den thermischen Widerstand von der Diodenlaser-Grundfläche zur Mitte des Kupferträgers:

$$R_{therm1} = 0.46 \text{ mm}^2\text{K} / (0.4 \text{ W} \times 10 \text{ mm} \times 0.33 \text{ mm}) \approx 0.35 \text{ K/W},$$

wobei $k = 0.4$ W/(mm·K) für Kupfer und für die Diodengrundfläche ein Wert

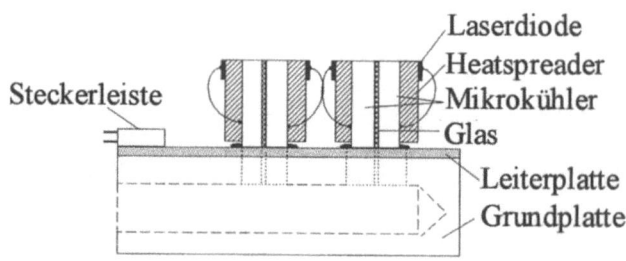

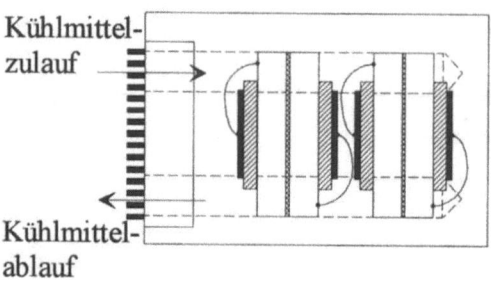

Abb.4.40 Designbeispiel für einen Stapelaufbau von Diodenlaser-Mikrokanal-Modulen [Q4.15]

von 10 mm x 0.33 mm angenommen wurde. Weiterhin ergibt sich für die zweite Komponente des Wärmewiderstands des Kupferträgers (für den Wärmetransport zur Basis der Kupferplatte):

$$R_{therm2} = 10 \text{ mm}^2\text{K} / (0.4 \text{ W} \times 10 \text{ mm} \times 0.92 \text{ mm}) \approx 2.72 \text{ K/W}.$$

Somit beträgt der gesamte thermische Widerstand 3.07 K/W. Dementsprechend würde sich für 70 W Verlustleistung eine (natürlich nicht mehr sinnvolle) Temperaturerhöhung von etwa 215 K gegenüber der Kühlflüssigkeit ergeben - ein fast zehnmal größerer Wert als bei der Mikrokanalkühlung. Beim Kupferkühler müßte eigentlich sogar noch eine weitere Komponente des thermischen Widerstands berücksichtigt werden, die den Wärmeübergang in die Kühlflüssigkeit beschreibt, wohingegen dies in dem Wert für die thermische Impedanz des Mikrokanalkühlers schon enthalten ist.

Auf der Basis sehr weit entwickelter Mikrokanalkühler in Verbindung mit geeigneten Integrationstechniken gelang es, von einem 1 cm breiten linearen array bar eine kontinuierliche Ausgangsleistung bis zu 120 W zu erzielen, wobei Lebensdauerwerte von 10^4 Stunden erwartet werden [4.76]. Der Wirkungsgrad dieser Dioden liegt bei 50 %. Eine wichtige Voraussetzung hierfür war die Entwicklung von Laserdioden mit einer großen Resonatorlänge in der Größenordnung von Millimetern, was durch die Verwendung von Halbleitermaterialien extrem geringer Verluste von etwa 1 cm^{-1} ermöglicht wurde. Weiterhin konnte auch eine Verbesserung der Facettenqualität erreicht werden, d. h. eine Erhöhung der Zerstörschwelle. Infolge der großen Diodengrundfläche ("thermal footprint") kann die hohe thermische Last effizient zum Kühler abgeleitet werden. Diese auf den Mikrokanalkühlern montierten array bars können mit einer linearen Dichte von 10/cm gestapelt werden, so daß kontinuierliche optische Leistungen von mehr als 1 kW/cm^2 erzielt werden. Die linearen array bars haben integrierte Mikrolinsen, so daß die Diodenstrahlung in Richtung der "schnellen" Achse nur noch eine Divergenz von etwa 10 mrad aufweist.

5 Festkörperlaser-Materialien

Wie eingangs schon erwähnt wurde, läßt sich mit einigen wenigen Diodenlasertypen durch die Kombination mit verschiedenen Festkörperlaser-Materialien eine Vielzahl von Laserwellenlängen erzeugen, wobei sich dann auch gänzlich andere Lasereigenschaften ergeben können, wie z. B. hohe Strahlqualität, hohe Leistungen, kurze Pulse, oder auch über breite Wellenlängenintervalle abstimmbare diodengepumpte Festkörperlaser möglich werden. Dies alles wird durch die Wahl des aktiven Mediums entscheidend bestimmt. Dabei können mehrere Kriterien für ein gutes Lasermaterial aufgezählt werden: wünschenswert sind insbesondere a) ein großer Emissions- und Absorptionswirkungsquerschnitt, b) eine lange Fluoreszenzlebensdauer, c) eine gute optische Qualität, d) eine hohe Wärmeleitfähigkeit, e) eine große mechanische Härte, f) ein geringer thermischer Ausdehnungskoeffizient, g) eine geringe thermische Abhängigkeit des Brechungsindex, h) ein leichtes Kristallzüchten von möglichst großer Kristallen, i) eine gute Bearbeitbarkeit und nicht zuletzt, für das Diodenpumpen besonders wichtig, j) eine breite Absorptionslinie, die möglichst nahe bei der Emissionswellenlänge liegen sollte.

Da in der Literatur schon ausführliche Darstellungen zu den Festkörperlaser-Materialien vorliegen [5.1, 5.2], in erster Linie für klassische, lampengepumpte Lasersysteme, wollen wir uns in diesem Kapitel auf die für das Diodenpumpen wesentlichen Aspekte konzentrieren, wobei der Schwerpunkt bei neueren Kristallentwicklungen für diodengepumpte Festkörperlaser liegt.

5.1 Grundlegende Betrachtungen

Wenn man die Anforderungen an Lasermaterialien für das Diodenpumpen diskutiert, muß man zwischen den unterschiedlichen Betriebsarten differenzieren: Dies sind 1.) der kontinuierliche oder der freilaufende, gepulste Modus und 2.) der Energiespeicherungsmodus, d. h. mit Güteschaltung oder mit schneller Pulsextraktion.

Für kontinuierlichen oder freilaufenden Betrieb ist die Pumpleistung an der Laserschwelle dadurch bestimmt, daß die Verstärkung im Lasermedium gleich den Resonatorverlusten ist. Die Verstärkung ist proportional dem Produkt aus dem Emissionswirkungsquerschnitt σ_e und der Differenz der Populationen des oberen und des unteren Laserniveaus. Da die Populationsinversion (für Vier-Niveau-Laser) proportional zur Lebensdauer τ des oberen Laserniveaus ist, ergibt sich somit für die Pumpschwellenleistung eine Proportionalität zu $\sigma_e \cdot \tau$. Dieses Produkt läßt sich durch die folgende Formel darstellen [5.3, 5.4]:

$$\sigma_e \cdot \tau = \frac{\lambda^2}{8\pi \cdot n_k^2 \cdot \Delta \nu} \tag{5.1}$$

Diese Beziehung, die häufig auch als Füchtbauer-Ladenburg-Gleichung bezeichnet wird, beschreibt σ_e (gemittelt über alle Polarisationen) und τ (genauer: die Strahlungslebensdauer) durch die Wellenlänge λ, den Brechungsindex n_k und die effektive Linienbreite $\Delta \nu$ des Laserübergangs. Für eine bestimmte Wellenlänge sollte daher das Verstärkungsspektrum so schmal wie möglich sein. Auch ein sehr anisotroper Wirkungsquerschnitt ist vorteilhaft, da dann die Laseremission entlang einer Achse mit großem Wirkungsquerschnitt polarisiert sein kann, der Wirkungsquerschnitt in Gl.(5.1) hingegen über alle Polarisationen gemittelt ist. Man sieht auch, daß in Hinsicht auf eine breite Abstimmbarkeit, d. h. ein großes $\Delta \nu$, ein kleineres $\sigma_e \cdot \tau$ Produkt resultiert.

In der anderen Betriebsart, dem Energiespeicherungsmodus, ist die Lebensdauer des oberen Laserniveaus von großer Bedeutung. Dabei muß der Emissionswirkungsquerschnitt ausreichend groß sein, damit sich eine niedrige Sättigungsenergiedichte ergibt, die für ein Vier-Niveau-System gegeben ist durch

$$E_{sätt} = \frac{h \cdot c}{\lambda \cdot \sigma_e} \tag{5.2}$$

(h: Plancksches Wirkungsquantum, c: Lichtgeschwindigkeit). Für eine effiziente Energieextraktion muß die Ausgangsenergiedichte ("output fluence", "extracting fluence") wenigstens vergleichbar oder möglichst sogar größer als $E_{sätt}$ sein. Die Ausgangsenergiedichte ist aber durch die optische Zerstörschwelle des Lasermediums und der Resonatoroptiken bzw. auch durch Selbstfokussierung begrenzt. Zum Beispiel liegt die Zerstörschwelle für optische Schichten und Polarisatoren meist bei etwa 10 J/cm^2 für eine Pulsbreite von 10 ns. Wenn die Sättigungsenergiedichte nicht größer als dieser Wert sein soll, so muß $\sigma_e >$ 10^{-20} cm^2 sein.

Die Bedeutung der Fluoreszenzlebensdauer ist offensichtlich: die totale absorbierte Diodenlaser-Leistung, die erforderlich ist, um einen bestimmten Energiebetrag zu speichern, ist umgekehrt proportional zu τ. Wenn man den durch

Gl.(5.1) gegebenen Wert von σ_e in dem Ausdruck für die Sättigungsenergiedichte substituiert, ergibt sich

$$E_{sätt} = \frac{h \cdot c}{\lambda \cdot \sigma_e} \sim \frac{n_k^2 \cdot \Delta v \cdot \tau}{\lambda^3} \tag{5.3}$$

Hieraus ist zu ersehen, daß wegen des Faktors λ^3 im Nenner lange Lebensdauern bzw. niedrige Sättigungsenergiedichten bei großen Wellenlängen wahrscheinlicher sind [5.5].

Die hohen Pumpleistungsdichten beim optischen Pumpen mit Diodenlasern haben einen besonders wichtigen Aspekt in Hinsicht auf die schwierig anzuregenden Laserübergänge der Quasi-drei-Niveau-Laser; denn diese können damit bei Raumtemperatur betrieben werden, wobei auch neue Laserübergänge ermöglicht werden. Für den effizienten Betrieb solcher Laser ist es notwendig, einen wesentlichen Anteil der Ionen vom Grundzustand in den angeregten Zustand zu bringen, um die Grundzustands-Absorptionsverluste auszugleichen und eine ausreichende Verstärkung zu erzielen. Dies ist um so leichter zu erreichen, je größer der Absorptionswirkungsquerschnitt σ_{abs} und die Fluoreszenzlebensdauer τ sind. Daher definiert man einen sogenannten Pumpsättigungsintensitäts-Parameter:

$$I_{sätt,p} = \frac{h\nu_p}{\sigma_{abs} \cdot \tau} \tag{5.4}$$

Der Anteil der angeregten Ionen ist dann bei niedrigen Dotierungskonzentrationen gegeben durch

$$\beta = \frac{I_{abs}}{I_{sätt,p}} \tag{5.5}$$

wobei I_{abs} die absorbierte Pumpintensität darstellt.

Mit β_{min} als minimalem Anteil an Ionen, die angeregt werden müssen, damit Grundzustandsabsorption und Verstärkung im Gleichgewicht sind und Transparenz bei der Extraktionswellenlänge vorhanden ist, kann man nun schreiben:

$$I_{min} = \beta_{min} \cdot I_{sätt,p} \tag{5.6}$$

Die Größe I_{min} ist dementsprechend die Pumpintensität, die benötigt wird, um die Laserschwelle in einem sonst verlustfreien Oszillator zu erreichen bzw., damit Absorption und Verstärkung in einer Verstärkerkonfiguration bei der gewählten Extraktionswellenlänge gleich sind. I_{min} kann somit auch als "figure-of-merit" zur Bewertung von Festkörperlaser-Materialien verwendet werden.

Bei Quasi-drei-Niveau-Lasern wie z. B. den Yb-Lasern liegen die Werte für β_{min} in der Größenordnung von 10 % oder auch etwas höher. Die Pumpsättigungsintensitäts-Parameter dieser Laser können Werte von mehr als 30 kW/cm^2 annehmen. Demgemäß werden dann absorbierte Pumpintensitäten bis zu mehreren kW/cm^2 benötigt, um die Laserschwelle zu überschreiten. Effizienter Laserbetrieb ist jedoch mit solchen Lasern nur deutlich oberhalb der Schwelle zu erzielen, weil nur bei großen Intensitäten die Verluste durch Reabsorption bei der Laserwellenlänge klein sind (Kap.3, Gl.(3.49)). Damit wird klar, daß große absorbierte Pumpintensitäten erforderlich sind, die jedoch, wie oben erwähnt, mit Diodenlasern insbesondere bei longitudinalem Pumpen relativ leicht bereitgestellt werden können.

Für longitudinales Pumpen eines solchen Quasi-drei-Niveau-Lasers ist es besonders wichtig, die Länge des verstärkenden Mediums zu optimieren. Einerseits muß der Laserkristall ausreichend lang sein, um die Pumpstrahlung effizient zu absorbieren, andererseits jedoch darf die Kristallänge nicht zu groß sein, da sonst ein nicht ausreichend stark gepumpter Bereich ohne eine Populationsinversion entsteht, was Absorptionsverluste bei der Laserwellenlänge hervorrufen würde. Die Bedingung für eine optimale Kristallänge läßt sich so formulieren, daß die Pumpintensität am Ende des verstärkenden Mediums gleich der minimalen Pumpintensität sein soll, die erforderlich ist, um eine Populationsinversion zu erzeugen [5.6].

Weiterhin ist zu bemerken, daß bei hohen Energiespeicherdichten insbesondere "upconversion"-Prozesse die Lasertätigkeit beeinträchtigen können, so daß ein Lasermedium, das für cw-Betrieb gute Ergebnisse liefert, für den Energiespeicherungsmodus durchaus ungeeignet sein kann. Diese upconversion-Prozesse gehören neben anderen Prozessen zu den sogenannten interionischen Energietransferprozessen im Lasermaterial, die den Laserbetrieb entscheidend beeinflussen können, weshalb dies bei der Charakterisierung und Auswahl eines für das Diodenpumpen geeigneten Lasermaterials diskutiert werden muß.

Bei diesen interionischen Energietransferprozessen handelt es sich um Relaxationsprozesse zwischen benachbarten Ionen im Wirtsgitter. Ihr Anteil an den Zerfallsprozessen nimmt mit steigender Ionenkonzentration zu. Dabei kann strahlender oder nichtstrahlender Energietransfer auftreten. Die beteiligten Ionen werden als Donator und Akzeptor bezeichnet, wobei diese verschiedenartige oder gleiche Ionen sein können. Die Prozesse können resonant oder nichtresonant sein, wobei im letzteren Falle die Energiedifferenzen durch Phononen aufgebracht werden [5.7].

Im einfachsten Falle wird die gesamte Anregungsenergie resonant vom Donator auf den Akzeptor übertragen. Dabei diffundiert die Energie ohne Austausch eines realen Photons zum Nachbar-Ion. Dieser nichtstrahlende Transfer findet hauptsächlich aufgrund elektrischer Dipolwechselwirkung statt. Die Wahrscheinlichkeit für einen Energietransfer läßt sich quantenmechanisch berechnen [5.8]:

$$W_{DA} = \frac{3h^4 \cdot c^4}{8\pi^2 \cdot n_k^4} \cdot \frac{\Sigma_A}{\tau_D \cdot R_{DA}^6} \cdot \int \frac{f_D(E) \cdot F_A(E)}{E^4} \cdot dE \qquad (5.7)$$

mit h Plancksches Wirkungsquantum
     c Lichtgeschwindigkeit
     n_k Brechungsindex
     Σ_A integraler Absorptionswirkungsquerschnitt des beteiligten
                Akzeptorübergangs
     τ_D "strahlende" Lebensdauer des Donators
     R_{DA} Abstand zwischen Donator und Akzeptor
     E Energie
     $f_D(E)$ normierte Emissionslinienform
     $F_A(E)$ normierte Absorptionslinienform

Der Faktor $1/R_{DA}^6$ ist für die Dipol-Dipol-Wechselwirkung charakteristisch. Wenn gleichartige Ionen beteiligt sind und der gleiche Übergang in Emission $i \rightarrow j$ (beim Donator) und Absorption $j \rightarrow i$ (beim Akzeptor) involviert ist, wird das Überlappungsintegral maximal. Man bezeichnet diesen Prozeß mit Energiemigration oder -diffusion, wenn j der Grundzustand ist. Wird die Energie von einem Kodotier-Ion, z. B. von einem Ion eines anderen Lanthanids (oder auch von einem "Verunreinigungs-Ion") auf das Laser-Ion übertragen, so bezeichnet man dies als "Sensibilisierung", wohingegen man im umgekehrten Falle von "quenching" spricht.

Die Reabsorption ist ein anderer energieresonanter Prozeß, bei dem ein Akzeptor-Ion ein vom Donator emittiertes Photon absorbiert. Die Wahrscheinlichkeit der Reabsorption ist besonders groß, wenn gleiche Lanthanid-Ionen und gleiche Übergänge beteiligt sind. Ist das Endzustandsniveau des Laserübergangs stark bevölkert, so kann der Prozeß sehr effizient werden und hat daher hinsichtlich der Verluste bei Grundzustandslasern eine große Bedeutung.

Bei der sogenannten Kreuzrelaxation wird nur ein Teil der Energie des Donators an den Akzeptor weitergegeben, und das angeregte Ion relaxiert nicht direkt in den Grundzustand sondern in ein dazwischen liegendes Niveau. Dabei ist die Energie des Donators vor der Wechselwirkung höher als die des Akzeptors nachher. Beim Tm^{3+}-Ion z. B. führt dieser Prozeß zu einer Quanteneffizienz von annähernd 2, da das Zwischenniveau gleichzeitig das obere Laserniveau ist. Hat der Akzeptor nach dem Austausch eine höhere Energie als diejenige des Donators vor der Wechselwirkung, so handelt es sich um "upconversion", was auch als Umkehrprozeß zur Kreuzrelaxation angesehen werden kann. Hierdurch ist es möglich, Fluoreszenz und auch Laserbetrieb bei einer kürzeren Wellenlänge als der des Pumplichtes zu erzielen (Kap.9).

Ein anderer, sogenannter intraionischer Prozeß, betrifft die nichtstrahlenden Multiphononenübergänge infolge von Wechselwirkung der elektronischen Niveaus mit den quantisierten Schwingungen des Wirtsgitters. Dabei wird die Energiedifferenz zwischen zwei Niveaus vollständig auf das Gitter übertragen. Die spontane Multiphononen-Emissionsrate und somit die Lebensdauer eines angeregten Niveaus wird durch die Anzahl der für einen Übergang erforderlichen Phononen bestimmt. Der dominierende Prozeß ist dabei derjenige, bei dem die geringste Anzahl von Phononen für einen Übergang benötigt wird. Folglich sind nur die Gitterschwingungen mit der größten Energie $h\nu_{max}$ von wesentlicher Bedeutung, da bei ihnen für einen Übergang zwischen zwei Energieniveaus mit einem energetischen Abstand ΔE die Anzahl n der notwendigen Phononen am kleinsten ist, wobei gilt

$$n = \frac{\Delta E}{h\nu_{max}} \tag{5.8}$$

Eine quantenmechanische Berechnung der Multiphononen-Emissionsraten ist zwar grundsätzlich möglich, ist jedoch recht komplex und liefert keine sehr genauen Ergebnisse. Dies gelingt besser mit einem phänomenologischen Modell [5.9, 5.10]. Dabei wird vereinfachend angenommen, daß nur Phononen einer Frequenz ν_{eff}, die als effektive Phononenfrequenz bezeichnet wird, am Übergang beteiligt sind, und Gl.(5.7) schreibt sich somit $\Delta E = n \cdot h\nu_{eff}$. Danach hängt für ein bestimmtes Wirtsmaterial bei niedrigen Temperaturen die Rate W_0 der spontanen Multiphononen-Emission exponentiell von ΔE ab:

$$W_0 = C \cdot \exp(-\alpha \cdot \Delta E) \tag{5.9}$$

Die Größen C und α sind charakteristische Konstanten des Wirtsmaterials. Bei höheren Temperaturen T gilt für die Rate der Multiphononenübergänge

$$W(T) = W_0 \cdot \left(1 + Z(h\nu_{eff})\right)^n \tag{5.10}$$

Dabei ist $Z(h\nu_{e\!f\!f})$ die durchschnittliche Besetzungszahl der Phononen bei einer Energie $h\nu_{e\!f\!f}$, wofür eine Bose-Einstein-Verteilung angenommen wird:

$$Z(h\nu_{e\!f\!f}) = \frac{1}{\exp(h\nu_{e\!f\!f}/kT) - 1} \qquad (5.11)$$

Damit erhält man als Rate der Multiphononen-Emission für einen n-fachen Phononenprozeß mit Phononen einer Frequenz $\nu_{e\!f\!f}$:

$$W(T) = C \cdot \exp(-\alpha \cdot \Delta E) \cdot \left[1 - \exp(-h\nu_{e\!f\!f}/kT)\right]^n \qquad (5.12)$$

Wenn die Phononen-Energie groß gegen kT ist, kann die Temperaturabhängigkeit von W vernachlässigt werden, bzw. sieht man anhand dieser Gleichung auch, daß die Übergangsrate für Multiphononen-Emission durch Kühlung des Wirtsmaterials verringert werden kann. Relativ hohe Phononenenergien $h\nu_{e\!f\!f}$ weisen z. B. Phosphat- und Silikatglas mit 1200 cm^{-1} bzw. 1100 cm^{-1} auf [5.11, 5.12]; YAG als Wirtsmaterial hat 700 cm^{-1} [5.13], und besonders niedrige Werte von 500 cm^{-1} findet man bei Schwermetall-Fluoridglas (ZBLAN-Glas) [5.14] und in YLF [5.15]. Niedrige Werte für die effektive Phononen-Energie sind insbesondere auch dort von Bedeutung, wo langlebige, metastabile Niveaus wünschenwert sind, wie bei der Erzeugung sichtbarer Laserstrahlung durch den upconversion-Prozeß (Kap.9).

Schließlich spielt auch der Prozeß der sogenannten "excited state absorption" (ESA) eine wichtige Rolle. Dabei wird ein Ion, das sich im angeregten metastabilen Energiezustand befindet, durch Absorption eines weiteren Photons in einen höheren Energiezustand gebracht. Die Energie des Photons muß dabei dem zu überbrückenden Energieabstand zwischen den beteiligten Niveaus entsprechen. Die Photonen für diesen Absorptionsvorgang können einerseits von der optischen Pumpquelle herrühren ("Pump-ESA") oder andererseits von einem wirksamen Laserübergang anderer Ionen stammen ("Signal-ESA"). Die Wahrscheinlichkeit für das Auftreten von ESA hängt von der Besetzungsdichte und der Lebensdauer des entsprechenden Niveaus ab und nimmt mit der Konzentration der angeregten Ionen und der Intensität der absorbierten Strahlung zu.

Die ESA-Prozesse können sich sowohl nachteilig wie auch vorteilhaft auf den Laserbetrieb auswirken. So kann die Lasertätigkeit beträchtlich abnehmen, wenn von dem oberen Laserniveau infolge von Pump-ESA oder Signal-ESA Übergänge zu höher gelegenen Energieniveaus erfolgen. Dagegen kann sich ESA bei den sogenannten selbstsättigenden Laserübergängen günstig auswirken, bei denen das untere Laserniveau eine höhere Lebensdauer als das obere Laserniveau aufweist. Bei solchen Laserübergängen wird im allgemeinen die Besetzungsinversion kurz nach Beginn der Lasertätigkeit aufgrund der Langlebigkeit des unteren Laserniveaus aufgehoben, so daß sich nur Pulsbetrieb einstellt. Mittels Pump-ESA kann sich jedoch das untere Laserniveau schnell entleeren, so daß kontinuierlicher Laserbetrieb möglich wird.

5.2 Neodym-dotierte Lasermaterialien

Unter den "klassischen" Lasermaterialien hat Nd:YAG (Nd:$Y_3Al_5O_{12}$) eine herausragende Stellung, da dieser Laserkristall eine Vielzahl der oben genannten Kriterien für ein gutes Lasermaterial erfüllt. So wurden auch die meisten diodengepumpten Laser bisher mit Nd:YAG realisiert. Insbesondere ist dieses Material nicht zuletzt auch wegen seiner guten thermischen Leitfähigkeit für Laser mit hohen Durchschnittsleistungen geeignet. Ein (wenn auch kleiner) Nachteil dieses Kristalls für das Diodenpumpen ist seine relativ schmale Absorptionslinienbreite von ungefähr 1 nm, die mit dem etwa zwei- bis dreimal breiteren Emissionsspektrum eines Diodenlasers verglichen werden muß. Infolgedessen ist meist eine enge Selektion der Pumpdioden sowie auch eine aktive Kontrolle der Diodentemperatur erforderlich, um eine optimale spektrale Überlappung während des Laserbetriebs zu gewährleisten. Dies sollte jedoch nicht überbewertet werden. In manchen Laseraufbauten kann sogar eine nicht optimale spektrale Überlappung von Vorteil sein (Kap.6, 7). Die Fluoreszenzlebensdauer beträgt 230 µs. Wie in Kap.2 schon kurz diskutiert wurde, tritt beim Diodenpumpen eine "weißliche" Strahlung im gepumpten Volumen auf, die mit der Inversionsdichte zunimmt und auf upconversion- oder ESA-Prozesse hinweist. In Tab.5.1 (s. Kapitelende) sind weitere charakteristische, spektroskopische und materialspezifische Daten für Nd:YAG sowie auch für andere, häufig verwendete Lasermaterialien zusammengefaßt.

Da im unteren und mittleren Leistungsbereich der diodengepumpten Festkörperlaser nur kleinere Laserkristalle benötigt werden, wobei auch wegen der geringeren thermischen Belastung nicht unbedingt eine optimale thermische Leitfähigkeit des Lasermaterials erforderlich ist, können hierbei auch andere Kristalle eingesetzt werden, die in manchen Eigenschaften Nd:YAG übertreffen. Hierzu zählt der Nd:YLF-Kristall (Nd:$LiYF_4$), der sich besonders durch eine lange Fluoreszenzlebensdauer von etwa 480 µs auszeichnet und somit energiereichere gütegeschaltete Pulse ermöglicht. Die typischen Dotierungskonzentrationen liegen wie im Falle des Nd:YAG bei 1 %.

YLF besitzt eine natürliche Doppelbrechung, so daß es hinsichtlich thermisch induzierter Doppelbrechung resistent ist. Beim Diodenpumpen ist die Wahl der Orientierung des Laserstabes bezüglich der Kristallachse besonders wichtig, um eine optimale Effizienz zu erreichen. Bei longitudinalem Pumpen ist die Orientierung meist derart, daß die a-Achse in Richtung der Laserstabachse verläuft, wodurch Laserbetrieb auf den Übergängen bei 1.047 µm oder bei 1.053 µm möglich ist, wobei sich bei letzterem eine geringere Verstärkung ergibt.

Bei einer seitlich gepumpten Anordnung muß dann der niedrigere Absorptionskoeffizient der a-Achsen-Absorption zugrundegelegt werden (Abb.5.1). Wenn die c-Achse in Richtung der Stabachse liegt, ergibt sich eine stärkere Absorption; in diesem Falle ist nur der 1.053 µm-Übergang verfügbar. Insgesamt betrachtet läßt sich aber mit einem Laserstab mit c-Achsen-Orientierung eine größere Gesamteffizienz erzielen, was experimentell bestätigt wurde [5.16].

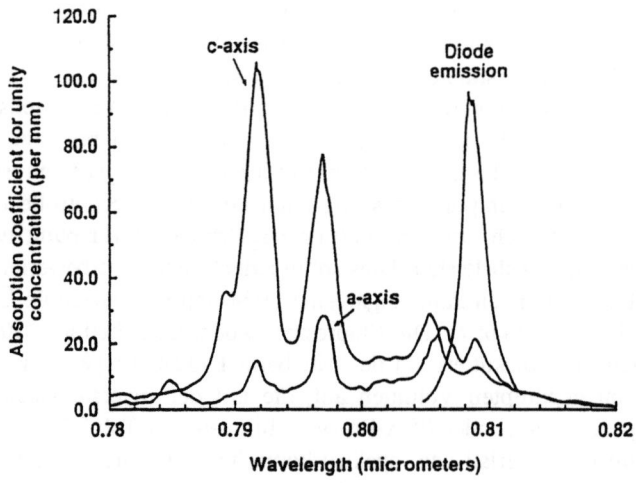

Abb.5.1   Absorptionsspektren von Nd:YLF für einen a-Achsen- bzw. c-Achsen-Kristallschnitt (dargestellt mit dem Emissionsspektrum einer GaAlAs-Laserdiode zum Pumpen von Nd:YAG) [Q5.1]

Im Vergleich zu YAG gestattet die größere Verstärkungsbandbreite kürzere Pulse beim mode-locking, und der thermische Linseneffekt ist reduziert, wobei allerdings Astigmatismus auftritt. Nd:YLF ist schwieriger zu bearbeiten und hat eine erheblich niedrigere thermische Bruchgrenze.

Wie in Kap.2 erwähnt wurde, kann man eine sehr intensive, gelbliche Strahlung im Bereich der eingekoppelten Pumpstrahlung im Kristall beobachten, wenn bei einer Wellenlänge von etwa 792 nm longitudinal gepumpt wird (Abb.5.2).

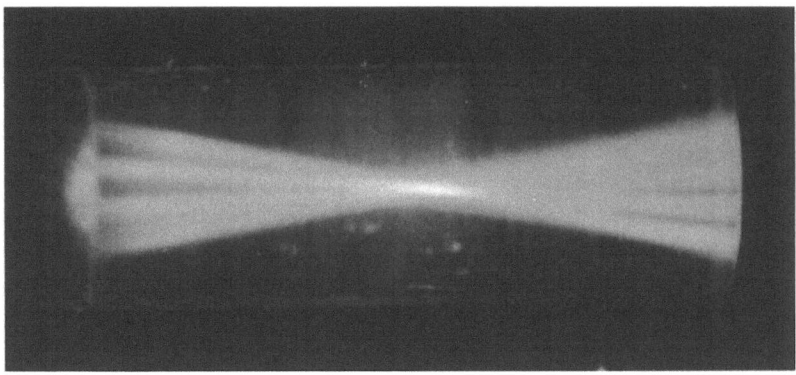

Abb. 5.2 Foto-Aufnahme der beim longitudinalen Pumpen eines Nd:YLF-Kristalls beobachtbaren gelben Strahlung. Die Mantelfläche des zylindrischen Kristalls war poliert. Hierbei wurde ein 3 W-cw-Diodenlaser mit vier Einzelemittern und einer gesamten Aperturbreite von 500 µm verwendet, dessen Strahlung mittels einer Transferoptik in den Kristall fokussiert wurde [Q5.2] (s.a. Farbtafel Seite 334).

Die Intensität steigt mit zunehmender Pumpleistung an. Bei einer konstanten Pumpleistung stellt sich ein Minimum dieser gelben Strahlung ein, wenn der Laser optimal abgestimmt ist (d. h., wenn maximale Energie extrahiert wird). Andererseits wurde bei Güteschaltung eines longitudinal kontinuierlich gepumpten Nd:YLF-Lasers eine Abnahme der Effizienz gemessen, wenn die Pulsrepetitionsrate verringert wurde (d. h., wenn die Pumpphasen länger wurden) [5.17]. Dieser Verlustmechanismus ist offensichtlich mit der Emission der sichtbaren Strahlung korreliert. Als Ursache für den dominanten gelben Fluoreszenzanteil (Abb.5.3) wurde ein Energietransfer-upconversion-Prozeß identifiziert [5.18].

Weiterhin fand man eine schwache blaue Fluoreszenzstrahlung, die hauptsächlich von einem ESA-Prozeß der 1.053 µm-Laserstrahlung herrührt. Ein Einfluß von Pump-ESA konnte zwar nicht ausgeschlossen werden, jedoch scheint dies keine signifikannte Bedeutung zu haben.

Da die Verluste infolge von upconversion mit der Population im oberen Laserniveau skalieren, wirken sie sich besonders bei repetitiver Güteschaltung aus, wobei sie die in der Pumpphase aufgebaute Populationsinversion verringern.

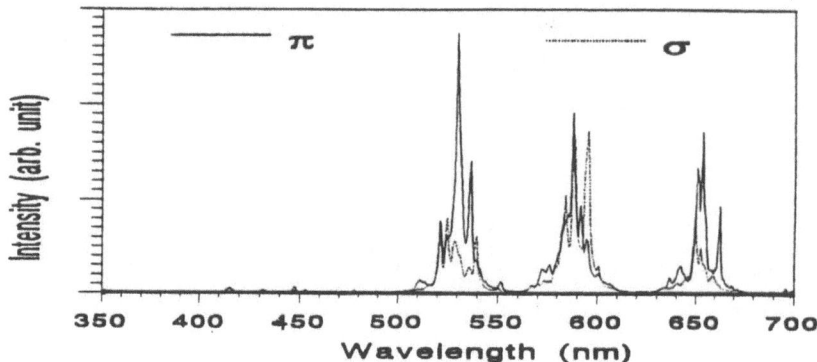

Abb.5.3 Fluoreszenzspektrum eines bei 793 nm (bei Raumtemperatur) angeregten Nd:YLF-Kristalls [Q5.3]

Anders als Nd:YLF hat Nd:YVO$_4$ im Vergleich zu Nd:YAG eine kürzere Fluoreszenzlebensdauer, welche bei 1.1-prozentiger Dotierung 90 µs beträgt (bei 3 %: 50 µs). Dies kann von Nachteil sein, wenn hohe Pulsenergien erzeugt werden sollen. Jedoch hat dieses Material wegen seines großen Emissionswirkungsquerschnitts (beim stärksten Laserübergang mehr als dreimal größer als bei Nd:YAG) eine sehr hohe Verstärkung, so daß es sich auch besonders gut zur Erzeugung sehr kurzer Pulse (bis herab in den ns-Bereich) bei hohen Repetitionsraten eignet. Nd:YVO$_4$ hat darüber hinaus einen großen Absorptionswirkungsquerschnitt und kann auch höher als Nd:YAG dotiert werden. Wie Nd:YLF ist der Kristall uniaxial und emittiert polarisierte Laserstrahlung. Die Pump- und Emissionswellenlängen unterscheiden sich nur wenig von denjenigen des Nd:YAG. Bei der Diodenanregung kann man eine orangefarbene Strahlung im gepumpten Volumen erkennen, die wie im Falle von Nd:YAG und Nd:YLF bei zunehmender Inversionsdichte intensiver wird und auf sekundäre Energietransferprozesse hindeutet.

Mit Nd:YVO$_4$ wurden bei longitudinalem Pumpen sehr hohe Wirkungsgrade erreicht (Kap.2). Voraussetzung hierfür war die Herstellung des Materials in einer hohen optischen Qualität und Homogenität mit geringen passiven Verlusten (etwa 0.01 cm^{-1} beim stärksten Laserübergang), was erst in neuerer Zeit gelungen ist. Bemerkenswert ist weiterhin der hohe Wert des Emissionswirkungsquerschnitts des Laserübergangs bei 1.34 µm, der mehr als 15mal größer als für den entsprechenden Nd:YAG-Laserübergang bei 1.32 µm ist. Nachteilig gegenüber Nd:YAG ist die fast 3mal kleinere thermische Leitfähigkeit sowie auch die in demselben Maße geringere mechanische Härte.

Ein anderes bemerkenswertes Lasermaterial ist Nd:BEL (Nd:La$_2$Be$_2$O$_5$). Dieser Kristall weist die Besonderheit auf, daß die Änderung des Brechungsindex mit der Temperatur je nach Achsenorientierung positiv, negativ oder auch null sein kann. Bei einem geeigneten Kristallschnitt ist es somit möglich, die thermische Linsenbildung zu minimieren (Abb.5.4). Darüber hinaus hat dieser Kristall eine relativ breite Absorptionslinie, allerdings auch einen kleineren Emissionswirkungsquerschnitt als Nd:YAG.

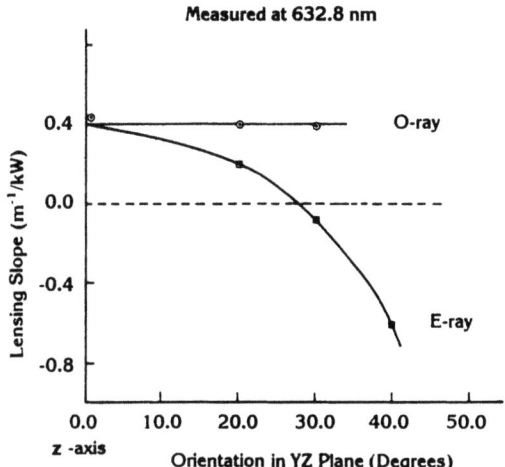

Abb.5.4 Thermische Linsenbildung von Nd:BEL-Laserkristallen für verschiedene Kristallorientierungen [Q5.4]

Auch mit Nd:Glas können recht effiziente diodengepumpte Laser realisiert werden. Dieses Lasermaterial ist durch ein besonders breites Absorptionsband bei 800 nm charakterisiert, das sich über ein Wellenlängenintervall (Halbwertsbreite) von typisch etwa 15 nm erstreckt, so daß sich eine Selektion ebenso wie auch eine aktive Stabilisierung bezüglich der Diodenlaserwellenlängen praktisch erübrigt (Abb.5.5).

Es kann hoch dotiert werden und entsprechend gut die Pumpstrahlung absorbieren. Die Fluoreszenzlebensdauer ist mit typisch etwa 300 µs etwas größer als im Falle von Nd:YAG, jedoch ist die Laserverstärkung etwa 10mal kleiner. Ein besonderer Nachteil ist die bekanntermaßen geringe thermische Leitfähigkeit, die gleichfalls etwa 10mal geringer ist. Aufgrund der beim Diodenpumpen erheblich niedrigeren thermischen Belastung als beim Lampenpumpen ist dieses Material dennoch als ein geeignetes Lasermedium für niedrigere Durchschnittsleistungen

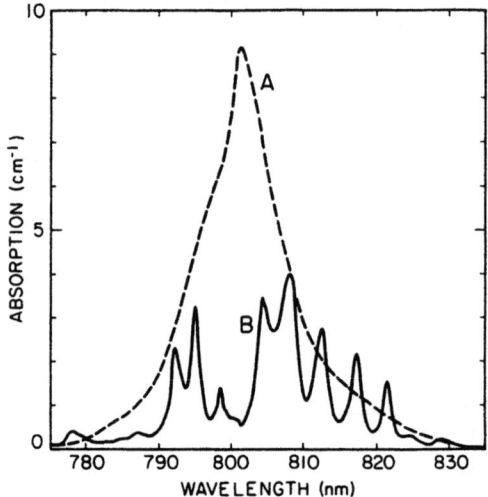

Abb.5.5 Absorptionskoeffizient von LHG-8-Glas mit 3 % Nd-Dotierung (A) im Vergleich zu Nd:YAG (B) [Q5.5]

anzusehen. Darüber hinaus ist Nd:Glas wegen seiner großen Verstärkungsbandbreite für die Erzeugung kurzer Pulse durch mode-locking besonders gut geeignet. Da es in großen Abmessungen und in hoher optischer Qualität hergestellt werden kann sowie gute Energiespechereigenschaften aufweist, wird es insbesondere auch für den Hochleistungspulsbetrieb eingesetzt.

Im Zusammenhang mit dem Diodenpumpen müssen auch die sogenannten stöchiometrischen Neodym-Laserkristalle, wie z. B. LNP (LiNd(PO$_3$)$_4$), erwähnt werden, die außerordentlich hohe Nd-Konzentrationen aufweisen können [5.19-5.21]. Hierbei ist das Nd^{3+}-Ion nicht als Dotierungsion anzusehen, sondern als Teil der chemischen Verbindung. Die Nd-Konzentration im LNP beträgt mehr als $4 \cdot 10^{21}$ cm^{-3} und ist damit mehr als 30 mal höher als bei Nd:YAG. Entsprechend hoch ist der Absorptionskoeffizient von etwa 240 cm^{-1} bei 800 nm.

In anderen Kristallen ist die Nd-Konzentration meist stark eingeschränkt, da nicht-strahlender Zerfall des oberen Laserniveaus aufgrund sogenannter Nd^{3+}-Nd^{3+}-Kreuzrelaxation bei hohen Dotierungskonzentrationen auftritt. Bei den stöchiometrischen Laserkristallen jedoch ist diese Kreuzrelaxation wegen der großen Abstände zwischen den von den Nd^{3+}-Ionen besetzten Gitterstellen gering. Wegen der hohen Nd-Konzentration sind die Absorptionslängen sehr klein, und es können sehr kurze Laserkristalle verwendet werden. Die Kristalle eignen sich daher gut zum longitudinalen Pumpen mit Laserdioden, wobei eine wirkungsvolle Kristallkühlung besonders wichtig ist. Dies läßt sich auch mit sehr kleinen, kurzen Kristallen relativ gut realisieren.

5.3 Neuere Entwicklungen bei Neodym-dotierten Kristallen

Ein interessantes neueres Lasermaterial ist $Nd^{3+}:LaSc_3(BO_3)_4$ (NLSB oder auch Nd:LSB), das mit sehr hohem Nd-Anteil hergestellt werden kann und den stöchiometrischen Neodym-Lasermaterialien zugeordnet wird [5.22-5.24]. Dieses Material ist in Kristallen mit 20 mm Durchmesser und 50 mm Länge nach dem Czochralski-Verfahren aus einer stöchiometrischen Schmelze gezogen worden. Als monokliner Kristall (bei nicht zu großem Nd-Anteil) ist NLSB biaxial und die Laseremission linear polarisiert. Abhängig von der Nd-Konzentration gemäß der Formel $Nd_xLa_{1-x}Sc_3(BO_3)_4$ wurde die Fluoreszenzlebensdauer zu 118 µs (x = 0.1) bzw. 68 µs (x = 0.5) bestimmt. Das Absorptionsspektrum hat sein Maximum bei 808 nm, wobei der Peak etwa 3 nm breit ist, was für das Diodenpumpen besonders vorteilhaft ist (Abb.5.6). Der Absorptionswirkungsquerschnitt von Nd^{3+} in LSB ist bei 808 nm etwa so groß wie der entsprechende Wert für Nd:YAG. Allerdings ist der Absorptionskoeffizient von Nd(10%):LSB wegen der höheren Konzentration der Nd-Ionen mehr als dreimal höher als der Absorptionskoeffizient von Nd(1.1%):YAG.

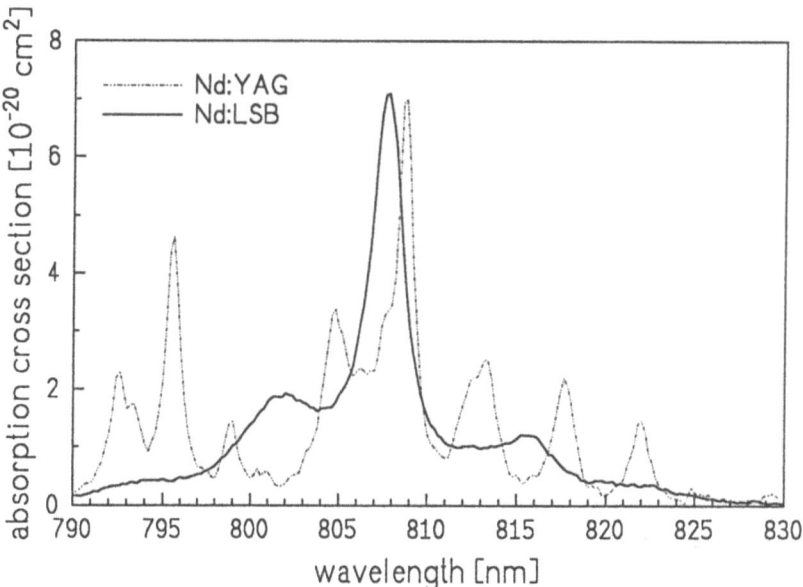

Abb.5.6 Absorptionswirkungsquerschnitt von Nd:LSB im Vergleich zu Nd:YAG [Q5.6]

Der Emissionswirkungsquerschnitt beträgt etwa 40 % des Wertes für Nd:YAG und kann als ausreichend angesehen werden. Der stärkste Laserübergang liegt bei 1063 nm. In ersten Laserexperimenten, in denen kleinere Kristalle (mit 10% Nd dotiert) longitudinal mit Diodenlasern im Watt-Bereich gepumpt wurden, konnten sehr hohe differentielle Effizienzen erreicht werden, vergleichbar mit den besten Nd:YAG-Werten. Bei einer hohen Nd-Konzentration von 50 % reduzierte sich die Effizienz auf die Hälfte, was auf excited-state-absorption- und upconversion-Prozesse zurückgeführt wird. Dennoch können auch solche Kristalle mit außerordentlich hohen Absorptionskoeffizienten von 180 cm^{-1} von Interesse sein, z. B. für effizienten single-frequency-Laserbetrieb mit kurzen Kristallen (Kap.8). Die Emissionsbandbreite ist mit etwa 4 nm relativ groß, und um single-frequency-Betrieb mit einer "monolithischen" Konfiguration zu erreichen, muß die Kristallänge sehr klein gewählt werden [5.25].

Die Wärmeleitfähigkeit von NLSB ist mit 2.8 W/(m·K) erheblich geringer als bei Nd:YAG, was die Verwendung dieses Kristallmaterials auf Laser geringerer Ausgangsleistung beschränkt. Mit NLSB als aktivem Material und KTP als resonatorinternem Frequenzverdoppler-Kristall sind durch Pumpen mit einem injection-locking-Diodenlaser-System hoher Strahlqualität (s. Kap.4) sehr effiziente, grün emittierende diodengepumpte Laser mit Ausgangsleistungen im Bereich von einigen 100 mW realisiert worden [5.26].

NLSB besitzt eine Kristallstruktur ähnlich derjenigen von NYAB $(Nd,Y)Al_3(BO_3)_4$, welches als "selbst-frequenzverdoppelndes" Lasermaterial für das Diodenpumpen sehr geeignet (Kap.9), jedoch schwierig herzustellen ist. So könnte NLSB auch in dieser Hinsicht Bedeutung erlangen, zumal es wesentlich einfacher in einer hohen Qualität gezüchtet werden kann.

Ein dem schon länger bekannten Nd:YVO_4 verwandtes, neueres Lasermaterial ist Nd:$GdVO_4$, das recht breite, homogene Absorptionslinien und homogene Emissionslinien mit großen Wirkungsquerschnitten aufweist [5.27, 5.28]. Das obere Laserniveau ($^4F_{3/2}$) ist degeneriert, was in einem hohen Emissionswirkungsquerschnitt resultiert, da sich das Emissionsspektrum in wenigen Emissionslinien konzentriert. Der Kristall kann mit dem Czochralski-Verfahren in einer hohen optischen Qualität hergestellt werden, wobei Nd-Konzentrationen bis zu 6 % realisiert wurden. Der uniaxiale Kristall zeigt aufgrund des anisotropen Kristallfeldes eine stark polarisationsabhängige Absorption (Abb.5.7). Das Absorptionsmaximum liegt bei 808.4 nm für Pumpstrahlung mit einer Polarisation parallel zur c-Achse (π-Polarisation). Die Halbwertsbreite des Hauptabsorptionspeaks beträgt etwa 1.5 nm.

Das Fluoreszenzspektrum ist gleichfalls polarisationsabhängig. Für den Übergang $^4F_{3/2} \rightarrow {}^4I_{11/2}$ wird ein effektiver Emissionswirkungsquerschnitt in π-Polarisation von $7.6 \cdot 10^{-19}$ cm^2 angegeben. (Der effektive Emissionswirkungsquerschnitt ist der atomare Absorptionswirkungsquerschnitt multipliziert mit der

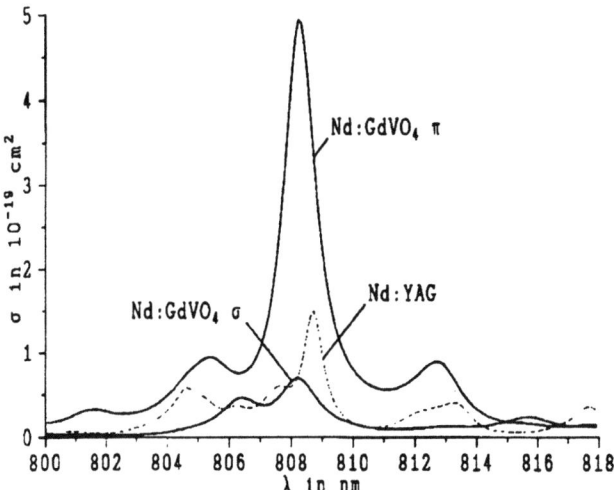

Abb.5.7 Absorption von Nd:GdVO$_4$ in π- und σ-Polarisation sowie für Nd:YAG [Q5.7]

relativen Boltzmann-Population des unteren Stark-Niveaus innerhalb des $^4F_{3/2}$-Multipletts). Dieser Wert ist etwa zweimal größer als für Nd:YAG. Die Fluoreszenzlebensdauer beträgt etwa 94 µs für 0.9 % dotiertes Material. Da der Emissionswirkungsquerschnitt für die π-Polarisation doppelt so groß wie für die σ-Polarisation ist, stellt sich zunächst Laserbetrieb für die π-Polarisation ein. In ersten Laserexperimenten ergaben sich recht hohe differentielle Effizienzen, wenn auch die internen Laserverluste noch recht hoch im Vergleich zu Nd:YAG waren.

Eine andere, für das Diodenpumpen interessante Neuentwicklung betrifft Nd:GLF (Nd:GdLiF$_4$), das isostrukturell zu Nd:YLF ist [5.29, 5.30]. Da der Radius von 1.06 A des Gd^{3+}-Ions im Wirtsgitter besser zu demjenigen des Nd^{3+}-Ions (1.12 A) paßt als der Ionenradius von Y^{3+}(1.015 A), kann das Gd^{3+}-Ion durch das Nd^{3+}-Ion besser substituiert werden. Infolgedessen läßt sich Nd:GLF höher dotieren als Nd:YLF. Erster diodengepumpter Laserbetrieb wurde mit Nd:GLF-Kristallen erreicht, die Dotierungskonzentrationen bis zu 4 % aufwiesen. Der stärkste Laserübergang erfolgt bei diesem Material wie im Falle des Nd:YLF bei 1.047 µm (Abb.5.8). Für die Fluoreszenzlebensdauer des $^4F_{3/2}$-Laserniveaus wurden Werte von 495 µs (bei 1 % Nd-Konzentration) und 248 µs (4 % Nd) gemessen.

Weitere neuere Kristallentwicklungen betreffen die sogenannten "solid solutions" wie z. B. Nd:GSGG$_{1-x}$GSAG$_x$ oder Nd:YSGG$_{1-x}$GSAG$_x$, welche

Mischungen aus verschiedenen Kristallen darstellen [5.31, 5.32] (GSGG ist das Kürzel für $Gd_3Sc_2Ga_3O_{12}$, GSAG für $Gd_3Sc_2Al_3O_{12}$ und YSGG für $Y_3Sc_2Ga_3O_{12}$). Aus der relativ ungeordneten Struktur der Kristalle ergeben sich unterschiedliche Einbaupositionen der laseraktiven Ionen im Kristallgitter. Da die Wechselwirkung des elektrischen Feldes der Laser-Ionen mit dem Kristallfeld die Lage der Absorptions- und Emissionslinien beeinflußt, resultiert aus den unterschiedlichen Kristallfeldern eine stark inhomogene Verbreiterung der Fluoreszenzlinie und der Absorptionsbänder. Diese eigentlich für Gläser typischen Merkmale sind jedoch bei den genannten Kristallen mit thermischen und mechanischen Eigenschaften verbunden, die denjenigen des YAG ähnlich sind. So beträgt die thermische Leitfähigkeit dieser Mischkristalle etwa 60 % des Wertes von YAG.

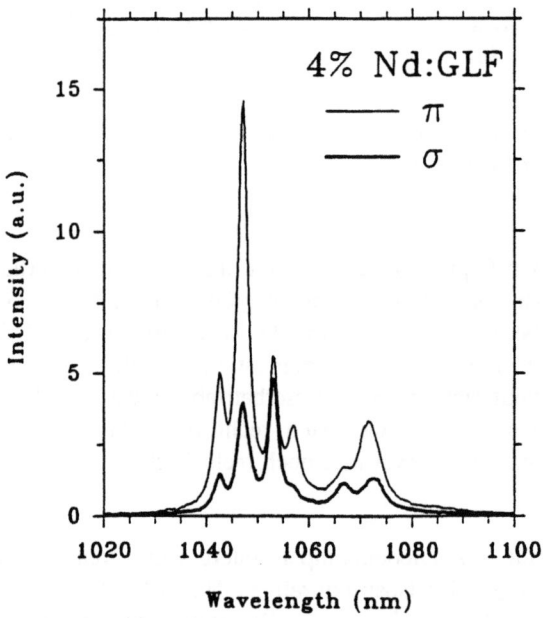

Abb. 5.8 Polarisierte Emissionsspektren von $Nd:GdLiF_4$ in der 1 μm-Region bei Raumtemperatur [Q5.8]

Die Möglichkeit, die Kristallzusammensetzung durch die Wahl von x über einen weiten Bereich zu variieren, erlaubt es, die Emissionseigenschaften (d. h. im wesentlichen die Lage der Fluoreszenzlinien) der Kristalle fein zu modellieren. Die Kristalle weisen sehr günstige Absorptionseigenschaften auf. So liegt im Falle des $Nd:YSGG_{0.67}GSAG_{0.33}$ der Absorptionskoeffizient in einem breiten Wellenlängenintervall von 790 bis 815 nm oberhalb von $1.4\,cm^{-1}$ (im

Vergleich hierzu beträgt der entsprechende Wert für 1.1 %-Nd:YAG etwa 0.6 cm^{-1}). Die Fluoreszenzlebensdauer liegt bei etwa 200 μs. Der effektive Emissionswirkungsquerschnitt ist etwa drei- bis viermal geringer als bei Nd:YAG und liegt im Bereich von 0.8 bis $1.1 \cdot 10^{-19}$ cm^2.

In diesem Zusammenhang müssen auch noch andere "ungeordnete" (disordered) Kristalle erwähnt werden. Das Nd:CNGG (Nd:Ca$_3$(Nb,Ga)$_{2-x}$Ga$_3$-Granat) z. B. weist ähnlich den solid solutions ein breites Absorptionsspektrum bei 800 nm in Verbindung mit einer guten thermischen Leitfähigkeit auf [5.33]. Die relativ ungeordnete Struktur des CNGG-Kristalls resultiert aus der zufälligen Verteilung der Niobium- und Gallium-Ionen und Leerstellen an bestimmten Gitterplätzen. Die Fluoreszenzlebensdauer beträgt etwa 215 μs. Zwar ist auch hierbei der stimulierte Emissionswirkungsquerschnitt mit $6.5 \cdot 10^{-20}$ cm^2 relativ klein; dennoch konnten in Vergleichsmessungen beim Diodenpumpen von Nd:CNGG ähnlich hohe Effizienzen wie mit Nd:YAG erreicht werden, was auf die guten Absorptionseigenschaften zurückgeführt wurde. Ein weiteres, für das Diodenpumpen interessantes Kristallmaterial mit ungeordneter Struktur ist Nd:SGGM (Nd:SrGdGa$_3$O$_7$) [5.34, 5.35].

5.4 Ytterbium-dotierte Lasermaterialien

Die Verfügbarkeit von strained-layer-InGaAs-Diodenlasern seit Anfang der neunziger Jahre, mit Emissionswellenlängen zwischen 0.9 und 1.1 μm, hat zu einem großen Interesse am Diodenpumpen von Yb-Lasern geführt. Das Ytterbium-Ion ist sehr gut für das optische Pumpen mit Diodenlasern geeignet. Es hat ein sehr einfaches Termschema mit günstigen Eigenschaften für ein Lasersystem. Yb^{3+} besitzt eine 4f^{13} Schale, in der ein Elektron für eine vollständig gefüllte Schale fehlt. Es gibt nur zwei Multipletts, der ^{2}F$_{7/2}$ Grundzustand und ein angeregter ^{2}F$_{5/2}$ Zustand, die ungefähr 10 000 cm^{-1} auseinanderliegen (Kap.1, Abb.1.2). Die nächst höheren Niveaus befinden sich fast 100 000 cm^{-1} oberhalb des Grundzustandes. Somit existiert nur ein spektrales Band zum optischen Pumpen, weshalb eine Anregung mit Lampen ungünstig ist. Erste Experimente mit einer spektral schmalen Pumplichtquelle wurden 1971 durchgeführt, wobei eine Si:GaAs-LED verwendet wurde, um Yb:YAG bei 77 K anzuregen [5.36]. Erster effizienter Laserbetrieb von Yb:YAG bei Raumtemperatur wurde 1991 mit InGaAs-Diodenlasern erzielt, wobei ein mit 6.5 % Yb dotierter Kristall bei einer Pumpwellenlänge von 968 nm angeregt wurde [5.37].

Ausschnitte der Absorptions- und Fluoreszenzspektren sind in Abb.1.2 dargestellt. Das Absorptionsband bei 940 nm mit etwa 18 nm Breite eignet sich besonders gut zur optischen Anregung, da hierbei die Anforderungen bezüglich einer

Selektion der Pumpdioden wie auch der thermischen Stabilisierung beträchtlich reduziert sind. Der Laserübergang mit der höchsten Verstärkung liegt bei 1.031 µm und endet 612 cm^{-1} oberhalb des Grundzustandes, was bedeutet, daß dies ein Quasi-drei-Niveau-Laser bei Raumtemperatur ist (manchmal wird er auch als Quasi-vier-Niveau-Laser bezeichnet). Für Yb:YAG werden Werte von 1.6·10^{-20} cm^2 [5.37] und 2.0·10^{-20} cm^2 [5.38] für den Emissionswirkungsquerschnitt angegeben, welcher somit mehr als 20mal kleiner als bei Nd:YAG ist. Aufgrund des kleinen Quantendefekts beträgt bei diesem Laser die thermische Last pro Pumpleistungseinheit nur etwa 1/3 derjenigen eines bei 809 nm gepumpten 1.06 µm-Nd:YAG-Lasers (Kap.7).

Da keine anderen 4f-Niveaus wie in anderen trivalenten Lanthaniden vorhanden sind, sollten weder "concentration quenching" der Lebensdauer des oberen Laserniveaus noch "upconversion" oder "excited state absorption" auftreten, welche den Laserbetrieb beeinträchtigen könnten, wie es bei den meisten anderen Laserionen, wie z. B. Nd^{3+} und Er^{3+}, der Fall ist. Aus diesem Grund ist auch die Lebensdauer des oberen Laserniveaus von 1.26 ms in dem mit 6.5 % Yb relativ hoch dotierten Yb:YAG im wesentlichen gleich derjenigen von niedrig dotiertem Material. Mit 15 % Yb noch höher dotiertes YAG wurde für einen gütegeschalteten Laser verwendet, wobei hier eine Lebensdauer des oberen Laserniveaus von 1.16 ms angegeben wurde [5.39]. Quenching ist erst ab einer Dotierung von 25 % beobachtet worden [5.40]. Es sollte möglich sein, die Yb-Konzentration bis hin zu stöchiometrischem Yb$_3$Al$_5$O$_{12}$ zu erhöhen [5.37].

Als ein Nachteil von Yb:YAG muß die relativ hohe Sättigungsenergiedichte von etwa 10 J/cm^2 bei 1.03 µm angesehen werden, was besonders für gütegeschalteten Laserbetrieb problematisch ist, da die Gefahr besteht, daß die Zerstörschwellen der optischen Laserkomponenten überschritten werden. Dies wird allerdings durch andere Eigenschaften des Yb:YAG etwas gemildert. So sollten die thermooptischen Verzerrungen relativ gering sein, da die Wärmelast reduziert ist. Weiterhin wirken bei einem longitudinal gepumpten Quasi-drei-Niveau-Laser die ungepumpten Zonen wegen der Selbstabsorption bei der Laserwellenlänge wie eine "weiche" Apertur, wobei insbesondere die Strahlqualität und Strahlstabilität positiv beeinflußt werden ("aperture guiding") [5.41]. Somit wird die Problematik der sogenannten "hot spots" (Orte besonders hoher Intensitäten im Laserstrahl) reduziert, wodurch die Zerstörwahrscheinlichkeit geringer wird.

Als ein anderes wichtiges Yb-dotiertes Lasermaterial kann Yb:Ca$_5$(PO$_4$)$_3$F (Fluorapatit oder FAP) genannt werden, das bezüglich seiner Lasereigenschaften sogar über Yb:YAG gestellt wurde [5.42, 5.38]. Dabei wurden der Emissionswirkungsquerschnitt und die minimale Pumpintensität als die wichtigsten Parameter für eine Charakterisierung zugrundegelegt. Der Emissionswirkungsquerschnitt sollte bei einem guten Lasermaterial möglichst groß und die minimale Pumpintensität klein sein. Trägt man die entsprechenden Werte in das so definierte

Parameterfeld ein, so zeigt sich im Vergleich mit allen anderen Yb-dotierten Materialien diesbezüglich ein deutlicher Vorteil von Yb:FAP (Abb.5.9). Der Emissionswirkungsquerschnitt dieses Kristalls wird mit $5.9 \cdot 10^{-20}$ cm^2 angegeben; die Emissionswellenlänge beträgt 1043 nm, und die minimale Pumpintensität 0.132 kW/cm^2, wobei die maximale Absorption bei 905 nm liegt. Anhand dieser Darstellung wird auch deutlich, daß im Vergleich der vielen Yb-dotierten Materialien lediglich FAP und YAG adäquate Emissionswirkungsquerschnitte aufweisen.

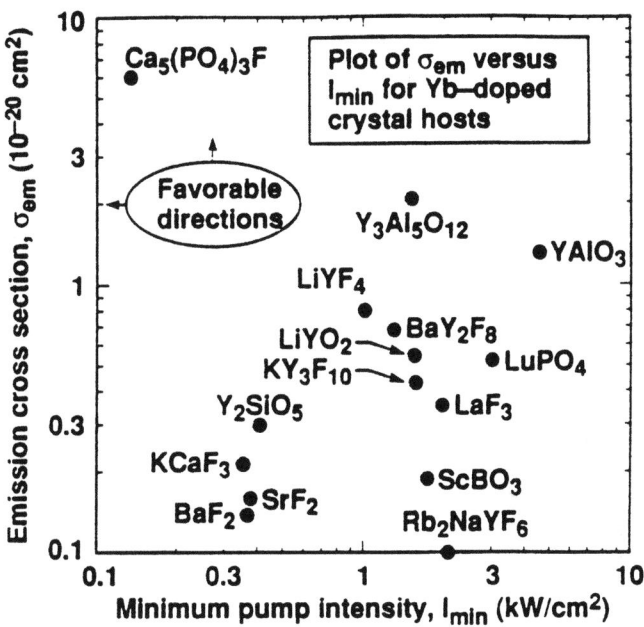

Abb.5.9 Emissionswirkungsquerschnitt über der minimalen Pumpintensität für Yb in verschiedenen Wirtskristallen [Q5.9]

Allerdings sind die thermooptischen Eigenschaften von FAP nicht so gut wie bei YAG. So beträgt die Wärmeleitfähigkeit nur 2.0 W/(m·K), wohingegen diese für YAG 10 W/(m·K) ist [5.43]. Auch der thermische Schock-Parameter ist mit 0.6 W/m$^{1/2}$ etwa 8mal kleiner als für YAG [5.42]. Die Bedeutung dieser Werte wird aufgrund der dreimal geringeren thermischen Last im Vergleich zu Nd:YAG etwas abgeschwächt. FAP besitzt einen für Fluoride typischen, negativen dn/dT-Wert.

5.5 Cr^{3+}-dotierte Laserkristalle

Mit der Entwicklung leistungsstarker Diodenlaser, die im roten Wellenlängenbereich emittieren, wurde es möglich, Cr^{3+}-dotierte Laserkristalle effizient zu pumpen und somit über weite Bereiche abstimmbare diodengepumpte Festkörperlaser aufzubauen. Der erste dieser Laser war ein Alexandrit-Laser (Cr:BeAl$_2$O$_4$), der bei einer schmalen Absorptionslinie bei 680.4 nm, die am oberen Ende des Absorptionsspektrums liegt, mit zwei InGaAlP-Laserdioden noch sehr geringer Ausgangsleistung von einigen mW longitudinal gepumpt wurde [5.44, 5.45]. Alexandrit besitzt ein fast 100 nm (FWHM) breites, kontinuierliches Haupt-Absorptionsband, dessen Maximum bei etwa 590 nm liegt.

In einer späteren Arbeit wurde dann mit etwa 500 mW bei 640 nm optisch gepumpt und 25 mW Ausgangsleistung bei 753 nm erreicht [5.46]. Die slope efficiency war mit 28 % schon recht vielversprechend, so daß man erwarten kann, daß mit noch leistungsstärkeren Pumpdioden kompakte Alexandrit-Laser entstehen werden, die zwischen etwa 700 nm und 820 nm abgestimmt werden können.

Eine für das Diodenpumpen besonders interessante Klasse von Lasermaterialien für abstimmbare Laser stellen die Colquiriit-Struktur-Kristalle dar, mit Cr:LiCAF (Cr^{3+}:LiCaAlF$_6$) [5.47], Cr:LiSAF (Cr^{3+}:LiSrAlF$_6$) [5.48] und Cr:LiSGAF (Cr^{3+}:LiSrGaF$_6$) [5.49] als wichtigen Laserkristallen, die gleichfalls mit im roten Wellenlängenbereich emittierenden Laserdioden optisch gepumpt werden können. Diese Laserkristalle zeichnen sich durch breite Abstimmbereiche aus. Dabei hat Cr:LiSAF besondere Beachtung erfahren, das einen Abstimmbereich von 780 nm bis 1010 nm, einen relativ großen Emissionswirkungsquerschnitt von $4.8 \cdot 10^{-20}$ cm^2 und eine Lebensdauer des oberen Laserniveaus von 67 μs aufweist [5.50].

Aber nicht nur in Hinsicht auf Abstimmbarkeit ist dieses Material von Bedeutung; die große Emissionsbandbreite gestattet die Erzeugung und Verstärkung extrem kurzer Pulse im Femtosekunden-Bereich [5.51]. Darüber hinaus kann durch Frequenzverdopplung blaue Laserstrahlung erzeugt werden.

Cr:LiSAF hat ein starkes Absorptionsband, das von etwa 600 nm bis über 750 nm hinaus reicht, mit einer hohen Absorption bei 670 nm, wo leistungsstarke InGaAlP-Dioden entwickelt werden (Abb.5.10). Dieser breite Absorptionsbereich erübrigt eine enge Selektion sowie eine thermische Stabilisierung der Pumpdioden. Das Produkt aus Emissionswirkungsquerschnitt und Lebensdauer des oberen Laserniveaus hat bei Cr:LiSAF den höchsten Wert aller Cr^{3+}-dotierten, abstimmbaren Materialien, beträgt allerdings nur etwa 1/50 desjenigen von Nd:YAG. Weiterhin ist es möglich, diesen Kristall mit sehr

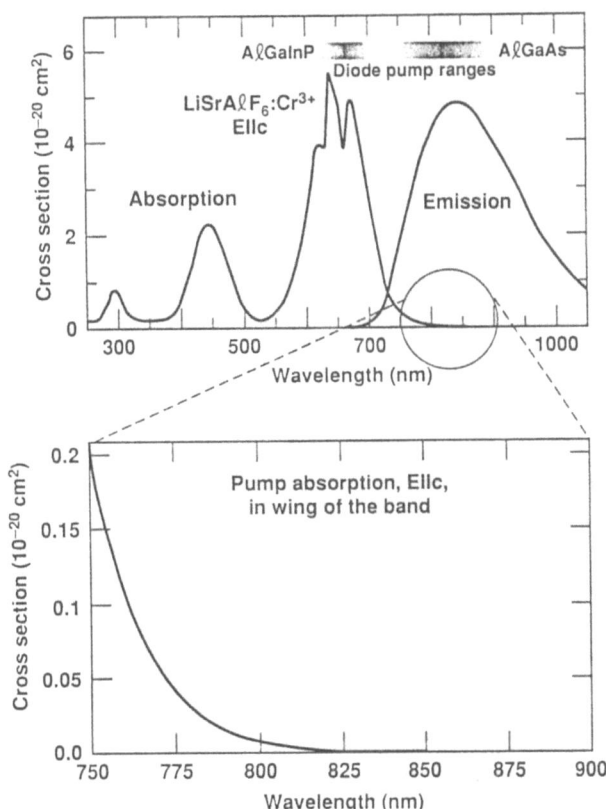

Abb. 5.10 Absorptions- und Emissionsspektren von hochdotiertem Cr:LiSAF mit expandierter Skala an der Grenze zum IR [Q5.10]

hohen Cr-Konzentrationen bis 100 % herzustellen [5.52], wobei sich auch bei hohen Dotierungen von etwa 20 % keine wesentlichen quenching-Prozesse bezüglich der Lebensdauer des oberen Laserniveaus bemerkbar machen und auch die Kristallqualität weitgehend erhalten bleibt [5.53]. Allerdings ist bei den Colquiriit-Struktur-Kristallen signifikante ESA vorhanden, was in gewisser Weise für alle Cr^{3+}-dotierten Laserkristalle typisch ist. Dies ist insbesondere bei größeren Emissionswellenlängen für eine beträchtliche Reduktion des Wirkungsquerschnitts verantwortlich [5.54]. In gleichem Maße beeinträchtigt ESA die Lasereffizienz, was sich besonders bei hohen Pumpintensitäten und hohen Cr-Konzentrationen auswirkt [5.54, 5.55]. Trotz dieser Effekte wurden mit diesen Cr-dotierten Kristallen jedoch effiziente diodengepumpte Laser realisiert.

Über erstes Diodenpumpen von Cr:LiSAF bei niedriger Pumpleistung wurde zu Beginn der neunziger Jahre berichtet [5.56, 5.57]. In anderen Arbeiten wurde schon bald eine relativ hohe Konversionseffizienz von 34 % (bezogen auf absorbierte Pumpleistung) erreicht [5.58], und mittels eines doppelbrechenden Flüssigkristall-Filters im Resonator wurde ein zwischen 858 nm und 920 nm abstimmbarer Laser realisiert [5.59]. Auch mode-locking wurde durchgeführt [5.60, 5.61].

Als eine Alternative zur Anregung mit InGaAlP-Laserdioden ist das Pumpen mit GaAlAs-Laserdioden zu sehen, die bei 770 nm, im sogenannten "red wing" des Absorptionsbandes, emittieren [5.62]. Obwohl diese Pumpwellenlänge weitab vom Absorptionsmaximum liegt, ist dennoch effizienter Laserbetrieb zu erreichen, da Cr:LiSAF sehr hoch dotiert werden kann, und somit die Pumpstrahlung effizient im Kristall absorbiert wird. Darüber hinaus ist auch der absolute Wirkungsgrad der GaAlAs-Pumpdioden höher als derjenige der InGaAlP-Dioden.

Ein solcher Laser ist in Livermore entwickelt worden [5.53]. Dabei wurde ein mit 13 % Cr dotierter, zylindrischer LiSAF-Kristall (3 mm Durchmesser, 40 mm Länge) mit Mikrokanal-gekühlten, zweidimensionalen, gestapelten Quasi-cw-array-bars bei 770 nm longitudinal gepumpt. Die Strahlung der array bars wurde mit zylindrischen Mikrolinsen kollimiert und mittels eines optischen Konzentrators [5.63] zur Stirnfläche des Laserstabes transferiert. Mit diesem Pumpsystem standen 2.5 kW Pumpstrahlung in 250 µs-Pulsen zum optischen Pumpen des Cr:LiSAF-Kristalls zur Verfügung, entsprechend einer Pumpintensität von 50 kW/cm^2, und es wurde eine Pulsenergie von mehr als 40 mJ bei einer Wellenlänge von 865 nm erreicht.

Hohe durchschnittliche Leistungen wurden bisher noch nicht erzielt, wobei das Pumpen mit Diodenlasern hierfür wesentlich günstigere Voraussetzungen als das Lampenpumpen bietet. Cr:LiSAF hat ungewöhnliche thermische Eigenschaften. So wurde für Temperaturen oberhalb von 30 °C eine drastische Abnahme der Fluoreszenzlebensdauer beobachtet [5.64]. Obwohl der Kristall mit 3.09 W/(m·K) eine relativ gute thermische Leitfähigkeit aufweist, sind jedoch die mechanischen bzw. thermomechanischen Eigenschaften nicht als besonders gut zu bewerten. So beträgt der thermische Schockparameter nur etwa 0.4 W/m$^{1/2}$. Die maximale tolerable mittlere Pumpleistung wird mit einigen Watt angegeben [5.61].

Dieser Kristall besitzt auch eine besondere Problematik hinsichtlich der Flüssigkeitskühlung. Hierbei ist die hohe Löslichkeit in Wasser zu beachten. Es wurde jedoch beobachtet, daß dies mit einem pH-Wert des Kühlmediums zwischen etwa 6.2 und 7.8 wesentlich reduziert werden kann [5.53]. Andererseits scheint sich auch bei Verwendung eines geschlossenen Kühlsystems ein stabiler Zustand einzustellen, derart, daß der Auflösungsprozeß bei einer bestimmten Konzentration von Kristall-Ionen im Kühlwasser aufhört [5.65].

Im Vergleich mit Cr:LiSAF besitzt Cr:LiCAF eine größere Fluoreszenzlebensdauer von 170 µs, jedoch einen kleineren Emissionswirkungsquerschnitt von $1.3 \cdot 10^{-20}$ cm^2 [5.50]. Absorption und Emission sind bei diesem Kristall um einige zehn nm zu kürzeren Wellenlängen verschoben (Abb.5.11). Diodenpumpen wurde bei niedrigen Pumpleistungen erfolgreich durchgeführt [5.66]. Mit Cr:LiCAF wurden trotz des kleineren Emissionswirkungsquerschnitts relativ hohe Effizienzen erreicht. Dies könnte mit einer geringeren ESA zusammenhängen.

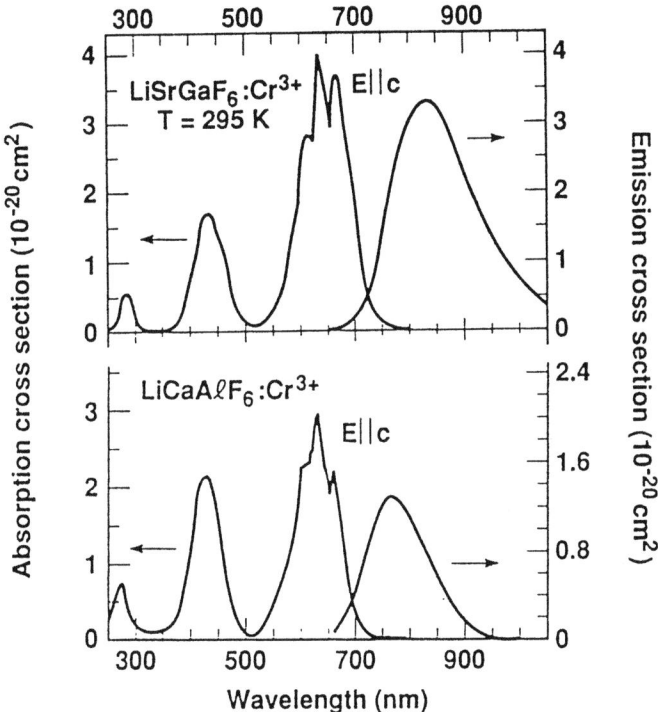

Abb.5.11 Absorptions- und Emissionswirkungsquerschnitte für Cr:LiCAF und LiSGAF (nach [Q5.11])

Cr:LiSGAF ist in seinen Eigenschaften dem Cr:LiSAF sehr ähnlich; die thermische Expansion ist jedoch niedriger und weist eine größere Isotropie auf. Insbesondere ist der thermische Expansionskoeffizient für die c-Achse gleich 0 [5.50]. Weiterhin wurden auch kleinere Streuverluste im Kristall festgestellt.

5.6 Cr^{4+}- und Ti^{3+}-dotierte Kristalle

Mit diodengepumpten Festkörperlasern lassen sich auch effiziente Lasersysteme realisieren, die mittels Cr^{4+} -dotierter Kristalle abstimmbare Laserstrahlung im Wellenlängenbereich oberhalb von etwa 1.1 µm erzeugen. Als Pumpwellenlängen für diese Kristalle eignen sich z. B. 1.064 µm oder 1.047 µm (von Nd:YAG- bzw. Nd:YLF-Lasern), womit z. B. Cr^{4+}:Mg_2SiO_4 (Forsterit) oder auch Cr^{4+}:YAG angeregt werden können.

Im Falle des Cr^{4+}:Mg_2SiO_4 konnte bei kontinuierlichem Pumpen mit Nd:YAG ein Abstimmbereich von 1.19 bis 1.32 µm, eine maximale Ausgangsleistung von etwa 1 W und ein differentieller Pumpwirkungsgrad von mehr als 35 % erreicht werden [5.67, 5.68]. Mit diesem Lasermaterial wurde auch modelocking durchgeführt [5.69]. Neuere Arbeiten haben gezeigt, daß Cr^{4+}:Mg_2SiO_4 relativ hoch dotiert werden kann, ohne daß die Lasereigenschaften wesentlich beeinträchtigt werden [5.70]. Da somit kleine Absorptionslängen möglich sind, kann auch direktes Pumpen mit Diodenlasern im 1 µm-Bereich in Betracht gezogen werden.

Der Cr^{4+}:YAG-Laser emittiert bei größeren Wellenlängen. Hierbei reicht das Abstimmintervall von etwa 1.32 µm bis 1.53 µm [5.71, 5.72]. Durch neuere Entwicklungen von Cr^{4+} -dotierten Kristallen sollte der verfügbare Bereich für Cr^{4+} -Laser bis hin zu 1.7 µm ausgedehnt werden können [5.73].

In diesem Zusammenhang soll auch der Ti^{3+}:Al_2O_3-Laser (Ti-Saphir) erwähnt werden. Dieser Laser kann mit der frequenzverdoppelten Strahlung eines diodengepumpten Nd-Lasers im grünen Bereich effizient angeregt werden [5.74, 5.75]. Auf diese Weise lassen sich dann sogenannte "all-solid-state"-Laser realisieren, die in einem großen Wellenlängenintervall von etwa 0.66 bis 1.15 µm durchstimmbar sind.

5.7 Thulium- und Holmium-Laser bei 2 µm

Die Tm- und Ho-Laser repräsentieren den 2 µm-Wellenlängenbereich der Festkörperlaser. Sie sind insbesondere durch eine lange Lebensdauer der oberen Laserniveaus von mehreren ms charakterisiert. Obwohl diese Lasersysteme Quasi-drei-Niveau-Laser darstellen und die Pumpwellenlänge im 800 nm-Bereich, weitab von der Laserwellenlänge liegt, können dennoch hohe Effizienzen erreicht werden.

Der durch das Diodenpumpen mögliche große Pumpwirkungsgrad und die infolgedessen niedrigere Kristalltemperatur sind bei einem Quasi-drei-Niveau-Laser wegen der thermischen Besetzung des unteren Laserniveaus besonders wichtig. Darüber hinaus wird auch der effektive Emissionswirkungsquerschnitt aufgrund der thermischen Energieverteilung im oberen Laserniveau positiv beeinflußt.

Der $^5I_7 \to {}^5I_8$ Laserübergang des Ho^{3+}-Ions liegt bei 2.1 µm. Während die ersten diodengepumpten Ho-Laser noch bei 77 K betrieben wurden [5.76], konnte durch Verwendung eines mit einem hohen Tm-Anteil sensitivierten Ho:YAG-Kristalls schließlich auch Laserbetrieb bei 300 K erreicht werden [5.77]. Dabei wird die Pumpstrahlung bei 785 nm zunächst in einem Niveau des Tm^{3+}-$^3F_4$ Multipletts absorbiert (Abb.5.12).

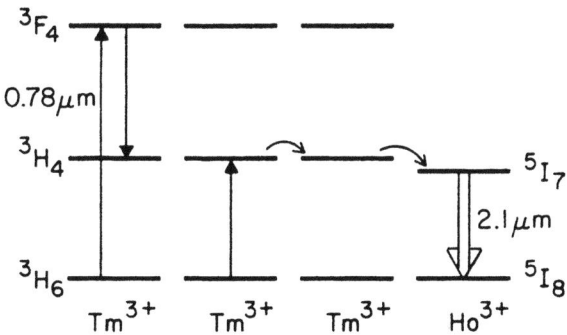

Abb.5.12 Spektroskopisches Schema für einen diodengepumpten Tm:Ho:YAG-laser [Q5.6]

Bei hohen Tm-Konzentrationen koppelt ein Kreuzrelaxationsprozeß die Energie des angeregten Tm^{3+}-Niveaus mit dem $^3H_6$ Grundzustand eines anderen Tm-Ions. Infolgedessen relaxiert das $^3F_4$ Niveau in das $^3H_4$ Niveau, mit gleichzeitiger Anregung des anderen Tm-Ions vom $^3H_6$ Grundzustand in das $^3H_4$ Niveau. Dadurch ergeben sich aus einem einzigen, im $^3F_4$ Niveau absorbierten Pumpphoton zwei angeregte Tm-Ionen im $^3H_4$ Niveau. Bei ausreichend hohen Tm-Dotierungen ist dieser Kreuzrelaxationsprozeß sehr effizient, so daß auf diese Weise eine totale Pumpquanteneffizienz von nahezu 2 resultieren kann. Dieser Prozeß hat eine Effizienz von fast 75 %, wobei die restlichen 25 % in Wärme umgesetzt werden.

Weiterhin findet dann eine schnelle räumliche Energiemigration zwischen den Tm-Ionen und schließlich zum $^5I_7$ Multiplett des Ho-Ions statt, worauf Laserbetrieb auf dem $^5I_7 \rightarrow {}^5I_8$ Übergang des Ho^{3+}-Ions resultiert. (Eine ausführliche Diskussion der Spektroskopie und des Laserpumpens findet man in [5.78, 5.79]).

Über den Kreuzrelaxationsprozeß beim Tm^{3+} wird der Ho-Laser im wesentlichen auch mit der gleichen hohen Pumpquanteneffizienz gepumpt. Dabei hängt die Effizienz des Energietransfers vom Tm zum Ho sowohl von den Tm-und Ho-Konzentrationen als auch von der Pumpintensität ab.

Das erreichbare Inversionsverhältnis beim Ho^{3+} kann durch upconversion-Prozesse begrenzt werden, die das Ho-$^5I_7$ Niveau direkt entleeren. Verschiedene Messungen der upconversion-Raten ergaben, daß dieser Prozeß im Falle des Tm:Ho:YAG signifikant ist. Bei intensivem Pumpen ergibt sich eine beträchtliche Verkürzung der Lebensdauer des oberen Laserniveaus [5.78, 5.80]. Pumpen eines Tm:Ho:YAG Kristalls mit 10 kW/cm^2 verringerte die Lebensdauer von etwa 9.5 ms auf nahezu 250 µs [5.81]. Beim Laserbetrieb äußert sich dies in einer höheren Schwelle und einer geringeren differentiellen Effizienz als sie ohne upconversion erwartet würden. Der Prozeß der excited state absorption ist ein anderer Mechanismus, der das Ho-$^5I_7$ Niveau entvölkern könnte; dieser ist jedoch hierbei von untergeordneter Bedeutung.

Im Falle eines gütegeschalteten Tm:Ho:YAG-Lasers ist zu beachten, daß der Energietransfer-Prozeß langsamer als die typische Dauer eines gütegeschalteten Pulses ist. Die Energietransferzeit liegt im Bereich von 1 µs. Dadurch läßt sich eine effiziente Energie-Extraktion nur in Form einer Reihe eng zusammenliegender Pulse, als sogenannter "burst" erreichen [5.82]. Andererseits bewirkt dieser langsame Tm-Ho-Energietransfer eine starke Dämpfung von Relaxationsoszillationen, so daß sich im sogenannten "long-pulse"-Betrieb, d. h. bei Quasi-cw-Pumpen, ein sehr glatter Pulsverlauf ergibt [5.83].

Die typische Dotierungskonzentration beträgt 6 % für Tm und 0.3 % bis etwa 1 % für Ho. Das entsprechende Absorptionsspektrum weist im wesentlichen zwei Peaks bei etwa 780 nm und 785 nm auf, die etwa 2 bis 3 nm breit sind. Messungen des effektive Emissionswirkungsquerschnitt bei 300 K ergaben Werte bei $2 \cdot 10^{-20}$ cm^2.

Eine wichtige Alternative zum Tm:Ho:YAG ist der Tm:Ho:YLF-Kristall, bei dem die problematischen upconversion-Verluste wesentlich reduziert sind und eine effiziente Energiespeicherung möglich ist. Die effektive Lebensdauer des oberen Laserniveaus liegt im ms-Bereich. Dieses Lasermaterial kann bei 791 nm angeregt werden [5.84], was im Vergleich zu Tm:Ho:YAG günstiger für den Betrieb mit GaAlAs-Diodenlasern ist. Die Emissionswellenlänge liegt bei 2.06 µm.

In dem typischen Beispiel eines kleinen, longitudinal gepumpten Lasers wurde eine Konversionseffizienz von 42 % und eine differentielle Effizienz von etwa 60 % erreicht (relativ zur absorbierten Pumpleistung) [5.85]. Dabei wurde der Kristall mit der a-Achse parallel zum Polarisationsvektor der Pumpstrahlung eingesetzt, um die größere Absorption des π-Spektrums auszunutzen. Die Kristalltemperatur lag bei 275 K, um somit eine niedrigere Laserschwelle zu erzielen. Aufgrund seines breiten Fluoreszenzspektrums konnte der Laser mittels eines resonatorinternen Etalons über einem Intervall von 7 nm Breite abgestimmt werden.

Mit einem Tm:Ho:YLF-Kristall wurde auch ein Kaskadenlaser realisiert, wobei Laseremission bei 2.31 µm im Tm-System und bei 2.08 µm im Ho-System erfolgte [5.84]. Abstimmbarer single-frequency-Laserbetrieb bei 2.05 µm konnte in einem monolithischen Aufbau mit einem kurzen Kristall realisiert werden [5.86].

Dieser Kristall ist insbesondere auch für Güteschaltung und Laserverstärkung gut geeignet. Denn während bei einem cw-Laser Energiespeicherung nur bis zu dem Inversionsdichteverhältnis erforderlich ist, bei dem die Laserschwelle erreicht wird, muß dieses für einen effizienten güteschalteten Oszillator wie auch für einen effizienten Verstärker erheblich größer sein. Im Falle eines kontinuierlich betriebenen Ho-Lasers beträgt das entsprechende Inversionsdichteverhältnis 0.2 bis 0.3, wohingegen güteschalteter oder auch Verstärker-Betrieb einen Wert von mehr als 0.4 erfordern [5.87]. Weiterhin ist der Tm:Ho:YLF-Kristall aufgrund seines uniaxialen kristallinen Aufbaus insensitiv hinsichtlich einer thermisch induzierten Depolarisation und weist nur einen geringen thermischen Linseneffekt auf.

Eine interessante Alternative zu den im Bereich unterhalb von 800 nm gepumpten Ho-Lasern ergibt sich durch das direkte Pumpen bei 1910 nm des $^5I_7$ Übergangs des Ho-Ions. In einem ersten Experiment hierzu wurde ein 4%-Ho:YAG-Kristall mit einem neueren GaInAsSb-Diodenlaser gepumpt [5.88], wobei jedoch die Systemeffizienz noch durch eine nicht optimale Pumpgeometrie beeinträchtigt war.

Tm:YAG ist ein weiteres wichtiges Lasermaterial für den 2 µm-Bereich. Das Thulium läßt sich sehr gut in ein YAG- oder auch ein anderes Wirtsgitter auf Yttrium-Basis einbauen, so daß Dotierungskonzentrationen bis zu 100 % möglich sind. Tm:YAG ist relativ leicht zu züchten und hat bei einer Dotierung von 6 % eine Pumpabsorptionslänge wie 1 %-Nd:YAG. Die Pumpwellenlängen liegen wie im Falle des Tm:Ho:YAG bei 782 nm und 785 nm, und die wichtigste Emissionswellenlänge beträgt 2.02 µm. Auch hierbei ist aufgrund des Kreuzrelaxationsprozesses wie beim Tm:Ho:YAG eine Pumpquanteneffizienz nahe 2 möglich, so daß differentielle Effizienzen wie bei Nd:YAG erreichbar sind. Das obere Laserniveau hat eine lange Lebensdauer von mehr als 10 ms, allerdings macht sich auch hierbei ähnlich wie beim Tm:Ho:YAG ein upconversion-Prozeß bemerkbar, der zu einer Reduktion der Lebensdauer führt. Dies ist jedoch beim Tm:YAG weniger stark ausgeprägt. So wurde mit einem 4%-dotierten Tm:YAG-Kristall bei einer Pumpintensität von etwa 10 kW/cm^2 eine effektive Lebensdauer von 1.8 ms gemessen [5.81].

Tm:YAG hat einen relativ niedrigen effektiven Emissionswirkungsquerschnitt von nur etwa $2 \cdot 10^{-21}$ cm^2, was mit einer hohen Sättigungsenergiedichte verbunden ist und infolgedessen bei Güteschaltung zu problematischen, hohen Energiedichten im Laserresonator führt. Dennoch wurde erfolgreich effizienter gütegeschalteter Laserbetrieb demonstriert, wobei z. B. beim Pumpen mit einem 3W-Diodenlaser eine Pulsenergie von 1 mJ im 100 Hz-Betrieb resultierte [5.81]. Obwohl Laserbetrieb bei Raumtemperatur möglich ist, wurde auch in diesem Experiment die Kristalltemperatur mittels eines thermoelektrischen Kühlers auf etwa -40° C herabgesetzt, um die Laserschwelle zu verringern.

Kontinuierlicher Laserbetrieb wurde eindrucksvoll mit einem 4 % -Tm:YAG-Laser demonstriert, der mit insgesamt 46.5 W Pumpleistung aus 20 fasergekoppelten 3W-GaAlAs-Laserdioden in einer longitudinalen Pumpgeometrie angeregt wurde. Dabei konnte mittels eines speziellen Resonatoraufbaus eine kontinuierliche Ausgangsleistung von 15 W im Grundmode erreicht werden [5.89].

Ein Tm:YAG-Laser eignet sich aufgrund des besonders breiten Fluoreszenzbandes prinzipiell auch als abstimmbarer Laser. So wurde ein kontinuierlicher Abstimmbereich von 1.87 μm bis 2.16 μm realisiert [5.90]. Ein ähnliches Abstimmintervall ergab sich dabei auch für einen Tm:YSGG-Laser. Diese relativ breiten Emissionsbereiche resultieren aus der Überlappung mehrerer Phononen-verbreiterter Kristallfeld-Stark-Niveaus. (Im Falle des Nd:YAG sind dagegen die Phononen-verbreiterten Fluoreszenzlinienbreiten wesentlich geringer und auch kleiner als die Abstände einzelner Stark-Übergänge, wobei auch die Multiplizität der Stark-Niveaus kleiner ist). Auch für mode-locking sind Tm-dotierte Kristalle gut geeignet [5.91].

Ein neuerer Tm-dotierter Kristall ist Tm:YVO$_4$. Dieser Kristall weist breite Pumpbänder von 12 nm und 20 nm für π- bzw. σ-Polarisation auf, deren Maxima bei 800 nm liegen, woraus sich im Vergleich zu Tm:YAG günstigere Bedingungen für das Pumpen mit GaAlAs-Dioden ergeben [5.92]. Dabei ist der Absorptionswirkungsquerschnitt (π-Polarisation) mit $2.3 \cdot 10^{-20}$ cm^2 etwa dreimal größer als für YAG.

5.8 Erbium-Laser bei 3 μm

Im Wellenlängenbereich um 3 μm stellt der Er-Laser das wichtigste Festkörperlasersystem dar. Das Termschema des Erbiums ist sehr komplex. Der Er-Laser ist ein Vier-Niveau-System. Die Übergänge zwischen den beiden Multipletts $^4I_{11/2}$ und $^4I_{13/2}$ liegen im Bereich von etwa 2.6 bis 2.95 μm. Die Lebensdauer des unteren Laserniveaus $^4I_{13/2}$ beträgt bei allen Wirtsgittern mehrere ms und ist etwa zehnmal größer als diejenige des oberen Laserniveaus $^4I_{11/2}$. Somit sollte sich der Laserbetrieb nach dem Anschwingen also schnell selbst löschen. Dennoch ist kontinuierlicher Laserbetrieb möglich, denn durch einen upconversion-Prozeß wird das untere Laserniveau schnell entleert. Dabei entsteht aus zwei im $^4I_{13/2}$-Niveau angeregten Er-Ionen ein höher angeregtes Ion, das wiederum in das obere Laserniveau relaxiert und somit dem Laserprozeß nicht verloren geht.

Ein wesentlicher Vorteil des Diodenpumpens eines Er-Lasers ist darin zu sehen, daß im Gegensatz zum Lampenpumpen nur ein einziger elektronischer Zustand angeregt wird. Beim breitbandigen Pumpen werden mehrere Energiezustände gleichzeitig angeregt, wobei durch eine Vielzahl von upconversion- und anderen quenching-Prozessen zwischen diesen Niveaus beträchtliche Laserverluste entstehen.

Der Laser kann mit Diodenstrahlung bei 800 nm oder 970 nm gepumpt werden. Das Pumpschema $^4I_{15/2} \rightarrow {}^4I_{11/2}$ der Anregung bei 970 nm ist besonders günstig, da hierbei das obere Laserniveau direkt gepumpt wird und infolgedessen nichtstrahlende Verlustmechanismen umgangen werden (Abb.5.13).

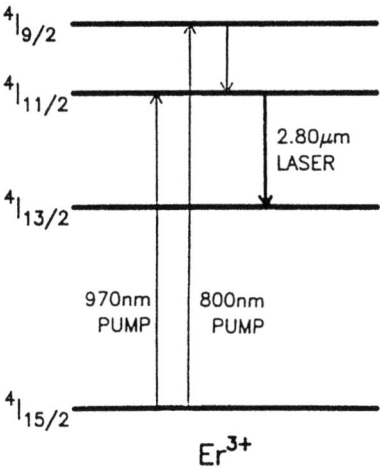

Abb.5.13 Anregungsschema für einen bei 800 nm oder 970 nm gepumpten Er-Laser [Q5.12]

Auf diese Weise wurden Er:YLF und Er:GSGG-optisch gepumpt [5.93, 5.94], wobei im letzteren Fall eine besonders große differentielle Effizienz von 36 % erreicht wurde. Dieser Wert bedeutet, daß die Pumpquanteneffizienz etwas größer als 1 ist, was auf die hohe Effizienz des upconversion-Prozesses für das untere Laserniveau zurückgeführt wird (s.o.). Ein weiterer Vorteil des Pumpens bei 970 nm liegt in dem breiten, glatten Verlauf des Absorptionsspektrums (Abb.5.14).

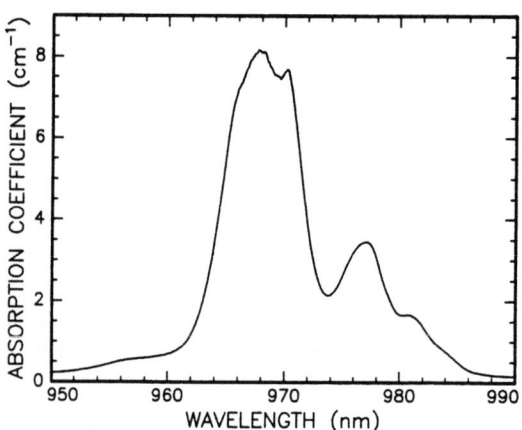

Abb.5.14   Absorptionspektrum für das 970 nm-Pumpband in 30 %-dotiertem Er^{3+}:GSGG [Q5.12]

Bei der Anregung $^4I_{15/2} \to {}^4I_{9/2}$ mit 800 nm-Strahlung sind zwei nichtstrahlende Verlustmechanismen vorhanden, die beim direkten Pumpen des oberen Laserniveaus bei 970 nm nicht auftreten. Dies ist zum einen der Phononen-Übergang $^4I_{9/2} \to {}^4I_{11/2}$ vom Pumpniveau in das obere Laserniveau. Zum anderen existiert ein self-quenching-Prozeß $^4I_{9/2}+{}^4I_{15/2} \to {}^4I_{13/2}+{}^4I_{13/2}$ (invers zum upconversion-Prozeß), der mit dem $^4I_{9/2} \to {}^4I_{11/2}$ Phononen-Übergang konkurriert. Dadurch wird das obere Laserniveau überbrückt, wenn ein Ion im $^4I_{9/2}$ Niveau an diesem quenching-Prozeß teilnimmt und somit eine kleinere Pumpeffizienz bewirkt. Durch eine niedrige Er-Konzentration ließe sich dieser Verlustprozeß unterdrücken, jedoch ist dies nicht für den cw-Laserbetrieb geeignet, da hierfür ein effizienter upconversion-Prozeß $^4I_{13/2}+{}^4I_{13/2} \to {}^4I_{9/2}+{}^4I_{15/2}$ erforderlich ist, der natürlich in demselben Maße von der Er-Konzentration abhängt.

Auch Holmium-dotierte Laserkristalle sind für den 3 µm-Bereich geeignet. So wurden hoch dotierte Ho:YAG- und Ho:GGG-Laserkristalle mit einem gütegeschalteten Nd:YAG-Laser bei 1123 nm gepumpt, wobei effizienter Laserbetrieb auf dem $^5I_6 \to {}^5I_7$ Übergang bei 2.9 µm erzielt werden konnte. Durch eine Kodotierung mit Praseodym ließ sich die Lebensdauer des unteren Laserniveaus so weit reduzieren, daß bei dieser Pumpwellenlänge auch kontinuierlicher Laserbetrieb möglich wurde [5.95]. Durch intracavity-Pumpen eines Ho:YAlO$_3$-Kristalls bei der Wellenlänge von 1079 nm eines Nd:YAlO$_3$-Lasers konnte abstimmbarer Laserbetrieb auf mehreren verschiedenen Laserlinien zwischen 2.844 und 3.017 µm realisiert werden [5.96].

Mit Erbium-dotierten Lasermaterialien kann durch Diodenpumpen auch im Wellenlängenbereich um 1.5 µm Laserstrahlung erzeugt werden, wobei dann Dotierungskonzentrationen von wenigen Prozent verwendet werden. In diesem Fall sind die Ionen-Wechselwirkungsprozesse weitgehend vernachlässigbar. Für höhere Er-Konzentrationen entsteht durch einen upconversion-Prozeß eine Besetzungsinversion zwischen dem $^4I_{11/2}$ und dem $^4I_{13/2}$ Niveau, so daß dann der Laserübergang bei 2.9 µm bevorzugt wird. Geeignete Lasermaterialien sind Er^{3+}:YAG, womit Laseremission bei 1.64 µm erreicht wird, sowie auch mit Yb kodotiertes Er^{3+}:Glas, mit dem die "augensichere" 1.54 µm-Laserstrahlung erzeugt werden kann. Dabei ist die breitbandige Absorption des Yb^{3+} für Diodenstrahlung bei 970 nm besonders günstig.

Der Laserübergang bei diesen Er-Lasern erfolgt in den Grundzustand. Daraus resultieren nicht nur hohe Laserschwellen, sondern es ergibt sich im allgemeinen auch eine Sättigung der Pumplichtabsorption bei höheren Intensitäten. Diese Sättigung entsteht durch das Ausbleichen des Grundniveaus, wobei dann die Absorption der Pumpstrahlung nicht mehr nach dem Lambertschen Absorptionsgesetz erfolgt. So wird beispielsweise bei einem 5 mm langen, 1.1 %-dotierten Er:YAG-Kristall etwa 24 % der Pumpstrahlung absorbiert, wenn mit 200 mW bei 960 nm gepumpt wird, wohingegen bei 1 W die Absorption nur noch 17 % beträgt [5.97]. Im Falle des Er:Yb:Glas-Lasers wird die Pumpstrahlung jedoch wie in einem Vier-Niveau-System absorbiert, da der Pumpübergang infolge einer hohen Kodotierung mit Yb nicht mehr ausbleichen kann.
Aufgrund der geringen Wärmeleitfähigkeit dieses Lasermaterials zeigt sich bei kontinuierlicher Anregung ein deutlicher thermischer Effekt. Dies ist in Abb.5.15 dargestellt, wobei ein 2 mm langer monolithischer Er:Yb:Glas-Laser bei verschiedenen Glas-Temperaturen mit einer InGaAs-Laserdiode kontinuierlich gepumpt wurde [5.97].

Die mit steigender Pumpleistung abnehmende Effizienz resultiert im wesentlichen aus der Zunahme der Besetzungszahl des unteren Laserniveaus sowie aus der Abnahme des Modenvolumens infolge des thermischen Linseneffektes, was eine geringere Überlappung von Pump- und Modenvolumen bewirkt.
Mit diesem Material wurde bei optischer Anregung mit InGaAs-quasi-cw-Diodenlaser-arrays auch gütegeschalteter Laserbetrieb erzielt [5.98]. Weiterhin wurde auch ein kontinuierlicher single-frequency-Laser realisiert [5.99].

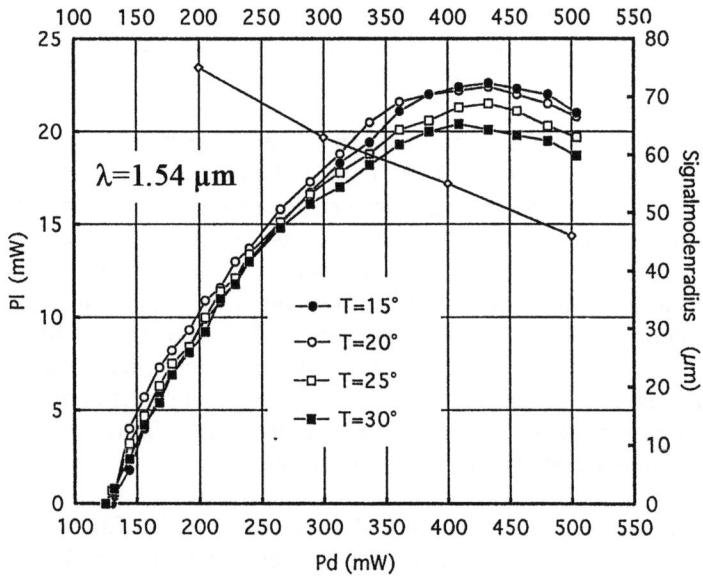

Abb.5.15 Ausgangsleistung eines monolithischen, 2 mm langen Er:Yb:Glas-Lasers in Abhängigkeit von der optischen Pumpdiodenleistung bei verschiedenen Kristalltemperaturen. Außerdem ist der mittlere Lasermodenradius aufgetragen, der mit steigender Pumpleistung abnimmt [Q5.13]

5.9 Laseraktive Fasermaterialien

Mit Lanthaniden dotierte Gläser haben im allgemeinen wesentlich niedrigere Emissionswirkungsquerschnitte als Laserkristalle. Der Grund hierfür liegt in dem amorphen Wirtsmaterial für die Dotierionen, weshalb das Emissionsspektrum sehr breit ist. Auch die Wärmeleitfähigkeit ist im Vergleich zu den Kristallen erheblich geringer. Somit sind dotierte Gläser für cw-Betrieb weniger gut geeignet als Kristalle. Wenn man jedoch das Glas in die Form einer langen Faser mit Welleneigenschaften bringt, wird der Nachteil eines niedrigen Emissionswirkungsquerschnittes praktisch eliminiert. In einer single-mode-Faser können die Pump- und die Laserstrahlung in einem Wechselwirkungsvolumen mit kleinem Querschnitt von einigen μm^2 und einer sehr großen Länge von vielen m

Laseraktive Fasermaterialien 131

eingeschlossen werden, d. h. das Pump- und das Modenvolumen haben einen optimalen Überlapp, und die Länge des Verstärkungsmediums ist sehr groß.

Diese mit Lanthaniden dotierten Fasern können als reine Verstärker verwendet werden oder auch als Faserlaser, wenn die Faser in einen Resonator eingesetzt wird. Die Kleinsignalverstärkung kann Werte bis zu etwa 10^4 erreichen, so daß Faserlaser auch hohe Resonatorverluste tolerieren können. In manchen Faserlasern genügt sogar die Fresnel-Reflexion von 4 % am Faserende für eine ausreichende Rückkopplung. Mit der außerordentlich hohen single-pass Verstärkung, die sich schon bei sehr niedrigen Pumpleistungen einstellt, lassen sich Laserschwellen unter 1 mW erreichen, weshalb Faserlaser für das Diodenpumpen besonders geeignet sind. Eine Populationsinversion ist leicht zu erzeugen, so daß auch effizienter Laserbetrieb möglich ist, wenn der Laserübergang zum Grundzustand führt. Der enge Einschluß des Laserlichts führt darüber hinaus zur Erhöhung nichtlinearer Effekte in der Faser, wodurch sich extrem kurze Pulse bis in den Femtosekundenbereich herstellen lassen [5.100]. Andererseits können aufgrund der spezifischen Eigenschaften des Wellenleitermaterials nichtlineare Pumpmechanismen (upconversion) zur Erzeugung von Laserstrahlung bei vielen neuen Wellenlängen führen (Kap.9).

Anders als bei den sogenannten "bulk" Glas-Materialien (bei denen alle drei Dimensionen in derselben Größenordnung sind und es somit im allgemeinen problematisch ist, die Verlustwärme zu extrahieren und abzuleiten), sind bei einem Faserlaser aufgrund der großen Länge und der räumlich weit verteilten Pumplichtabsorption diesbezüglich recht günstige Bedingungen vorhanden. Zwar ist der Faserlaser prinzipbedingt auf den unteren Leistungsbereich beschränkt, doch lassen sich mit einem speziellen Faseraufbau auch durchschnittliche Leistungen von mehreren Watt erzielen (Kap.6).

Ein Faserlaser wird im allgemeinen longitudinal gepumpt, wobei die Faserenden direkt an planare Laserspiegel gekoppelt werden. Die Laserstrahlung hat einen zirkularen Querschnitt und ist bei einer single-mode-Faser beugungsbegrenzt. Aufgrund der breiten Absorptionsbänder im Glas darf die Pumpwellenlänge über mehrere nm variieren, ohne daß der Laserbetrieb beeinträchtigt wird. Andererseits ergibt sich aus den breiten Emissionbändern auch die Möglichkeit, abstimmbare Faserlaser zu entwickeln. Ohne ein frequenzselektives Element oszilliert ein Faserlaser bei seiner optimalen Emissionswellenlänge, d. h. bei der größten Verstärkung und den kleinsten Verlusten, mit einer typischen Linienbreite von etwa 1 nm.

Ein Faserverstärker wird wie ein Faserlaser durch einen Pumpstrahl großer Intensität bei einer kürzeren Wellenlänge optisch gepumpt. Typisch ist dabei, daß die Pumpstrahlung durch einen Koppler geführt wird, der das Pumplicht mit dem Eingangssignal mischt (Abb.5.16). Wenn nun ein schwaches, zu verstärkendes Signal mit einer bestimmten Wellenlänge (z. B. 1.55 µm) in die Faser eintritt, stimuliert es bei dieser Wellenlänge die Emission derjenigen Ionen, die durch die Pumpstrahlung (z. B. bei 980 nm) zum oberen Laserniveau angeregt worden sind, wodurch wiederum das Eingangssignal verstärkt wird. Optische Filter und Isolatoren können an den Enden eingebaut werden, um restliches Pumplicht zu eliminieren, ebenso wie auch Streulicht bei der Pumpwellenlänge, das Rauschen induzieren würde.

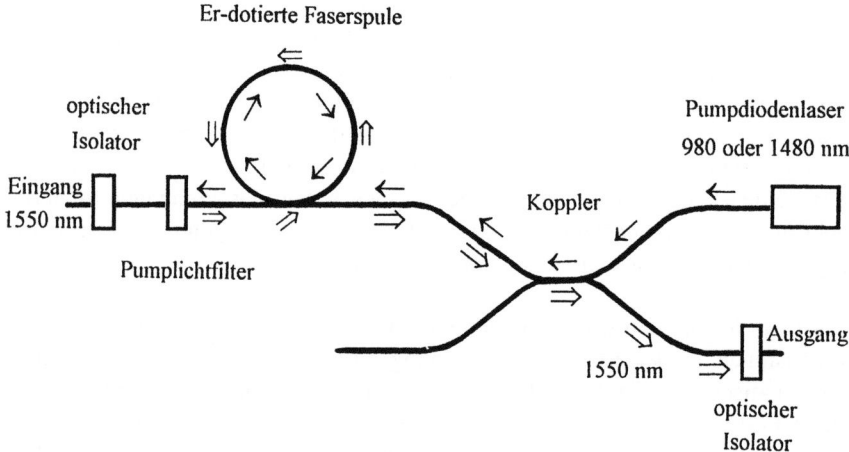

Abb. 5.16   Prinzip eines Faserverstärkers

Faserlaser und -verstärker sind in ihrem Aufbau anderen optischen Fasern sehr ähnlich. Sie haben ein sogenanntes "core" mit einem hohen Brechungsindex und ein "cladding" mit einem niedrigeren Brechungsindex, so daß das Licht durch Totalreflexion eingeschlossen wird. Der Durchmesser des core muß ausreichend klein sein, um nur einen Wellenleitermode zu führen und beträgt einige µm, z. B. 9 µm für 1.3 µm-Strahlung und etwas mehr für 1.55 µm. Die Faserlängen reichen von einigen cm bis zu etwa 100 m. Das Faser-core weist Dotierungskonzentrationen auf, die in einem weiten Bereich liegen können; z. B. sind Er-Dotierungen von 0.01 ppm bis zu 10^4 ppm realisiert worden. Höhere Dotierungen erlauben kürzere Faserlängen, um dieselbe Pumpleistung zu absorbieren. Dabei sollte zwar die Faser lang genug sein, um die Pumpstrahlung möglichst vollständig zu absorbieren, doch dürfen, wie im Falle von Erbium, keine ungepumpten Regionen am Faserende entstehen, die bei der Laserwellenlänge absorbieren würden. Meistens liegen die Dotierungskonzentrationen bei etwa 1000 ppm, mit Faserlängen von mehreren m bis zu etwa 100 m. Dies gilt sowohl für Verstärker als auch für Oszillatoren. Bei manchen Verstärkern werden sehr geringe Dotierungen zwischen etwa 1 und 10 ppm verwendet, um (mit ausreichenden Pumpleistungen) gerade die Verluste zu kompensieren. Als core-Wirtsmaterialien sind in vielen Fällen Quarzgläser gut geeignet; in anderen Fasern werden Phosphat-Gläser und auch Fluorid-Gläser verwendet. Dabei kann das Wirtsmaterial die Lasereigenschaften erheblich beeinflussen, z.B. die Absorptions- und Emissionswellenlänge oder den Anteil der ESA.

Besonders interessante Wirtsmaterialien für Faserlaser wie auch für Faserverstärker sind die Zirkoniumfluorid-Gläser, deren chemisch stabilster Vertreter das ZBLAN-Glas ist. Die Bestandteile dieses Glases sind neben dem Zirkoniumfluorid noch Barium-, Lanthan-, Aluminium- und Natriumfluorid. Hiermit lassen sich effiziente Faserlaser bei vielen Wellenlängen vom sichtbaren Bereich bis in das nahe Infrarot realisieren [5.14]. Mit einer Er^{3+}-dotierten ZBLAN-Faser wurde Laserbetrieb bei 3.5 µm erreicht, wobei die Laserschwelle soweit reduziert werden konnte, daß auch Diodenpumpen möglich wird [5.101].

Die größte Bedeutung einer diodengepumpten Faser-Konfiguration hat bisher der Er-dotierte Faserverstärker erlangt, der in der optischen Kommunikation bei einer Signalwellenlänge von 1540 nm eingesetzt wird. Obgleich eine hohe Pumpintensität erforderlich ist, um eine Populationsinversion zu erzeugen (da dieser Erbium-Laserübergang in den Grundzustand geht), gelingt dies recht effizient auch mit moderaten Pumpleistungen, indem das Pumplicht in dem kleinen core einer single-mode-Faser konzentriert wird. Dabei wird meist Er-dotiertes Quarzglas verwendet. Die Verstärkung erfolgt auf dem Übergang von $^4I_{13/2}$ nach $^4I_{15/2}$, wobei die Verstärkungsbandbreite etwa 40 nm beträgt, mit einem Maximum bei 1540 nm. Die Anregung erfolgt typisch bei 980 nm zum $^4I_{11/2}$ Zustand oder auch bei 1480 nm zu den höheren Subniveaus des $^4I_{13/2}$ Zustandes (Abb.5.17). Auch bei 800 nm ist eine optische Anregung möglich, doch wird hierbei die Effizienz durch ESA erheblich beeinträchtigt.

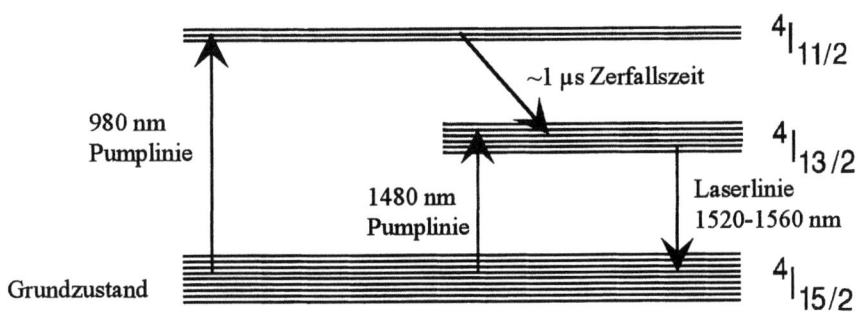

Abb.5.17 Vereinfachtes Energieniveauschema zum 1.54 µm-Laserübergang in Erbium-dotiertem Quarzglas (nach [Q5.14])

Wenn die Faser mit Yb kodotiert wird, das ein breites Absorptionsband zwischen 900 und 1100 nm hat, so läßt sich die optische Anregung auch mit der 1064 nm-Linie des Nd:YAG oder auch bei der 1047 nm-Linie von Nd:YLF erreichen. Allerdings ergibt sich dann eine geringere Gesamteffizienz. Die Verstärkung eines Er-Faserverstärkers beträgt 20 bis 40 dB, wobei im allgemeinen maximale Verstärkung und maximale Ausgangsleistung nicht gleichzeitig erzielt werden können. Typische Ausgangsleistungen liegen im Bereich von etwa 100 mW.

Zur nächsten Seite:

Tabelle 5.1: Übersichtstabelle wichtiger Nd-dotierter Laserkristalle und ihrer Eigenschaften

Legende:

Symm.(opt. Achsen)	Symmetriegruppe des Gitters und optische Achsen
Dot.(typ.)	typische Dotierung des Gitters
λ_{pump}	Wellenlänge des Pumpbands
α_{abs}	Absorptionskoeffizient
$\delta\lambda_{abs}$	spektrale Breite des Absorptionsbands
λ_e	Emissionswellenlänge
σ_e	effektiver Wirkungsquerschnitt für stimulierte Emission
$\delta\lambda_e$	Fluoreszenzbandbreite
τ_{fl}	Fluoreszenzlebensdauer des oberen Laserniveaus
n	Brechungsindex
dn/dT	Änderung des Brechungsindex mit der Temperatur
α_{therm}	thermischer Ausdehnungskoeffizient
k	thermische Leitfähigkeit

Der hochgestellte Index an den Daten bezieht sich auf die Literaturreferenz in der rechten Spalte.

(In der Literatur sind häufig sehr unterschiedliche Werte für einige der in der Tabelle aufgeführten Größen angegeben, so daß hier nur eine begrenzte Auswahl getroffen werden kann).

Übersichtstabelle wichtiger Nd-dotierter Laserkristalle 135

Kristall	Symm. (opt. Achsen)	Dot. (typ.)	λ_{pump} nm	α_{abs} cm^{-1}	$\delta\lambda_{abs}$ nm	λ_e μm	σ_e ·10^{-19}cm^{-2}	$\delta\lambda_e$ nm	τ_{fl} μs	n	dn/dt ·10^{-6} K^{-1}	α_{therm} ·10^{-6} K^{-1}	k W·m^{-1}·K^{-1}	Literatur
Nd:YAG ($Y_3Al_5O_{12}$)	kubisch (isotrop)	1.1%	805[1] 809 811	4.3 [2]	~1[1]	1.0615[3] 1.0641 1.0644 1.338 0.946	2.5[3] 3.3 1.45 1.0	0.4[3] }~1 0.7 0.8	230[4]	1.823[5]	7-10 [5]	6.97[3]	10-14[5]	[1][5.102], [2][5.103], [3][5.104], [4][5.105], [5][5.106]
Nd:YAP (YAlO$_3$)	ortho-rhombisch (biaxial)	0.7%	812 E‖a[1] 796 E‖b 802 E‖c 811 E‖c 819 E‖c	9[1] 1.7 10 9 8	1[1] 1.7 1.6 1.6 1.2	0.866[2] 0.933 1.064 (b) 1.072 1.079 (a) 1.341[1]	1.7[2] ~1.5[4] 3.7[2] 2.2[1]		170	1.925(a)[2] 1.911(b) 1.935(c)	9.7 (a)	4.2 (‖a) 11.7 (‖b) 5.1 (‖c)	11[2]	[1][5.107], [2][5.108], [3][5.109], [4][5.110]
Nd:YLF (LiYF$_4$)	tetragonal (uniaxial positiv)	1%	793[1] 798 804	2.3[1] 3 2.3	}0.75[1] 0.88	1.047(π)[2] 1.053(σ)	1.8 (π)[2] 1.2 (σ)	2[3]	480 [2]	ne:1.477[4] no:1.457	-4.3(π)[2] -2(σ)	13 (‖a)[2] 8 (‖c)	8[2]	[1][5.111], [2][5.112], [3][5.113], [4][5.114]
Nd:GGG (Gd$_3$Ga$_5$O$_{12}$)	kubisch (isotrop)	1-3%	805[1] 808 811	(2% dot.:) 6.9[2] 6.9 5.3	1[1] 1 1.5	1058[1] 1060 1062		1.3[3] 1.4 0.75[4] 0.8 0.8	200-280[3]	1.943[3]	17.4[3]	5.67[3]	6.4[3]	[1][5.102], [2][5.115], [3][5.105], [4][5.116]
Nd:YVO$_4$	tetragonal (uniaxial positiv)	0.9-3%	750[1] 808	31.4(π)[2] 9.2(σ)	9 (π)[1] 2.5(σ)	1.064[2] 1.34	2-2.9[3] 25(π)[2] 7 (σ)[2] 7 [3]	1.0 1.2[3] 1.4[2]	90[2] bei 1.1%	no:1.957[2] ne:2.165	8.3(a)[2] 3.0(c)	4.43(‖a)[2] 11.37(‖c)	5[2]	[1][5.117], [2][5.118], [3][5.119]
Nd:LMA (LaMgAl$_{11}$O$_{19}$)	hexagonal	10%	795σ[1] 798π	5(σ) 1(π)	10[1] 10	1.054[3] 1.082	0.6..3 (σ)[2,3]	4.4[3] 7.4	260-360[4]	1.776[5]		14 (‖a,b)[5] 10 (‖c)		[1][5.120], [2][5.121], [3][5.122], [4][5.123], [5][5.124]
LNP (LiNdP$_4$O$_{12}$)	ortho-rhombisch	100%	800[1] 870	130[1](c)	15[1]	1.047[2]	3.2(c)[1] 1.3(b) 1.5(a)	2.5(c)[1] 2.3(b) 2.4(a)	120[1]	1.58[1]				[1][5.125], [2][5.126], [3][5.127], [4][5.128]
Nd:BEL (La$_2$Be$_2$O$_5$)	monoklin (biaxial)	1-1.5%	810[1,4]	6[1,4]	6[1,4]	1.055[2] 1.317[3,4] 1.070[2] 1.079 1.35 1.37	0.63 1.2 (E‖X)[2] 0.86 (E‖Y) 0.37 (E‖X) 0.21 (E‖Z)	3[3] 4.7 5	155[3]	2.035[5] 1.997 1.964	-6.2 - +2.9[2]	8[2]	5[2]	[1][5.129], [2][5.130], [3][5.131], [4][5.132], [5][5.133]
Nd:MgO:LiNbO$_3$	tetragonal (uniaxial)	0.2-0.5%[1]	809(σ)[1,2] 812(π)	1.4(σ)[1] 1.8(π)	13[1] 9	1.093(σ)[1] 1.084(π)	0.5(σ)[1] 1.8(π)	3.6(σ)[1] 3(π)	100-120[1]	no=2.297[3] ne=2.208		16.7 (‖a)[3] 2.0 (‖c)		[1][5.134], [2][5.135], [3][5.136]

6 Laser niedriger und mittlerer Ausgangsleistungen

Die Verwendung von Diodenlasern für die Anregung von Festkörperlasern eröffnet sehr vielfältige Möglichkeiten bei der Konstruktion von diodengepumpten Lasern. Dies zeigt sich besonders im Bereich kleiner und mittlerer Ausgangsleistungen, wo viele verschiedene Laser für eine Vielzahl unterschiedlichster Anwendungen entstanden sind. Ein wichtiges Entwicklungsziel ist dabei immer ein hoher Wirkungsgrad, wodurch sich dann meist auch andere positive Lasereigenschaften wie eine gute Strahlqualität oder auch ein besonders kompakter Laseraufbau leichter erreichen lassen.

Die meisten diodengepumpten Laser sind bisher mit Nd:YAG realisiert worden, das mit seinen, in ihrer Gesamtheit zu beurteilenden, guten Material- und Lasereigenschaften auch für die diodengepumpten Festkörperlaser bis heute das wichtigste Lasermaterial geblieben ist. Doch gibt es gerade auch für die diodengepumpten Laser im unteren bis mittleren Leistungsbereich Alternativen in der Wahl des Lasermediums, wie in Kap. 5 diskutiert wurde.

Im folgenden sollen nun einige beispielhafte Laser beschrieben werden. Man kann dabei zwar prinzipiell zwischen longitudinalen und transversalen Pumpkonfigurationen unterscheiden, jedoch, wie wir sehen werden, sind die Übergänge fließend. Während der wesentliche Vorteil einer longitudinalen Pumpgeometrie in der optimalen Überlappung des Inversions- und Modenvolumens liegt, erlaubt das seitliche Pumpen die Verwendung leistungsstarker linearer Diodenlaser-arrays ohne aufwendige Transferoptiken und bietet günstige Voraussetzungen für eine einfache Leistungsskalierung.

6.1 Kontinuierlich gepumpte Laser

Eine im unteren Leistungsbereich besonders häufig verwendete, einfache und bewährte Konfiguration ist der longitudinal gepumpte, lineare Laseraufbau mit einem separaten Auskoppelspiegel (Abb. 2.1, Kap. 2). Dieser bildet mit dem direkt an der Kristall-Endfläche auf der Einkoppelseite aufgebrachten Spiegel einen stabilen Resonator. Die Spiegelbeschichtung auf der Pumpseite ist hochreflektierend bei der Laserwellenlänge und weist gleichzeitig eine hohe Transmission (typisch > 95 %) für die Pumpstrahlung auf. Die andere Kristall-Endfläche besitzt eine Antireflexionsschicht für die Laserwellenlänge. Der Laserkristall sollte dabei hinreichend lang sein, d. h. nicht kürzer als etwa eine Absorptionslänge $l_a = 1/(\sigma_{abs} \cdot N_{ion})$ (σ_{abs}: Absorptionswirkungsquerschnitt bei der Pumpwellenlänge, N_{ion}: Dotierungskonzentration der aktiven Ionen). Typische Kristallabmessungen für diese Pumpgeometrie sind eine Länge von 8 mm und ein Durchmesser von 3 mm. Bei kürzeren Laserkristallen wird die der Pumpseite abgewandte Kristall-Fläche oft auch mit einer die Pumpstrahlung reflektierenden optischen Schicht versehen, um somit einen größeren Absorptionsweg im Kristall zu erreichen.

Mittels einer geeigneten Transferoptik wird die Diodenstrahlung so in den Laserkristall fokussiert, daß möglichst der gesamte Pumpstrahl innerhalb des TEM$_{00}$-Modenvolumens abgebildet wird. Somit werden auch keine höheren transversalen Moden angeregt, so daß man auf diese Weise eine sehr wirkungsvolle Selektion des Grundmode erreichen kann. Typische Modenradien für einen solchen Aufbau liegen bei etwa 100 bis 300 µm. Eine solche longitudinale Pumpanordnung hat noch einen anderen Vorteil: mit einer Kristall-Länge, die wesentlich größer als die Absorptionslänge im Maximum des zum optischen Pumpen gewählten Absorptionspeaks ist, läßt sich über einem breiten Intervall der Pumpwellenlänge (und somit auch der Diodentemperatur) ein relativ konstanter Verlauf der Laserausgangsleistung erzielen. Dies ist in Abb.6.1 für einen kontinuierlichen Laser mit einem 10 mm langen Nd:YAG-Kristall dargestellt, der über eine optische Faser mit 10 W longitudinal gepumpt wurde. Vorraussetzung hierfür ist allerdings, daß die Pumpstrahlung auch auf dem längeren Absorptionsweg im Kristall innerhalb des Modenvolumens bleibt.

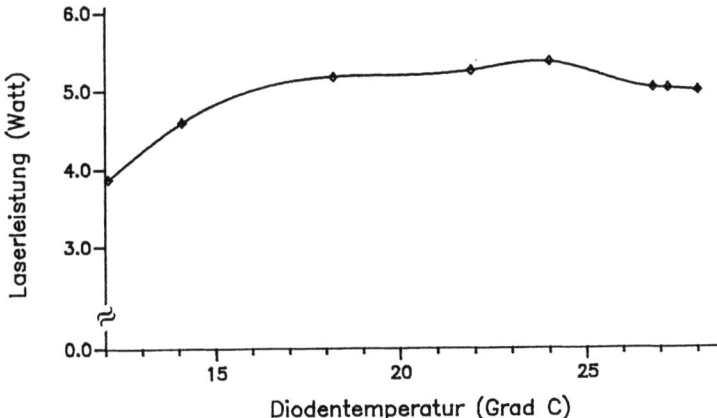

Abb.6.1 TEM$_{00}$-Ausgangsleistung als Funktion der Pumpdiodentemperatur bei einem typischen longitudinal gepumpten, halbmonolithischen Nd:YAG-Laser für eine kontinuierliche Pumpleistung von 10 W

138 Laser niedriger und mittlerer Ausgangsleistungen

Zahlreiche diodengepumpte kontinuierliche Laser mit einer longitudinalen Pumpgeometrie sind in der Literatur beschrieben worden. Dabei wurden zur optischen Anregung zunächst einzelne Diodenlaser mit einer schmalen Emissionsapertur [6.1-6.8] verwendet oder mehrere Diodenlaser [6.9, 6.10], schließlich auch breite Diodenlaser-array-bars [6.11-6.15] sowie fasergekoppelte Diodenlaser [6.16-6.20].

Mit dieser Pumpgeometrie läßt sich, wie in Kap.2 ausführlich diskutiert, insbesondere mit einer Optimierung des Pump- und Modenvolumens ein sehr hoher Wirkungsgrad erreichen. Weiterhin ergeben sich mit kleinen Pumpstrahl- und Modenradien sehr niedrige Laserschwellen (s. Gl.(3.28)), die im mW-Bereich liegen können. Andererseits kann man aufgrund der hierbei erreichbaren hohen Pumpleistungsdichten große Werte für die Laserverstärkung erzielen. Denn für den Kleinsignal-Verstärkungskoeffizienten gilt (s. Gl.(3.59) u. (3.61) für kontinuierliches Pumpen):

$$g_0 = \sigma \cdot \Delta N = \sigma \cdot \frac{\tau \cdot P_a \cdot \eta_q}{h\nu_p \cdot V} \tag{6.1}$$

(σ : Wirkungsquerschnitt für stimulierte Emission, ΔN : Populationsinversionsdichte, τ : Fluoreszenzlebensdauer des oberen Laserniveaus, P_a : im aktiven Volumen V absorbierte Pumpleistung, η_q: Pumpquanteneffizienz, $h\nu_p$: Energie eines Pump-Photons). Die Verstärkung dieses Lasers kann man somit direkt in Abhängigkeit von der Leistungsdichte der absorbierten Pumpstrahlung darstellen:

$$G = \exp(g_0 \cdot L) = \exp\left(\frac{\sigma \cdot \tau \cdot \eta_q}{h\nu_p} \cdot \frac{P_a}{F}\right) \tag{6.2}$$

(L: Länge des aktiven Volumens, F: Querschnittsfläche des aktiven Volumens, in Strahlrichtung gesehen). Da mit den modernen Hochleistungsdiodenlasern Pumpleistungsdichten im Bereich bis zu 100 kW/cm^2 möglich sind, ergeben sich gemäß Gl.(6.2) mit einer longitudinalen Pumpgeometrie sehr hohe Verstärkungswerte.

Mit einer longitudinalen Pumpgeometrie läßt sich durch die oben erwähnte einfache Selektion des Grundmode eine hohe Strahlqualität erzielen. Bei Pumpleistungen unterhalb etwa 10 W lassen sich mit einer solchen einfachen Anordnung mit Nd:YAG als Laserkristall ohne weiteren Aufwand M^2-Werte (Strahlausbreitungsparameter) unterhalb 1.2 erreichen, wobei jedoch trotz des beim Diodenpumpen hohen Pumpwirkungsgrades auch schon bei geringen Pumpleistungen für eine gute Ableitung der im Kristall erzeugten Wärme gesorgt werden muß. Der häufig zylindrische Laserstab kann z. B. in einer Halterung aus

Kupfer befestigt sein. Um einen guten Wärmeübergang zu gewährleisten, kann man den Laserstab mittels eines geeigneten Klebers mit der Halterung verbinden oder auch eine weiche Folie aus Indium als Zwischenschicht benutzen.

Longitudinal gepumpte, monolithische Resonatoren werden meist in besonders kleinen, kompakten Lasern verwendet. Auch mit solchen, prinzipiell sehr einfachen Konfigurationen läßt sich durch die oben erwähnte räumliche Selektion des Grundmode bei longitudinaler Anregung eine hohe Strahlqualität erzielen. Dies wird insbesondere bei kürzeren Kristallen, wo ein besonders gleichförmiger Verlauf des Pumpstrahls mit annähernd konstantem Querschnitt im Lasermedium möglich ist, noch durch weitere Effekte unterstützt. Da der Laserkristall im Pumpstrahlvolumen erwärmt wird, entsteht dort bei einem Lasermaterial mit positivem dn/dT (n: Brechungsindex, T: Temperatur) ein Bereich mit einem größeren Brechungsindex, so daß ein Wellenleiter-Effekt resultiert, wobei der Wellenleiter eine sogenannte "weiche" Apertur aufweist. Eine ähnliche weiche Apertur bildet sich auch in longitudinal gepumpten Quasi-drei-Niveau-Lasern aus, da in den ungepumpten bzw. nur gering gepumpten äußeren Zonen im Lasermaterial Strahlung bei der Laserwellenlänge absorbiert wird [6.21].

Im Lasermedium können beträchtliche Temperaturen und Temperaturgradienten entstehen, die sich für einige wenige Spezialfälle analytisch berechnen lassen. Für einen zylindrischen Laserkristall ergibt sich die Temperaturverteilung $T(r,z)$ (in den Zylinderkoordinaten r und z) mittels einer umfangreicheren Rechnung aus der partiellen Differentialgleichung zweiter Ordnung

$$\frac{\partial^2 T}{\partial r^2} + \frac{1}{r}\cdot\frac{\partial T}{\partial r} + \frac{\partial^2 T}{\partial z^2} + \frac{Q(r,z)}{k} = 0 \qquad (6.3)$$

($Q(r,z)$: pro Zeiteinheit zuströmende Wärmemenge, k: thermische Leitfähigkeit des Laserkristalls).

Die Lösung dieser Gleichung ist für den Fall eines typischen longitudinal gepumpten 1 W-Nd:YAG-Lasers in Abb.6.2 dargestellt. Einen solchen Laser kann man mit einem 3 W-Diodenlaser gut pumpen. Für die Rechnung wurde eine Kristall-Länge von 8 mm, ein Absorptionskoeffizient von 0.4 mm^{-1} (entsprechend einer Dotierung von 1 %), eine absorbierte Pumpleistung von 2 W, sowie ein rotationssymmetrischer, Gauß-förmiger Pumpstrahl mit einem Strahlradius von 140 µm angenommen. Das Ergebnis korrespondiert sehr gut mit Finite-Elemente-Rechnungen. Mit dieser Methode ist man dann nicht mehr auf die vereinfachenden Annahmen wie bei einer analytischen Rechnung beschränkt, und es können z. B. die Divergenz und das Intensitätsprofil des Pumpstrahls oder auch verschiedene Pumpanordnungen und Kristallgeometrien berücksichtigt werden.

140 Laser niedriger und mittlerer Ausgangsleistungen

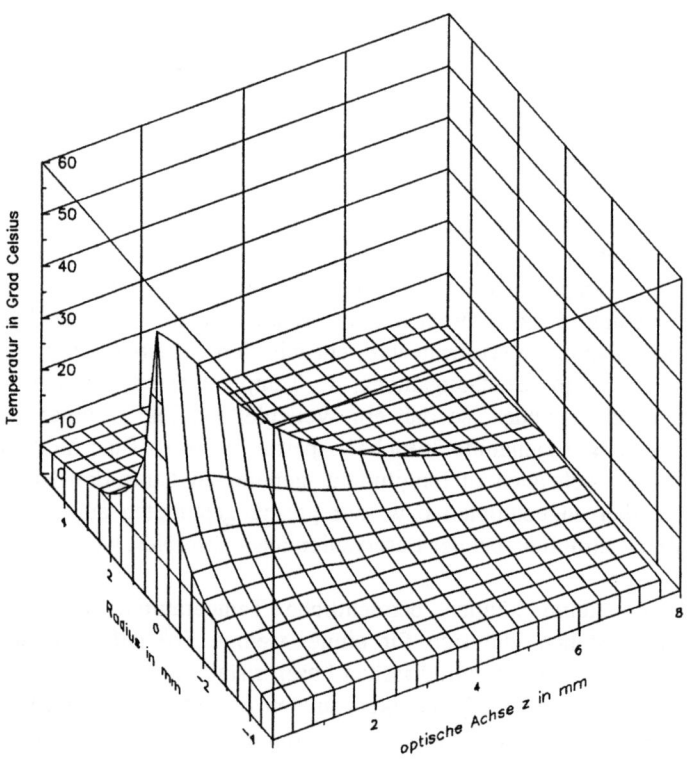

Abb.6.2 Dreidimensionale Darstellung des Temperaturprofils eines longitudinal gepumpten 1 W-Nd:YAG-Lasers als Ergebnis einer analytischen Beschreibung nach Gl.(6.3) [Q6.1]

Mißt man die Temperatur an der Mantelfläche (nahe an der Einkoppelseite) einer solchen, typischen 1 W-Nd:YAG-Laseranordnung, so kann man über einen größeren Bereich der Pumpleistung einen linearen Anstieg beobachten, wenn die Pumpleistung zunimmt. Unterbindet man den Laserbetrieb, etwa durch Dejustieren, so erhöht sich die Temperatur beträchtlich und zeigt auch einen steileren Anstieg über der Pumpleistung (Abb.6.3). Dies entspricht der ohne Laserextraktion erheblich größeren fraktionalen thermischen Last ("fractional thermal load") im Falle von Nd:YAG (Kap.7).

Infolge der Erwärmung des Nd:YAG-Laserkristalls in der Nähe der Resonatorachse entstehen thermisch-induzierte Linseneffekte sowie auch Doppelbrechung, was mit einer Änderung der Resonatorparameter und Depolarisationsverlusten verbunden ist. Auch kann dann die thermische Besetzung des unteren

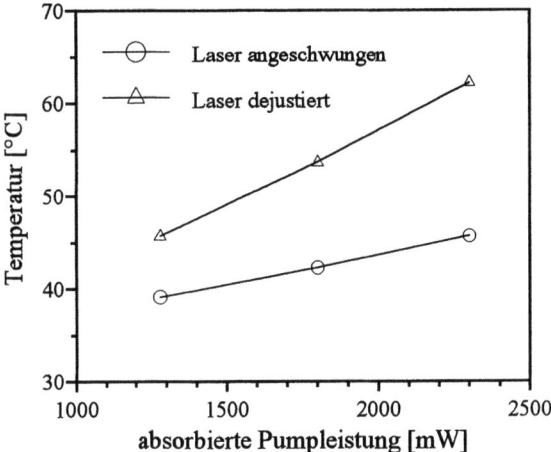

Abb. 6.3 Temperatur an der Mantelfläche eines kleinen Nd:YAG-Kristalls bei verschiedenen Pumpleistungen mit (untere Kurve) und ohne Laserbetrieb (obere Kurve) [Q6.2]

Laserniveaus nicht mehr vernachlässigt werden. Weiterhin muß auch eine Verschiebung der Laserverstärkungskurve in Betracht gezogen werden, wodurch der Kleinsignal-Verstärkungskoeffizient reduziert wird [6.22]. Dies alles äußert sich bei höheren Pumpleistungen (oberhalb etwa 10 W) im allgemeinen zunächst in einer Abflachung der Laserkennlinie und führt bei weiterer Vergrößerung der Pumpleistung schließlich sogar zu einer geringeren Ausgangsleistung. Die Strahlqualität nimmt gleichfalls bei höheren Pumpleistungen ab, wobei die großen thermischen Gradienten bei dieser longitudinalen Pumpgeometrie zu beträchtlichen Phasenfront-Verzerrungen im Laserstrahl führen [6.23]. Eine weitere Erhöhung der Pumpleistung führt schließlich zum Bruch des Laserstabes, verursacht durch die thermisch induzierten, mechanischen Spannungen im Kristall. (Diese Effekte werden in Kap. 7 näher betrachtet).

Günstigere Betriebsbedingungen lassen sich mit einer longitudinalen Pumpanordnung erzielen, wenn (bei konstanter Pumpleistung) die Intensität der absorbierten Pumpstrahlung verkleinert wird. Dies kann man auf folgende Weise erreichen: zum einen kann man den Querschnitt des Modenvolumens vergrößern, so daß ein größerer Querschnitt des Pumpstrahls verwendet werden kann. Dabei steigt allerdings die Laserschwelle (Kap. 3), und die Laserverstärkung wird kleiner (Gl. (6.2)). Weiterhin läßt sich mit einem Laserkristall niedriger Dotierungskonzentration (und hinreichender Länge) die Pumplichtabsorption auf einen größeren Absorptionsweg verteilen. Ein ähnlicher Effekt wird erreicht, indem man Pumpdioden mit einem breiteren Emissionsspektrum einsetzt oder die Diodenlaser so abstimmt, daß die Emission neben dem Absorptionsmaximum erfolgt. Schließlich kann man die Pumpleistung auf mehrere Kristalle in einem gemeinsamen Resonator verteilen, bzw. auch einen Kristall von beiden Endflächen pumpen.

Unter ähnlichen Voraussetzungen konnten hohe kontinuierliche Ausgangsleistungen mit einem longitudinal gepumpten Nd:YAG-Laser (mit 1% Nd dotiert) erzielt werden, wobei 60 W in einem nahezu beugungsbegrenzten Strahl (1.3mal Beugungsgrenze) und 92 W für multimode-Betrieb gemessen wurden [6.24]. Allerdings war hierfür ein beträchtlicher konstruktiver Aufwand notwendig: in einem speziellen Resonator mit einem großem Modenquerschnitt waren zwei Pumpmodule eingesetzt. Ein Pumpmodul bestand im wesentlichen aus einem Nd:YAG-Laserkristall, der von beiden Endflächen mit jeweils vier 15 W-Pumpdioden angeregt wurde. Das Pumplicht fiel unter einem Winkel von 30 ° auf die Kristall-Endflächen (Abb.6.4).

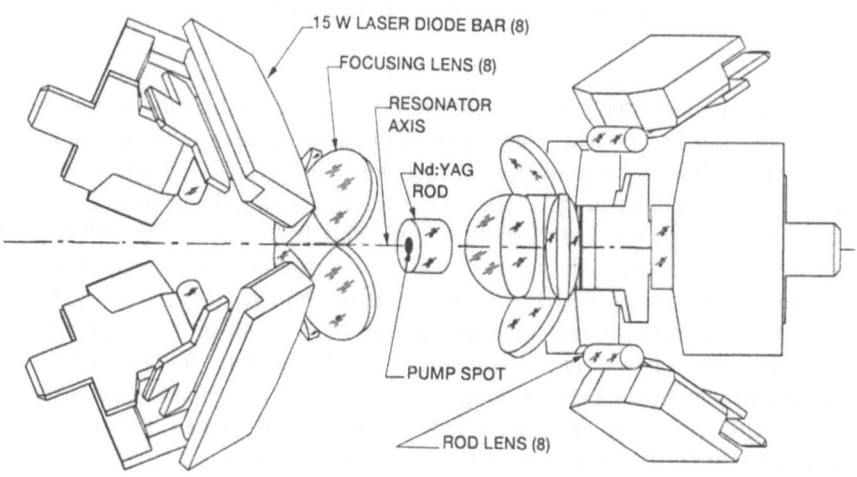

Abb.6.4 Pumpanordnung eines longitudinal angeregten, kontinuierlichen Nd:YAG-Lasers mit 60 W TEM_{00}-Ausgangsleistung [Q6.3]

Der plan-parallele Resonator war symmetrisch aufgebaut, mit der Symmetrieebene zwischen den beiden Pumpeinheiten, so daß in beiden Laserstäben der gleiche Modenquerschnitt vorhanden war. Mittels einer Linse in der Symmetrieebene konnte der thermische Linseneffekt zu einem großen Teil kompensiert werden, wobei zur Korrektur der thermisch-induzierten sphärischen Aberration ein asphärischer Linsenschliff verwendet wurde. Die spannungsinduzierte Doppelbrechung wurde mit einem Polarisationsrotator korrigiert, der sich gleichfalls zwischen den beiden Laserkristallen befand (Abb.6.5). Die optisch-optische Effizienz dieses Lasers betrug 44 % für multimode- und 26 % für TEM_{00}-Betrieb.

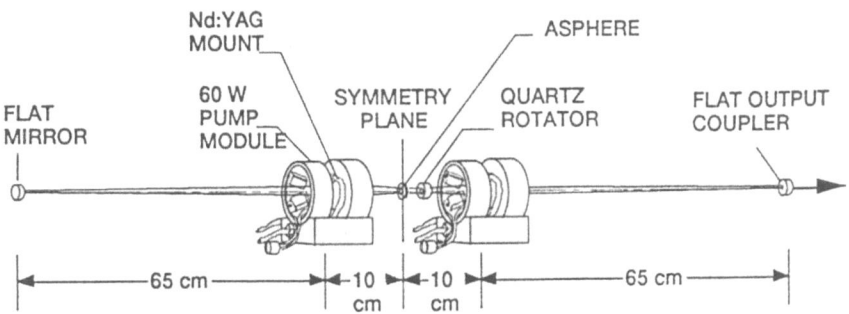

Abb.6.5 Symmetrischer Resonatoraufbau zur Pumpanordnung von Abb.6.4 [Q6.3]

Bei diesen Pumpleistungen ist man nicht mehr weit von der thermischen Zerstörgrenze entfernt. Mit Hilfe von Finite-Elemente-Rechnungen wurde für einen solchen von beiden Endflächen gepumpten kurzen Nd:YAG-Kristall eine durch die Zerstörschwelle begrenzte, maximale theoretische Ausgangsleistung von etwa 45 W abgeschätzt. Auf die Pumpstrahlung bezogen entspricht dies angenähert 50 W absorbierter Pumpleistung pro Kristall-Endfläche [6.25]. Diese Werte sollten sich allerdings deutlich erhöhen lassen, wenn die gepumpten Kristall-Flächen durch vorbeiströmendes Wasser gekühlt werden. Als Beispiel hierzu ist in Abb.6.6 ein halbmonolithischer Aufbau skizziert, der an einer Endfläche gepumpt wird. In diesem Falle muß lediglich die Pumpstrahlung das außerhalb des Resonators fließende Kühlmedium durchdringen, was den Laserbetrieb jedoch kaum beeinträchtigt.

Weitere ausführliche theoretische und experimentelle Untersuchungen zur thermischen Problematik bei longitudinal gepumpten Festkörperlasern sind in [6.26-6.29] beschrieben.

Auch mit seitlich gepumpten Laserkonfigurationen lassen sich im unteren und mittleren Leistungsbereich gute, wenn auch prinzipbedingt niedrigere Effizienzen erreichen [6.30, 6.31]. Dabei kann man die leistungsstarken linearen array bars ohne eine aufwendige Transferoptik einsetzen. Insbesondere kann man auch Laserkristalle in Zick-zack-slab-Geometrie verwenden, die es erlauben, die Pumpstrahlung ähnlich wie beim longitudinalen Pumpen sehr direkt in den Lasermode einzukoppeln. Darüber hinaus hat man hier den Vorteil eines günstigen Verhältnisses von kühlbarer Oberfläche zu Kristallvolumen.

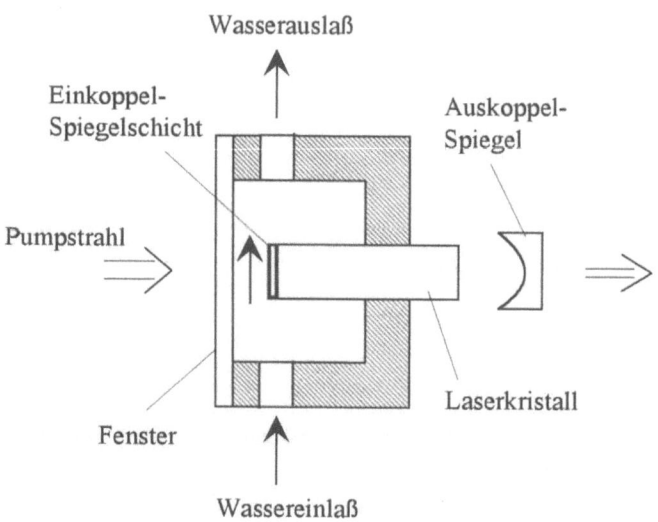

Abb.6.6   Prinzipskizze eines longitudinal gepumpten Lasers mit Wassergekühlter Stirnfläche

In der in Abb.6.7 gezeigten Pumpkonfiguration wird ein kleiner Zick-zack-slab-Kristall mit linearen array bars gepumpt, deren Strahlung an den schmalen seitlichen Flächen eingekoppelt wird, wo der Lasermode Totalreflexion erfährt.

Die Pumpstrahlung läßt sich mittels stabförmiger Zylinderlinsen mit einem großen Brechungsindex von etwa 1.8 bis 2 und typisch etwa 1 mm Durchmesser bei ca. 12 mm Länge auf einfache Weise kollimieren und an das Modenvolumen anpassen. Dabei kann man auf jeder Seite auch zwei Dioden-arrays einsetzen, wenn diese unter einem kleinen Winkel angeordnet werden. Die Transfereffizienz für die Pumpstrahlung ist dann geringfügig kleiner. (Die seitlichen Kristallflächen können auch mit einer Antireflexionsschicht für die Pumpwellenlänge versehen werden, um die Transfereffizienz zu erhöhen, wobei dann jedoch beachtet werden muß, daß die Totalreflexion bei der Laserwellenlänge erhalten bleibt). Der Kristall ist so geschliffen, daß der Lasermode unter dem Brewsterwinkel ein- und austritt.

Anders als bei einem Hochleistungslaser (Kap.7) erfolgt hier die Wärmeableitung senkrecht zur Moden-Ebene, wobei dann eine effiziente "Kontaktkühlung" z. B. mit Mikrokanalkühlern aus Kupfer möglich ist, was eine erhebliche Vereinfachung der Dichtungstechnik erlaubt. Die Kristalldicke in Kühlrichtung kann recht klein gewählt werden, etwa 2 bis 3 mm, wodurch eine gute Wärmeableitung gewährleistet ist. Die typische Breite des Kristalls in Richtung der Pumpstrahlung beträgt etwa 5 mm, so daß diese weitgehend absorbiert wird. Wenn man mehrere solcher Pumpmodule in einen Resonator einsetzt, kann man auf diese Weise eine einfache Leistungsskalierung erreichen. Mit einem solchen Laseraufbau lassen sich leicht optisch-optische Effizienzen von mehr als 30 % erreichen.

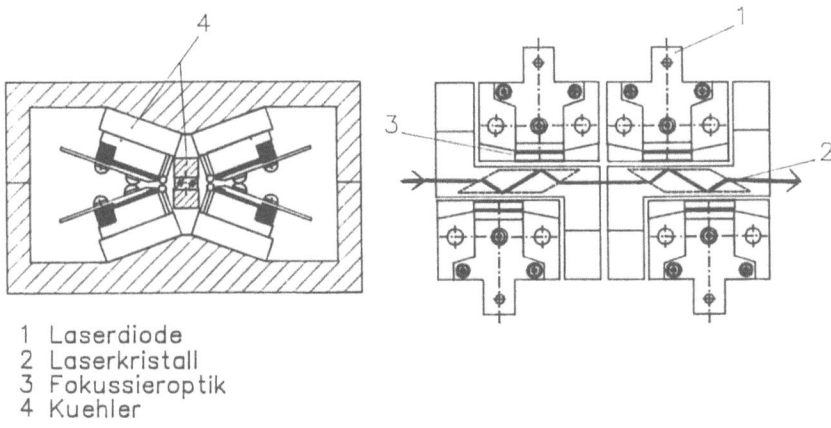

1 Laserdiode
2 Laserkristall
3 Fokussieroptik
4 Kuehler

Abb.6.7 Pumpkonfiguration eines seitlich gepumpten, kontinuierlichen Nd:YAG-Lasers [6.20]

Eine seitliche Einkopplung der Pumpstrahlung kann auch indirekt, mittels elliptischer Spiegel erfolgen, wodurch sich eine gute optisch-optische Effizienz und eine hohe Laserstrahlqualität in einem gut leistungsskalierbaren Laser erzielen läßt. Bei der in Abb.6.8 dargestellten Pumpkonfiguration wurden sechs lineare Diodenlaser-array-bars paarweise mittels dreier elliptischer Kupferspiegel in das Zentrum eines zylindrischen Nd:YAG-Laserstabes fokussiert [6.32]. Die Pumpdioden befanden sich in dem einem Brennpunkt der Ellipse und die Laserkristallachse in dem anderen. Mit dieser Anordnung kann eine fast aberrationsfreie Abbildung der Diodenstrahlung in das Stabzentrum erreicht werden. Das Fluoreszenzprofil zeigt, daß ein wesentlicher Teil der Pumpleistung im Bereich der Stabachse absorbiert wird und sich somit eine ausreichende Überlappung mit dem TEM_{00}-Modenvolumen erzielen läßt (Abb.6.9). Durch Pumpen mit insgesamt 60 W konnte auf diese Weise eine Ausgangsleistung von mehr als 10 W (TEM_{00}) erreicht werden.

146   Laser niedriger und mittlerer Ausgangsleistungen

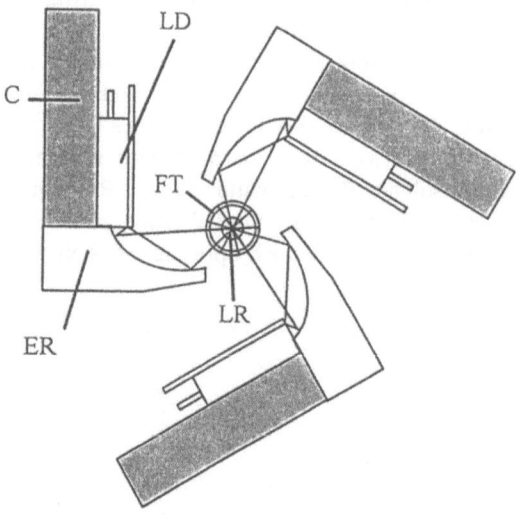

Abb.6.8   Einkopplung der Pumpdiodenstrahlung mittels elliptischer Spiegel. LD: Laserdioden-arrays, C: Kühler, ER: elliptischer Reflektor, FT: Kühlwasser-Röhrchen, LR: Laserstab [Q6.4].

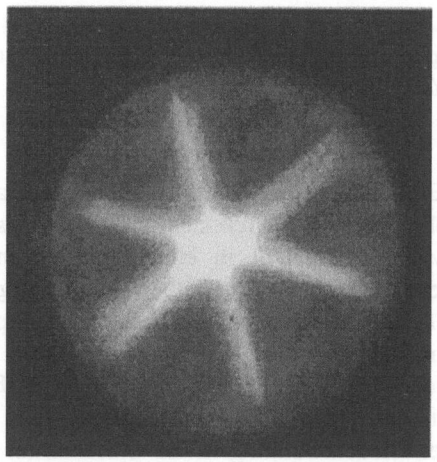

Abb.6.9   Gemessenes Fluoreszenzprofil in einem Nd:YAG-rod mit 2 mm Durchmesser bei Einkopplung der Pumpstrahlung mit elliptischen Spiegeln gemäß Abb.6.8. Die Pumpleistung betrug 63 W [Q6.4].

Eine andere interessante Konfiguration ist der sogenannte TFR ("tightly folded resonator") Laser, bei dem die Vorteile des seitlichen Pumpens mit denjenigen des longitudinalen Pumpens kombiniert sind [6.33]. Dabei ist der Abstand der Modenreflexionsorte an einer Kristallfläche dem Abstand der Laserdiodenemitter eines linearen Diodenlaser-array-bars angepaßt, so daß quasi-longitudinal in Richtung des Lasermodenverlaufes gepumpt wird (Abb.6.10). Somit kann ein effizienter TEM_{00}-Betrieb ohne Modenblenden erreicht werden. Mit einem 1 W-Diodenlaser und einem Nd:YAG- oder Nd:YLF-Kristall können auf diese Weise eine Ausgangsleistung von 3 W und eine differentielle Effizienz von mehr als 45% erzielt werden. Diese Pumpkonfiguration ist aufgrund des langen Verstärkungsweges und der guten Ausnutzung des invertierten Volumens auch für einen Laserverstärker gut geeignet. Hiermit läßt sich bei kontinuierlichem Pumpen eine Verstärkung von etwa 8.5 dB mit einem Durchgang erreichen.

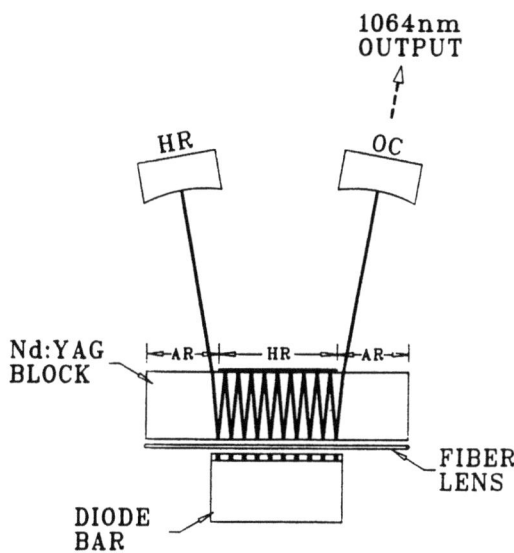

Abb.6.10 TFR-Laserkonfiguration. Jedem Reflexionspunkt an einer seitlichen Kristallfläche ist ein Diodenlaser-Emitter zugeordnet [Q6.5].

Die sich durch das Diodenpumpen ergebenden Möglichkeiten hinsichtlich der Gestaltung von Laserkonfigurationen werden an dem folgenden Beispiel eines "sternförmigen" Laseraufbaus besonders deutlich. Dabei wird ein flacher Laserkristall in Form eines Pentagons (oder z. B. auch Oktogons) von mehreren Diodenlasern an den Reflexionspunkten des Lasermode kollinear zum Modenverlauf gepumpt (Abb.6.11).

148 Laser niedriger und mittlerer Ausgangsleistungen

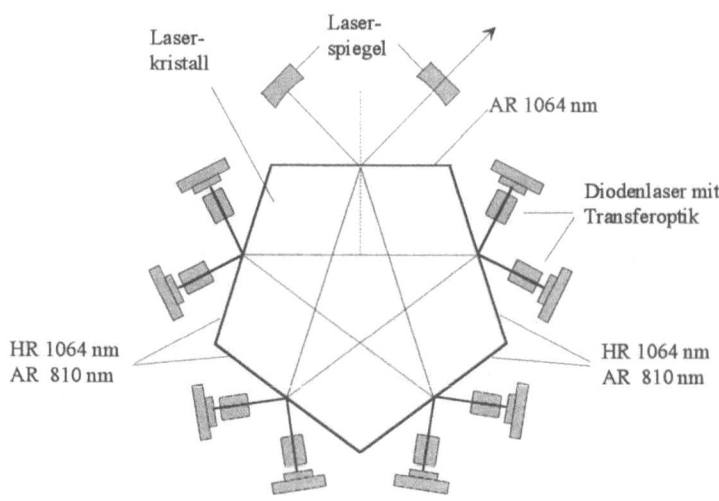

Abb.6.11 Beispiel für einen sternförmigen Laseraufbau, bei dem an mehreren Stellen Pumpstrahlung longitudinal zum Lasermodenverlauf eingekoppelt werden kann

Der Kristall kann an den beiden großen Flächen gut gekühlt werden, wobei ein sehr günstiges Verhältnis von kühlbarer Oberfläche zu Kristallvolumen gewährleistet ist. Auf diese Weise läßt sich eine relativ einfache Leistungsskalierung bei praktisch longitudinaler Pumpgeometrie realisieren. Mit einem ähnlichen, Pentagon-förmigen Nd:YAG-Laserkristall, jedoch mit nur zwei Reflexionspunkten im Strahlengang, wurde eine hohe differentielle Effizienz von 56 % bei hoher Strahlqualität erzielt [6.34] (Abb.6.12).

Einen ganz anderen Typ eines diodengepumpten Lasers verkörpern die Faserlaser, mit denen sich durch eine besondere Gestaltung des Faseraufbaus gleichfalls Ausgangsleistungen im Multiwatt-Bereich erzielen lassen. Hierfür ist die sogenannte "double-clad"-Geometrie besonders gut geeignet, die durch einen relativ großen multimode-core/cladding-Bereich mit einem annähernd rechteckigen Querschnitt charakterisiert ist, in dessen Mitte sich ein kreisförmiges, mit laseraktiven Ionen dotiertes single-mode-core befindet (Abb.6.13). Mit dem multimode-Wellenleiter, der einen großen Akzeptanzwinkel aufweist, kann die Pumpstrahlung vom Diodenlaser effizient aufgenommen werden. Diese wird dann um das zentrale single-mode-core herum und hindurch weitergeleitet, wobei auf einem langen Absorptionsweg die Pumpstrahlung effizient absorbiert wird. Auf diese Weise wurde eine kontinuierliche Ausgangsleistung von 5 W im Grundmode erzielt [6.35]. Zum Pumpen wurde ein fasergekoppelter Diodenlaser verwendet, womit eine Pumpleistung von 13.5 W zur Verfügung stand.

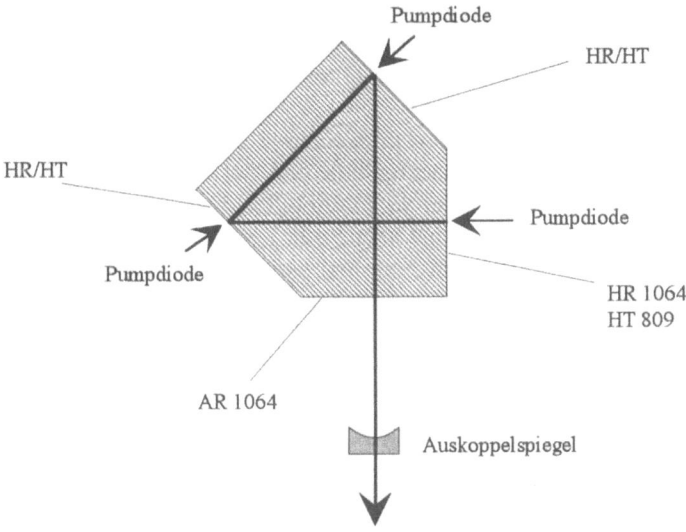

Abb.6.12 Resonator und Pumpgeometrie eines experimentellen Penta-Prismen-Lasers hoher Effizienz (nach [6.34])

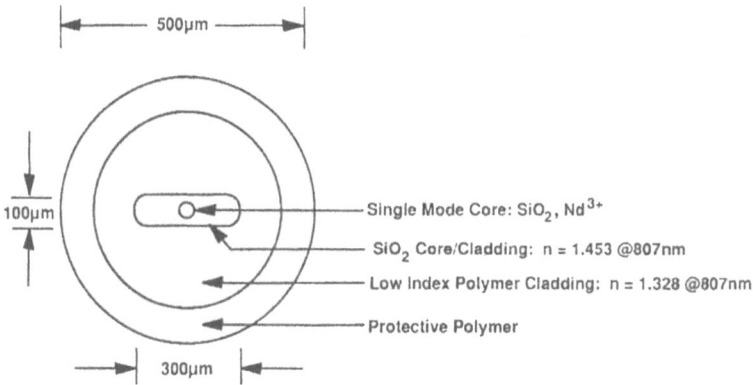

Abb.6.13 Querschnitt einer Nd-dotierten "double clad"-Laserfaser [6.35]

Das Zentrum des in Abb.6.13 dargestellten Faserquerschnitts wird durch ein mit 0.2 at.% Nd^{3+} dotiertes Quarzglas-core mit 6 µm Durchmesser gebildet. Um dieses herum befindet sich ein etwa 100 µm × 300 µm großer Bereich aus reinem Quarzglas. Dieses wiederum ist von einem Fluoropolymer mit einem extrem

150   Laser niedriger und mittlerer Ausgangsleistungen

kleinen Brechungsindex und sehr geringer Absorption umgeben. Das Quarzglas dient als cladding für das single-mode-core (0.11 N.A.) zur Laserstrahl-Propagation und als multimode-core innerhalb des Polymer-claddings zur Pumplichtleitung (0.59 N.A.). Die Faser ist weiterhin mit einer polymeren Schutzschicht versehen.

Die 45 m lange Faser befindet sich in einem Resonator aus zwei Planspiegeln, wobei der Einkoppelspiegel hochreflektierend bei der Laserwellenlänge von 1.06 µm und antireflektierend bei der Pumpwellenlänge von 807 nm ist. Für den anderen Spiegel wird dagegen eine hohe Reflexion bei der Pumpwellenlänge und (aufgrund der hohen Verstärkung) ein extrem großer Auskoppelgrad von 99% gewählt. Für den Laser wurde eine Schwelle von 70 mW und eine differentielle Effizienz von 51 % angegeben.

6.1.1 Pulslaser

Eine wichtige Eigenschaft der Festkörperlaser ist ihre Fähigkeit, Energie zu speichern, die dann z. B. durch Güteschaltung in kurzen Pulsen abgerufen werden kann. Damit möglichst viel Energie gespeichert werden kann, ist es vorteilhaft, Lasermaterialien mit einer langen Lebensdauer τ des oberen Laserniveaus zu verwenden. Dabei ist die maximal erreichbare Pulsenergie $E_{p,\max}$ bei einem kontinuierlich gepumpten Laser direkt proportional zu τ :

$$E_{p,\max} = P_{cw} \cdot \tau \qquad (6.4)$$

(P_{cw}: maximale kontinuierliche Ausgangsleistung)

Da sich bei einem diodengepumpten Laser einerseits eine sehr hohe Inversionsdichte und somit eine hohe Verstärkung erzielen läßt und andererseits sehr kompakte, kurze Resonatoren möglich sind, kann man bei kontinuierlichem Pumpen sogar Pulse im ns-Bereich erzeugen. Bezogen auf die Pumpdioden-Leistung, läßt sich auf diese Weise eine mehr als 10^4 mal größere Pulsleistung erzielen [6.36-6.39]. Darüber hinaus konnte in zahlreichen Experimenten demonstriert werden, daß diodengepumpte Festkörperlaser sich besonders gut auch für aktives oder passives mode-locking eignen.

Für die Güteschaltung moderner diodengepumpter Laser kann der sogenannte "frustrated total internal reflection"-Güteschalter [6.40, 6.41] als eine wichtige Alternative zu den bekannteren akustooptischen und elektrooptischen Verfahren angesehen werden. Dieser kompakte Güteschalter besteht im wesentlichen aus zwei fest miteinander verbundenen Quarz-Prismen, die an einer Stelle durch einen Luftspalt von etwa 0.5 µm getrennt sind, an dem Totalreflexion des Lasermode stattfindet. Die Prismen lassen sich elastisch deformieren, so daß der Luftspalt verschwindet und die Totalreflexion aufgehoben wird. Dies erreicht man mittels des piezoelektrischen Effektes, wofür relativ geringe Treiber-Spannungen von weniger als 300 V ausreichen. Der Güteschalter zeichnet sich durch eine hohe Zerstörschwelle aus und erzeugt mit einer geeigneten optischen Beschichtung nur geringe Resonatorverluste, wobei sich Strahlung jeder Polarisation blockieren läßt. Insbesondere ist diese Technik auch für Pulslaser im 2 und 3 µm-Bereich geeignet.

Besonders einfache und stabile Pulslaser lassen sich mit passiven Güteschaltern realisieren. Sehr interessant sind hierbei die relativ neuen Cr^{4+}-dotierten Kristalle aus YAG [6.42, 6.43], YSGG [6.44, 6.45] oder Mg_2SiO_4 (Forsterit) [6.46], die sich durch eine hohe photochemische Stabilität, hohe Wärmeleitfähigkeit und gute mechanische Eigenschaften auszeichnen. Dabei kann man den Güteschalter-Kristall auch als Substrat für einen Laserspiegel verwenden, wodurch der Resonator sehr kompakt gestaltet werden kann [6.47].

Passive Güteschaltung wurde auch in einem monolithischen Laserresonator aus einem Cr,Nd:YAG-Kristall erzielt, wobei der Chrom-Anteil als sättigbarer Absorber für die Nd^{3+}-Laseremission bei 1064 nm dient. Bei diesem "selbstgüteschaltenden" Laser wurde ein 5 mm langer Kristall mit einer plan-konvexen Geometrie verwendet, der mit einem 1 W-Diodenlaser bei 808 nm longitudinal gepumpt wurde. Damit ergab sich sehr stabiler gütegeschalteter TEM_{00}-Laserbetrieb mit Pulslängen von 3.5 ns und einer Pulsleistung von 2 kW [6.48]. Mit diesem Aufbau wurde auch stabiler single-frequency-Laserbetrieb erreicht [6.49]. (Als ein Laserkristall mit inhärenten Güteschalteigenschaften kann auch $Nd:MgO:LiNbO_3$ angesehen werden, wobei allerdings im Gegensatz zur passiven Güteschaltung hier die elektrooptischen Eigenschaften ausgenutzt werden, um aktiv gütezuschalten [6.50] (s.a. Kap. 8)).

Weiterhin wurden mit $LiF:F_2^-$ als sättigbarem Absorbermaterial diodengepumpte, gütegeschaltete Laser realisiert [6.51, 6.52], wobei jedoch im Vergleich mit den Cr^{4+}-dotierten Kristallen im allgemeinen eine geringere Lebensdauer infolge von Degradationsprozessen in Kauf genommen werden muß.

Auf der Basis moderner Epitaxie-Verfahren hergestellte Halbleiter-Materialien sind gleichfalls für das passive Güteschalten diodengepumpter Laser geeignet. Dies sind feine Film-Schichten im µm- oder sub-µm-Bereich, die hinsichtlich ihrer Absorptionseigenschaften durch die Wahl der Halbleiter-Zusammensetzung und der Dicke auf das Festkörperlaser-Material abgestimmt werden können. So ist z. B. InGaAsP auf einem InP-Substrat für Nd:YAG (1.06 µm) [6.53] oder InAs auf einem GaAs-Substrat für Er:YSGG (2.8 µm) [6.54-6.56] als sättigbarer Absorber gut geeignet, wobei auch mode-locking möglich ist.

Mode-locking in diodengepumpten Nd-Festkörperlasern mit unterschiedlichen aktiven und passiven Techniken hat zu kompakten, effizienten Lasersystemen geführt, die im Vergleich mit lampengepumpten Lasern eine viel kürzere Pulsdauer, höhere Amplitudenstabilität und höhere Repetitionsraten aufweisen. Diese

Entwicklungen wurden insbesondere durch die hohe Stabilität der Pumpdioden in Verbindung mit den damit möglichen neuen Pump- und Resonatorgeometrien begünstigt.

Zunächst wurden die traditionellen Techniken des aktiven mode-locking mit resonatorinternen Modulatoren angewandt, wobei Nd:YAG, Nd:YLF oder Nd:Glas als Lasermedien dienten [6.57-6.63]. Ein Hauptproblem hierbei besteht darin, daß bei kürzer werdenden Pulsen bzw. auch mit zunehmender Repetitionsrate die effektive Modulationsstärke der akustooptischen und elektrooptischen Modulatoren kleiner wird, aufgrund dessen die erreichbare Pulsdauer auf weniger als die volle inverse Bandbreite des Verstärkungsmediums begrenzt ist.

Bei den neueren passiven Methoden dagegen wird die Pulskompression mit Hilfe einer externen oder internen Nichtlinearität erzeugt. Man kann dabei im wesentlichen drei passive nichtlineare Schemata unterscheiden. Bei dem sogenannten "additive-pulse mode-locking" (APM) oder auch "coupled-cavity mode-locking" wird ein Teil der Laserleistung in einen externen Resonator eingekoppelt, der ein nichtlineares Element, z. B. eine optische Faser enthält (Abb.6.14). Diese erzeugt entsprechend der vorhandenen Intensität eine nichtlineare Phasenverschiebung.

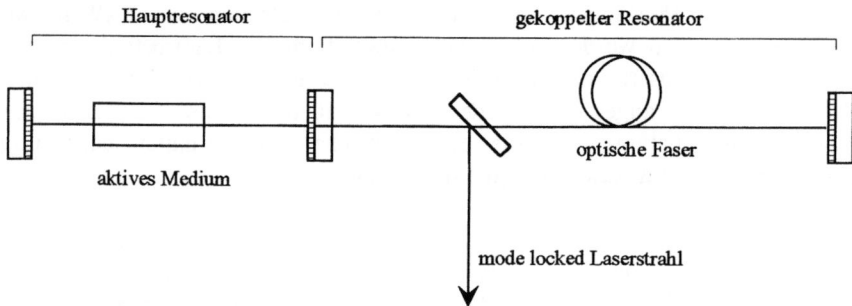

Abb.6.14 Aufbauskizze eines Lasers nach dem "additive-pulse-mode-locking"-Verfahren (nach [Q6.6])

Durch die kohärente Überlagerung der vom externen Resonator zurücklaufenden Pulse mit der im Hauptresonator umlaufenden unmodulierten Intensität entstehen sehr kurze Pulse. Der externe Resonator wirkt dabei wie ein intensitätsabhängiger "variable-phase"-Spiegel, wodurch die Phasenmodulation des Pulses im externen Resonator in eine Amplitudenmodulation am Auskoppelspiegel des Hauptlasers umgesetzt wird. Allerdings ist hierbei eine aktive Stabilisierung der relativen Phase des externen Resonators erforderlich. Der Mechanismus des APM ist besonders attraktiv, da er bei mehreren Lasermaterialien "selbst-startend" ist, d. h. für die Initiierung des mode-locking ist kein intracavity-Modulator erforderlich.

Ein weiterer Vorteil dieses Verfahrens ist, daß hierbei die kürzest mögliche Pulsdauer umgekehrt proportional zur Laserverstärkungsbandbreite ist, wohingegen beim aktiven mode-locking eine inverse Proportionalität zur Wurzel aus der Verstärkungsbandbreite vorhanden ist. Dadurch kann man mit dem APM wesentlich kürzere Pulse erzeugen. Mit einem kompakten, diodengepumpten Laser können auf diese Weise ohne Einsatz eines aufwendigen aktiven Modulators ultrakurze Pulse erzeugt werden [6.64-6.66], wobei mit Nd:Glas aufgrund der großen Verstärkungsbandbreite sogar Pulse im sub-ps-Bereich erreicht wurden [6.67] (Tab.6.1).

Tabelle 6.1: Mit diodengepumpten Lasern nach dem APM-Verfahren erzielte Pulslängen

	Wellenlänge (μm)	Fluoreszenz-linienbreite (GHz)	Pulsdauer (ps)	Ref.
Nd:YAG	1.064	120	1.7	[6.64]
Nd:YLF	1.047	360	1.5	[6.65]
Nd:Glas	1.054	5300	0.6	[6.67]

Allerdings lassen sich wegen der geringen thermischen Leitfähigkeit des Glases nur sehr moderate mittlere Leitungen erzielen. Bei den neueren Laserkristallen der sogenannten "solid solutions" wie z. B. $Nd:GSGG_{1-x}GSAG_x$ ist dieser Nachteil jedoch nicht vorhanden (Kap.5). Die relativ ungeordnete Struktur dieser Kristalle resultiert in einer stark inhomogenen Verbreiterung der Fluoreszenzlinie und der Absorptionsbänder. Solche für Gläser typischen Merkmale sind bei diesen Kristallen mit thermischen und mechanischen Eigenschaften verbunden, die denjenigen des YAG ähnlich sind. Mit diesem Material, das bei 799 nm gepumpt werden kann, wurde mit dem APM-Verfahren eine Pulslänge von zunächst 530 fs und dann sogar 260 fs erreicht [6.68]. (Hierbei wurde jedoch noch mit einem Krypton-Laser gepumpt).

Beim resonanten passiven mode-locking, das eine andere Form des coupled-cavity mode-locking darstellt, läßt sich mode-locking erreichen, ohne daß eine aktive Stabilisierung des externen Resonators erforderlich ist. Dabei wird die optische Faser im gekoppelten Resonator durch ein multiple-quantum-well-Halbleitermaterial ersetzt, das als schneller sättigbarer Absorber wirkt [6.69, 6.70]. Auch dieses Verfahren ist selbst-startend.

Eine besonders interessante Technik stellt das sogenannte self-mode-locking dar, das auch Kerr-lens-mode-locking genannt wird. Dieses entsteht durch den optischen Kerr-Effekt, der einen sehr schnellen Selbstfokussierungseffekt im

Verstärkungsmedium hervorruft. Die effektive Brennweite der entsprechenden Kerr-Linse läßt sich berechnen zu [6.71]

$$f = \frac{w^2}{4n_2 \cdot I_0 \cdot L} \tag{6.5}$$

(w : Taillendurchmesser des Strahls, n_2: nichtlinearer Brechungsindex des Kerr-Mediums, I_0: Peak-Intensität, L: Länge des Kerr-Mediums). Dabei ist angenommen, daß diese Brennweite groß gegen die Länge des Kerr-Mediums ist. Falls die im Verstärkungsmedium erzeugte Nichtlinearität für das self-mode-locking zu gering ist, kann man ein anderes geeignetes nichtlineares Material am Ort einer kleinen Strahltaille im Resonator plazieren.

Man erreicht self-mode-locking, indem z. B. eine einstellbare Apertur an einer Stelle im Resonator plaziert wird, wo der Modendurchmesser abnimmt, wenn aufgrund des Kerr-lensing-Effektes im Lasermedium die Intensität ansteigt (Abb.6.15). Die Apertur bewirkt einen intensitätsabhängigen Verlustmechanismus, der geringe Resonatorverluste für eine hohe peak-Intensität produziert (mode-locked Betrieb), dagegen große Verluste für kontinuierlichen Betrieb hervorruft. Somit wird Laserbetrieb mit mode-locking bevorzugt. Auch hierbei ist der Laser selbst-stabilisierend.

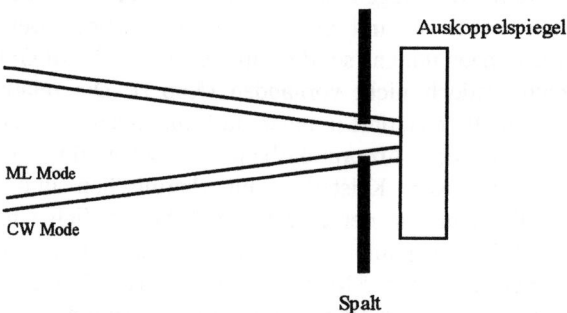

Abb.6.15   Prinzipskizze zum "self-mode-locking" bzw. "Kerr-lens-mode-locking" (nach [Q6.6])

Das self-mode-locking stellt eine außerordentlich einfache und attraktive Methode dar, um effizient ps-Pulse im nahen IR zu erzeugen. Mit einem diodengepumpten Nd:YLF-Laser wurden auf diese Art Pulse im Bereich von 4 bis 6 ps erzeugt [6.72]. Kerr-lens-mode-locking ist im allgemeinen nicht selbst-startend; es läßt sich aber leicht durch eine kleine mechanische Störung auslösen. Durch Einsetzen eines InGaAsP/InP multiple-quantum-well sättigbaren Absorbers in den externen Resonator wurde auch selbst-startendes Kerr-lens mode-locking erzielt [6.73].

Der durch das Diodenpumpen beschleunigte Fortschritt auf dem Gebiet des mode-locking läßt sich eindrucksvoll am Beispiel des Nd:YAG-Lasers darstellen. Die Pulsdauer konnte hierbei innerhalb von fünf Jahren von etwa 100 ps in lampengepumpten Systemen auf weniger als 2 ps in diodengepumpten APM-Lasern reduziert werden, wobei gleichzeitig die Effizienz um mehr als eine Größenordnung zunahm [6.74]. Weiterhin konnten mit neuen Cr^{3+}-dotierten Laserkristallen (Kap.5) auch diodengepumpte, abstimmbare mode-locked Laser realisiert werden [6.75].

Bei einer longitudinalen Pumpgeometrie und gepulstem Laserbetrieb muß besonders darauf geachtet werden, daß möglichst keine Laserstrahlung aus dem Resonator zur Emissionsfläche des Diodenlasers gelangt. Bei den hohen Intensitäten im Resonator vermag schon der Bruchteil, den ein hochreflektierender Spiegel durchläßt, ausreichen, um die Emissionseigenschaften der Pumpdiode zu beeinträchtigen oder diese sogar zu zerstören.

6.1.2 Resonantes Pumpen

Eine wichtige Methode, um Lasermaterialien mit einer geringen Absorption optisch zu pumpen, ist das sogenannte "intracavity"-Pumpen oder auch resonante Pumpen, was besonders für Quasi-drei-Niveau-Systeme von Bedeutung ist. Bei diesen ist eine niedrige Dotierung bzw. eine kurze Kristall-Länge erforderlich, um die Laserverluste infolge der Absorption auf der Laserwellenlänge zu minimieren. Dies ist jedoch mit einer geringen Absorption bei der Pumpwellenlänge gekoppelt, so daß nur sehr ineffiziente Laser möglich wären. Beim resonanten Pumpen wird nun ein Lasermaterial niedriger Dotierung bzw. kleiner Länge in einen Resonator eingesetzt, der auf der Pumpwellenlänge resonant ist. Somit wird die Pumpstrahlung mehrfach das Lasermedium durchdringen und dabei vollständig absorbiert werden ("multipass"-Absorption). Man kann nun im wesentlichen zwei Arten des resonanten Pumpens unterscheiden.

In dem einen Fall werden zwei einander überlappende Laserresonatoren in einem linearen Aufbau verwendet (Abb.6.16) [6.76]. Im ersten, aus zwei hochreflektierenden Spiegeln gebildeten Resonator wird durch Diodenpumpen eines geeigneten Laserkristalls die Pumpstrahlung für das andere Lasermedium erzeugt, das sich gleichfalls innerhalb des Resonators befindet. Dieses andere Lasermaterial sollte so beschaffen sein, daß es die Laserstrahlung mit dem idealen Prozentsatz absorbiert, der für einen optimalen Auskoppelgrad des ersten Lasers im Falle eines einfachen Laseraufbaus gewählt würde. Somit wird dieses zweite Lasermedium effizient optisch gepumpt. Da es sich auch innerhalb des zweiten Resonators befindet, kann die gewünschte Laserstrahlung nun mittels

156 Laser niedriger und mittlerer Ausgangsleistungen

eines passenden Auskoppelspiegels aus dem zweiten Resonator ausgekoppelt werden.

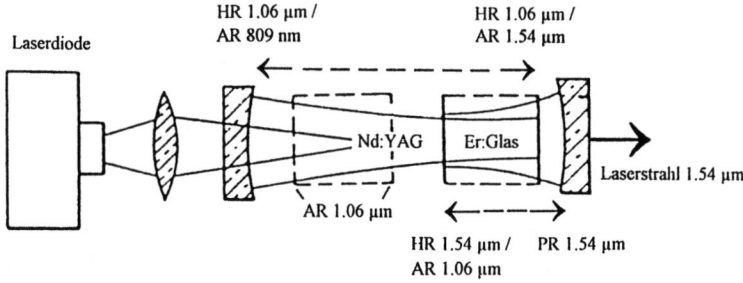

Abb.6.16   Resonatoraufbau beim "intracavity"-Pumpen am Beispiel eines Er:Glas-Lasers, der mit einem Nd:YAG-Laser gepumpt wird

Die bei der multipass-Absorption im zu pumpenden Lasermedium absorbierte Energie läßt sich leicht berechnen. Das Lasermedium soll dabei eine relative single-pass-Absorption α haben und in einem Resonator aus zwei Spiegeln mit einer Leistungsreflektivität R bzw. einer Transmission $T = 1 - R$ eingesetzt sein. Die Pumpphotonen mit der Energie E laufen im Resonator zwischen den beiden Spiegeln hin und her. Unter der Annahme, daß die Beugungsverluste sowie alle anderen, nicht auf die Absorption im Kristall zurückzuführenden Verluste in den Spiegelreflektivitäten enthalten sind, läßt sich für die im Kristall deponierte Energie E_{abs} schreiben:

$$E_{abs} = E \cdot [\alpha + \alpha \cdot (1-\alpha) \cdot R + \alpha \cdot ((1-\alpha) \cdot R)^2 + \ldots] \qquad , \qquad (6.6)$$

woraus für hohe Spiegelreflektivitäten und niedrige single-pass-Absorption des Lasermediums folgt:

$$\frac{E_{abs}}{E} = \frac{\alpha}{1 - R + \alpha \cdot R} = \frac{\alpha}{T + \alpha - \alpha \cdot T} \approx \frac{\alpha}{T + \alpha} \qquad , \qquad (6.7)$$

was somit das Verhältnis aus der Absorption im Kristall zu den gesamten Resonatorverlusten darstellt.

Das Problem, die optimale Absorption im Kristall zu finden, ist der Optimierung des Auskoppelgrades sehr ähnlich. Eine zu geringe Absorption würde dazu führen, daß der größte Teil der Pumpenergie außerhalb des Laserkristalls dissipiert würde, wohingegen eine zu hohe Absorption den Pumplaser beeinträchtigen und somit die Pumpeffizienz reduzieren würde. Für die optimale Absorption ergibt sich [6.71]:

$$\alpha_{optim} = T \cdot \left(\sqrt{\frac{G}{T}} - 1 \right) \tag{6.8}$$

wobei der Radikand das Verhältnis aus der Verstärkung G im Pumpresonator zu den nicht auf Absorption zurückzuführenden Resonatorverlusten T ist.

Auf diese Weise wurde z. B. mit Er:Glas, das mit Yb kodotiert war, "augensichere" Laserstrahlung bei 1.54 µm erzeugt, wobei ein diodengepumpter Nd:YAG-Laser die Pumpstrahlung ($\lambda = 1.064$ µm) lieferte [6.77]. Auch ein effizienter intracavity gepumpter Ho:YAG-Laser bei 2.09 µm konnte somit realisiert werden, der mittels eines bei 785 nm gepumpten Tm:YAG-Lasers ($\lambda = 2.02$ µm) angeregt wurde [6.78] (Abb.6.17). Da in diesem Falle die Pump- und die Laserwellenlänge hinreichend nahe beieinander liegen, wurde für den Tm-Pumplaser wie auch für den Ho-Laser ein und derselbe Resonator verwendet. Dabei hatte der für die Pumpwellenlänge hochreflektierende Auskoppelspiegel einen Transmissionsgrad von 1.5 % bei der Ho-Wellenlänge. Mit einem resonatorintern von Nd:YAlO$_3$-Laserstrahlung ($\lambda = 1.079$ µm) gepumpten Ho:YAlO$_3$-Laser ließ sich auch abstimmbare Laserstrahlung im 3 µm-Bereich erzeugen [6.79].

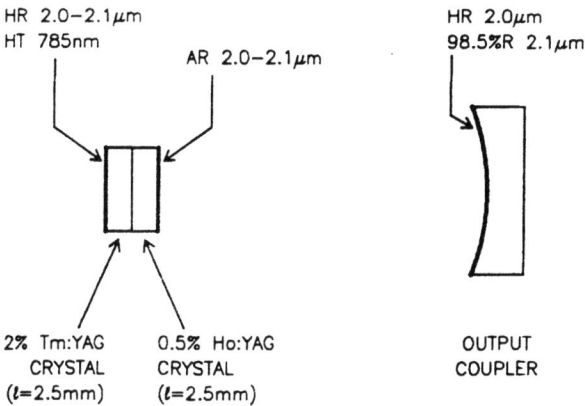

Abb.6.17 Aufbauschema eines 2.09 µm-Ho^{3+}YAG-Lasers, der von einem Tm^{3+}:YAG-laser bei 2.02 µm "intracavity"-gepumpt wird [6.78]

158 Laser niedriger und mittlerer Ausgangsleistungen

Die andere Methode des resonanten Diodenpumpens ist zwar im Aufbau einfacher, erfordert jedoch zum Pumpen einen single-frequency-Diodenlaser. Dabei befindet sich das Festkörperlaser-Material in einem externen Resonator für die Diodenlaserstrahlung. Der auf der Pumpseite gelegene Resonatorspiegel ist so beschichtet, daß zunächst fast das gesamte Pumplicht reflektiert wird. Wenn nun der Diodenlaser bzw. der Resonator so abgestimmt wird, daß der Pumpstrahl mit dem Resonator in Resonanz ist, kann ein großer Teil der Pumpintensität in den Resonator eindringen, dort umlaufen und somit das Lasermedium optisch pumpen. Das hierbei angewandte Prinzip entspricht demjenigen der resonanten externen Frequenzverdopplung, die in Kap.9 näher beschrieben wird. Wichtig ist dabei auch, daß das Pump- und das Modenvolumen im Resonator gut überlappen. Wenn die Resonatorspiegel auch für die Festkörperlaser-Wellenlänge entsprechend beschichtet sind, kann sehr effizient Laserstrahlung erzeugt werden. Mit diesem Verfahren wurde z. B. ein sehr kompakter Nd:YAG Laser bei 946 nm, ein Quasi-drei-Niveau-System, mit einem außerordentlich hohen Wirkungsgrad realisiert (Abb.6.18) [6.80, 6.81].

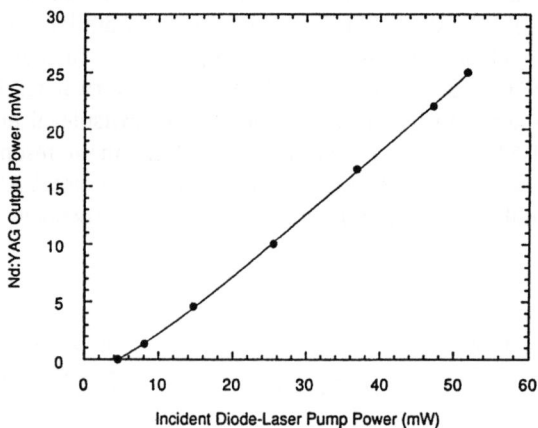

Abb.6.18   Ausgangsleistung bei 946 nm eines resonant diodengepumpten, kontinuierlichen Nd:YAG-Lasers als Funktion der Pumpleistung [6.81]

6.2 Puls-gepumpte Laser

Um ein hohe Pulsleistung zu erreichen, muß in einem Zeitintervall von etwa der Größe der Lebensdauer des oberen Laserniveaus möglichst viel Pumpenergie zugeführt werden. Da eine Laserdiode nur Pulsleistungen liefern kann, die nicht wesentlich über dem Niveau der kontinuierlichen Leistungsabgabe liegt, läßt sich eine hohe Pumpleistung nur mit einer großen Anzahl von Laserdioden erreichen, die zur Erzielung einer hohen Leistungsdichte sehr eng angeordnet sind und wegen der thermischen Begrenzung dann meist bei einem Tastverhältnis von einigen Prozent (manchmal auch einigen zehn Prozent) betrieben werden. Dabei kann die Pulsdauer im Bereich von typisch etwa 100 µs bis 1 ms liegen (Kap.4). Diese Quasi-cw-Diodenlaser sind deshalb entweder als lineare array-bars oder als Stapel aus mehreren solcher Elemente aufgebaut. Somit können alle für lineare cw-array-bars geeigneten Pumpanordnungen natürlich auch mit Quasi-cw-Diodenlasern betrieben werden, vorausgesetzt, daß dabei keine Zerstörschwellen der Laserelemente überschritten werden. Für die meisten quasi-cw-gepumpten Laser wurde eine transversale Pumpgeometrie verwendet [6.82-6.89]. Bei mehreren neueren Laserentwicklungen findet man jedoch auch longitudinale Pumpanordnungen [6.90-6.95], wobei häufig Nd:YLF aufgrund seiner größeren Energiespeicherkapazität dem Nd:YAG vorgezogen wurde. Auch oberflächenemittierende Quasi-cw-Diodenlaser wurden zum optischen Pumpen eingesetzt [6.96, 6.97]. Natürlich können auch andere als Nd-dotierte Lasermaterialien verwendet werden (Kap.5).

Von den vielen in der Literatur beschriebenen seitlich quasi-cw-gepumpten Laseranordnungen im unteren Leistungsbereich (mit Pulsenergien von einigen mJ) soll hier ein in mancherlei Hinsicht typisches Beispiel eines kleinen, kompakten und effizienten Pulslasers näher betrachtet werden (Abb.6.19) [6.98].

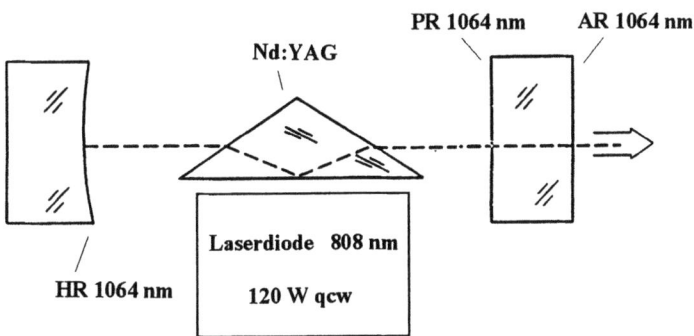

Abb.6.19 Kompakter, transversal Puls-gepumpter Nd:YAG-Laser hoher Effizienz [6.98]

Der Laser besteht aus einem kleinen Zick-zack-slab-Kristall (Länge: 20 mm, Breite: 5 mm) aus Nd:YAG mit Brewster-Endflächen. Der Kristall ist so dimensioniert, daß sich eine einzige Reflexion für den Resonatormode im Kristall ergibt. Mit einem plan-konkaven Resonatoraufbau mit einem großen Krümmungsradius des hochreflektierenden Spiegels läßt sich ein stabiler Laserbetrieb bei einem relativ großen Modenradius von 0.4 mm für den Grundmode erreichen. Bei einem "duty cycle" im Prozentbereich stellt die Kristallkühlung kein Problem dar. Im allgemeinen reicht es aus, den Laserkristall auf einem kleinen Kupferblock zu befestigen, der z. B. mittels eines Peltier-Elements gekühlt werden kann.

Mit einem solchen Laseraufbau lassen sich recht gute Effizienzen erzielen. So wurde mit einer Quasi-cw-Pumpdiode, die bei einer Pulslänge von 200 µs eine Pulsleistung von 120 W hatte (entsprechend einer Pulsenergie von 24 mJ), bei einer Repetitionsrate von 100 Hz im "freilaufenden" Betrieb eine optisch-optische Effizienz von 43 % erreicht (Abb.6.20). Dabei wurde der Diodenlaser ohne Transferoptik unmittelbar an der Basisfläche des Kristalls plaziert. In Abb.6.21 sind der Diodenstrompuls, der optische Pumppuls und der resultierende Laserpuls dargestellt.

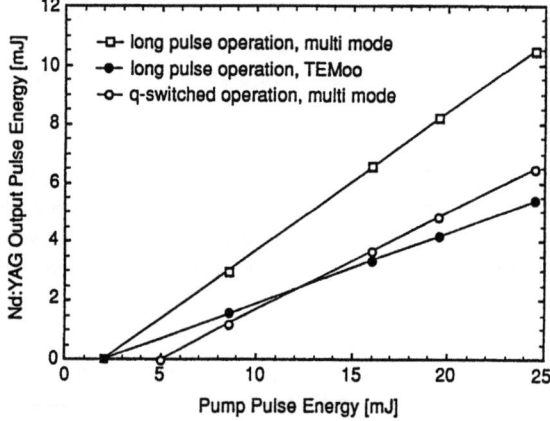

Abb.6.20 Pulsenergie als Funktion der optischen Pumpenergie für unterschiedliche Betriebsarten des Lasers aus Abb.6.19

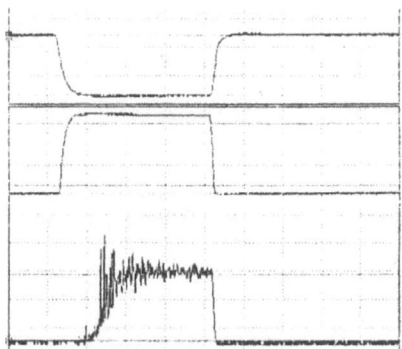

Abb.6.21 Oszillographenbilder zum Betrieb des Lasers aus Abb.6.19 mit dem Strompuls (oben) und dem optischen Pumppuls (Mitte) des Dioden-arrays sowie dem Laserpuls (unten) für den freilaufenden Betriebsmodus

Durch Güteschaltung mit einem elektrooptischen Schalter ergaben sich Pulslängen unter 10 ns. Um den hierbei erforderlichen Aufwand für die Erzeugung und auch Abschirmung der Hochspannungspulse zu umgehen, was bei manchen Anwendungen hinderlich sein kann (z. B. bei flugzeuggetragenen Systemen oder in der Raumfahrt), sowie auch, um einen besonders kompakten Aufbau zu erreichen, kann die Güteschaltung eines solchen Lasers mittels eines kleinen rotierenden Prismas (Abb.6.22) [6.99] anstelle des statischen, hochreflektierenden Spiegels oder auch mit einem sättigbaren Absorber-Kristall (Abb.6.23) erfolgen [6.47].

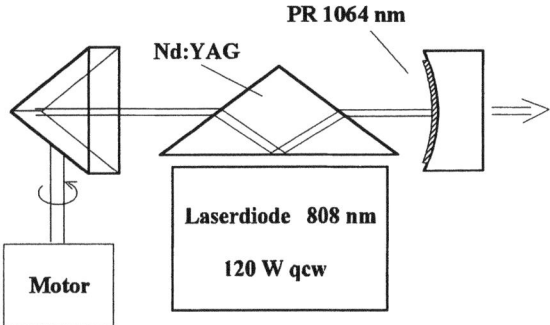

Abb.6.22 Transversal gepumpter Nd:YAG-Pulslaser für eine Versorgungsspannung von wenigen Volt, mit einem Drehprisma als Güteschalter [Q6.7]

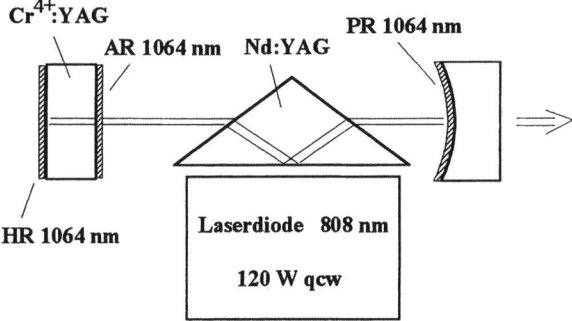

Abb.6.23 Kompakter, transversal gepumpter Nd:YAG-Pulslaser. Ein Spiegel aus Cr^{4+}:YAG dient zur passiven Güteschaltung [Q6.7].

Eine ähnliche Laser-Konfiguration mit einem Moden-Reflexionspunkt im Kristall ist auch mit einem quaderförmigen Laserkristall möglich. Dazu muß man den Resonator V-förmig gestalten, so daß der Lasermode schräg zu den

Kristall-Endflächen ein- und austritt und der Reflexionspunkt im Kristall an der Spitze des "V" liegt. Dies wurde mit einem Nd:YVO$_4$-Kristall realisiert, wobei eine gute Effizienz bei hoher Strahlqualität erreicht wurde [6.100].

Im höheren Leistungsbereich, bei Pulsenergien bis zu etwa 100 mJ, konnte mit einem transversal gepumpten Nd:YAG-Laser eine hohe Strahlqualität von 1 mm·mrad erzielt werden [6.101]. Hierbei wurde ein Laserstab mit 4 mm Durchmesser und 50 mm Länge verwendet, der von sternförmig um den Stabmantel herum angeordneten Diodenlasern mit einer maximalen Pulsenergie von 600 mJ bei 200 µs langen Pumppulsen gepumpt wurde. Der Resonator hatte eine konkav-konvexe Geometrie mit Krümmungsradien von -50 cm und +30 cm. Die maximalen Pulsrepetitionsraten betrugen 50 Hz (Abb.6.24).

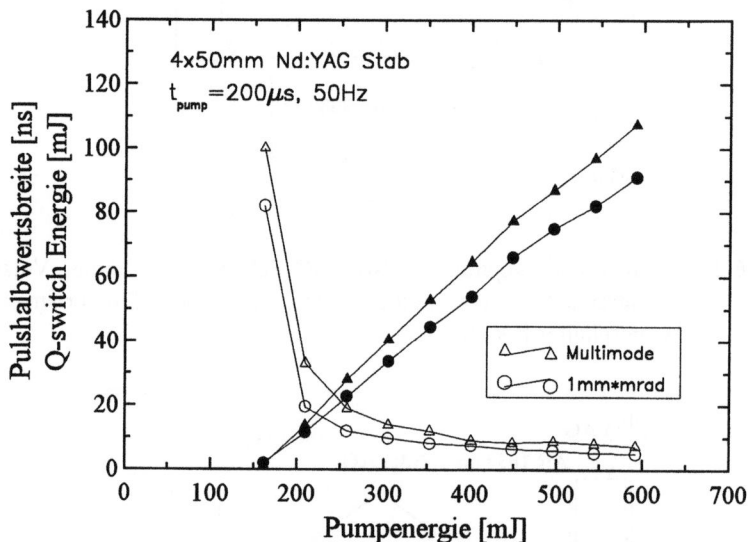

Abb.6.24 Kennlinien eines transversal gepumpten, gütegeschalteten 100 mJ-Nd:YAG-rod-Lasers mit hoher Strahlqualität (offene Symbole : Pulshalbwertsbreite; gefüllte Symbole: Pulsenergie) [6.101]

In dieser Leistungsklasse wurde auch ein longitudinal gepumpter Nd:YLF-Laser realisiert. Dabei wurde die Pumpdiodenstrahlung mittels einer Mikrolinsen/Konzentrator-Anordnung dem Laserkristall zugeführt (Abb.6.25) [6.95].

Die Strahlqualität solcher Pulslaser, insbesondere in Hinsicht auf stabilen single-frequency-Betrieb, läßt sich durch die Methode des "injection-seeding" weiter verbessern [6.71, 6.102, 6.103]. Dabei wird Strahlung eines cw- oder gütegeschalteten (diodengepumpten) single-frequency-Lasers ("master oscillator")

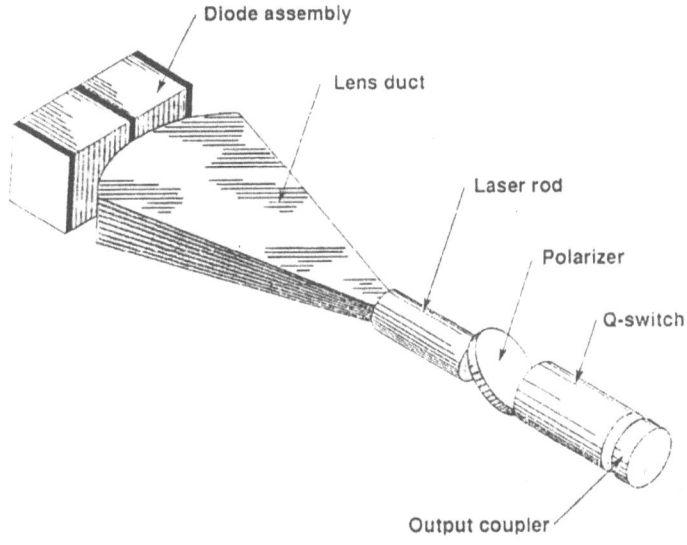

Abb.6.25 Aufbaukizze eines gütegeschalteten 100 mJ-Nd:YLF-Lasers mit longitudinaler Pumpgeometrie [Q6.8]

geringer Ausgangsleistung (im Bereich einiger mW) in den Resonator eines viel leistungsstärkeren Oszillators mit hoher Verstärkung ("slave oscillator") während der Puls-Aufbauperiode eingekoppelt. Vereinfacht beschrieben, wird dadurch in der frühen Entstehungsphase eines Pulses ein bestimmter Lasermode stimuliert. Dieser wächst an und "entleert" das Inversionsreservoir, bevor sich andere Pulse aufbauen können. Somit übernimmt der gepulste Oszillator die Strahleigenschaften des seed-Lasers. Mit diodengepumpten, stabilen single-frequency-cw-Lasern läßt sich auf diese Weise eine wirkungvolle Kontrolle von gütegeschalteten Nd:YAG-Oszillatoren hoher Verstärkung erzielen [6.104-6.106], wobei dieses Verfahren auch gut auf andere Lasermaterialien z. B. im 2 µ-Bereich, angewandt werden kann [6.107, 6.108]. Eine interessante Variante des injection-seeding ist die sogenannte "prelase"- oder "self-injection-seeding"-Technik. Hierbei wird das seed-Signal vom Laser selbst erzeugt, bevor die eigentliche Güteschaltung erfolgt [6.92].

Beim Pumpen mit Diodenlasern läßt sich auf eine besonders einfache Weise durch eine Modulation des Diodenstroms auch die Ausgangsleistung des Festkörperlasers modulieren und somit Pulsbetrieb erreichen. Allerdings stellen sich dann im allgemeinen ausgeprägte Relaxationsschwingungen ein. Durch die Kombination einer longitudinalen und einer transversalen Pumpgeometrie kön-

164 Laser niedriger und mittlerer Ausgangsleistungen

nen die Relaxationschwingungen des Lasers praktisch vollständig eliminiert werden (Abb.6.26).

Dabei wird zunächst durch longitudinales Pumpen kontinuierlicher TEM_{00}-Laserbetrieb bei relativ niedriger Leistung erzeugt. Wenn nun durch Pumppulse hoher Leistung der seitlichen Pumpdioden eine hohe Inversion im aktiven Medium aufgebaut wird, bewirkt die im Resonator schon vorhandene stimulierte Strahlung des Grundmode einen direkten Abbau der Inversion im TEM_{00}-Modenvolumen, und der Laser emittiert im Grundmode entsprechend der Leistung und dem zeitlichen Verlauf des Pumppulses der seitlichen Diodenlaser [6.109].

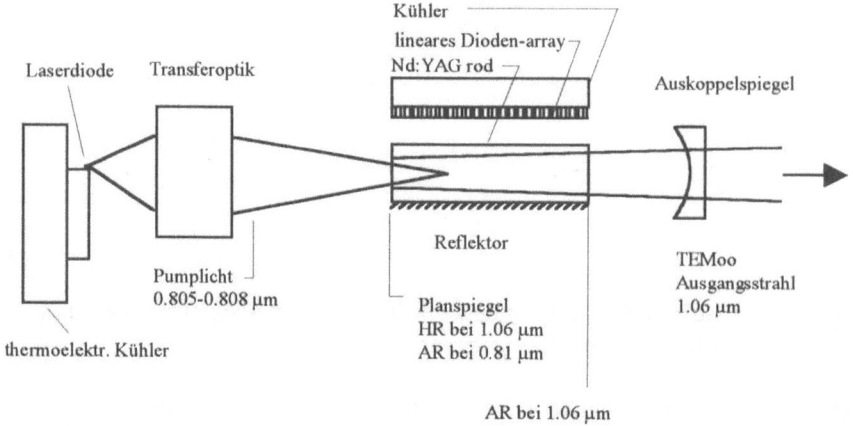

Abb.6.26 Schema eines direkt modulierbaren, kombiniert longitudinal und transversal gepumpten Pulslasers (nach [6.109])

6.3 Miniaturisierung

Diodengepumpte Festkörperlaser sind für eine Miniaturisierung besonders gut geeignet. Zum ersten ist die Pumpquelle sehr klein. Weiterhin läßt sich der Pumpstrahl gut in den Laserkristall abbilden, woraus ein kleines Inversionsvolumen resultiert. Dabei ist wegen der guten spektralen Anpassung der Pumpstrahlung an die Kristallabsorption eine effiziente Pumplichtabsorption innerhalb einer geringen Absorptionslänge möglich. Schließlich erfordert der hohe Wirkungsgrad nur eine wesentlich reduzierte Kühlung.

Miniaturisierte Laser können in unterschiedlichen Anwendungen eine wichtige Rolle spielen, da miniaturisierte Systeme logischerweise miniaturisierte Laser erfordern. So werden Laser z.B. in miniaturisierte Sensorsysteme (Kap.8.5)

(Kap.8.5) oder in Mikroskope zur Manipulation kleiner biologischer Teilchen integriert [6.110]. Im folgenden werden vier grundsätzliche Möglichkeiten zur Miniaturisierung diodengepumpter Festkörperlaser vorgestellt.

6.3.1 Hybridaufbau

In der Nachrichtentechnik werden für elektronische wie auch für optische Komponenten hybride Aufbauten in entsprechenden Gehäusen bevorzugt, welche beispielsweise auch in der Glasfaser-Datenübertragung mit Laserdioden eingesetzt werden. In ähnlicher Bauweise lassen sich auch komplette diodengepumpte Festkörperlasersysteme realisieren. Dabei werden in einem Hybridgehäuse mit typischen Dimensionen von 25x25x10 mm^3 Pumplaserdiode mit Kühler, Transferoptik, Laserkristall, Temperatursensor (z.B. NTC) und Kristallkühler integriert (Abb.6.27).

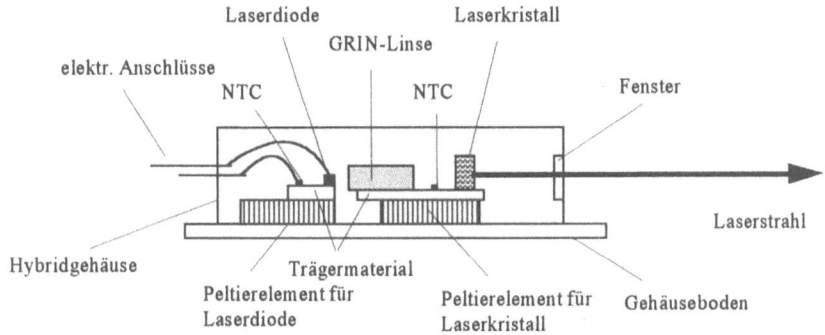

Abb.6.27 Hybridaufbau am Beispiel eines miniaturisierten diodengepumpten, monolithischen Festkörperlasers. Ebenso wie die Laserdiode befindet sich der Laserkristall auf einem eigenen Peltierkühler zur Temperaturstabilisierung oder -abstimmung.

In dieser Bauform wurden diodengepumpte Mikrokristall-single-frequency-Laser mit Ausgangsleistungen zwischen 30 und 60 mW cw realisiert [6.111]. Im Gehäuse befinden sich im wesentlichen zwei Hybridelemente: eines besteht aus einem Peltierelement, auf welchem die Laserdiode mit den notwendigen elektrischen Zuführungen aufgebaut ist. Ein weiteres Peltierelement trägt die Transferoptik und den Laserkristall, so daß dieser unabhängig von der Laserdiode temperiert werden kann. Auf diese Weise ist eine einfache und präzise Wellenlängenstabilisierung sowie auch ein thermisch induziertes Durchstimmen des Mikrokristall-Lasers möglich. Sämtliche optischen und mechanischen Elemente werden durch Lötungen oder Klebungen miteinander verbunden, wobei alle Teile unter aktiven Justagebedingungen, also bei Laserbetrieb, justiert und dann fixiert werden. Solche Löt-Klebetechniken ermöglichen prinzipiell eine Automatisierung des Fertigungsprozesses in kostensparender Weise. Der einmal aufgebaute Laser kann dann während des Betriebs nicht mehr justiert werden und wird bei Ausfällen als Ganzes ausgetauscht. An das Hybridgehäuse kann bei Bedarf auch eine Faserkopplung für die Laserstrahlung oder ein optischer Isolator angeschlossen werden.

6.3.2 Faserpumpen

Eine andere Form der Miniaturisierung ergibt sich, wenn man die Pumplaserdiode und den Festkörperlaser-Resonator weit voneinander entfernt aufbaut. Das Pumplicht von einer in einem separaten Gehäuse oder auch im Gehäuse der Elektronik untergebrachten Laserdiode wird dann über einen Lichtwellenleiter an den eigentlichen Festkörperlaser herangeführt. Dieser kann wiederum in einem Hybridgehäuse untergebracht sein oder auch in einer kleinen Metallhülse, welche am Ende der Lichtleitfaser angebracht ist. So wurde beispielsweise das Licht einer 1W-Laserdiode über eine 400 µm - Glasfaser an einen monolithisch verspiegelten Nd:YAG-Laserkristall mit einem Durchmesser von 1 mm und einer Länge von 5 mm herangeführt, welcher zusammen mit einer GRIN-Linse zur Pumplichteinkopplung sowie einer GRIN-Linse zur Laserstrahl-Fokussierung in einer Metallhülse untergebracht war. Die Metallhülse selbst war 3 mm dick und 1 cm lang, so daß der gesamte Festkörperlaser-Resonator am Faserende beispielsweise durch den Arbeitskanal eines Gastroskopes geführt werden konnte (Abb.6.28) [6.18]. Auf diese Weise kann der Festkörperlaser direkt an den Arbeitsbereich herangeführt werden, wo zum einen eine hohe Strahlqualität zur Verfügung steht (bei einer Übertragung der Laserstrahlung selbst durch eine Glasfaser verschlechtert sich aufgrund der Lichtleitfaser-Aperturen das Strahlparameterprodukt); zum anderen kann auch Laserstrahlung bei größeren Wellenlängen, etwa bei 3 µm, angewendet werden, die mit den derzeit verfügbaren biologisch verträglichen Fasern nicht oder nur schlecht übertragen werden kann.

Da für die meisten Laseranwendungen im Bereich der Materialbearbeitung höhere Laserleistungen erforderlich sind, müßten für praktikable Systeme stärkere Pumpdioden verwendet werden. Tatsächlich lassen sich derzeit Pumpleistungen von 15-20 W cw [6.112] am Ausgang des Lichtwellenleiters gut über Glasfasern mit etwa 400 µm Kerndurchmesser übertragen, so daß das Laserdesign auch für größere Leistungen beibehalten werden kann. Sogar Pumpleistungen im Bereich von 50 W cw am Faserende sind realisiert worden [6.113].

Bei hohen Pumpleistungen muß jedoch auch für eine gute Kühlung des Laserkristalls gesorgt werden. Hierzu kann der Laserkristall beispielsweise mit einer dünnen Folie, welche mit Mikrokanalstrukturen versehen ist, umgeben sein, so daß dieser mit Kühlwasser gekühlt werden kann, welches parallel zur Lichtleitfaser über dünne Schläuche zum Mikrokühler hin- und wieder zurückgeleitet wird. Geht man von einem konservativ abgeschätzten Wirkungsgrad von etwa 30% optisch-zu-optischer Leistung aus, ließe sich auf diese Weise eine kontinuierliche Ausgangsleistung von 15 W bei einer Pumpleistung von 50 W am Faserende erzielen, was für viele Anwendungen bereits völlig ausreichend ist.

Abb.6.28 Fasergekoppelter Laser am distalen Ende eines Gastroskopes; die sichtbare Metallhülse enthält den monolithisch verspiegelten Nd:YAG-Kristall, die Ankoppellinse sowie die Fokussierlinse für die Laserstrahlung [6.18] (s.a. Farbtafel Seite 334).

6.3.3 Dreidimensionaler Schichtaufbau

Eine andere Form der Miniaturisierung wird durch die Aufbau- und Verbindungstechniken aus der Mikrosystemtechnik (MST) ermöglicht. Hierbei können durch anisotropes Ätzen hergestellte Siliziumstrukturen verwendet werden, um optische, mechanische und elektrische Bestandteile eines diodengepumpten Festkörperlasersystems zu integrieren. Wenn ein solches System "batch"-prozessierbar ist (d.h. durch eine vorgegebene Abfolge von Bearbeitungsschritten an "wafern" gleiche Strukturen gleichzeitig hergestellt werden), könnten bei geringen Fertigungstoleranzen kostengünstig große Stückzahlen von miniaturisierten diodengepumpten Festkörperlasern hergestellt werden.

Im Gegensatz zu vielen anderen Mikrosystemen enthält ein diodengepumptes Festkörperlasersystem viele sehr unterschiedliche Systemelemente. Daher bietet es sich an, die Komponenten des Lasersystems auf einzelne Funktionsebenen aufzuteilen. Beispielsweise würde eine solche Funktionsebene den Mikrokühler zur Wärmeableitung, eine zweite die Laserdioden beinhalten, eine andere die Transferoptik, dann den Laserkristall, die Spiegel etc.. Jede Funktionsebene trägt somit gleiche Komponenten, so daß bei einer Justage der Funktionsebenen zueinander eine flächige Anordnung von Lasersystemen entsteht. Die Funktionsebenen werden nun miteinander verbunden, beispielsweise durch anodisches Bonden, Löten, Kleben oder optisches Kontaktieren, und dann, wenn erforderlich, zersägt, so daß die Systeme vereinzelt werden.

Eine solche Anordnung hat den Vorteil, daß jede Funktionsebene getrennt hergestellt werden kann und dies, da sie nur gleichartige Elemente enthält, im batch-Verfahren. Weiterhin kann jede Ebene für sich getestet werden. Durch Ätzmarken können Markierungen für die genaue Justage der Ebenen zueinander vorgegeben werden. Die hohe Genauigkeit, mit der Ätzstrukturen in Silizium hergestellt werden können, ermöglicht auch eine genaue Anordnung der einzelnen Systemkomponenten. Eine besondere Bedeutung kommt der Aufbau- und Verbindungstechnik zu, da das gesamte Lasersystem keine optische Bank mehr hat, die die einzelnen Komponenten zueinander in Position hält, sondern vielmehr die Elemente durch vertikales Stapeln zueinander positioniert und nur durch die Verbindung der Funktionsebenen zueinander fixiert werden.

Die Ebenen können aus Siliziumwafern bestehen, die die einzelnen Systemkomponenten tragen, oder das Silizium selbst kann so gestaltet werden, daß die Siliziumstrukturen bestimmte Funktionen übernehmen. So bietet sich Silizium als Basismaterial beispielsweise zur Herstellung der Mikrokanalstrukturen für den Kühler an. Andere Ebenen können elektronische Bauelemente auf Siliziumbasis aufnehmen, und mikromechanisch geätzte Siliziumstrukturen können Aktuatoren für die Spiegelmanipulation enthalten oder auch Photodioden zur Strahldiagnose. Leitfähiges Silizium kann zur Heizung, und integrierte Halbleiterdioden können zur Temperaturkontrolle verwendet werden.

Abb.6.29 illustriert eine Realisierungsmöglichkeit für ein solches schichtförmig aufgebautes diodengepumptes Festkörperlasersystem. Die unterste Ebene trägt den Mikrokanalkühler, die zweite die Laserdioden. Mittels eines entsprechend den Kristallebenen in das Silizium geätzten Reflektors wird die Laserdiodenstrahlung nach oben abgelenkt und trifft auf die nächste Ebene, welche die

Transferoptik, beispielsweise in Form eines arrays von holographisch-optischen Elementen enthält. Die nächste Ebene besteht aus einer optisch beschichteten Laserkristallscheibe, auf die eine Ebene mit mikromechanisch beweglichem Auskoppelspiegel folgt. Weitere Ebenen teilen den Strahlengang auf in Nutzstrahl und Teilstrahlen, welche beispielsweise in einen miniaturisierten Referenz-Fabry-Perot-Resonator geleitet werden.

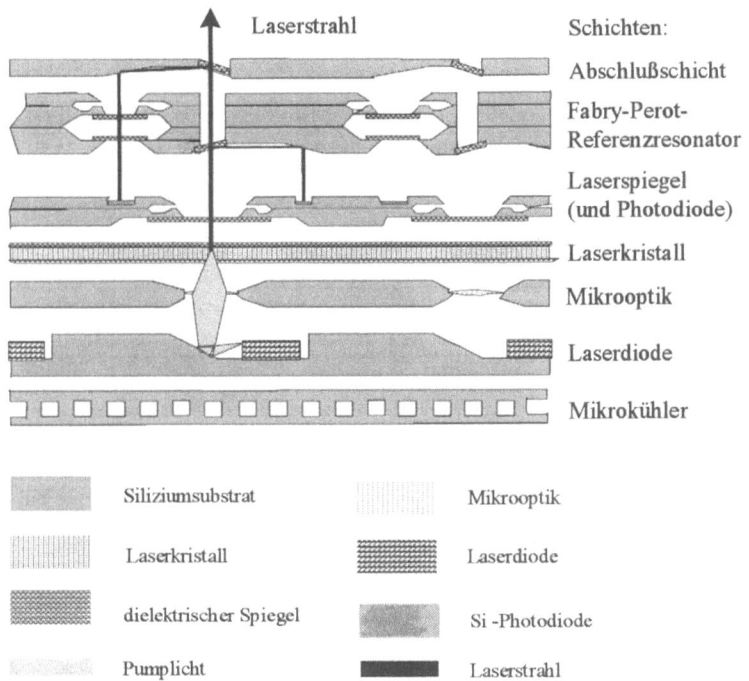

Abb.6.29 Prinzipskizze für einen möglichen Schichtaufbau eines diodengepumpten Festkörperlaser-arrays. Jede Funktionsebene trägt gleiche Komponenten. Das Lasersystem selbst wird vertikal durch justierte Kontaktierung der einzelnen Funktionsebenen gebildet.

Von einer Vereinzelung der Lasersysteme kann auch abgesehen werden, wenn eine array-förmige Laseranordnung gebildet werden soll, etwa zur kohärenten Strahlkopplung eines solchen arrays zu einem gemeinsamen Ausgangsstrahl oder zur parallelen Datenübertragung.

6.3.4 Wellenleiterlaser

In der integrierten Optik werden häufig Wellenleiterstrukturen auf $LiNbO_3$-Basis verwendet, so daß es sich anbietet, für solche Anwendungen auch diodengepumpte Festkörperlaser in einer hierzu kompatiblen Technologie zu realisieren.

Bekanntlich kann $LiNbO_3$ auch mit Ionen der Lanthanide dotiert werden, beispielsweise Nd, Tm, Ho [6.114] oder Er [6.115]. Ein solcher Wellenleiter kann somit direkt mit Laserdioden gepumpt werden (Abb.6.30). Um eine leichte Integration des Festkörperlasers in komplexe Wellenleiterstrukturen zu ermöglichen, wurden YAG- [6.116], $LiNbO_3$- [6.117, 6.118, 6.119] und GGG- [6.120] Wellenleiter mit Lanthaniden dotiert, wobei erfolgreich Laserbetrieb nachgewiesen werden konnte. Typische Wellenleiter-Breiten liegen im Bereich von 8 µm bei Schichtdicken von etwa 6 µm [6.121]. Die Gesamtstruktur der Wellenleiter ist typisch etwa 10 mm lang.

Die elektrooptischen Effekte in $LiNbO_3$ können selbstverständlich auch hier genutzt werden. Auf diese Weise kann ein diodengepumpter $Nd:LiNbO_3$-Wellenleiterlaser beispielsweise durch ein transversal angelegtes elektrisches Feld gütegeschaltet [6.122], in seiner Frequenz abgestimmt oder "mode locked" werden [6.123].

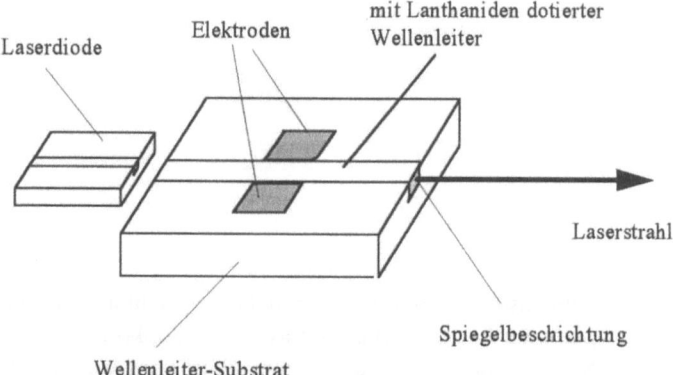

Abb.6.30 Diodengepumpter Festkörperlaser in Form eines mit Lanthaniden dotierten Wellenleiters. Mit Hilfe der Elektroden kann die Frequenz der Laserstrahlung moduliert oder der Laser "mode-locked" werden, wenn das Substratmaterial beispielsweise aus $LiNbO_3$ besteht.

6.4 Laserdiodenstabilisierung und Transferoptik für longitudinale Pumpanordnungen

Wie aus den vorangegangenen Abschnitten ersichtlich wurde, spielt die longitudinale Pumpgeometrie im unteren und mittleren Leistungsbereich eine besondere Rolle, da sich hiermit eine sehr gute Effizienz bei niedriger Pumpschwelle und hoher TEM_{00}-Strahlqualität erreichen läßt. Hierbei sind jedoch spezielle Anforderungen bezüglich der Stabilisierung der Diodenlaserwellenlänge und der Auslegung der Transferoptik zu erfüllen, welche nun noch näher diskutiert werden sollen.

6.4.1 Stabilisierung von Halbleiter-Laserdioden

Zur effizienten Anregung eines Festkörperlasers mit Halbleiter-Laserdioden, insbesondere bei longitudinaler Pumpgeometrie, müssen hauptsächlich zwei Parameter der Laserdiode kontrolliert werden: Ausgangsleistung und Emissionswellenlänge. Während das Strahlprofil wie auch die spektrale Breite der Emission in einer ersten Näherung als konstant angesehen werden können (was sie bei genauerer Betrachtung allerdings nicht sind), ist zur Bestimmung des Wirkungsgrades eines diodengepumpten Lasers wie auch zur linearen Leistungsregelung im wesentlichen eine genaue Kenntnis der Laserdiodenausgangsleistung sowie der Emissionswellenlänge notwendig. Die Änderung der Festkörperlaserleistung ist im allgemeinen direkt proportional zur Änderung der Pumpleistung, wobei aber auch die spektrale Überlappung von Laserdioden-Emissionswellenlänge und Lasermaterial-Absorptionswellenlänge bei Änderung der Pumpdiodenleistung gewahrt bleiben muß. Nur wenn die Emissionswellenlänge der Laserdiode bei Änderung der Ausgangsleistung konstant bleibt, wird der hiermit gepumpte Festkörperlaser eine lineare Kennlinie aufweisen.

Eine erste wichtige Kenngröße der Laserdiode, die Ausgangsleistung P_d, ist eine Funktion des Injektionsstromes I gemäß

$$P_d(I) = \eta \cdot \left(I - I^s\right) \tag{6.9}$$

(mit I^s: Schwellenstrom der Laserdiode), wobei Laserdioden im allgemeinen eine äußerst lineare Kennlinie in Abhängigkeit vom Injektionsstrom aufweisen (Abb. 6.31), deren Steigung hier mit η bezeichnet wird. (Dies ist allerdings kein Wirkungsgrad, da noch mit der Injektionsspannung multipliziert werden müßte. Diese ändert sich aber nichtlinear mit dem Strom, so daß der eigentliche Wirkungsgrad der Laserdiode keine Konstante darstellt).

172 Laser niedriger und mittlerer Ausgangsleistungen

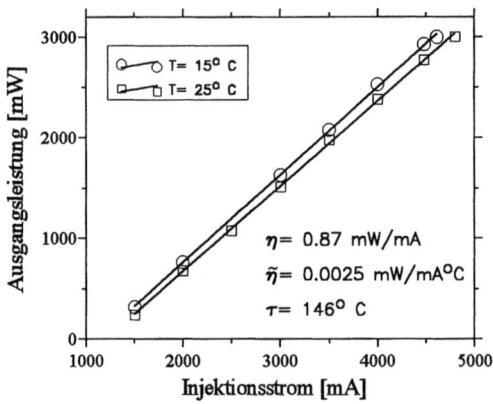

Abb.6.31 Ausgangsleistung einer Laserdiode in Abhängigkeit vom Strom für zwei unterschiedliche Wärmesenke-Temperaturen

Der Schwellenstrom der Laserdiode I^s ist eine Funktion der Temperatur des pn-Überganges gemäß [6.124] (s.a. Kap.4)

$$I^s(T) = I^s_{T_o} \cdot \exp\left(\frac{T-T_o}{\tau}\right) \tag{6.10}$$

($I^s_{T_o}$: Schwellenstrom bei der Temperatur $T = T_o$, τ: charakteristische Konstante). Somit ist die Laserdiodenausgangsleistung insgesamt eine Funktion sowohl des Injektionsstromes wie auch der Temperatur.

Die Änderung der Laserschwelle mit der Temperatur ist charakteristisch für Dioden eines Typs, variiert aber noch zusätzlich individuell von Diode zu Diode. Der Charakterisierungsparameter τ hat die Einheit einer Temperatur und liegt in der Größenordnung von etwa 110° C bis 160° C für die meisten gain-guided GaAlAs-Laserdioden.

Ebenso ist auch die Steigung η der Ausgangsleistung mit dem Injektionsstrom eine Funktion der Temperatur:

$$\eta(T) \approx \eta_o + \tilde{\eta} \cdot (T - T_o) \tag{6.11}$$

(η_o: Steigung der L-I-Kennlinie bei T_o, $\tilde{\eta}$: Proportionalitätskonstante der Änderung der Steigung mit der Temperatur), so daß die Laserdiodenausgangsleistung schließlich geschrieben werden kann als

Laserdiodenstabilisierung und Transferoptik für longitudinale Pumpanordnungen

$$P_d(I,T) = \left[\eta_o + (\tilde{\eta} \cdot (T-T_o))\right] \cdot \left[I - I_{T_o}^s \cdot \left(1 + \frac{T-T_o}{\tau} + \frac{1}{2}\left(\frac{T-T_o}{\tau}\right)^2\right)\right] \quad (6.12)$$

mit einer Näherung der Exponentialfunktion in Gl.(6.10) durch die ersten drei Glieder ihrer Reihenentwicklung.

Die Emissionswellenlänge der Laserdiode wiederum ist aufgrund der thermischen Verschiebung der Halbleiter-Bandkante eine Funktion der Temperatur (Abb.6.32).

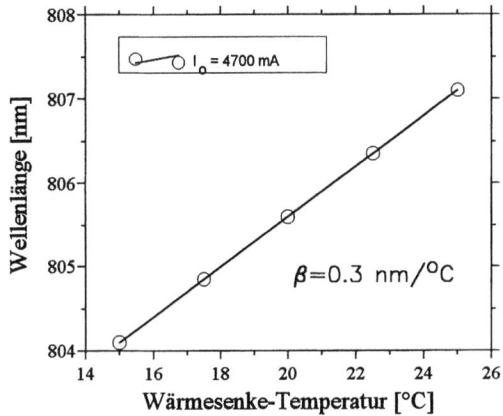

Abb.6.32   Emissionswellenlänge in Abhängigkeit von der Temperatur für die Laserdiode von Abb.6.31

Wird die Laserdiode thermisch stabilisiert, so führt der thermische Widerstand des Halbleiter-Materials selbst schon zu einem deutlichen Temperaturgradienten zwischen dem pn-Übergang und der Laserdioden-Außenfläche (Wärmesenke-Temperatur), welcher durch weitere Aufbauschichten zwischen dem Laserdiodenchip und dem Temperierelement noch vergrößert wird. Eine Stromänderung an der Laserdiode führt dann aufgrund ihrer inneren Aufheizung auch zu einer geänderten Temperaturdifferenz zwischen dem pn-Übergang und einem außenliegenden Meßpunkt. Hierdurch folgt also aus einer Injektionsstromänderung auch eine Änderung der Temperatur des pn-Übergangs bei fester Wärmesenke-Temperatur und somit eine Wellenlängenverschiebung des Emissionsspektrums (Abb.6.33).

174 Laser niedriger und mittlerer Ausgangsleistungen

Insgesamt kann die Emissionswellenlänge geschrieben werden als

$$\lambda(I,T) = \lambda_o + \beta \cdot (T - T_o) + \gamma \cdot (I - I_o) \tag{6.13}$$

mit λ_o Emissionswellenlänge bei $T = T_o$ und $I = I_o$
β Koeffizient der Wellenlängenänderung mit der Temperatur an der Wärmesenke bei konstantem Strom
γ Koeffizient der Wellenlängenänderung mit dem Injektionsstrom bei konstanter Temperatur an einem Meßpunkt an der Wärmesenke

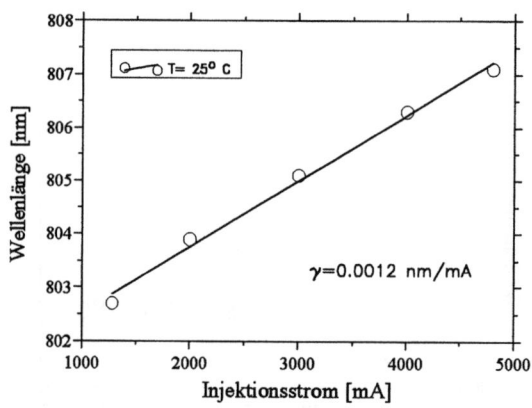

Abb.6.33   Emissionswellenlänge in Abhängigkeit vom Injektionsstrom für dieselbe Laserdiode (s. Abb.6.32)

Eine Pumplaserdiode kann also in erster Näherung vollständig parametrisiert werden durch die Ausgangsleistung $P_d(I)$ und die Emissionswellenlänge $\lambda(I,T)$ unter Zuhilfenahme der charakteristischen Koeffizienten $\eta_o, \gamma, \beta, \tilde{\eta}$ und τ, definiert als

(6.14a-e)

$$\eta_o := \frac{\partial P}{\partial I} \; ; \; \gamma := \frac{\partial \lambda}{\partial I} \; ; \; \beta := \frac{\partial \lambda}{\partial T} \; ; \; \tilde{\eta} := \frac{\partial \eta}{\partial T} \; ; \; \tau := \frac{T_1 - T_o}{\ln\left(I^s_{T_1} / I^s_{T_o}\right)}$$

sowie mit Hilfe der Konstanten $I^s_{T_o}$ und λ_o. Die charakteristischen Koeffizienten und Konstanten sind individuell für jede Laserdiode zu bestimmen und können selbst bei nebeneinanderliegenden Chips eines Wafers derselben Charge unterschiedlich sein.

Laserdiodenstabilisierung und Transferoptik für longitudinale Pumpanordnungen

Alle charakteristischen Koeffizienten und Konstanten können durch vier Meßreihen bestimmt werden, in denen die Laserdiodenausgangsleistung in Abhängigkeit vom Injektionsstrom für zwei unterschiedliche Temperaturen $P_d(I,T_1)$, $P_d(I,T_2)$ sowie die Emissionswellenlänge in Abhängigkeit von der Temperatur bei konstantem Injektionsstrom $\lambda(I_o,T)$ wie auch in Abhängigkeit vom Injektionsstrom bei konstanter Wärmesenke-Temperatur $\lambda(I,T_1)$ aufgenommen wird. Jede dieser Meßreihen läßt sich durch eine lineare oder annähernd lineare Beziehung gemäß den Gl.(6.12, 6.13) beschreiben, so daß jede Meßreihe mit N Meßwertpaaren (x_i, y_i) durch eine lineare Regression der Form

$$y = a \cdot x + b \tag{6.15}$$

dargestellt werden kann. Aus der Messung der Ausgangsleistung in Abhängigkeit vom Injektionsstrom bei fester Wärmesenke-Temperatur $P_d(I,T_1)$ folgt dann

$$\eta_o = a \quad ; \quad I^s_{T_o} = -\frac{b}{a} \tag{6.16a-b}$$

Aus einer zweiten Messung bei geänderter Chiptemperatur $P_d(I,T_2)$ folgt

$$\tilde{\eta} = \frac{\eta_o - a}{T_1 - T_2} \quad ; \quad \tau = \frac{T_2 - T_1}{\ln\left[-b \big/ \left(a \cdot I^s_{T_o}\right)\right]} \tag{6.17a-b}$$

Aus der Messung der Emissionswellenlänge in Abhängigkeit von der Wärmesenke-Temperatur bei konstantem Strom $\lambda(I_o,T)$ ergibt sich

$$\beta = a \quad ; \quad \lambda_o(I_o,T_o) = \beta \cdot T_o + b, \tag{6.18a-b}$$

und aus der Messung der Emissionswellenlänge $\lambda(I,T_o)$ in Abhängigkeit vom Injektionsstrom bei konstanter Chiptemperatur folgt weiterhin

$$\gamma = a, \tag{6.19}$$

womit alle Koeffizienten und Konstanten bestimmt sind.

Durch diese parametrische Charakterisierung kann fortan die Laserdiode gemäß Gl.(6.12, 6.13) eindeutig beschrieben werden; umgekehrt kann durch entsprechende Umformung dieser Gleichungen auch der zur Erzielung einer vorgegebenen Ausgangsleistung P_d bei einer Emissionswellenlänge λ notwendige Injektionsstrom I sowie die notwendige Wärmesenke-Temperatur T bestimmt werden zu

176 Laser niedriger und mittlerer Ausgangsleistungen

$$I(\lambda, P_d) = \frac{P_d}{\eta_o + \tilde{\eta} \cdot (T(\lambda, P_d) - T_o)} + I_{T_o}^s \cdot \left(1 - \frac{T_o - T(\lambda, P_d)}{\tau}\right) \quad (6.20)$$

$$T(\lambda, P_d) = T_o - \tau \cdot \left(1 + \frac{\beta \cdot \tau}{\gamma \cdot I_{T_o}^s}\right) \quad (6.21)$$

$$+ \frac{\tau}{\gamma \cdot \sqrt{I_{T_o}^s}} \cdot \sqrt{2\gamma \cdot (\lambda - \lambda_o) - \gamma^2 \cdot (I_{T_o}^s - 2I_o) + \frac{2P_d \cdot \gamma^2}{\eta_o} + 2\gamma \cdot \beta \cdot \tau + \frac{\beta^2 \cdot \tau^2}{I_{T_o}^s}}$$

Eine auf die beschriebene Weise vollständig parametrisierte Laserdiode ermöglicht somit die genaue Bestimmung zweier Parameter, zum Beispiel $I(P_d, \lambda)$ und $T(P_d, \lambda)$, in Abhängigkeit von den beiden anderen jeweils vorzugebenden Parametern (in diesem Falle P_d und λ), etwa zur Messung der Effizienz eines diodengepumpten Festkörperlasers oder zur Regelung eines solchen auf eine vorgegebene Ausgangsleistung. Wie aus Abb.(6.34) ersichtlich ist, ergibt sich für die Ausgangsleistung eines diodengepumpten Festkörperlasers in Abhängigkeit vom Laserdiodenstrom und der Temperatur ein optimaler Arbeitspunkt maximaler Effizienz, welcher bei genauer Kenntnis von Laserdiodenwellenlänge und -leistung in Abhängigkeit von Strom und Temperatur gut getroffen werden kann.

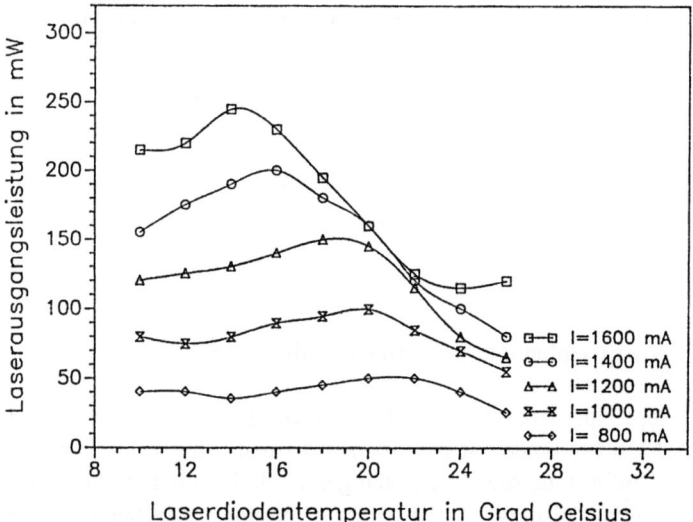

Abb.6.34 Abhängigkeit der Laserausgangsleistung von der Diodentemperatur bei unterschiedlichen Strömen [Q6.2]

Die Laserdiodenparameter ändern sich jedoch im Laufe der Betriebszeit. So ist im Laborbetrieb eine Parametrisierung der verwendeten Laserdioden von Zeit zu Zeit notwendig. In einem kommerziellen diodengepumpten Festkörperlaser ist daher eine Eichmöglichkeit für die Laserdiode oder eine aktive Regelung vorzusehen. Hierfür sind prinzipiell eine Messung der Wellenlänge und eine Messung der Ausgangsleistung der Laserdiode notwendig. Da insbesondere die Messung der Laserdiodenwellenlänge relativ aufwendig und nur schwer in einem Lasersystem zu integrieren ist, gibt es Ansätze, die Laserdiodenwellenlänge anhand des Absorptionsmaximums des Festkörperlasers selbst zu kalibrieren. Hierbei wird, ausgehend von einem Startwertepaar für Festkörperlaser-Ausgangsleistung und Laserdiodentemperatur, der Laserdiodenstrom zunächst soweit erhöht, bis die gewünschte Festkörperlaser-Ausgangsleistung erreicht ist. Sodann wird die Laserdiodentemperatur zunächst soweit verändert, bis die Ausgangsleistung des Festkörperlasers ein Maximum aufweist. Der Laserdiodenstrom wird dann reduziert, bis die gewünschte Festkörperlaser-Ausgangsleistung gerade erreicht wird. Der Vorgang wird mehrmals wiederholt, bis bei kleinstmöglichem Laserdiodenstrom die vorgegebene Festkörperlaser-Ausgangsleistung stabil erreicht wird.

Auf diese Weise wird der Laser immer am optimalen Punkt und daher mit maximaler Effizienz betrieben. Die vorbeschriebene Regelung kann entweder während des gesamten Laserbetriebs durchgeführt werden (was allerdings zu unerwünschten Leistungsschwankungen führt) oder beim Einschalten des Lasers bzw. speziell zum Kalibrieren einer gealterten Diode. So kann die Wellenlängenmessung der Laserdiode durch eine Leistungsmessung der Festkörperlaserstrahlung umgangen werden, welche in den meisten Anwendungsfällen sowieso erforderlich ist.

6.4.2 Transferoptik

In Kap.4 wurden die grundsätzlichen Emissionseigenschaften moderner Hochleistungs-Laserdioden diskutiert. Diese verfügen im Falle der besonders leistungsstarken gain-guided Strukturen wie auch in abgeschwächter Form bei den Einstreifen-Laserdioden über ein, verglichen mit Gaußscher Strahlung, schwierig abzubildendes Laser-Strahlungsprofil. So tritt senkrecht zum pn-Übergang eine Divergenz Θ_v von etwa 40° auf (bezogen auf einen Intensitätsabfall von 50%), welche durch eine Kollimationsoptik mit hoher Apertur aufgenommen werden muß. Da man möglichst die gesamte Laserdiodenstrahlung transferieren möchte, muß die Kollimationsoptik eine sehr hohe numerische Apertur aufweisen, typisch etwa 0.6 bis 0.7. Gleichzeitig beträgt die Divergenz Θ_h in der nicht beugungsbegrenzten Strahlungsrichtung senkrecht hierzu etwa 10°, so daß bei einer Kollimation in der einen Ausbreitungsrichtung die Strahlung in der anderen Ausbreitungsrichtung divergiert. In Richtung der kleineren Divergenz muß zudem von einer ausgedehnten Lichtquelle ausgegangen werden.

Weiterhin ist die räumliche Strahlungsverteilung der Laserdioden individuell verschieden, so daß eigentlich für jede einzelne Laserdiode eine eigene Kollimationsoptik berechnet werden müßte. So weisen die Wellenfronten der Laserdiodenstrahlung auch in der beugungsbegrenzten Richtung im allgemeinen Verzerrungen mit Abweichungen bis zu ± λ/2, in nicht beugungsbegrenzter Richtung senkrecht hierzu sogar bis zu 2λ auf [6.125]. Der Astigmatismus beträgt für jede Laserdiode individuell unterschiedlich etwa 10 μm [6.126], was durch ein Austrittsfenster des Laserdiodengehäuses noch weiter beeinflußt sein kann.

Ausgehend von einer Laserdiode mit Strahldivergenzwinkel Θ_v und Apertur m_v des Laserdioden-Wellenleiters in beugungsbegrenzter Richtung sowie analog Θ_h und m_h in nicht beugungsbegrenzter Richtung senkrecht hierzu können die Nebenbedingungen für eine angepaßte Fokussierung der Laserdiodenstrahlung longitudinal in das TEM_{00}-Resonator-Modenvolumen eines Festkörperlasers berechnet werden.

Die Pumplichtstrahlung soll innerhalb des Resonatormodenvolumens in den Kristall fokussiert werden (Abb.6.35), wobei zusätzlich der Pumpstrahldurchmesser möglichst klein sein soll, da die Laserschwelle gemäß

$$P_{a,s} \sim \left(w_m^2 + w_p^2\right) \qquad (6.22)$$

nicht nur vom Modenradius w_m sondern auch vom Strahlradius w_p der Pumplichtstrahlung abhängig ist (s. Kap.3).

Da Gaußsche Strahlung für kleine Strahltaillen stark divergiert, für große Taillen der Strahldurchmesser aber schon über dem Resonator-Modendurchmesser liegen kann, muß unter der Nebenbedingung des kleinsten Strahldurchmessers an den Stirnflächen D_{stirn} die optimale Strahltaille D_o^{optim} berechnet werden, um eine gute transversale Modenselektion und eine hohe Überlappungseffizienz zu erhalten.

In vertikaler Richtung ist die Laserdiodenstrahlung in guter Näherung beugungsbegrenzt, so daß der Strahlradius $w(z)$ in Richtung der Resonatorachse geschrieben werden kann:

$$w(z) = w_o \cdot \sqrt{1 + \left[\frac{\lambda \cdot z}{n \cdot \pi \cdot w_o^2}\right]^2} \qquad (6.23)$$

Laserdiodenstabilisierung und Transferoptik für longitudinale Pumpanordnungen   179

mit w_o Strahltaillenradius
    n Brechungsindex
    λ Wellenlänge der Pumplichtstrahlung im Laserkristall

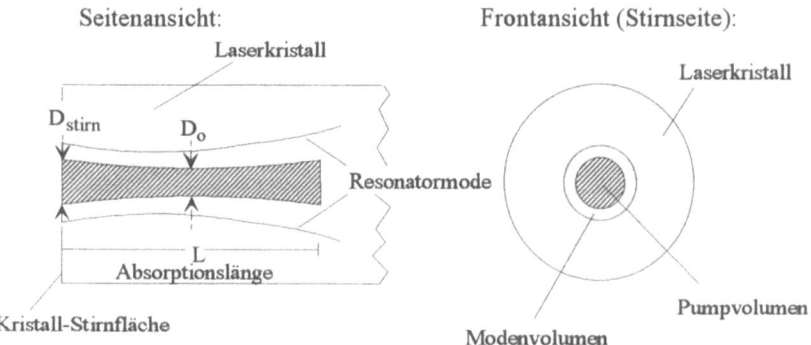

Abb.6.35   Schematische Darstellung zur Fokussierung des Pumplichtes longitudinal in das Resonator-Modenvolumen eines Festkörperlasers

Geht man davon aus, daß der Laserkristall größer als die Absorptionslänge L, aber kleiner als die Rayleigh-Länge ist, so gilt für den maximalen Strahlradius w^{max} des TEM$_{00}$-Mode an der Stirnfläche, wenn der Fokus bei $L/2$ liegt:

$$w^{max} = \frac{D_{stirn}}{2} = w(L/2) \qquad (6.24)$$

Diese Beziehung ist in Abb.6.36 für unterschiedliche Absorptionslängen (entsprechend unterschiedlichen Kristall-Dotierungen oder Absorptionskoeffizienten) dargestellt. Die Absorptionslänge als Kehrwert des Absorptionskoeffizienten ist definiert als die Länge, nach der die eingestrahlte Leistung auf 1/e abgefallen ist. Für die Pumplichtabsorption im optisch gepumpten Medium, bei der möglichst viel Leistung innerhalb des Modenvolumens absorbiert werden soll, ist für die Definition der Absorptionslänge ein Wert bezogen auf 86% absorbierter Leistung, entsprechend dem doppelten Kehrwert des Absorptionskoeffizienten, allerdings praktikabler.

Wenn der Pumpstrahl nun innerhalb des Modenvolumens des Resonatormode verlaufen soll, was heißt, daß der maximale Pumpstrahlradius w^{max} insbesondere klein gegen den Modenradius bei $z = 0$ bzw. $z = L$ ist, so existiert, wie aus Abb.6.36 ersichtlich, ein von L abhängiges Minimum des Strahldurchmessers

180 Laser niedriger und mittlerer Ausgangsleistungen

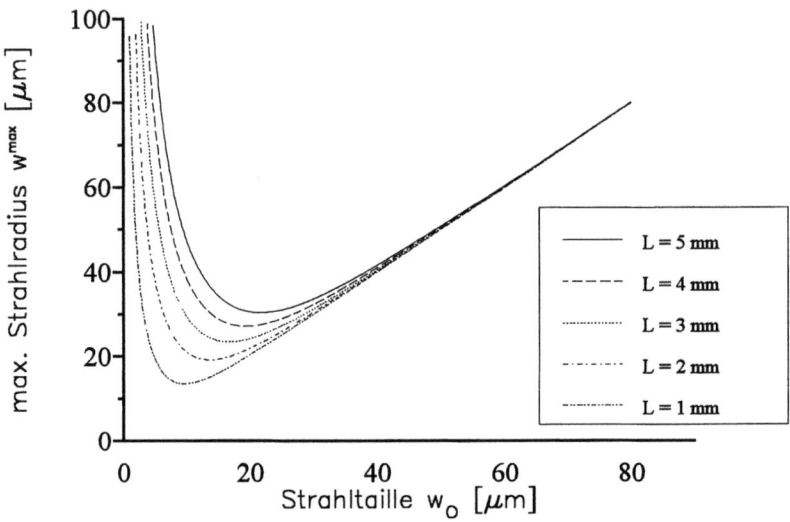

Abb.6.36: Graphische Darstellung von Gl.(6.24) für verschiedene Absorptionslängen L [6.18]

$D_{stim} = 2w^{max}$ an der Kristall-Stirnseite. Die zu minimalem w^{max} gehörende Strahltaille w_o^{optim} ergibt sich so als Minimum von w^{max} gemäß [6.18]:

$$\frac{\partial w^{max}}{\partial w_o} = \sqrt{1+k^2} + w_o \cdot \frac{2k \cdot \left(-2k/w_o\right)}{2\sqrt{1+k^2}} = 0 \qquad (6.25)$$

mit $\quad k = \lambda \cdot L/\left(2\pi \cdot w_o^2\right) \quad ,\qquad$ woraus folgt $\hfill (6.26)$

$$\sqrt{1+k^2} - \frac{2 \cdot k^2}{\sqrt{1+k^2}} = 0 \qquad . \qquad (6.27)$$

w_o^{optim} ergibt sich somit für $k^2 = 1$ aus Gl.(6.26):

$$w_o^{optim} = \sqrt{\frac{\lambda \cdot L}{2 \cdot n \cdot \pi}} \qquad (6.28)$$

Der optimale Pumpstrahldurchmesser D^{optim} läßt sich demnach schreiben als

Laserdiodenstabilisierung und Transferoptik für longitudinale Pumpanordnungen

$$D^{optim} = \sqrt{\frac{4\lambda \cdot L}{2n \cdot \pi}} \quad \text{bzw.} \quad w_o^{optim} = \sqrt{\frac{1}{4} \cdot \frac{4\lambda \cdot L}{\pi \cdot 2n}}, \quad (6.29a,b)$$

was für die folgende Argumentation hilfreich ist.

Nun folgt aus der Erhaltung des Phasenraumvolumens für Gaußbündel

$$2n \cdot w_o \cdot \Theta = 1.27\lambda, \quad (6.30)$$

woraus sich der Divergenzwinkel des optimal fokussierten Strahls $\tilde{\Theta}_v^{pump}$, bezogen auf Luft als umgebendes Medium (also außerhalb des Laserkristalls) ergibt zu

$$\tilde{\Theta}_v^{pump} = \arcsin\left(n \cdot \sin\left(\frac{1.27\lambda}{2n \cdot w_o^{optim}}\right)\right) \quad (6.31)$$

Die Optik für die vertikale Richtung ist demnach so zu konzipieren, daß die Öffnungswinkel Θ_v^{pump} und Θ_v^{mode} optimal überlappen; der die Abbildungsoptik charakterisierende Vergrößerungsfaktor errechnet sich aus dem Verhältnis der Öffnungswinkel $\Theta_v^{pump}/\Theta_v^{mode}$, da das Produkt aus Öffnungswinkel und Gegenstands- bzw. Bilddurchmesser eine Konstante ist.

In horizontaler Richtung ist die Laserdiodenstrahlung nicht beugungsbegrenzt. Rechnet man analog zur Gaußschen Strahlausbreitung, so ist in Gl.(6.29b, 6.30) der das Phasenraumvolumen charakterisierende Faktor $1/4 \cdot (4\lambda/\pi)$ durch $1/4$ des nicht-beugungsbegrenzten Phasenraumvolumens zu ersetzen. Dieses errechnet sich als Produkt aus der Apertur des Laserdiodenwellenleiters und dem Divergenzwinkel der Laserdiodenstrahlung im Bogenmaß. Aus der Erhaltung des Phasenraumvolumens Φ ergibt sich somit als optimale Strahltaille in horizontaler Richtung:

$$w_o^{optim} = \sqrt{L/(2n) \cdot 1/4 \cdot \Phi} = \sqrt{L/(2n) \cdot 1/4 \cdot m_h^{diode} \cdot \Theta_h^{diode}} \quad \text{und} \quad (6.32)$$

$$\Theta_h^{pump} = \Phi/(2n \cdot w_o) = m_h^{diode} \cdot \Theta_h^{diode}/(2n \cdot w_o) \quad (6.33)$$

was sich wiederum auf Luft als umgebendes Medium umrechnen läßt.

Der Vergrößerungsfaktor für die horizontale Richtung errechnet sich entsprechend analog zu $\Theta_h^{pump}/\Theta_h^{mode}$.

182 Laser niedriger und mittlerer Ausgangsleistungen

Der optimale Pumplichtfokus, bei dem das Pumplichtvolumen minimal ist und die Pumplichtstrahlung über die gesamte Absorptionslänge im Resonatormodenvolumen absorbiert wird (bei dem also eine optimale Modenüberlappung gegeben und gleichzeitig das Pumplichtvolumen zum Zwecke größter Laserleistung minimiert ist), besitzt daher eine elliptische Form.

Mit diesen Berechnungen ist es nun möglich, eine zum Beispiel dreilinsige Optik so zu dimensionieren, daß eine sphärische Linse den beugungsbegrenzten Strahl entsprechend Gl.(6.31, 6.33) optimal angepaßt in den Resonator fokussiert. In horizontaler Richtung wird diese Abbildung durch eine erste Zylinderlinse zunächst kompensiert und dann mit einer zweiten Zylinderlinse entsprechend dem für die horizontale Richtung unterschiedlichen Vergrößerungsmaßstab ebenfalls optimal in das Modenvolumen fokussiert (Abb.6.37): Linse 1 fokussiert die Laserdiodenstrahlung für die große Divergenz senkrecht zum pn-Übergang entsprechend dem berechneten Abbildungsverhältnis. Linse 2 ist eine Zylinderlinse, die diese Abbildung in hierzu senkrechter Richtung aufhebt. Die Strahlung wird mit der ebenfalls zylindrischen Linse 3 unter einem anderen Abbildungsmaßstab in den Laserkristall fokussiert.

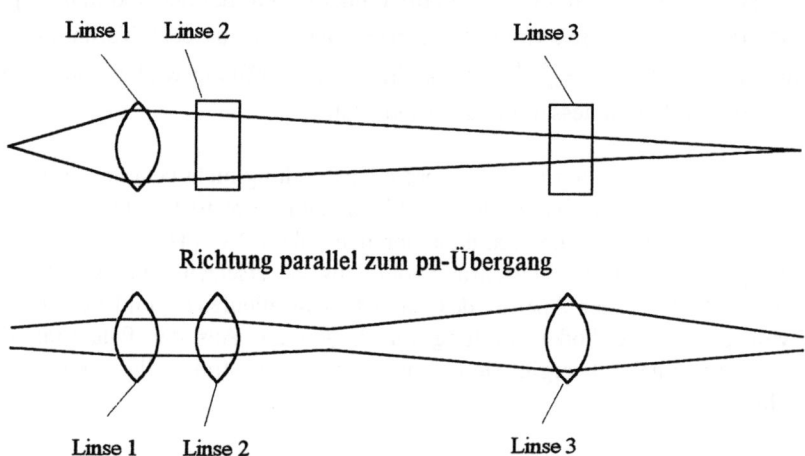

Abb.6.37 Prinzipskizze einer dreilinsigen Optik wie im Text berechnet

Wendet man die üblichen Linsenformeln an, so sieht man leicht, daß sich für solche dreilinsigen Systeme ein Gleichungssystem mit einem Freiheitsgrad ergibt, wohingegen ein zweilinsiges, rein zylindrisches Objektiv zu exakt bestimmten Gleichungssystemen mit eindeutiger Lösung führt. So sind beispielsweise Laserdioden verfügbar, die bereits mit einer nahe an der Emissionsfläche positionierten

Zylinderlinse versehen sind (wofür auch ein Stück einer Glasfaser verwendet werden kann) (Abb.6.38) [6.127].

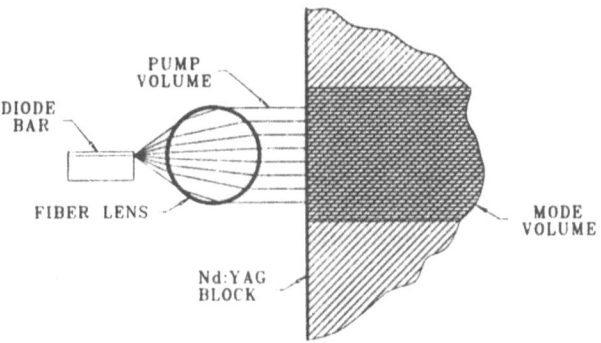

Abb.6.38 Laserdiode mit stabförmiger Zylinderlinse [6.127]

In beiden Fällen, zweilinsiger wie dreilinsiger Optik, sind bei miniaturisierten Lasersystemen zudem Grenzen durch die Baugröße der Optik sowie durch die verfügbaren numerischen Aperturen der Linsen gegeben. Mit modernen Linsensystemen, wie etwa binäre oder holographische Optiken, kann diese Problematik zum Teil umgangen werden, wofür jedoch ein höherer technologischer Aufwand in Kauf genommen werden muß. So erfordern binäre Optiken entsprechend gute Simulationsprogramme sowie Elektronenstrahl-geschriebene Masken. Holographisch-optische Elemente (HOEs), beispielsweise in Resist- oder Dichromat-Gelatine-Technik hergestellt, erfordern Belichtungen in hochstabilen holographischen Aufbauten, gegebenenfalls mit Wellenlängenkorrektur durch binäre Korrektur-Optiken.

Mit beiden Techniken lassen sich Transmissionen von über 95% in erster Beugungsordnung erzielen [6.128]. Schwierig ist jedoch die Realisierung einer effizienten Fokussierung in nullter Beugungsordnung (geradliniger Durchgang durch das Hologramm), weswegen HOEs meist einen geknickten Strahlengang oder einen Betrieb in Reflexion erfordern. Auch sind der numerischen Apertur holographisch-optischer Elemente in der Praxis Grenzen gesetzt: eine hohe numerische Apertur erfordert insbesondere am Linsenrand eine hohe Ortsfrequenz der holographischen Gitterstrukturen, die jedoch nur mit sehr hoher Auflösung des Filmmaterials und der lithographischen Belichtung bzw. im Falle Elektronenstrahl-geschriebener Strukturen der Auflösung des Schreibers möglich sind.

Da die von Hochleistungs-Laserdioden emittierte Strahlung im allgemeinen hohe Phasenfluktuationen aufweist, müssen diese HOEs so ausgelegt werden, daß sie als inkohärente Optiken äquivalent herkömmlichen Linsen funktionieren.

184 Laser niedriger und mittlerer Ausgangsleistungen

Eine kohärente Auslegung der holographisch-optischen Elemente erfordert eine Phasenkopplung der von der Laserdiode emittierten Strahlung (s. Kapitelende).

Eine einfache und dennoch effektive Transferoptik läßt sich in Form sogenannter Gradienten-Index-Linsen (GRIN) realisieren. Bei konventionellen Linsen beruhen die Abbildungseigenschaften auf diskreter Brechung an den Grenzflächen eines homogenen Materials mit einem zur Umgebung unterschiedlichen Brechungsindex. Verwendet man stattdessen ein Material, bei welchem der Brechungsindex einen radialen Gradienten aufweist, so können abbildende Eigenschaften durch kontinuierliche Brechung erzeugt werden. Die radiale, kontinuierliche Formung des Brechungsindex im Innern eines Glasstabes erreicht man durch kontrollierte Ionen-Austausch-Prozesse [6.129].

Der Brechungsindex $n(r)$ in Abhängigkeit vom Abstand r von der optischen Achse wird beschrieben durch [6.130]

$$n(r) = n_o \cdot \left(1 - \frac{A}{2} \cdot r^2\right) \tag{6.34}$$

(A: Gradienten-Konstante, n_o: Brechungsindex auf der optischen Achse).

Typische Kenngrößen der Gradienten-Indexlinse sind numerische Apertur, "pitch" und Gradienten-Konstante. Der Strahlverlauf innerhalb einer GRIN-Linse berechnet sich zu [6.131]

$$\begin{bmatrix} r_2 \\ \dot{r}_2 \end{bmatrix} = \begin{bmatrix} \cos(z \cdot \sqrt{A}) & \frac{1}{n_o \cdot \sqrt{A}} \cdot \sin(z \cdot \sqrt{A}) \\ -n_o \cdot \sqrt{A} \cdot \sin(z \cdot \sqrt{A}) & \cos(z \cdot \sqrt{A}) \end{bmatrix} \cdot \begin{bmatrix} r_1 \\ \dot{r}_1 \end{bmatrix} \tag{6.35}$$

mit r_1 Abstand zwischen Einfallspunkt und optischer Achse
       $\dot{r}_1$ Einfallswinkel
       r_2 Abstand zwischen Strahlaustrittspunkt und optischer Achse
       $\dot{r}_2$ Ausfallswinkel
       z Länge der Linse

Die Strahlausbreitung im Innern einer solchen Linse ist demnach sinusförmig (Abb.6.39); die sogenannte "pitch" bezeichnet die Anzahl der Sinusschwingungen im Linseninnern, woraus sich auch die Abbildungseigenschaft ablesen läßt. Beispielsweise bildet eine GRIN-Linse mit pitch 0.5 (halbe Sinusschwingung) einen Punkt wieder auf einen Punkt ab, eine Linse mit pitch 0.25 (ein Viertel einer Sinusschwingung) einen Punkt in einen kollimierten Strahl und umgekehrt.

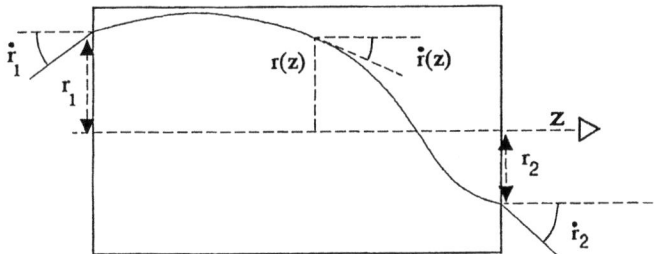

Abb.6.39 Strahlverlauf innerhalb einer Gradienten-Index-Linse

Gradienten-Index-Linsen sind aufgrund ihrer geringen Baugröße, einfachen Justage, den hohen erzielbaren Aperturen sowie kurzen Arbeitsabständen eine gute Alternative zu komplexen Linsensystemen, wenn es um eine effektive Pumplichtankopplung bei Laserdioden mit einer schmalen Emissionsapertur geht. Die Abbildungseigenschaften sind in den meisten Laserkonfigurationen mit Laserdioden-Aperturen bis etwa 200 µm für eine transversale Modenselektion hinreichend, bei größeren Laserdioden-Aperturen muß zu diskreten Optiken übergegangen werden.

Für eine effiziente Ankopplung der Pumpstrahlung an den Laserresonator ist eine alleinige Optimierung der Pumpoptik in der Praxis meist nicht ausreichend. Vielmehr können besonders gute Ergebnisse dann erzielt werden, wenn zunächst der mit einer Laserdiode minimal erreichbare Strahldurchmesser abgeschätzt wird, sodann ein hierzu passender Resonator mit möglichst kleinem Modenvolumen berechnet wird und dann in einem weiteren Schritt die Pumpoptik für diesen Laserresonator gemäß Gl.(6.25)-Gl.(6.33) optimiert wird. In einem letzten Iterationsschritt ist dann meistens noch eine Optimierung des Laserresonators mit einem etwas größeren Modenvolumen notwendig, damit die nun unter realistischeren Bedingungen berechnete Pumplichtstrahlung auch tatsächlich innerhalb des Resonator-Modenvolumens verläuft.

Auch muß die Position des Pumplichtfokus auf der optischen Achse bezüglich des exponentiellen Verlaufs der Absorption korrigiert werden: Da das Pumplicht hauptsächlich im Bereich der Eintrittsstelle im Kristall absorbiert wird, weit hiervon entfernte Bereiche aber nur noch wenig Pumplicht absorbieren, ist es meist vorteilhaft, den Pumplichtfokus nicht in der Mitte der Absorptionslänge auf der optischen Achse zu plazieren, sondern näher an der Eintrittsfläche des Laserkristalls. Diesen letzten Optimierungen des Laseraufbaus ist besondere Aufmerksamkeit zu widmen, da ausgehend von einer in der Praxis nur schwer erreichbaren optimalen Fokussierung des Pumplichtes eine gute Modenüberlappung und somit ein effizienter TEM_{00}-Betrieb insbesondere von dieser letzten Optimierung bestimmt wird.

186 Laser niedriger und mittlerer Ausgangsleistungen

Da, wie oben diskutiert, der optimale Pumpstrahlfokus elliptisch ist, werden an die Abbildung der Transferoptik in beiden prinzipiellen Strahlausbreitungsrichtungen der Laserdiode sehr unterschiedliche Anforderungen gestellt. Diese sind jedoch nur schwer in einer einzigen Optik gleichzeitig zu vereinen. Eine Entschärfung der Problematik kann dadurch erzielt werden, daß der Resonatormodenquerschnitt selbst eine elliptische Gestalt erhält [6.132]. So führt beispielsweise eine in den Laserresonator eingebrachte Zylinderlinse oder ein Laserspiegel mit eingeschliffenem Zylinder zu einer elliptischen Verzerrung des Resonatormode, in welche die sich stark inhomogen ausbreitende Laserdiodenstrahlung leichter und mit günstigerem Hauptachsenverhältnis des elliptischen Fokus eingekoppelt werden kann (Abb.6.40).

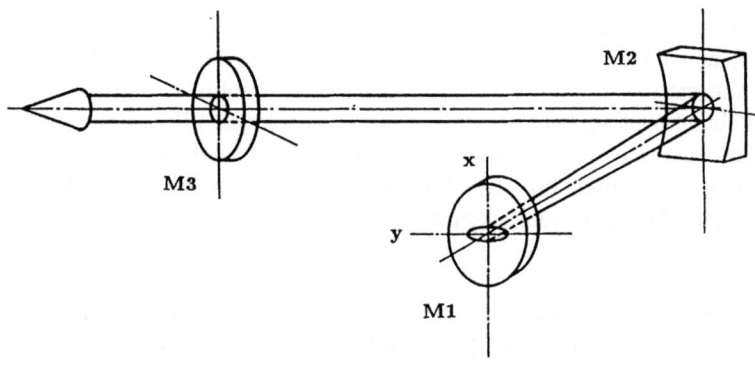

Abb.6.40 Laserresonator mit elliptischem Mode [6.132]

Eine weitere Möglichkeit der Homogenisierung des Strahlprofils wie auch der räumlichen Strahlverteilung erhält man durch Einkopplung der Laserdiodenstrahlung in eine Multimoden-Lichtleitfaser. Ist diese hinreichend lang (mindestens einige Zentimeter), so findet eine Mittelung der räumlichen Strahlverteilung in der Faser statt, so daß das Pumplicht diese mit einer kreisrunden Apertur, einem homogenen Strahlquerschnitt und einer in allen Richtungen gleichen Divergenz verläßt. Diese Strahlung kann nun leicht mittels einer sphärischen Optik kollimiert und fokussiert werden. Allerdings kann, je nach Wahl der Lichtleitfasereigenschaften, eine deutliche Vergrößerung des Phasenraumvolumens der Strahlung erfolgen, so daß diese ein größeres Strahlparameterprodukt aufweist. Dieser Effekt kann dadurch verringert werden, daß durch eine einseitige Deformation der Lichtleitfaser (sogenanntes "tapern") diese der Apertur der Laserdiode angepaßt wird [6.133], so daß im günstigsten Falle das Phasenraumvolumen der Laserdiodenstrahlung beim Durchgang durch die Faser nahezu erhalten bleibt.

Eine der taper-Faser verwandte Lösung sieht einen massiven Konzentrator etwa aus Glas vor [6.134], so daß auch hier durch Mehrfachreflektion Laserdiodenstrahlung mit unterschiedlicher Ausgangsdivergenz in einen homogenen Ausgangsstrahl umgewandelt wird. Mit einem solchen Konzentrator wurden Leistungsdichten von 12 kW/cm^2 erzielt [6.135] (vgl. Abb.6.25). Hierbei wurde die Strahlung von gestapelten Diodenlaser-array-bars mit unmittelbar an der Emitterfläche angeordneten Mikrolinsen-arrays kollimiert. Abb.6.41 zeigt ein typisches Mikrolinsen-array, das durch Aufschmelzen einer Photoresist-Struktur hergestellt wurde.

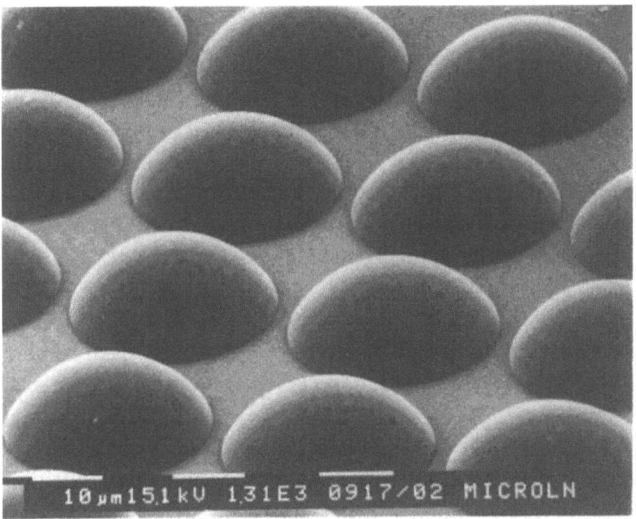

Abb.6.41 Abbildung eines in Photoresist erzeugten zweidimensionalen Mikrolinsen-arrays [Q6.9]

In Verbindung mit einer weiteren, makroskopischen Linse kann das gesamte Strahlenbündel auch fokussiert (Abb.6.42) [6.136] bzw. in eine Lichtleitfaser eingekoppelt werden.

Alle bisher beschriebenen Formen der Pumplichtkonzentration beruhen auf der inkohärenten Abbildung großer Flächen, im Falle von Laserdioden-arrays (wie etwa bei einer üblichen 1 W-Laserdiode, welche typisch über 10 Emitter mit Aperturen von 1 μm×3 μm und einen Abstand von 10 μm zwischen jedem Emitter verfügt) auf der inkohärenten Abbildung von mehreren Emittern, unter Erhaltung des auf die Emitterfläche bezogenen Phasenraumvolumens. Im letzten Fall ist die zur Berechnung des Phasenraumvolumens heranzuziehende Emissionsfläche der Laserdiode im allgemeinen größer als die Summe der

188 Laser niedriger und mittlerer Ausgangsleistungen

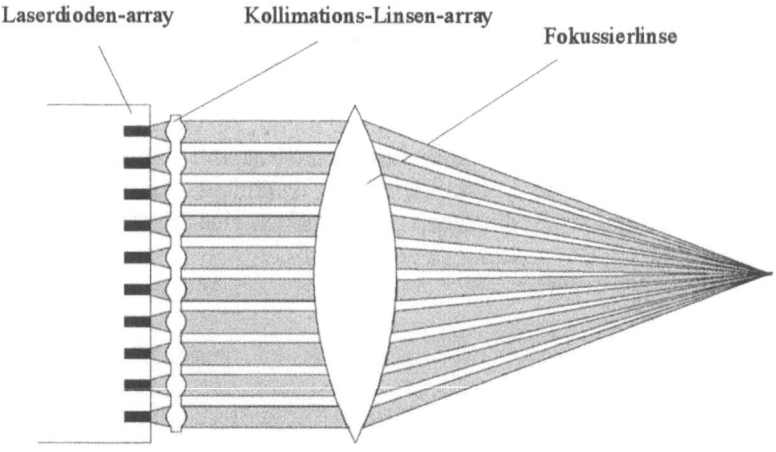

Abb.6.42 Abbildung eines zweidimensionalen Laserdioden-arrays mittels eines Linsen-arrays und einer gemeinsamen sphärischen Fokussierlinse (nach [6.136])

Flächen der Einzelemitter, da bei der Abbildung auch die Fläche zwischen den Emittern mit abgebildet und somit berücksichtigt werden muß.

Eine Verringerung der abgebildeten Fläche kann man dadurch erzielen, daß beispielsweise vor jedem Emitter eine eigene dünne Faser positioniert wird, so daß die dazwischenliegende Fläche bei der Abbildung ausgeschlossen ist. Allerdings entstehen beim Zusammenfassen der einzelnen Fasern am anderen Ende Zwischenräume, die die abzubildende Apertur wieder vergrößern. Je nach geeigneter Dimensionierung der Fasern und der Technik der Zusammenfassung (etwa durch Komprimierung der Faserenden unter Hitzeeinwirkung zu wabenförmigen Strukturen [6.137] oder Zusammenfassung von rechteckig verformten Faserenden [6.138] oder Verwendung von Fasern mit rechteckigem Querschnitt [6.139]) können auch diese Zwischenräume verkleinert werden.

Eine tatsächliche Erhöhung der Strahldichte der Laserdiodenstrahlung kann jedoch nur bei kohärenter Kopplung der einzelnen Emitter erfolgen (Abb.6.43). Auch wenn moderne Laserdioden-arrays eine Phasenkopplung der einzelnen Emitter vorsehen (Kap. 4), ist die resultierende Phasenkopplung nicht starr und unterliegt Phasenschwankungen unterschiedlichster Herkunft. Durch ein erstes holografisch-optisches Element (HOE), welches einen Teil der Laserdiodenstrahlung in die Laserdiode rückkoppelt, können die einzelnen Emitter der Laserdiode phasenstarr miteinander gekoppelt werden. Ein zweites HOE wirkt als sogenanntes "fan-in"-Element und überlagert die einzelnen Emitter phasengleich kohärent, so daß das Phasenraumvolumen des Fokus nahezu dem Produkt aus

Divergenzwinkel und Emissionsfläche eines einzelnen Laserdiodenemitters entspricht. Eine solche kohärente Kopplung ermöglicht es somit, die Strahlung eines leistungsstarken Laserdioden-arrays bei Erhöhung der Strahldichte zu fokussieren, so daß hier eine besonders effiziente Einkopplung der Laserdiodenstrahlung in das Resonator-Modenvolumen möglich ist. Nachteil dieser Anordnung ist neben dem bereits besprochenen großen Aufwand zur Herstellung der HOEs die hohe erforderliche Positioniergenauigkeit des ersten HOEs. Dennoch konnte ein solches System bereits erfolgreich realisiert werden [6.140].

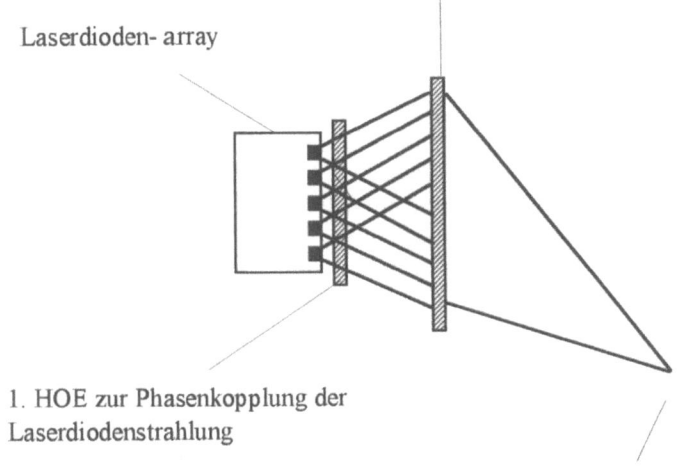

Abb.6.43 Kohärente Kopplung eines Laserdioden-arrays zur Strahldichtenerhöhung mittels zweier HOEs (nach [6.140])

7 Festkörperlaser hoher Durchschnittsleistungen

Festkörperlaser mit großen durchschnittlichen Ausgangsleistungen sind besonders für die Materialbearbeitung von Bedeutung, z. B. zum Schweißen, Schneiden, Bohren oder auch Oberflächenhärten. Dabei ist die relativ große Absorption von Metallen im Wellenlängenbereich um 1 µm besonders interessant; diese kann etwa drei- bis fünfmal größer als beim CO_2-Laser ($\lambda = 10.6$ µm) sein. Eine Strahlführung in Lichtwellenleitern ist sehr gut möglich, und es sind hohe Spitzenleistungen im Pulsbetrieb verfügbar.

Nachteilig ist jedoch, daß bei konventionellen Festkörperlasern im allgemeinen nur eine mäßige Strahlqualität möglich ist, die auch noch erheblich von der Pump- bzw. Ausgangsleistung abhängt. Strahldivergenz und -radius sowie Fokusdurchmesser und -position variieren mit der Pumpleistung. Dies alles ist bedingt durch die thermischen Gradienten im laseraktiven Material, das beim optischen Pumpprozeß stark aufgeheizt wird und gekühlt werden muß. Durch die hohe thermische Belastung des Lasermaterials wird auch die maximal mit einem Laserstab erreichbare Durchschnittsleistung eingeschränkt. Darüber hinaus werden bei lampengepumpten Festkörperlasern im allgemeinen relativ geringe Gesamtwirkungsgrade von nur etwa 3 bis 4 % erreicht.

Eine bedeutende Verbesserung kann hier das optische Pumpen mit Hochleistungslaserdioden bringen, da der Anregungsprozeß sehr viel effizienter ist. Natürlich wird auch hierbei das Lasermaterial erwärmt (wenn auch in viel geringerem Maße), da auch die absorbierte Pumpstrahlung der Diodenlaser nicht vollständig in Laserstrahlung konvertiert wird. Die wesentlichen Ursachen sind die Energiedifferenz zwischen Pump- und Laserphoton, die an den Wirtskristall durch strahlungslose Übergänge abgegeben wird, sowie die Quanteneffizienz, die kleiner als eins ist (Kap.2). Weiterhin ist zu berücksichtigen, daß Bereiche im Lasermaterial gepumpt und somit erwärmt werden, die nicht vom Lasermodenvolumen überdeckt werden. (Bei einem lampengepumpten Laser trägt auch noch diejenige vom Lasermaterial absorbierte Pumpstrahlung zur Erwärmung bei, die nicht im spektralen Bereich der Pumpbande des Laserübergangs liegt. Andererseits kann auch der kurzwellige Anteil der Lampenstrahlung die Eigenschaften des aktiven Mediums bzw. auch den Laserprozeß beeinträchtigen).

Als geometrische Formen für die Laserkristalle bzw. -gläser, die den Anforderungen hinsichtlich einer effizienten Einkopplung des Pumplichtes sowie einer effizienten Kühlung genügen und mit der Laseroptik kompatibel sind, eignen sich dünne Stäbe mit zylindrischem (rod) oder rechteckigem Querschnitt (slab).

Um hohe Durchschnittsleistungen zu erreichen, werden die Laserstäbe im allgemeinen von der Seite, transversal zur Resonatorachse, gepumpt. Solche transversalen Pumpanordnungen eröffnen die Möglichkeit, zu sehr hohen Durchschnittsleistungen im kW-Bereich zu gelangen. Dabei skaliert die mittlere Leistung eines rod-Lasers mit der Länge des Laserstabes. Noch höhere Leistungen sollten sich mit der slab-Geometrie erreichen lassen, da hierbei die Ausgangsleistung mit der (gepumpten) Fläche des Laser-slab ansteigen kann (Abb.7.1 u. 7.2a,b).

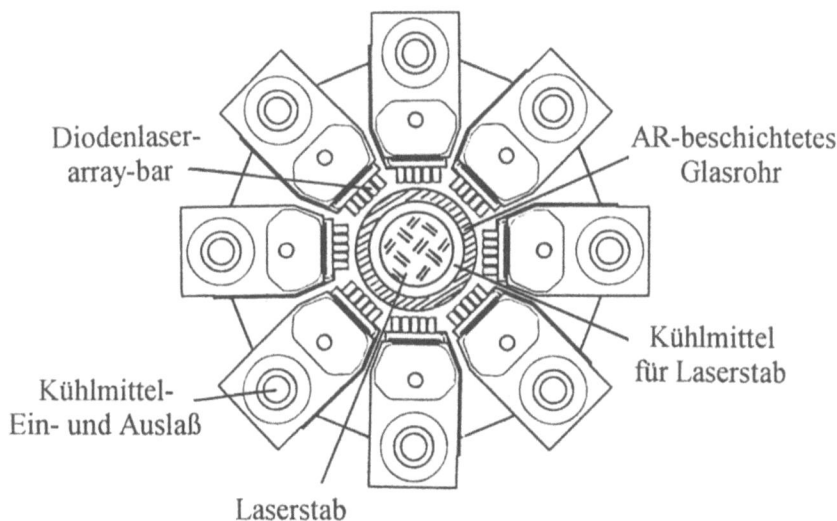

Abb.7.1   Prinzipskizze zur transversalen Pumpanordnung eines rod-Lasers

Bei der rod-Geometrie entstehen radiale thermische Gradienten senkrecht zur Strahlausbreitungsrichtung, wenn an der Mantelfläche gekühlt wird. Die Variation des Brechungsindex mit der Temperatur resultiert in einem annähernd sphärischen Linseneffekt, der teilweise kompensiert werden kann. Jedoch sind die photoelastischen Effekte, die sich aus der thermischen Stress-Verteilung ergeben, recht komplex und verursachen Doppelbrechung sowie eine schwierig zu beherrschende thermische Linsenverzerrung. Eine passive Korrektur für diesen Verzerrungstyp ist praktisch nicht durchführbar. Bei der slab-Geometrie werden hingegen die thermischen Verzerrungseffekte weitgehend durch die Symmetrie der thermischen Gradienten im Laserstrahlengang eliminiert.

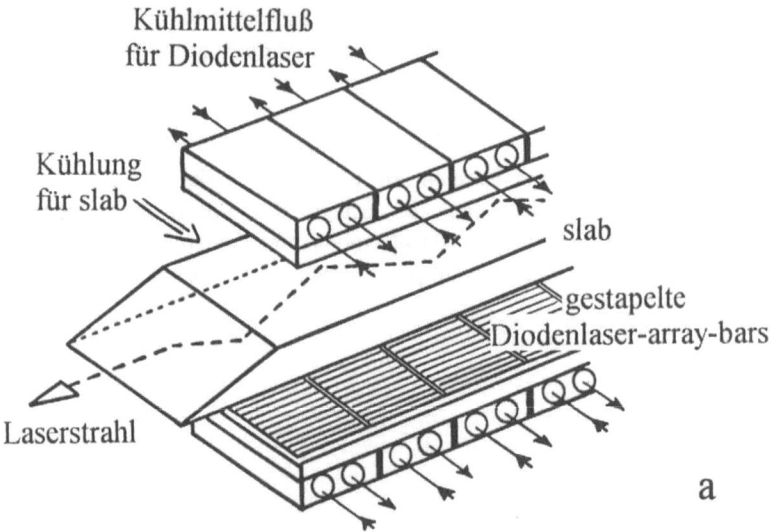

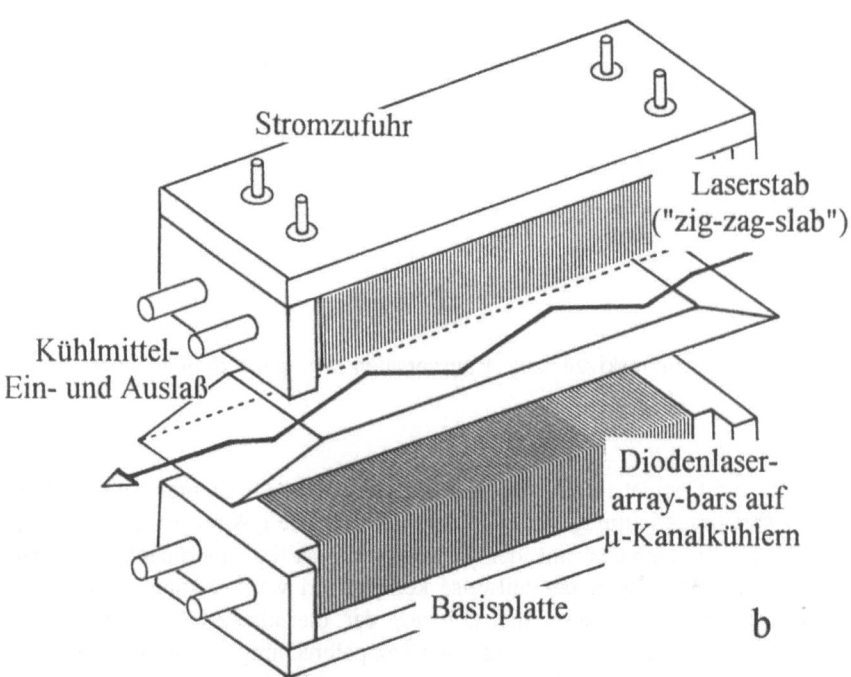

Abb.7.2a,b Prinzipskizzen transversaler Pumpanordnungen für Zick-zack-slab-Laser. In dem einen Fall sind die array bars parallel zur Resonatorachse in Modulgruppen angeordnet (a), im anderen Fall sind sie senkrecht hierzu ausgerichtet (b).

Beide Kristallgeometrien eignen sich sehr gut für das Pumpen mit Diodenlasern. Während beim rod die Diodenlaser-array-bars sternförmig um den optisch polierten Stabmantel herum angeordnet werden können, lassen sich die großen ebenen, optisch polierten Flächen des slab optimal für die Einkopplung der Pumpstrahlung von flächig angeordneten Diodenlasern nutzen. Die Anforderungen an die Laserresonatoren entsprechen weitestgehend denjenigen von konventionellen Lasern. Dabei sind insbesondere instabile Resonatorgeometrien von Bedeutung, welche die besten Voraussetzungen bieten, um eine hohe Strahlqualität zu erzeugen. Detaillierte Darstellungen zu modernen Resonatoren findet man z. B. in [7.1-7.5].

Da die thermischen Effekte bei den Festkörperlasern hoher durchschnittlicher Leistungen von entscheidender Bedeutung für den Laserbetrieb sind, soll im folgenden näher diskutiert werden, wie sich das optische Pumpen mit Diodenlasern auswirkt.

7.1 Thermische Effekte in Laserstäben

7.1.1 Rod-Geometrie

Die Problematik, mit einem Festkörperlaser eine große Ausgangsleistung und eine hohe Strahlqualität zu erreichen, läßt sich besonders gut am Beispiel eines zylindrischen Laserstabes darstellen. Wir nehmen dafür eine uniforme interne Wärmeerzeugung infolge von Pumplichtabsorption an, und der (zunächst "unbegrenzt") lange Stab aus einem isotropen Lasermaterial soll an der Mantelfläche ($r = R$) gleichförmig gekühlt werden (Abb.7.3).

Hieraus ergibt sich ein radialer Wärmefluß. Weiterhin soll die Wärme kontinuierlich oder mit ausreichend hoher Repetitionsrate zugeführt werden, so daß die Temperatur als quasi-stationär betrachtet und die Zeitabhängigkeit der Temperatur vernachlässigt werden kann. Die Temperaturverteilung $T(r)$ ist dann in Zylinderkoordinaten durch die eindimensionale Wärmeleitungsgleichung gegeben:

$$\frac{d^2T}{dr^2} + \frac{1}{r} \cdot \frac{dT}{dr} + \frac{Q}{k} = 0 \qquad (7.1)$$

(Q: pro Volumeneinheit erzeugte Wärme, k: thermische Leitfähigkeit).

Die Lösung ergibt ein parabelförmiges Temperaturprofil:

$$T(r) = T_R + \frac{Q \cdot R^2}{4k} \cdot \left(1 - \frac{r^2}{R^2}\right) \qquad (7.2)$$

(T_R: Temperatur am Stabmantel, R: Radius des Laserstabes).

Dies läßt sich auch schreiben:

$$T(r) = T_R + \Delta T \cdot \left(1 - \frac{r^2}{R^2}\right) , \qquad (7.3)$$

da $\quad \Delta T = T_{r=0} - T_R = \dfrac{Q \cdot R^2}{4k} \qquad (7.4)$

die Temperaturdifferenz zwischen Stabmitte und -oberfläche ist.

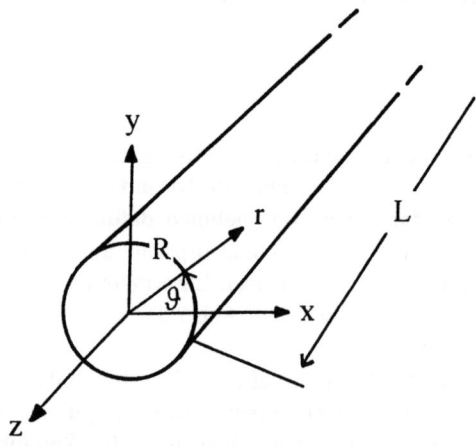

Abb. 7.3 Rod-Geometrie mit radialem Abstand r und Winkel ϑ zwischen der radialen Richtung und der x-Achse. Der Laserstab aus einem isotropen Material soll an der Mantelfläche in radialer Richtung gepumpt und gekühlt werden.

Gl.(7.3) beschreibt das Temperaturprofil in einem zylindrischen Laserstab unbegrenzter Länge mit einer idealen, gleichförmigen Wärmebelastung über dem gesamten Stabvolumen und einer gleichförmigen Kühlung an der Mantelfläche. Infolge dieses Temperaturgradienten ergibt sich mechanischer Stress im Laserstab, der sich durch drei Stresstensor-Komponenten in radialer, tangentialer und axialer Richtung ausdrücken läßt, die gleichfalls einen parabelförmigen Verlauf aufweisen [7.6, 7.7]:

$$\sigma_r = \frac{1}{4} \Delta T \cdot \left(\frac{r^2}{R^2} - 1 \right) \cdot \frac{\alpha \cdot E}{1 - \nu} \qquad \text{radial,} \qquad (7.5)$$

$$\sigma_\vartheta = \frac{1}{4} \Delta T \cdot \left(\frac{3r^2}{R^2} - 1 \right) \cdot \frac{\alpha \cdot E}{1 - \nu} \qquad \text{tangential,} \qquad (7.6)$$

$$\sigma_z = \frac{1}{2} \Delta T \cdot \left(\frac{2r^2}{R^2} - 1 \right) \cdot \frac{\alpha \cdot E}{1 - \nu} \qquad \text{axial.} \qquad (7.7)$$

(α: thermischer Ausdehnungskoeffizient, E: Young's Modul, ν: Poisson-Zahl)

Positive Werte der Stress-Komponenten bedeuten Zugspannung, und negative entsprechen einer Kompression. Das Stabzentrum steht unter Kompression, wohingegen an der Staboberfläche Zugspannung herrscht, die dort ihren größten Wert annimmt. Große Wärmeerzeugung im Kristall bedeutet eine große Spannung an der Oberfläche, welche die Zugfestigkeit des Kristallmaterials übersteigen kann, was zum Zerbrechen des Stabes führt. Aus Gl.(7.5) ersieht man, daß die radiale Komponente σ_r am Stabmantel gleich 0 ist.

Nach vektorieller Addition von σ_ϑ und σ_z [7.7] ergibt sich für die resultierende Spannung an der Staboberfläche:

$$\sigma_{ob} = \frac{1}{2} \Delta T \cdot \frac{\alpha \cdot E}{1 - \nu} \qquad (7.8)$$

Maximaler Oberflächenstress, bei dem der Laserstab zerbricht, entsteht bei maximalem Temperaturgradienten:

$$\sigma_{max} = \frac{1}{2} \Delta T_{max} \cdot \frac{\alpha \cdot E}{1 - \nu} \qquad (7.9)$$

Im folgenden betrachten wir nun einen "realen" Laserstab der Länge L.

Mit $\quad \Delta T_{max} = \dfrac{Q_{max} \cdot R^2}{4k} \qquad (7.10)$

und $\quad Q_{max} = \dfrac{1}{\pi \cdot R^2} \cdot \left(\dfrac{P_H}{L} \right)_{max} \qquad (7.11)$

(Q_{max}: maximale Wärmeleistungsdichte im Stab, P_H: gesamte Heizleistung im Stab) läßt sich nun auch schreiben:

$$\sigma_{max} = \frac{1}{8\pi} \cdot \left(\frac{P_H}{L}\right)_{max} \cdot \frac{\alpha \cdot E}{k \cdot (1-\nu)} \qquad (7.12)$$

oder $\quad \left(\dfrac{P_H}{L}\right)_{max} = 8\pi \cdot R_t$, $\hfill (7.13)$

wobei $\quad R_t = \dfrac{k \cdot (1-\nu)}{\alpha \cdot E} \cdot \sigma_{max}$ $\hfill (7.14)$

als thermischer Schock-Parameter bezeichnet wird [7.8]. Dieser faßt die thermischen Eigenschaften des Lasermaterials zusammen und hängt sehr von der Kristallqualität ab. Ein großer Wert für R_t bedeutet, daß der Kristall thermisch hoch belastet werden kann, bevor er zerbricht. Der Parameter läßt sich als eine nützliche "figure of merit" verwenden, um die thermomechanische Eignung eines Lasermaterials für Laser hoher Durchschnittsleistungen zu beurteilen.

Wie eingangs schon erwähnt, wird die Heizleistung P_H im wesentlichen durch den Quantendefekt und die Absorption an Farbzentren bestimmt. Man definiert nun einen sogenannten "Heizparameter" X (heating parameter), der auch als normierter Heizparameter bezeichnet wird. Diese Größe entspricht der im Laserstab erzeugten Wärme pro Einheit gespeicherter Energie im Wellenlängenbereich von $\lambda = 1$ µm [7.9]:

$$X = \frac{P_H}{P_{verfüg}} \qquad (7.15)$$

$P_{verfüg}$ ist die gesamte im Laserstab durch Inversion verfügbare Leistung:

$$P_{verfüg} = \eta_q \cdot \eta_{st} \cdot P_{ein} \qquad (7.16)$$

(η_q : Quanteneffizienz, η_{st} : Stokes-Effizienz, P_{ein} : in den Laserkristall eingestrahlte und absorbierte Pumpleistung; hierbei ist vollständige Überlappung von Pump- und Modenvolumen angenommen (Kap.2)).

Da für die Extraktionseffizienz gilt:

$$\eta_{ex} = \frac{P_{aus,max}}{P_{verfüg}} \qquad (7.17)$$

($P_{aus,max}$: maximale, aus dem Laser extrahierbare Leistung), folgt aus Gl.(7.13, 7.15, 7.17):

$$\frac{P_{aus,max}}{L} < 8\pi \cdot R_t \cdot \frac{\eta_{ex}}{X} \qquad (7.18)$$

als maximal mit einem zylindrischen Laserstab der Länge L erreichbare Ausgangsleistung.

Nach Gl.(7.16), mit $\eta_q = 0.8$ sowie $\eta_{st} = 0.76$ für einen diodengepumpten Nd:YAG-Laser, ist $P_{verfüg} \approx 0.6 P_{ein}$. Somit ist $P_H = P_{ein} - P_{verfüg} \approx 0.4 P_{ein}$. Damit ergibt sich X ≈ 0.67.
Für lampengepumpte Nd:YAG-Laser werden in der Literatur Werte von X = 2.6 [7.10] bzw. 3.3 [7.9] angegeben. Das bedeutet, daß für einen diodengepumpten Laser der Heizparameter weniger als ein Drittel desjenigen eines lampengepumpten beträgt, was auch experimentell mit einem Wert von 1.1 für 200 µs lange Pumppulse bestätigt wurde [7.11]. Damit ist also die mit einem vorgegebenen Laserstab maximal erreichbare Ausgangsleistung etwa dreimal größer. Anders formuliert ist bei einem gepulsten Laser hinsichtlich der maximalen thermischen Belastbarkeit eine dreimal höhere Repetitionsrate bei gleicher Pulsenergie möglich.

Zur Beschreibung der Wärmeerzeugung in Festkörperlaser-Materialien wird häufig auch ein anderer Begriff verwendet, die sogenannte fraktionale thermische Last η_h [7.12]. Diese Größe ist definiert als der Teil der absorbierten Pumpstrahlung, der in Wärme umgewandelt wird, d. h. das Verhältnis aus erzeugter Wärme zur absorbierten Energie. Zur experimentellen Bestimmung von η_h kann man die folgende Gleichung anwenden:

$$\eta_h = \frac{c_w \cdot m \cdot \Delta T}{\tau_{relax} \cdot P_a} \qquad (7.19)$$

wobei c_w die spezifische Wärme, m die Masse des Lasermaterials, ΔT der durch die absorbierte Leistung P_a hervorgerufene Temperaturanstieg, und τ_{relax} die thermische Zeitkonstante darstellen. Für Nd:YAG wurden Werte von 0.37 bis 0.43 gemessen, wobei für den Fall der Extraktion von Laserstrahlung aus dem Kristall bzw. Resonator ein niedrigerer Wert von 0.32 bestimmt wurde (was einen geringeren Temperaturanstieg bedeutet). In Vergleichsmessungen ergab sich dagegen für Yb:YAG eine fraktionale thermische Last von weniger als 0.11. Der Zusammenhang zwischen den beiden Größen X und η_h ist gegeben durch:

$$X = \frac{\eta_h}{\eta_q \cdot \eta_{st} \cdot \eta(t_p)} \qquad (7.20)$$

(η_q: Pumpquanteneffizienz, η_{st}: Stokes-Effizienz, $\eta(t_p)$: Pumppulseffizienz, s. Gl.(3.57))

Der durch die Erwärmung des Laserstabes hervorgerufene mechanische Stress erzeugt Änderungen des Brechungsindex im Kristall aufgrund des photoelastischen Effektes. Die photoelastische Änderung des Brechungsindex für die radiale und tangentiale Komponente polarisierten Lichtes wird beschrieben durch [7.13, 7.14]:

$$\Delta n_{r,\vartheta}(r) = -n_k^3 \cdot \frac{2\alpha}{R^2} \cdot \Delta T \cdot C_{r,\vartheta} \cdot r^2 \qquad (7.21)$$

(n_k: Brechungsindex, $C_{r,\vartheta}$: Funktionen der elastooptischen Komponenten, je nach Polarisation des Lichtes).

Somit folgt für die induzierte Doppelbrechung:

$$\Delta n_r(r) - \Delta n_\vartheta(r) = n_k^3 \cdot \frac{2\alpha}{R^2} \cdot \Delta T \cdot (C_\vartheta - C_r) \cdot r^2 \qquad (7.22)$$

Außerdem ergibt sich eine direkt von der Temperatur abhängige Änderung des Brechungsindex [7.7]:

$$\Delta n_T(r) = -\frac{1}{R^2} \cdot \Delta T \cdot \frac{dn}{dT} \cdot r^2 \qquad (7.23)$$

Der Verlauf des Brechungsindex im Laserkristall,

$$n(r) = n_k + \Delta n_{r,\vartheta}(r) + \Delta n_T(r) \quad , \qquad (7.24)$$

zeigt insgesamt also eine quadratische Abhängigkeit vom Radius. Wie in [7.15] gezeigt wird, entspricht dies einer sphärischen Linse, und wenn Gl.(7.21, 7.23) in Gl.(7.24) eingesetzt werden, errechnet sich danach für diese Linse eine Brechkraft D von annähernd

$$D = 2\frac{\Delta T \cdot L}{R^2} \cdot \left(2\alpha \cdot n_k^3 \cdot C_{r,\vartheta} + \frac{dn}{dT} \right) \qquad (7.25)$$

Dabei ist die temperaturabhängige Änderung des Brechungsindex dominant. Der Effekt der Krümmung der Endflächen ist vernachlässigt.

Nun ist

$$\Delta T = \frac{1}{4\pi \cdot k} \cdot \frac{P_H}{L} \quad \text{(s. Gl.(7.4))}, \tag{7.26}$$

und aus Gl.(7.15, 7.16) folgt

$$P_H = X \cdot \eta_q \cdot \eta_{st} \cdot P_{ein} \tag{7.27}$$

Damit läßt sich dann Gl.(7.25) mit Hilfe der in den Laserkristall eingestrahlten und absorbierten optischen Pumpleistung vereinfacht schreiben:

$$D = \frac{\beta}{\pi \cdot R^2} \cdot P_{ein} \tag{7.28}$$

In der Größe β sind alle spezifischen Konstanten zusammengefaßt, die durch die Wahl des aktiven Mediums und die jeweilige Anregungs- und Emissionswellenlänge bestimmt sind. (Die Größe β wird auch als thermischer Linsenkoeffizient bezeichnet).

Die sich beim optischen Pumpen einstellende Brechkraft hat entscheidenden Einfluß auf die erreichbare Laserstrahlqualität. Die physikalische Größe, welche die Strahlqualität beschreibt, ist das sogenannte Strahlparameterprodukt $(d \cdot \Theta)/4$, mit d: Strahldurchmesser und Θ: voller Divergenzwinkel. Diese Größe hat eine untere Grenze (Beugungsgrenze), die durch

$$\frac{d_0 \cdot \Theta_0}{4} = \frac{\lambda}{\pi} \tag{7.29}$$

gegeben ist. Die Beugungsgrenze kann nur im TEM$_{00}$-Betrieb mit einem Gauß-Strahl erreicht werden.

Die thermischen Linseneffekte im Resonator bewirken eine Veränderung der Strahlstruktur. Im Falle eines Lasers mit plan-parallelem Resonator ist der Resonator instabil für $D = 0$, wird dann mit thermischer Belastung des Laserstabes stabil und wird schließlich wieder instabil [7.16]. Dabei folgt das Strahlparameterprodukt einer Parabel, die in der Mitte des Brechkraftbereiches ΔD, für den der Resonator stabil ist, ihr Maximum hat. Der maximale Wert des Strahlparameterproduktes ist um so größer, je breiter dieser Brechkraftbereich ist. Es gilt [7.1]:

$$\frac{(d \cdot \Theta/4)_{max}}{\Delta D} = \frac{R^2}{4} \cdot K = const. \tag{7.30}$$

($K = 1$ oder 2, je nach Resonator).

Mit $\quad \Delta D = \Delta\left(\dfrac{\beta}{\pi \cdot R^2} \cdot P_{ein}\right)$ (7.31)

und $\quad P_{ein} = \dfrac{1}{\eta_s} \cdot P_{aus}$ (7.32)

(η_s: differentieller Wirkungsgrad (slope efficiency), P_{aus}: Ausgangsleistung)

folgt $\quad \dfrac{(d \cdot \Theta/4)_{max}}{\Delta P_{aus}} = \dfrac{\beta}{4\pi \cdot \eta_s} \cdot K$ (7.33)

Aus dieser Formel ist ersichtlich, welchen Einfluß der differentielle Wirkungsgrad eines diodengepumpten Lasers auf die Strahlqualität hat. Da mit diesen Lasern große Werte für η_s erreicht werden, läßt sich somit prinzipiell auch eine hohe Strahlqualität realisieren.

In der vorausgegangenen Diskussion war bisher eine ideale, parabelförmige Temperaturverteilung im Laserstab angenommen worden, die sich bei einer homogenen Erwärmung und einer gleichförmigen Kühlung sowie auch bei einer konstanten thermischen Leitfähigkeit des Laserstabes ergibt. Da jedoch die thermische Leitfähigkeit von der Temperatur abhängt und auch die Pumplichtverteilung im allgemeinen nicht homogen ist, weicht die Temperaturverteilung im Laserstab von der Parabelform ab. Dieser allgemeine Fall wurde in [7.17] für einen Nd:YAG-rod analysiert, wobei gezeigt wurde, daß die Brechkraft in erster Ordnung eine parabelförmige radiale Abhängigkeit aufweist, und daß die entsprechende sphärische Aberration die Laserstrahleigenschaften erheblich beeinflußt. Aufgrund dieser sphärischen Aberration können mit einer rod-Geometrie eine hohe Effizienz und eine hohe Strahlqualität nicht gleichzeitig erreicht werden. Eine Kompensation der thermisch induzierten sphärischen Aberration ließe sich möglicherweise mit besonders geformten Verstärkungsprofilen herbeiführen, die ein Minimum auf der Stabachse aufweisen, wobei dies jedoch auch nur für einen kleinen Bereich der Pumpleistung eine Verbesserung mit sich brächte. Die Anregung mit Diodenlasern kann sich somit auch in dieser Hinsicht positiv auswirken, da eine kleinere Wärmelast die thermische Problematik insgesamt verringert.

Ein von den thermooptischen Verzerrungen völlig verschiedener Effekt ist die Abhängigkeit der Kleinsignalverstärkung von der thermischen Last und den hierdurch bewirkten thermischen Gradienten [7.18]. Hierfür muß man die Temperaturabhängigkeit der Lage und Breite der Verstärkungskurve eines Laserübergangs betrachten. Die Variation der Verstärkungskurve eines Festkörperlasers mit der Frequenz wird zunächst durch die Lorentz-Funktion beschrieben [7.7]:

$$g(v_1) = \frac{\Delta v}{2\pi} \cdot \left[(v_1 - v_2)^2 + \left(\frac{\Delta v}{2}\right)^2 \right]^{-1} \quad (7.34)$$

Dabei ist die Verstärkung bei einer bestimmten Frequenz, $g(v_1)$, eine Funktion der Linienbreite der Emissionskurve, Δv, sowie der Mittenfrequenz der Emissionskurve, v_2. Diese Gleichung wird im allgemeinen dann verwendet, wenn z. B. die Effizienz einer Oszillator-Verstärker-Konfiguration berechnet werden soll. In diesem Falle wird ein Eingangssignal der Frequenz v_1 von einem Verstärker, der sein Verstärkungsmaximum bei einer Frequenz v_2 hat, verstärkt. Dabei resultiert die Differenz der beiden Frequenzen aus einer Temperaturdifferenz zwischen den aktiven Medien des Oszillators und des Verstärkers (bei sonst gleichen aktiven Medien). Wenn das Verstärkermedium einen radialen Temperaturgradienten aufweist, erfährt der Eingangsstrahl dort eine unterschiedliche Verstärkung, je nachdem, welches Segment des Verstärkers er durchdringt. Berücksichtigt man die Abhängigkeit der Verstärkung von der Temperaturverteilung in einem Laserstab gemäß Gl.(7.2), so ist Gl.(7.34) zu ersetzen durch

$$g_v(Q,r) = \frac{\Delta v(T(Q,r))}{2\pi} \cdot \left[(v_1 - v(T(Q,r)))^2 + \left(\frac{\Delta v(T(Q,r))}{2}\right)^2 \right]^{-1} \quad (7.35)$$

Die Verstärkung bei einer vorgegebenen Frequenz, $g_v(Q,r)$, ist nun eine Funktion der im Verstärkermedium dissipierten Wärme, Q, und der radialen Position im Verstärker.

Dies läßt sich unmittelbar auch auf den Fall eines reinen Laseroszillators übertragen, wobei hier ein Strahl im Resonator zwischen den Resonatorspiegeln mehrfach hin und her läuft und dabei verschiedene Segmente durchquert, die unterschiedliche Temperaturwerte aufweisen. Die gesamte Verstärkung $G_1(Q)$ des Oszillators bei einer vorgegebenen Frequenz v_1 kann nun berechnet werden, indem man das Produkt aus $g_v(Q,r)$ und einer Deltafunktion bei v_1 über den Radius des Laserstabes integriert:

$$G_1(Q) = \int_0^R \delta v_1 \cdot g_v(Q,r) \cdot dr \quad (7.36)$$

In dem speziellen Fall einer beliebig kleinen thermischen Last werden Gl.(7.34) und Gl.(7.35) äquivalent. Dies wird durch die Größe $G_1(0)$ beschrieben, welche diejenige Verstärkung repräsentiert, die resultiert, wenn keine Wärme im Laserstab erzeugt wird bzw. keine Temperaturabhängigkeit im Verlauf der Verstärkungskurve vorhanden ist.

Man definiert nun einen sogenannten "gain reduction"-Faktor gemäß

$$\eta_g(Q) = \frac{G_1(Q)}{G_1(0)} \tag{7.37}$$

Diese Größe beschreibt die Verringerung der Kleinsignalverstärkung in einem Laseroszillator oder Verstärker, wenn ein thermischer Gradient im aktiven Medium vorhanden ist. Modellrechnungen für Nd:YAG und Nd:GGG haben gezeigt, daß bei hohen Durchschnittsleistungen, wenn etwa 200 W/cm^3 im Laserkristall dissipiert werden, aufgrund dieses Effektes eine Reduktion der Kleinsignalverstärkung von 20 bis 30 % resultiert [7.18].

Ein weiterer interessanter Aspekt des Diodenpumpens in diesem Zusammenhang ist auch, daß infolge der im Vergleich zum Lampenpumpen weitaus geringeren Aufheizung des Lasermaterials die thermische Besetzung des unteren Laserniveaus verringert ist, was mit einer höheren Verstärkung verbunden ist. Da andererseits ein Temperaturanstieg im Lasermaterial auch die Linienbreite vergrößert und somit die Pumpschwelle erhöht, kann hierin ein weiterer Vorteil des Diodenpumpens gesehen werden.

7.1.2 Slab-Geometrie

Bei den meisten Festkörperlasern wird die rod-Geometrie für das verstärkende Medium verwendet. Dies ist wegen des einfachen Aufbaus sicherlich eine gut geeignete Lösung im Falle von moderaten Ausgangsleistungen, jedoch problematisch in Hinsicht auf eine Skalierung zu hohen Durchschnittsleistungen wegen der thermisch und spannungsinduzierten Linse, der spannungsinduzierten Doppelbrechung und des relativ großen Stresses an der Mantelfläche.

Aus diesen Gründen wurden andere Formen mit rechteckigem Querschnitt für die aktiven Lasermaterialien entwickelt, bei denen zwecks besserer Kühlung eine Dimension (Kantenlänge) klein ist. Diese Geometrien werden im Falle von kleinen transversalen Abmessungen "slabs" genannt bzw. "disks", wenn die longitudinalen Dimensionen klein sind (in Strahlrichtung bzw. Resonatorachse gesehen). Eine Variante der disks sind die aktiven Spiegel, die nur von einer Seite gepumpt werden. Disks und aktive Spiegel finden hauptsächlich in Lasersystemen mit sehr hohen Spitzenleistungen und einem großen Strahlquerschnitt Anwendung, wohingegen die slab-Technologie an die Laser mit rod-Geometrien anschließt.

Mittels der slab-Geometrie [7.19] lassen sich die drei genannten Hauptprobleme der rod-Geometrie beträchtlich reduzieren, oder sogar fast vollständig eliminieren. Da sich die spannungsinduzierte Doppelbrechung entsprechend dem rechteckigen Querschnitt ausbildet, wird eine Depolarisation des Laserstrahles bei einer geeigneten Wahl der Polarisation praktisch vollständig vermieden. Eine Fokussierung läßt sich durch einen zick-zack-förmigen Strahlverlauf im Medium in erster Ordnung vermeiden (bei entsprechender Kühlung der großen slab-Flächen). Um einen solchen Strahlverlauf im aktiven Medium zu erreichen, werden häufig die slab-Lasermaterialien auf der Strahleintritt- und -austrittseite mit Brewster-Endflächen versehen. Schließlich ist auch die Bruchgrenze, wie im folgenden gezeigt wird, zu erheblich größeren Leistungen verschoben.

Wir betrachten dazu einen slab von zunächst "unbegrenzter" Länge mit einem großen Verhältnis aus Breite zu Dicke (Abb.7.4). Weiterhin soll der slab aus einem isotropen Material sein, gleichförmig im gesamten Volumen erwärmt werden und an den großen Flächen gleichförmig gekühlt werden, wobei der Wärmefluß durch die kleineren seitlichen Flächen vernachlässigbar sein soll. Auf der zentralen Ebene im slab sei y = 0, und die slab-Dicke sei 2h mit y = ±h an den Oberflächen.

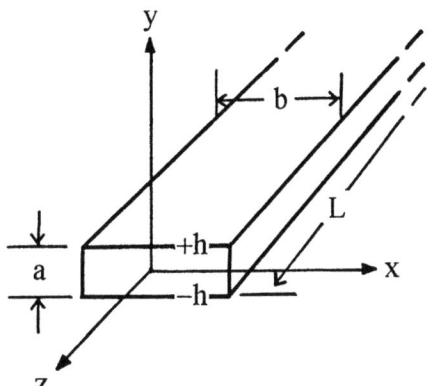

Abb. 7.4   Slab-Geometrie mit einem rechteckigen slab aus einem isotropen Material der Dicke a, Breite b und Länge L. Der slab soll an den großen Flächen (in y-Richtung) gepumpt und gekühlt werden. Die optische Propagation im slab erfolgt entlang einem Zickzack-Weg in der y-z-Ebene.

Für den quasi-stationären Fall kann die Zeitabhängigkeit außer acht gelassen werden, und der Wärmefluß im slab läßt sich dann einfach durch die eindimensionale Wärmeleitungsgleichung beschreiben:

$$\frac{d^2T}{dy^2} + \frac{Q}{k} = 0 \qquad (7.38)$$

(Q: thermische Leistungsdichte im slab, k: thermische Leitfähigkeit).
Mit der Symmetriebedingung dT/dy = 0 bei y = 0 ergibt sich dann als Lösung für die Temperaturverteilung:

$$T = T_{ob} + \frac{Q \cdot h^2}{2k} \cdot \left(1 - \frac{y^2}{h^2}\right) \qquad (7.39)$$

(T_{ob}: Temperatur an der slab-Oberfläche)

bzw. $\quad T = T_{ob} + \Delta T \cdot \left(1 - \frac{y^2}{h^2}\right)$, $\qquad (7.40)$

da $\quad \Delta T = T_{y=0} - T_{ob} = \frac{Q \cdot h^2}{2k} \qquad (7.41)$

die Temperaturdifferenz zwischen der zentralen slab-Ebene und den Oberflächen ist. Bemerkenswert ist die Ähnlichkeit von Gl.(7.40) mit der entsprechenden Gl.(7.3) bei der rod-Geometrie.

Dieser eindimensionale thermische Gradient senkrecht zu den großen slab-Oberflächen verursacht wiederum thermischen Stress im slab, was sich unter der oben genannten Voraussetzung eines großen Breite-zu-Dicke-Verhältnisses als eindimensionales Stress-Problem behandeln läßt [7.20]. Danach ergeben sich mit der durch Gl.(7.40) beschriebenen Temperaturverteilung als Stresstensor-Komponenten:

$$\sigma_{xx} = \sigma_{zz} = \frac{1}{3}\Delta T \cdot \left(\frac{3y^2}{h^2} - 1\right) \cdot \frac{\alpha \cdot E}{1 - \nu} \qquad (7.42)$$

($\sigma_{ij} > 0$ bedeutet Zugspannung). Die anderen Tensor-Komponenten verschwinden. Alle Spannungen liegen parallel zur x-z-Ebene, und der Mittelwert des Stresses von y = 0 bis y = h ist gleich null. Weiterhin erkennt man anhand Gl.(7.42), daß sich an den slab-Oberflächen (y = ±h) der größte Wert für die (Zug-) Spannungen einstellt:

$$\sigma_{ob} = \frac{2}{3}\Delta T \cdot \frac{\alpha \cdot E}{1 - \nu} \qquad (7.43)$$

Wir wollen nun dieses Ergebnis auf einen realen slab mit der Dicke a = 2h, der Breite b und der Länge L anwenden. Ähnlich wie bei der rod-Geometrie kann man auch hier wieder einen maximalen Oberflächenstress definieren, bei welchem der slab zerbricht:

$$\sigma_{max} = \frac{2}{3}\Delta T_{max} \cdot \frac{\alpha \cdot E}{1-\nu} \tag{7.44}$$

Mit $\quad \Delta T_{max} = \frac{Q_{max} \cdot h^2}{2k} \tag{7.45}$

und $\quad Q_{max} = \frac{1}{a \cdot b} \cdot \left(\frac{P_H}{L}\right)_{max} \quad$ läßt sich nun schreiben $\tag{7.46}$

$$\sigma_{max} = \frac{1}{12}\left(\frac{P_H}{L}\right)_{max} \cdot \frac{\alpha \cdot E}{k \cdot (1-\nu)} \cdot \frac{a}{b} \tag{7.47}$$

oder, mit Gl.(7.14):

$$\left(\frac{P_H}{L}\right)_{max} = 12\frac{b}{a} \cdot R_t, \quad \text{bzw.} \quad Q_{max} = 12\frac{R_t}{a^2} \tag{7.48a,b}$$

wobei R_t wieder der thermische Schockparameter ist. Entsprechend Gl.(7.18) bei der rod-Geometrie ergibt sich somit als maximal erreichbare Ausgangsleistung für einen slab mit der Dicke a, der Breite b und der Länge L:

$$\frac{P_{aus,max}}{L} < 12\frac{b}{a} \cdot R_t \cdot \frac{\eta_{extr}}{X} \tag{7.49}$$

Oft ist es praktisch, die Bruchgrenze direkt mittels der Pumpdioden-Intensität zu formulieren. Wenn der slab an den beiden großen Flächen gepumpt wird (wobei die gesamte Oberfläche genutzt wird), können wir für die von einer slab-Seite eingestrahlte Pumpintensität I_{pump} schreiben:

$$I_{pump} = \frac{P_{ein}}{2L \cdot b} \tag{7.50}$$

Mit Gl.(7.15, 7.16) ergibt sich dann für die gesamte thermische Leistungsdichte im slab:

$$Q = \frac{2I_{pump} \cdot \eta_{st} \cdot \eta_q \cdot X}{a} \tag{7.51}$$

und für die pro slab-Pumpfläche maximal zulässige Pumpintensität:

$$I_{pump,max} < \frac{6R_t}{a \cdot \eta_{st} \cdot \eta_q \cdot X} \qquad (7.52)$$

Im Vergleich mit der rod-Geometrie sieht man, daß sich bei einem großen Verhältnis von Breite zu Dicke mit einem slab die Bruchgrenze zu beträchtlich höheren Leistungen verschieben läßt. Da der größte Stress an der Oberfläche des slab auftritt, bestimmt die Bearbeitungsqualität der Oberfläche entscheidend die Bruchgrenze. Gl.(7.49) ist für Abschätzungen bei der Auslegung eines Lasers von Nutzen. Auch im Falle von Lasermaterialien wie z. B. Nd:YAG, das weder vollständig isotrop noch gänzlich homogen ist, kann die Formel dennoch gut angewandt werden, wobei oft der errechnete Wert halbiert wird, um einen "sicheren" Betrieb zu gewährleisten. In Hinsicht auf Langlebigkeit und Sicherheit wird jedoch auch empfohlen, den Oberflächenstress nicht größer als 20 bis 30 % von σ_{max} werden zu lassen und einen entsprechend konservativen Wert für $(P_H / L)_{max}$ zu wählen [7.8].

Für Nd:YAG werden R_t-Werte von 6.7 W/cm (realer Kristall) und 8.8 W/cm (fehlerfreier Kristall) angegeben [7.21], aber auch sehr hohe Werte wie 10.5 W/cm für einen slab hoher Oberflächengüte [7.22]. Vergleichswerte liegen für Glas bei 1W/cm und für Al_2O_3 bei 100 W/cm [7.7].

In einem Beispiel für einen diodengepumpten Nd:YAG Laser mit 1 kW mittlerer Leistung reicht nach Gl.(7.49) eine slab-Länge von nur 8 cm aus, um diese Ausgangsleistung zu erreichen, wobei als Design-Parameter $a = 0.6$ cm, $b = 0.16$ cm sowie $R_t = 6.7$ W/cm, $\eta_{extr} = 0.7$, X = 0.6 und $\sigma = 0.5 \cdot \sigma_{max}$ zugrundegelegt sind.

Die bisher angenommene gleichförmige Erwärmung des Laserstabes stellt eigentlich einen relativ ungünstigen Fall dar. Wenn dagegen die Energiedeposition an der Oberfläche erhöht ist, nimmt auch $(P_H / L)_{max}$ einen größeren Wert an, da dann die effektive thermische Transportdistanz kleiner ist. Modellrechnungen haben gezeigt, daß sich dann etwa 20 % höhere Werte ergeben können [7.8].

Wenn man die thermische Bruchgrenze betrachtet, ist die zulässige Wärmebelastung und damit auch die Inversionspumprate um so höher, je dünner der Laser-slab ist. Jedoch sind beim Laserdesign auch andere Faktoren von Bedeutung, wie etwa der Füllfaktor der Strahlapertur und die Pumpeffizienz. Diese beiden, die Lasereffizienz bestimmenden Größen werden mit zunehmender slab-Dicke größer. In der Praxis liegen typische Werte für die slab-Dicke bei 0.6 cm.

Für den Fall eines nicht kontinuierlich gepumpten Lasers bleibt noch zu definieren, wann Gl.(7.49) angewandt werden darf, d. h., wann quasi-stationäre

Bedingungen beim optischen Pumpen vorhanden sind. Hierzu muß man von der zeitabhängigen Form der Wärmeleitungsgleichung ausgehen. Bei einer stufenförmigen Änderung der Pump- bzw. Wärmeleistung in einem slab ergibt sich als Relaxationszeit für eine Temperaturänderung [7.23]:

$$\tau_{relax} \approx \frac{c \cdot \rho}{8k} \cdot a^2 \tag{7.53}$$

(c : spezifische Wärme, ρ : Dichte, k : thermische Leitfähigkeit, a : slab-Dicke). Für einen Nd:YAG-slab von 0.6 cm Dicke errechnet sich hiermit eine Relaxationszeit von etwa 0.9 s, für einen Glas-slab liegt der entsprechende Wert bei mehr als 10 s. Quasi-stationäre Verhältnisse können dann angenommen werden, wenn die Periode der Pumppulse kleiner als 1/10 der Relaxationszeit ist.

Wie eingangs beschrieben, lassen sich mit einem slab-förmigen aktiven Material und einem zick-zack-förmigen Weg des Laserstrahls Verzerrungen infolge der Temperturabhängigkeit des Brechungsindex, des photoelastischen Effektes und der Doppelbrechung weitgehend verhindern. Hierbei muß noch beachtet werden, daß eine p-Polarisation des Laserstrahls erforderlich ist, um eine Depolarisation auf dem zick-zack-förmigen Weg zu vermeiden; denn die Phasenverschiebung bei Totalreflexion ist für p- und s-Polarisation unterschiedlich.

Zwar gibt es beim slab Randeffekte an den Seiten und Enden, Deformationen und Stress, die Verzerrungen des Laserstrahls verursachen, doch können diese durch konstruktive Maßnahmen minimiert werden. Die wesentliche Voraussetzung dafür, daß ein Strahl ohne Degradation durch einen gepumpten (und aufgeheizten) slab hindurchgeht, ist jedoch, daß das Pumpen und Kühlen gleichförmig über den slab-Oberflächen erfolgt, wobei eine zur slab-Mittelebene symmetrische Energiedeposition und Kühlung erstrebenswert ist, da sonst Strahlaberrationen höherer Ordnung entstehen können. Nur so kann sich eine Temperaturverteilung ausbilden, die symmetrisch zur Mittelebene des slab ist und Temperaturgradienten senkrecht zu den Oberflächen aufweist. Anderenfalls bilden sich transversale Temperaturgradienten, die zu optischen Verzerrungen führen. Im Unterschied zur rod-Geometrie entstehen bei einem so gekühlten slab transversale Temperaturgradienten jedoch nur als Effekte zweiter Ordnung infolge von Abweichungen von der Uniformität des Pumpens und Kühlens.

Bei einem diodengepumpten Laser zeigt sich diese Problematik in anderer Weise als bei einem lampengepumpten System. Wenn die Diodenlaseremission im Maximum des Absorptionsspektrums erfolgt, werden in erster Linie die Oberflächenbereiche thermisch stark belastet. Andererseits resultiert eine ungleichförmige lokale Verteilung der Diodenlaserwellenlängen in einer entsprechenden, unterschiedlichen Erwärmung des Lasermaterials. Ähnliche Auswirkungen hat eine inhomogene Verteilung der Diodenlaserausgangsleistung.

Infolgedessen ist beim Aufbau der Pumpeinheit eine sorgfältige Auswahl der Diodenelemente erforderlich. Dies ist nicht nur in Hinsicht auf die thermischen Effekte, sondern auch zur Erzielung einer gleichförmigen Verstärkung im slab von Bedeutung.

Bei manchen gestapelten Aufbauten von Diodenlaser-bars sind größere Lücken zwischen den einzelnen bars vorhanden, so daß insbesondere bei einem kleinen Abstand zwischen Pumpdioden und slab-Oberfläche ("face pumping", "close coupling") die Verteilung der Pumpintensität nicht homogen ist. Abhilfe kann in solchen Fällen ein zweidimensionales Mikrooptik-array bringen, das die Intensitätsverteilung der Pumpstrahlung homogenisiert.

Prinzipiell gut geeignet für das optische Pumpen eines slab sind die oberflächenemittierenden Diodenlaser-Anordnungen, die von ihrer Rückseite aus gekühlt werden und infolgedesssen mit kleinem Abstand zwischen den Elementen sehr flächenhomogen aufgebaut werden können.

Bei einer interessanten Alternative zur close-coupling-Pumpanordnung beim slab-Laser sind die Laserdioden-array-bars in größerem Abstand von der slab-Oberfläche auf einer gekrümmten Fläche angeordnet [7.24]. Dies kann Vorteile bezüglich der Homogenisierung der Pumplichtverteilung mit sich bringen, und es kann eine größere Anzahl von Laserdioden zum Pumpen des slab untergebracht werden.

Die aufgrund der kurzen Absorptionslänge größere Wärmedeposition an den slab-Oberflächen kann sich positiv auf den Betrieb bei hohen Durchschnittsleistungen auswirken, da direkt an den gepumpten Flächen auch die Kühlung am besten ist. Dies gilt jedoch nicht für Pulslaser, bei denen ohnehin größere slab-Dicken in Hinsicht auf optimale Energiespeicherung bevorzugt werden. In diesem Falle würde die hohe Verstärkung an den Oberflächen zu vermehrter spontaner Emission (ASE: amplified spontaneous emission) führen. Dieses Problem läßt sich durch eine etwas geringere Konzentration der aktiven Ionen im slab reduzieren, da somit eine gleichförmigere Absorption und Energiespeicherung über dem gesamten slab-Volumen erreicht wird. Alternativ kann man auch den Schwerpunkt der Pumpwellenlängen-Verteilung aus dem Absorptionsmaximum verschieben, um zu größeren Absorptionslängen zu gelangen.

7.2 Experimentelle Hochleistungslaser

Seit Anfang der neunziger Jahre ist eine bemerkenswerte Leistungssteigerung bei den diodengepumpten Festkörperlasern bis in den kW-Bereich durchschnittlicher Ausgangsleistung zu verzeichnen, wobei auch gütegeschaltete Systeme eine wichtige Rolle spielen. Bei all diesen Entwicklungen stand fast immer die

Erzielung einer hohen Strahlqualität im Vordergrund. Die Laser wurden als Oszillatoren oder auch als Oszillator-Verstärker-Konfigurationen aufgebaut, und es wurden Pumpanordnungen sowohl mit rod- wie auch mit slab-Geometrien verwendet. Hochleistungs-Laseroszillatoren werden dann verwendet, wenn hohe Durchschnittsleistungen im quasi-cw- oder cw-Betrieb gefordert werden und nicht in erster Linie kurze Pulse erzeugt werden sollen. Solche Laser können besonders kompakt und mit weniger Komponenten realisiert werden als Oszillator-Verstärker-Systeme, wodurch sich auch höhere Gesamteffizienzen ergeben können.

7.2.1 Laser mit einer rod-Pumpgeometrie

Wie in Kap.7.1.1 dargelegt wurde, ist die rod-Geometrie für das Diodenpumpen im Hochleistungsbereich gut geeignet, wenn nicht extreme durchschnittliche Ausgangsleistungen gefordert werden. Dabei werden möglichst viele array bars in einem geschlossenen Kreis um den Laserstab herum gruppiert, so daß eine Pump-cavity gebildet wird. Wenn sich zwischen den einzelnen arraybars oder array-bar-Stapeln Lücken ergeben (die meist von den Diodenlaser-Trägerplatten bzw. -Kühlern gebildet werden), sollten diese als Reflektoren für die nicht absorbierte Pumpstrahlung genutzt werden, indem man z. B. die vorderen Flächen der Kühler vergoldet [7.25]. Der Laserstab befindet sich in einem Glas- oder Quarzrohr, durch welches das Kühlmittel, meist Wasser, fließt.

Hiermit lassen sich nicht nur hohe Wirkungsgrade für den Transfer der Pumpstrahlung in das Stabinnere erzielen; durch eine geeignete Systemoptimierung kann auch ein relativ gleichförmiges Inversionsprofil erzeugt werden [7.26, 7.27]. Mit dem sogenannten "ray-tracing" können Absoptions- bzw. Inversionsprofile für unterschiedliche Pumpparameter und Pumpgeometrien simuliert werden. Ein besonders wichtiger Parameter ist dabei die zentrale Wellenlänge der Pumpdiodenemission (bei einer vorgegebenen Halbwertsbreite des Pumpspektrums).

In Abb.7.5 sind Rechenergebnisse für den Fall eines von einer Seite gepumpten Nd:YAG-rod (ohne Reflektor auf der entgegengesetzten Seite) bei zwei verschiedenen Pumpwellenlängen dargestellt [7.25]. Dabei wird einmal bei 807 nm (nahe beim Absorptionsmaximum,) und ein andermal bei 803 nm (einem geringeren Absorptionskoeffizienten entsprechend) angeregt, wobei eine Emissionshalbwertsbreite der Diodenlaser von 4 nm angenommen ist. Die Linien gleicher Pumpintensität (Isolinien) im Kristall machen den großen Unterschied in den resultierenden Pumplichtverteilungen deutlich. Wie man erwartet, wird der Stab nur dann in der Tiefe ausgeleuchtet, wenn die Pumpwellenlänge nicht bei der größten Absorption liegt. Anderenfalls kommt es im Randbereich des Stabes zu einer Inversionsüberhöhung.

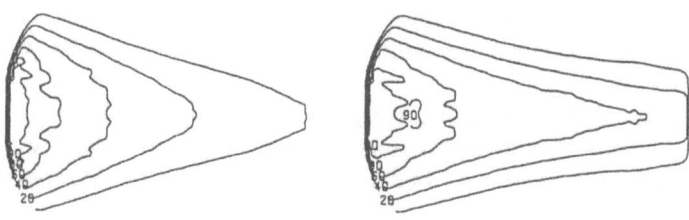

Abb.7.5 Mit ray tracing berechnete Absorptionsprofile (bzw. Linien gleicher Pumpintensität) bei einem an nur einer Stelle seitlich gepumpten Nd:YAG-rod für Pumpwellenlängen von 807 nm (linkes Bild) und 803 nm (rechtes Bild) [7.25]

Somit kann bei einem größeren Stabdurchmesser und einer sternförmig-symmetrischen Anordnung von Pumpdioden um den Laserstab im allgemeinen dann ein Maximum an Pumpenergie in Achsennähe deponiert werden, wenn die Pumpwellenlänge außerhalb des Maximums des Absorptionspeaks liegt. Die Ergebnisse aus entsprechenden ray-tracing-Rechnungen sind für eine Anordnung mit sieben array-bars und einen 6 mm dicken Laserstab in Abb.7.6 dargestellt.

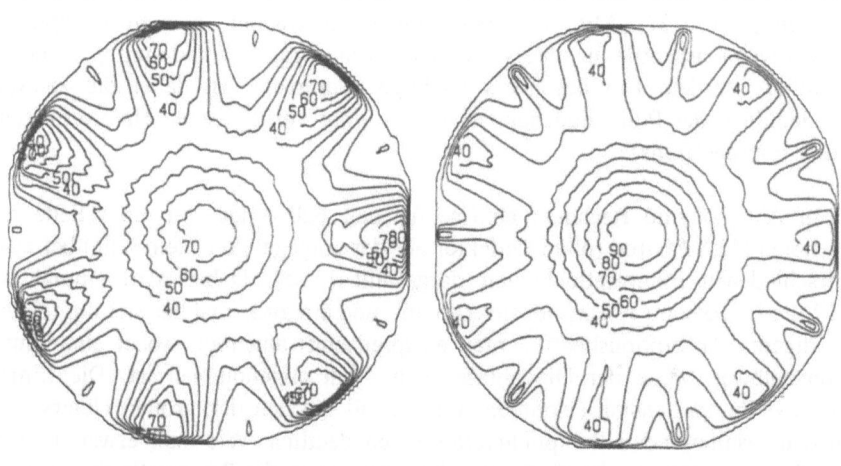

Abb.7.6 Linien gleicher Pumpintensität in einem transversal gepumpten Nd:YAG-rod mit 6 mm Durchmesser bei Pumpwellenlängen von 806 nm (linkes Bild) und 802 nm (rechtes Bild) [7.25]

Dabei zeigt sich auch, daß bei einer "Fehlabstimmung" der Pumpwellenlänge eine gleichförmigere Intensitätsverteilung im Kristall resultiert. Im Falle eines kleineren Stabdurchmessers von 3 mm dagegen wirkt sich ein Unterschied in der Pumpwellenlänge wesentlich geringer auf die Intensitätsverteilung aus.

Bemerkenswert ist, daß auch bei dem dünneren Laserstab ein hoher Transferwirkungsgrad von 92 % erreicht wird, wohingegen der entsprechende Wert für den 6 mm-Stab bei 97% liegt. Wie aus Abb.7.7 hervorgeht, lassen sich in einem Laserstab mit einem kleinen Durchmesser besonders gleichförmige Absorptionsprofile erzeugen.

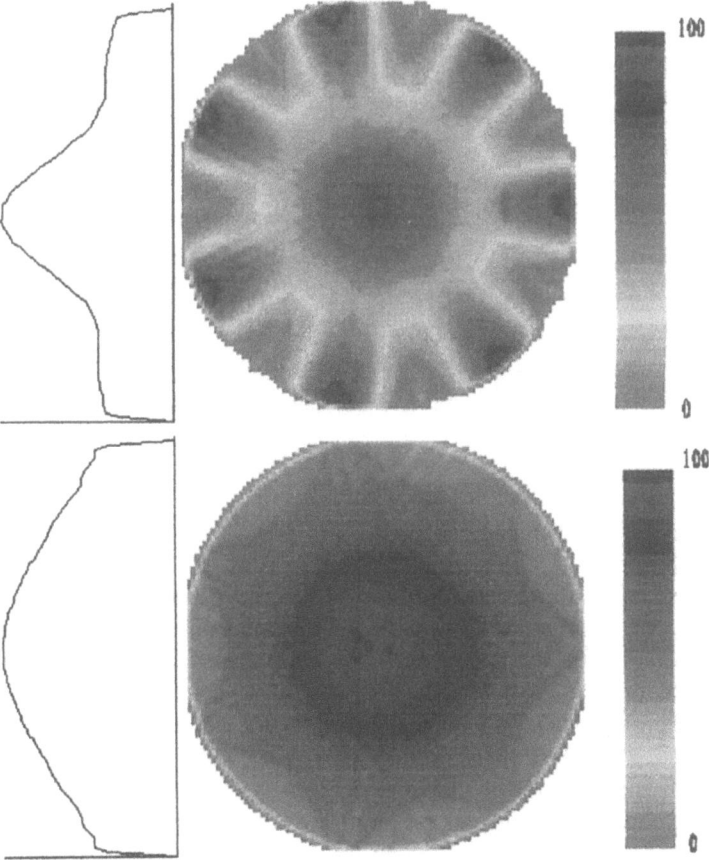

Abb.7.7　Absorptionsprofile für transversal gepumpte Nd:YAG-rods mit 6 mm (oben) und 3 mm Durchmesser (unten) bei einer Pumpwellenlänge von 806 nm [7.25] (s.a. Farbtafel Seite 334).

Die Kennlinie eines der ersten kontinuierlichen diodengepumpten Nd:YAG-Laser hoher Ausgangsleistung, in dem ein auf diese Weise optimiertes Pumpmodul eingesetzt wurde, ist in Abb.7.8 dargestellt [7.25]. Dabei konnte mit einem 4 mm x 100 mm-Stab bei einer Pumpleistung von 560 W eine Ausgangsleistung von mehr als 140 W erreicht werden. Für eine Skalierung der Ausgangsleistung des Festkörperlasers können mehrere solcher Pumpmodule in einem geeigneten Resonator hintereinander angeordnet werden. Über durchschnittliche Ausgangsleistungen bis zu 500 W von Lasern mit zwei rod-Pumpmodulen wurde in [7.28] berichtet.

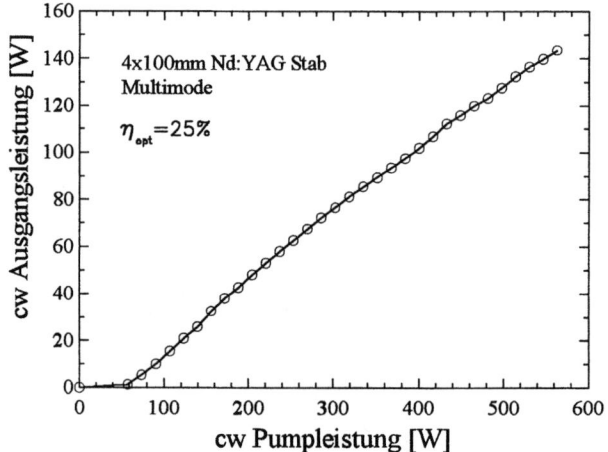

Abb.7.8   Kennlinie eines transversal diodengepumpten, kontinuierlichen Nd:YAG-Lasers mit rod-Geometrie [7.25]

7.2.2 Laser mit einer slab-Pumpgeometrie

Auch im Hochleistungsbereich lassen sich große Wirkungsgrade erzielen, die denjenigen der niedrigeren Leistungsklassen vergleichbar sind. So konnte z. B. mit einem Nd:YAG-Laseroszillator, bei dem ein Zick-zack-slab verwendet wurde, eine optisch-optische Effizienz von 42% erreicht werden [7.25]. Im Quasi-cw-Betrieb mit 0.3 ms langen Pulsen wurde bei einer Pumpleistung von 3.3 kW eine Ausgangsleistung von 1.4 kW gemessen (Abb.7.9). Der 6.5 mm dicke Zick-zack-Nd:YAG-slab hatte entspiegelte Pumpflächen, so daß ein hoher optischer Transferwirkungsgrad resultierte. Auf die elektrische Diodenleistung bezogen, ergab sich eine Effizienz von 16.8 %. Der differentielle Wirkungsgrad betrug 51 %. Allerdings war dieser Laser nicht in Hinsicht auf eine besonders hohe Durchschnittsleistung und Strahlqualität optimiert.

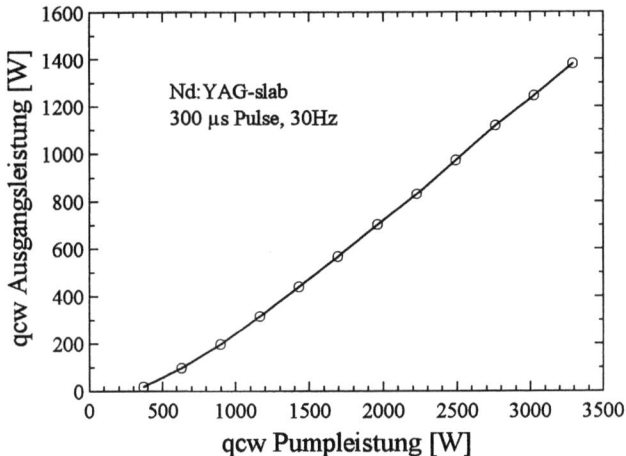

Abb.7.9 Kennlinie eines transversal gepumpten, Quasi-cw-Nd:YAG-Lasers mit einer Zick-zack-slab-Geometrie [7.25]

Wenn Werte für die elektrische Effizienz angegeben werden, ist im allgemeinen noch nicht der Wirkungsgrad des elektrischen Diodentreiberkreises und des Leistungsversorgungsteils berücksichtigt, wofür man Werte von jeweils etwa 85 % annehmen kann. Schließlich geht in den Gesamtwirkungsgrad auch noch die Leistungsaufnahme des Kühlsystems ein, das um so kleiner und energiesparender dimensioniert werden kann, je höher der optische Pumpwirkungsgrad ist. Weiterhin sollten die Diodenlaser so selektiert sein, daß sich der optimale Wert der Pumpwellenlänge bei minimaler Kühlungsleistung einstellt. Dabei sollte das Lasersystem auch so konzipiert sein, daß sich eine möglichst geringe Abhängigkeit der Laserausgangsleistung von der Temperatur der Pumpdioden ergibt.

Mit den in Kap.4 beschriebenen Mikrokanal-gekühlten, gestapelten array-bars wurde ein Nd:YAG-slab-Laser realisiert, mit dem zuerst die 1 kW-Marke durchschnittlicher Ausgangsleistung für diodengepumpte Laser erreicht wurde [7.29, 7.30] (Abb.7.10). Dabei wurde ein 9 cm langer slab mit zwei Modulen aus je 80 Stück von 1.8 cm breiten array-bars von beiden Seiten gepumpt (entsprechend Abb.7.2b). Insgesamt stand eine Pumpleistung von 16 kW zur Verfügung, wobei ein duty-Faktor von 34 % möglich war.

Der quaderförmige, mit Wasser gekühlte Laserkristall war auf einer Endfläche hochreflektierend verspiegelt, so daß sich ein gefalteter Strahlengang ergab. Der Resonator wurde mittels zweier auf der anderen Seite des slab-Kristalls angeordneter, externer Spiegel gebildet, von denen einer hochreflektierend und der andere für die Strahlauskopplung partiell reflektierend beschichtet war. Bei einem Betriebsstrom von 140 A für die Pumpdioden wurde mit 150 µs langen Pulsen und einer Pulsfrequenz von 2.25 kHz eine Durchschnittsleistung von 1 kW erzielt, wobei in diesem Experiment die Laserausgangsleistung durch das elektrische Leistungsversorgungsteil begrenzt wurde. Die maximale Pulsenergie betrug hierbei 450 mJ. Mit der in diesem Aufbau verwendeten, relativ einfachen Resonatorkonfiguration konnte jedoch noch keine hohe Strahlqualität erreicht werden.

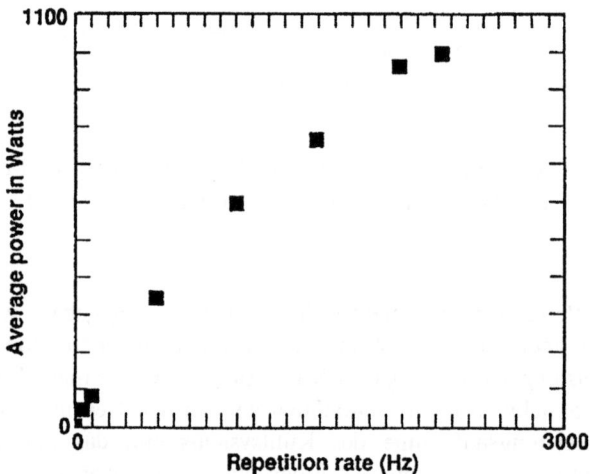

Abb.7.10 Durchschnittliche Ausgangsleistung eines Zick-zack-slab-Nd:YAG-Lasers als Funktion der Pulsrepetitionsrate im freilaufenden Laserbetrieb mit 150 µm langen Pumppulsen [7.30]

Gütegeschalteter Betrieb wurde mit diesem Laseroszillator gleichfalls demonstriert. Ein Hauptproblem hierbei besteht darin, daß bei einem elektrooptischen Güteschalter im allgemeinen thermisch induzierte Depolarisationseffekte oberhalb von etwa 100 W durchschnittlicher Leistung auftreten. Dies konnte mittels einer thermisch kompensierenden Anordnung aus zwei separaten $LiNbO_3$-Güteschalterkristallen gelöst werden. Bei einer Pulswiederholrate von 2.5 kHz und Pump-Pulslängen von 100 µs wurde somit eine durchschnittliche Ausgangsleistung von 250 W erzielt [7.31]. Weiterhin konnte mit diesem Laser in einem Frequenzkonversions-Experiment eine durchschnittliche Leistung von 100 W bei 532 nm erreicht werden, wofür die Laserstrahlung auf einen 6 mm langen, an zwei Seitenflächen gekühlten KTP-Kristall fokussiert wurde.

7.2.3 Master-Oszillator-Verstärker-Systeme mit rod- oder slab-Pumpgeometrien

Master-Oszillator-Verstärker-Systeme sind in erster Linie für die Erzeugung leistungsstarker Pulse bei einer hohen Strahlqualität geeignet. Im allgemeinen wird hierbei zunächst mit einem leistungsschwächeren gütegeschalteten Laser, dem sogenannten "master"-Oszillator, ein Laserstrahl hoher Strahl- und Pulsqualität erzeugt, was sich bei niedrigen Leistungen einfacher realisieren läßt. Die Intensität dieses Laserstrahls wird dann in einem leistungsstarken Verstärkerteil erhöht, wobei die Strahleigenschaften im wesentlichen erhalten bleiben. Insbesondere umgeht man somit auch die Problematik der Güteschaltung bei hohen Leistungen, d. h. der Zerstörschwellen der Laser- und Güteschalterkomponenten, sowie der Pulsunterdrückung.

Mehrere unterschiedliche diodengepumpte Systeme dieser Art sind in der Literatur ausführlich beschrieben worden. So wurde z. B. ein Nd:YAG-Oszillator-Verstärker-System entwickelt, für das ausschließlich die rod-Pumpgeometrie verwendet wurde [7.32]. Dabei bestand das Verstärkerteil aus vier Pumpmodulen, die mit einer Pumppulsenergie von jeweils 890 mJ angeregt wurden. Mit insgesamt 4.41 J an Pumpenergie wurde eine Laserpulsenergie von 1.25 J in 0.2 ms langen Pulsen erreicht, entsprechend einer optisch-optischen Effizienz von etwa 28 % und einer Puls-Ausgangsleistung von 6.25 kW. Im gütegeschalteten Betrieb wurden 0.75 J bei einer Pulsbreite von 17 ns und einer hohen Strahlqualität erzielt. Die mittlere Ausgangsleistung betrug allerdings nur etwa 20 bis 40 W.

Vergleichbare Leistungs- und Effizienzdaten wurden mit einer anderen Nd:YAG-Oszillator-Verstärker-Konfiguration realisiert, die jedoch gänzlich auf der Basis der Zick-zack-slab-Geometrie entwickelt wurde [7.33]. Für das Verstärker-System wurden hierbei zwei slab-Pumpmodule ähnlich dem in Abb.7.2a dargestellten Aufbau verwendet. Die slab-Kristalle wurden allerdings nur von einer Seite gepumpt. Die Kühlung erfolgte auf der gegenüberliegenden Seite, wofür der slab direkt mit einer ausdehnungsangepaßten Kühlplatte verbunden war. In gütegeschaltetem Betrieb konnte eine single-frequency-Laserausgangsleistung von 1 J bei einer maximalen mittleren Leistung von 32 W erreicht werden.

Wie oben diskutiert wurde, beträgt bei einem diodengepumpten Nd:YAG-Laser die Wärmelast zwar nur etwa 1/3 derjenigen eines lampengepumpten Systems, doch spielen bei größeren durchschnittlichen Ausgangsleistungen auch hierbei die thermischen Effekte eine entscheidende Rolle. Im Falle von Pulslasern hoher Leistung bietet es sich an, die thermischen Linseneffekte mit Hilfe der optischen Phasenkonjugation zu kompensieren und so einen stabilen Laserbetrieb bei hoher Strahlqualität über einem breiten Pumpleistungsbereich zu erzielen [7.34]. Hierfür wird ein hochreflektierender phasenkonjugierender Spiegel in das Lasersystem eingesetzt. Solche Spiegel lassen sich mittels der stimulierten

Brillouin-Streuung (SBS) in Flüssigkeiten oder Gasen realisieren. Diese "selbstgepumpten" Spiegel benötigen eine hinreichend hohe Pumpleistung, um eine Reflektivität nahe 100% zu erreichen. Dabei muß jedoch beachtet werden, daß sogenannter "optical break down" die maximal zulässige Strahlintensität in der Fokalregion der SBS-Zelle begrenzt. Die optische Phasenkonjugation eröffnet auch interessante Perspektiven hinsichtlich einer weiteren Leistungsskalierung durch kohärente Kopplung der Strahlung mehrerer Laser ("coherent beam combining") [7.35].

Mit lampengepumpten, gepulsten Lasersystemen wurde das Potential der optischen Phasenkonjugation schon eindrucksvoll demonstriert, wobei mit einer relativ einfachen Doppelpaßverstärker-Anordnung mit nur einem einzigen Nd:YAG-rod eine mittlere Ausgangsleistung von 100 W bei hoher Strahlqualität erzielt wurde [7.36]. Weiterhin konnte in einem modifizierten Aufbau mit Nd:YAlO$_3$ als Verstärkermedium eine mittlere Ausgangsleistung von 125 W einer Strahlqualität nahe an der Beugungsgrenze erreicht werden [7.37]. (Dieses Lasermaterial weist zwar einen im Vergleich mit Nd:YAG größeren thermischen Linseneffekt, jedoch keine wesentliche Spannungsdoppelbrechung auf).

Mit optisch phasenkonjugierten Spiegeln lassen sich in erster Linie die thermischen Linseneffekte weitgehend kompensieren, allerdings nicht die anderen Auswirkungen von thermischen Gradienten im Lasermaterial. So läßt sich damit weder die Spannungsdoppelbrechung reduzieren noch die Bruchgrenze erhöhen. In Verbindung mit dem Diodenpumpen liegen jedoch prinzipiell gute Voraussetzungen vor, um mit der optischen Phasenkonjugation noch wesentlich höhere Leistungen zu erreichen.

Zunächst wurde mit einem diodengepumpten, gepulsten System mit einem phasenkonjugierenden Spiegel die Leistungsklasse von 100 W mittlerer Ausgangsleistung erreicht [7.38]. Dabei konnte in einer Nd:YAG-Oszillator-Verstärker-Konfiguration nahezu beugungsbegrenzte Strahlung erzeugt werden. Als master-Oszillator wurde ein kleiner diodengepumpter Laser verwendet, dessen Ausgangsstrahlung von einem diodengepumpten Zick-zack-slab-Verstärker in einer gefalteten Doppelpaßanordnung verstärkt wurde (Abb.7.11). Mittels SBS-Phasenkonjugation in Freon konnten die Aberrationen im Verstärker so weit korrigiert werden, daß 1.1-fach beugungsbegrenzte Laserstrahlung mit einer Pulsenergie von 1 J und einer Repetitionsrate von 100 Hz resultierte (Abb.7.12). Die Pulsbreite betrug 7 ns.

Bei dieser Laseranordnung wird der Strahl des master-Oszillators nach dem Passieren eines Faraday-Isolators expandiert und mittels einer Referenz-Apertur so geformt, daß sich ein räumlich gleichförmiges Strahlprofil ergibt. Dann gelangt der Strahl durch einen Polarisator und wird mit einer Teleskopanordnung durch sogenanntes "image relaying" in der oberen Hälfte des Verstärkers abgebildet. (Dieses image-relaying stellt eine relativ aufwendige Strahlformungs- und

Abbildungstechnik dar, die wegen des rechteckigen Verstärkerprofils erforderlich wird, da hierbei kein rundes Strahlprofil wie im Falle einer zylindrischen Stabgeometrie vorliegt). Hinter dem Verstärker befindet sich ein weiteres solches Teleskop, mit dem der Strahl in ein Umlenkprisma geleitet wird, so daß der Strahl zurückläuft, den unteren Teil des Verstärkers passiert und auf eine SBS-Zelle abgebildet wird, die den Strahl phasenkonjugiert reflektiert. Eine $\lambda/4$-Platte vor dem SBS-Spiegel dreht die Strahlpolarisation, damit der verstärkte Strahl mit dem Polarisator extrahiert werden kann.

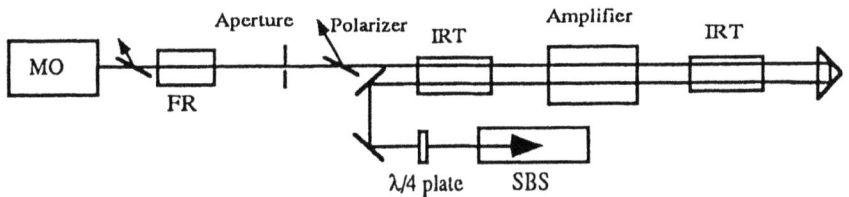

Abb.7.11 Aufbauschema eines MOPA-Systems mit einem phasenkonjugierenden Spiegel [7.38]

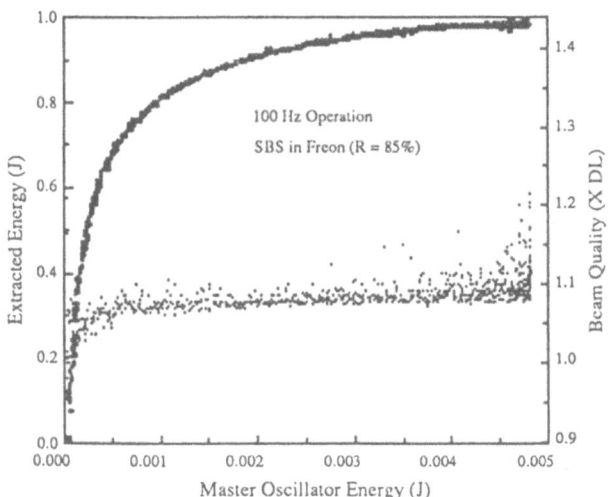

Abb.7.12 Pulsenergie (obere Kurve) und Strahlqualität (bezogen auf den beugungsbegrenzten Wert ("diffraction limit")) des MOPA-Ausgangsstrahls als Funktion der Pulsenergie des master-Oszillators [7.38]

Für den gütegeschalteten master-Oszillator wird ein instabiler Resonator mit einem Auskoppelspiegel verwendet, der ein Gauß-förmiges Reflektivitätsprofil aufweist. Mit diesem Laser werden kurze 10 mJ-Pulse in einem Strahl erzeugt, der anschließend expandiert und so geformt wird, daß sich ein dem Verstärkerquerschnitt entsprechendes, gleichförmiges, rechteckiges Strahlprofil ergibt.

Der Verstärker besteht aus einem Zick-zack-slab mit Abmessungen von 6 mm x 27 mm x 120 mm, der von beiden Seiten mit array bars von insgesamt 30 kW Pulsleistung bei Pulslängen von 150 µs gepumpt wird (entsprechend einer Pumppulsenergie von 4.4 J). Die Kristallkühlung erfolgt an beiden gepumpten Flächen mittels 1 mm breiter Kühlkanäle, wodurch eine gleichförmige und symmetrische Wärmeableitung gewährleistet ist.

Die optische Systemeffizienz dieses Aufbaus betrug 22 %, und die Gesamteffizienz wurde mit 9.3 % angegeben, wobei jedoch nicht die elektrische Leistungsversorgung und das Kühlsystem berücksichtigt wurden.

Daß extrem hohe Pumpleistungen mit einem Diodensystem realisiert werden können, wurde mit einer Anordnung von Diodenlasern demonstriert, bei der ein großer Nd:Glas-slab (1 cm x 14 cm x 39 cm) mit insgesamt 700 kW Pulsleistung an den beiden großen Seitenflächen gepumpt wurde [7.39, 7.40]. Die Pumpkonfiguration entsprach dem in Abb.7.2a dargestellten Prinzip mit mehreren, parallel zueinander angeordneten Diodensäulen. Eine solche Säule bestand aus fünf einzelnen Modulen mit je 51 gestapelten, 1.1 cm breiten, linearen arraybars, die auf dünnen Trägern aus Kupfer aufgebaut waren und mit Wasser gekühlt wurden. Ein Pumpmodul lieferte bei einem Betriebsstrom von 65 A eine optische Pulsleistung von 2.7 kW, wobei die Versorgungsspannung etwa 110 V betrug.

Auf jeder Seite des Glas-slab waren 26 Diodensäulen angeordnet. Mit einem elektrischen 30 kW-Leistungsteil wurden Repetitionsraten bis zu 15 Hz, Pulslängen von 300 bis 400 µs sowie durchschnittliche Pumpleistungen bis zu 2 kW realisiert. Mehr als 95 % der Diodenstrahlung bei 802 nm wurden in dem Glas-slab absorbiert, in dem eine Energie von etwa 75 J gespeichert werden konnte. Dieses System wurde für eine Quelle weicher Röntgenstrahlung für die Lithographie entwickelt. Dabei wird mit dem 1.054 µm-Laserstrahl auf einem Metall-Target ein Mikro-Plasma erzeugt, das Strahlung bei einer Wellenlänge von 1.4 nm emittiert.

Für die gleiche Anwendung ist auch ein Nd:YAG-Lasersystem vorgesehen, das in einer Konfiguration aus einem master-Oszillator und einem regenerativen Verstärker entwickelt wird [7.41]. Hiermit sollen bei hohen Repetitionsraten bis 1.5 kHz Pulsenergien zwischen 0.5 und 1 J erzeugt werden.

7.2.4 Aktiver-Spiegel-Laserverstärker

Mit der Verstärkergeometrie eines aktiven Spiegels lassen sich diodengepumpte Hochleistungsverstärker realisieren, die bei einem großen Strahlquerschnitt eine hohe Strahlqualität, eine hohe Effizienz sowie hohe Repetitionsraten, d. h. eine große Durchnittsleistung gewährleisten. Dabei werden die bei rod- und slab-Verstärkern vorhandenen Beugungsprobleme, die durch die den Laserstrahl begrenzenden Eingangs- und Ausgangsaperturen entstehen, aufgrund einer großen, runden Apertur weitgehend vermieden (Abb.7.13).

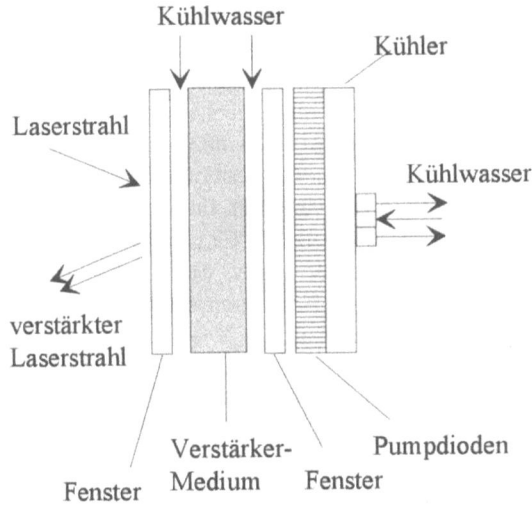

Abb.7.13   Aktiver-Spiegel-Verstärker (nach [7.42])

Ein solcher aktiver Spiegel, der einer longitudinal gepumpten Laseranordnung ähnlich ist, wird von einer Seite gepumpt, während der zu verstärkende Laserstrahl von der anderen Seite einfällt. Dabei ist die Stirnseite für das Pumplicht hochreflektierend und für das Laserlicht antireflektierend beschichtet, wohingegen die Rückseite mit einer für das Laserlicht hochreflektierenden und für die Pumpstrahlung antireflektierenden optischen Beschichtung versehen ist. Somit kann sehr effizient gepumpt werden, da für das Pumplicht eine Verdopplung des Absorptionsweges resultiert. Andererseits ergibt sich eine gute Energieextraktion, da die Laserstrahlung zweimal das aktive Material durchdringt, vergleichbar einem Doppelpaß-Verstärker. Besonders vorteilhaft ist hierbei, daß der einfallende Laserstrahl auch dasjenige Gebiet im Verstärkermedium erreicht, das am stärksten gepumpt wird. Beim einseitigen Pumpen einer solchen Anordnung wird das meiste Pumplicht nahe an der rückseitigen Fläche absorbiert. Infolge-

220 Festkörperlaser hoher Durchschnittsleistungen

dessen wird der aktive Spiegel dort auch am meisten erwärmt, so daß eine annähernd parabolische Spiegelkrümmung resultiert und der einfallende Strahl eine Fokussierung erfährt. Der aktive Spiegel wird an beiden großen Flächen durch vorbeiströmendes Wasser gekühlt.

Eine solche diodengepumpte Verstärkeranordnung eines aktiven Spiegels wurde bei einer Apertur von 3.8 cm Durchmesser mit zwei verschiedenen Materialien, Nd:Cr:GSGG (Nd:Cr:$Gd_3Sc_2Ga_3O_{12}$) und Nd:GGG (Nd:$Gd_3Ga_5O_{12}$), realisiert, wobei auch Vergleichsexperimente mit Lampenpumpen durchgeführt wurden [7.42]. Für den Vergleich wurden die Kleinsignalverstärkung sowie die Wellenfront gemessen. Aus der Kleinsignalverstärkung wurde die im aktiven Spiegel gespeicherte Energie berechnet, und aus den Wellenfrontmessungen wurde die thermische Belastung bestimmt. Zum optischen Pumpen der jeweils 6 mm dicken Kristalle wurden 12 GaAlAs-Dioden-array-Module eingesetzt, die, in einer 4 x 3-Matrix angeordnet, eine Fläche von 4.5 cm x 5.5 cm einnahmen und bei Emissionswellenlängen zwischen 803 und 812 nm eine Pumpleistung von insgesamt 35 kW lieferten. Fast die gesamte Pumpstrahlung, 99.8 %, konnte mit dieser Pumpanordnung im aktiven Material deponiert werden.

Da die Fluoreszenzlebensdauer für Nd:Cr:GSGG etwa 280 µs beträgt, wurde eine Pumppulsbreite von 250 µs verwendet, wobei mit einer Repetitionsrate von 20 Hz gepumpt wurde. In den Experimenten ergab sich eine peak-Speichereffizienz von 11.6 %, hierbei definiert als das Verhältnis aus der im aktiven Material gepeicherten Energie und der elektrischen Eingangsenergie der Dioden. Beim Lampenpumpen wurde das entsprechende Verhältnis zu 1.4 % bestimmt. Somit war die Speichereffizienz im Falle des Diodenpumpens rund 7.5 mal größer.

Weiterhin ergab sich eine um den Faktor 2.4 geringere Deformation der Wellenfront bei demselben Grad extrahierter Leistung. Vergleichbare Speichereffizienz-Werte wurden für den diodengepumpten Nd:GGG-Spiegel gemessen, der sich durch eine besonders große Kleinsignalverstärkung von 2 auszeichnete. Die Wellenfrontverzerrung war hierbei nochmals um den Faktor 2 geringer als bei dem diodengepumpten Nd:Cr:GSGG-Spiegel.

7.2.5 Longitudinale Pumpgeometrie

Lange Zeit galt eine longitudinale Pumpgeometrie als nicht geeignet, um vergleichbar hohe Durchschnittsleistungen im kW-Bereich wie bei den transversal gepumpten Lasern zu erreichen. Die Gründe hierfür lagen zum einen darin, daß die erforderlichen hohen Pumpleistungen nicht von einer hinreichend kleinen Emissionsfläche verfügbar waren; zum anderen wurden auch die hohe Absorption an den gepumpten Kristall-Endflächen (mit den großen thermischen und mechanischen Problemen) und das begrenzte Verstärkungsvolumen als hinderlich angesehen. Theoretische Studien haben jedoch gezeigt, daß in Verbindung mit einem neuen Diodenlaser-Transferoptik-Design auch ein longitudinal gepumpter Hochleistungs-Festkörperlaser möglich sein sollte.

Die Basis für einen solchen Laser bildet eine integrierte, Mikrokanal-gekühlte, gestapelte Diodenlaseranordnung mit Mikrolinsen [7.43]. Die Mikrolinsen kollimieren die Diodenstrahlung entlang einer Diodenachse, so daß die Divergenz von ursprünglich 1 rad auf weniger als 10 mrad reduziert wird. Dies gestattet es, die kollimierte Strahlung mittels eines speziell gestalteten Lichtleiters in beiden Richtungen senkrecht zur Ausbreitungsachse zu kondensieren (s. Kap.6, Abb.6.25). Auf diese Weise können mehr als 75 kW/cm^2 optischer Intensität von den Dioden-arrays zur Stirnfläche eines Laserstabes transferiert werden. Mit einem hinreichend kleinen Absorptionskoeffizienten, einer geeigneten Führung des Pumplichtes im Stab (z. B. durch eine geeignete Verspiegelung des Stabmantels) sowie mit einem das Pumplicht reflektierenden Spiegel am anderen Stabende könnte die Absorption auf einer längeren Strecke im aktiven Medium relativ gleichförmig verteilt werden. Somit ließe sich dann z. B. mit einem 20 cm langen Yb:YAG-rod eine mittlere Ausgangsleistung von 3 kW erreichen [7.44].

8 Single-frequency-Laser

Mit der Technologie der diodengepumpten Festkörperlaser ergeben sich gerade auch in Bezug auf monofrequente ("single-frequency") Laser geringer Linienbreite und somit großer Kohärenzlänge sowie hoher Frequenzstabilität neue Perspektiven. So können mit relativ einfachen Mitteln aufgrund der guten Überlappung von Pumplicht- und Modenvolumen sowie durch die gute Anpassung der spektralen Pumplichtverteilung an die Absorption des Lasermaterials hohe Ausgangsleistungen monofrequenter Strahlung erzielt werden, wie es bisher mit lampengepumpten Lasern nicht oder nur unter erheblichem Aufwand möglich war. Die beim Diodenpumpen deutlich verringerten Leistungsschwankungen der Anregungsquelle sowie die geringere Wärmelast im Laserkristall führen bereits ohne zusätzliche Stabilisierungsmaßnahmen zu einer wesentlich erhöhten Frequenzstabilität, verglichen mit herkömmlichen, lampengepumpten Systemen.

Die einfachste Anordnung eines diodengepumpten single-frequency-Festkörperlasers entspricht der in Kap.1, Abb.3 gezeigten. Für eine einfrequente Laseremission ist zunächst transversaler Grundmodenbetrieb notwendig, der im folgenden immer vorausgesetzt sein soll. Nahe an der Laserschwelle kann aufgrund der hier sehr geringen Verstärkungslinienbreite δv_o des Lasermaterials single-frequency-Betrieb bei Ausgangsleistungen bis etwa 1 mW erzielt werden [8.1]. Wird der Laser jedoch deutlich über der Laserschwelle betrieben, verbreitert sich die Verstärkungslinie eines Lasermaterials mit homogener Linienverbreiterung in Abhängigkeit von der Pumpleistung P_{pump} und der Schwellenleistung $P_{schwelle}$ gemäß [8.2]

$$\delta v(P_{pump}) = \delta v_o \cdot \sqrt{\frac{P_{pump}}{P_{schwelle}} - 1} \quad , \tag{8.1}$$

so daß dann sehr bald weitere axiale Moden (im folgenden oft auch longitudinale Moden genannt) anschwingen können (Abb.8.1). Die Ursache für das Anschwingen mehrerer axialer Resonatormoden liegt primär in der homogenen Linienverbreiterung der Festkörperlaser-Materialien: die laseraktiven Ionen sind ortsfest im Wirtsgitter gebunden und verfügen nur über eine relativ kleine Energie-Diffusionskonstante (im Bereich von $5 \cdot 10^{-7}$ cm^2/s für Nd:YAG; eine ausführ-

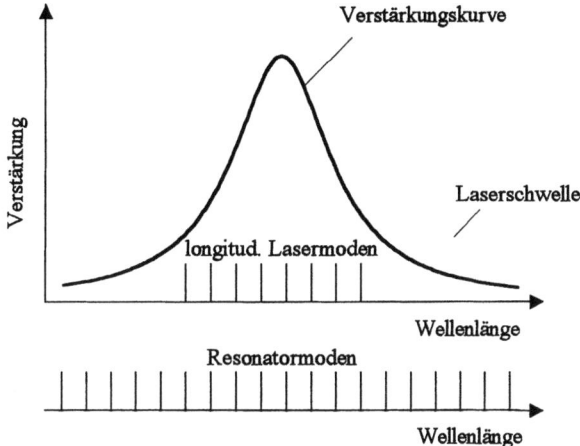

Abb. 8.1   Resonatormoden, die unter der Verstärkungskurve des Lasermediums longitudinale Lasermoden ausbilden

liche Analyse ist z.B. in [8.3] gegeben). Deshalb bilden sich im Bereich der Minima der Feldstärke ("Knoten" der im Laserresonator befindlichen stehenden Welle) im Resonator Zonen aus, in denen die Inversion durch den longitudinalen Grundmode nicht abgerufen werden kann. (Der Grundmode ist derjenige Mode, welcher die geringsten Verluste und die höchste Verstärkung erfährt, im allgemeinen der Mode, welcher dem Maximum der Verstärkungskurve am nächsten zu liegen kommt).

Diejenigen Inversionsbereiche, in denen der Grundmode eine sehr geringe Feldstärke nahe null aufweist, können nicht zu dessen Verstärkung beitragen; weitere longitudinale Moden mit einer anderen Anzahl von Knoten im Resonator können jedoch Maxima der Feldstärke ("Bäuche") an Stellen haben, an denen der Grundmode einen Knoten aufweist. Allgemeiner gesprochen kann sich zwischen Grundmode und höherem Mode eine örtliche Phasenverschiebung ausbilden (Abb. 8.2), so daß höhere Moden die überschüssige Inversion in den vom Grundmode nicht abgerufenen Bereichen nutzen und energetisch über die Laserschwelle kommen können. Es können dann mehrere Moden gleichzeitig verstärkt werden.

Dies wird in der Literatur als sogenanntes "spatial hole burning" bezeichnet und veranschaulicht die Tatsache, daß räumlich entlang der Resonatorachse "Löcher" in die Inversion durch die Verstärkung des Grundmode "gebrannt" werden, wohingegen an anderen Stellen die Inversion stehen bleibt. (Eine detaillierte Analyse des spatial hole burning findet sich beispielsweise in [8.4]).

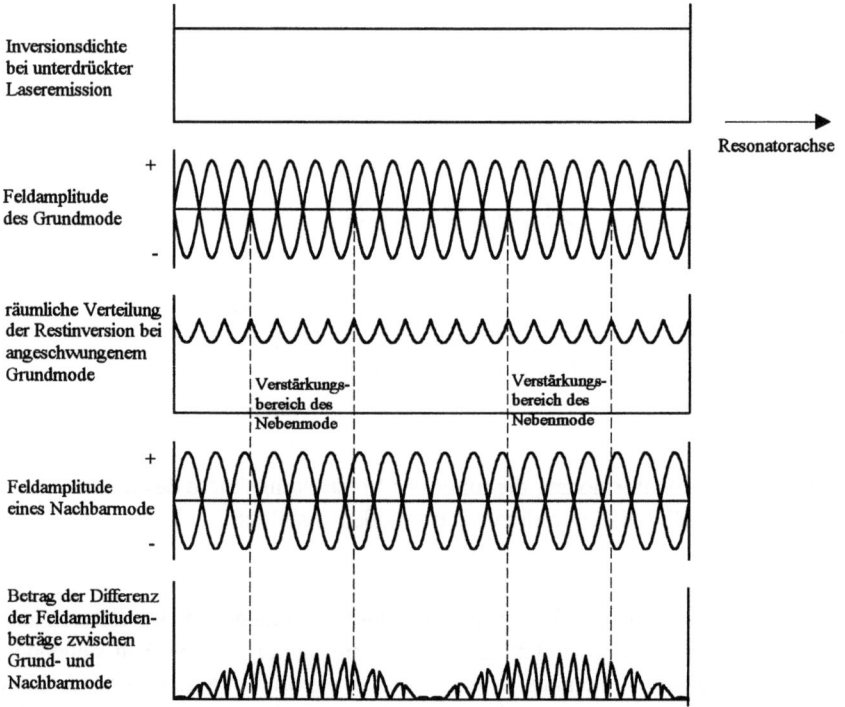

Abb. 8.2   Phasenverschiebung zwischen benachbarten Resonatormoden, welche zur Ausbildung anderer longitudinaler Moden führt

Dieses spatial hole burning ist der dominierende Effekt bei der Entstehung von weiteren longitudinalen Moden in Festkörperlasern, und ein auf single-frequency-Betrieb hin ausgelegter Laser muß diesem Effekt insofern Rechnung tragen, als das Auftreten von spatial hole burning entweder vermieden oder der Resonator so gestaltet werden muß, daß spatial hole burning unerheblich für die Lasereigenschaften ist oder gerade zur Erzeugung von single-frequency-Betrieb in speziellen Anordnungen ausgenutzt wird (Kap. 8.1.6).

Solche Laseranordnungen sollen nun im folgenden ausführlicher diskutiert werden, alle im Hinblick darauf, effizient und einfach monofrequente Laserstrahlung mit diodengepumpten Festkörperlasern zu erzeugen. Hierbei wird zunächst von kontinuierlichen (cw) Lasern ausgegangen; gepulste single-frequency-Laser werden in Kapitel 8.4 kurz behandelt.

8.1 Konfigurationen zur Erzeugung monofrequenter Laserstrahlung

8.1.1 Laser mit frequenzselektiven Elementen im Resonator

Wie in Abb. 8.1 gezeigt, liegen üblicherweise mehrere Resonatormoden innerhalb der Verstärkungslinienbreite des Festkörperlaser-Materials (wenn dieses deutlich oberhalb der Laserschwelle gepumpt wird), von denen eine gewisse Anzahl gleichzeitig verstärkt werden können, reduziert eventuell durch eine Konkurrenz solcher Moden mit nur geringem Phasenunterschied. Ein klassischer Ansatz, Betrieb auf nur einem einzigen Resonatormode zu erzwingen, besteht darin, weitere Moden durch in den Resonator eingebrachte frequenzselektive Elemente wie zum Beispiel ein doppelbrechendes Filter oder ein Etalon zu unterdrücken.

Ein doppelbrechendes Filter wird meist in Lasern eingesetzt, die über einen größeren Bereich abstimmbar sind. Es besteht aus einer dünnen Platte (oder aus mehreren Platten unterschiedlicher Dicke) aus einem doppelbrechenden Material und wird häufig unter dem Brewster-Winkel in den Resonator eingesetzt, so daß die optische Achse der doppelbrechenden Platte in der Plattenebene, aber nicht parallel zu dem durch den Brewster-Winkel definierten Polarisationsvektor verläuft.

Wird die Platte um die Achse senkrecht zur Oberfläche gedreht, so ändert sich der Winkel der durch den Brewster-Winkel definierten Polarisation in Bezug auf die optische Achse der Platte. Die durch diese hindurchtretende, durch den Brewster-Winkel der Platte definierte polarisierte Strahlung erfährt somit eine veränderte Phasenverzögerung. Dies führt zu einer Drehung der Polarisation, so daß die Strahlung dann an den Brewster-Flächen höhere Verluste erleidet. Da der Brechungsindex der doppelbrechenden Platte jedoch von der Wellenlänge abhängt, ist letztlich auch die Phasenverzögerung bzw. Polarisationsdrehung wellenlängenabhängig [8.5]. Somit ändert sich bei Drehung der Platte diejenige Wellenlänge, für die keine Polarisationsdrehung erfolgt. Daraus ergibt sich, daß sich die mit den geringsten Verlusten behaftete Resonatorfrequenz mit der Drehung der doppelbrechenden Platte ändert und damit auch die Laserfrequenz.

Werden mehrere Platten mit ganzzahligem Dickenverhältnis parallel zueinander in den Resonator eingesetzt [8.6], so läßt sich auch die Durchlaßbreite des Filters reduzieren, was die Emissionslinienbreite und die Anzahl der verstärkten Moden weiter verringert.

Durch Drehung des doppelbrechenden Filters läßt sich eine kontinuierliche Durchstimmung des Resonatormode erzielen. So konnte beispielsweise ein bei 980 nm gepumpter Er:Glas-Laser mit einem doppelbrechenden Filter einfrequent im Bereich zwischen 1535 und 1570 nm abgestimmt werden [8.7].

226 Single-frequency-Laser

Etalons bestehen dagegen im allgemeinen aus dünnen Glasplatten, welche beidseitig unbeschichtet oder mit teilreflektierenden Beschichtungen versehen sind. Diese Anordnung bildet einen eigenen plan-parallelen Resonator, dessen freier Spektralbereich Δv_{fsr} und Finesse $\mathcal{F}$ durch den Reflexionsgrad und die Dicke der Glasplatte gegeben sind:

$$\Delta v_{fsr} = \frac{c}{2n \cdot l} \quad ; \qquad \mathcal{F} = \frac{\Delta v_{fsr}}{\delta v_{et}} = \frac{\pi \cdot \sqrt{R}}{1 - R} \qquad (8.2\text{a,b})$$

(c: Lichtgeschwindigkeit, n: Brechungsindex, l: Länge (bzw. Dicke) und R: Reflexionsgrad an der Oberfläche des Etalons sowie δv_{et}: Linienbreite des Etalons).

Die Glasplatten können sehr dünn hergestellt werden (einige 10 bis 100 µm), so daß der longitudinale Modenabstand des Etalons relativ groß ist. Ist das Etalon nun in den Laserresonator eingesetzt, so ist die Transmission des Etalons im Bereich der Modenfrequenzen des Etalons hoch (Resonanz), wohingegen außerhalb dessen große Verluste auftreten. Die Breite der Durchlaßkurve entspricht dem Quotienten aus dem freien spektralen Bereich Δv_{fsr} des Etalons und seiner Finesse $\mathcal{F}$. So kann nur dann ein Lasermode entstehen, wenn ein Mode des Laserresonators mit einem Mode des Etalons übereinstimmt (Abb.8.3). Die absolute spektrale Lage der Etalonmoden kann durch Verkippung des Etalons innerhalb des freien spektralen Bereiches desselben verändert werden, da sich dann die effektive Etalonlänge ändert [8.8].

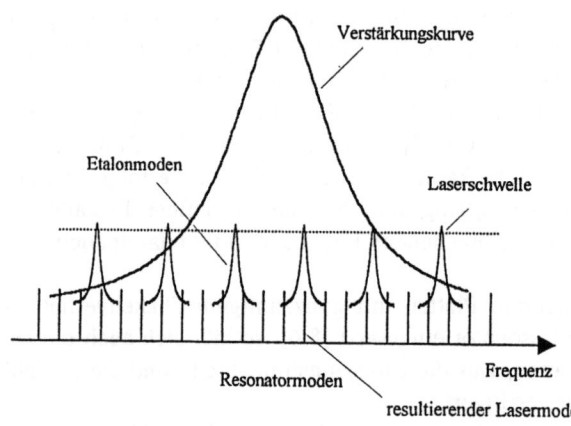

Abb.8.3 Selektion der verstärkten Resonatormoden durch Frequenzfilterung mit Hilfe eines Etalons

Weist der Laserresonator eine geringe Güte gegenüber dem Etalonresonator auf, so kann bei fester Laserresonator-Modenfrequenz durch ein Durchstimmen der Etalon-Resonatorfrequenz (mittels leichten Verkippens) in geringem Umfange ein Durchstimmen der Laserfrequenz aufgrund des sogenannten frequency-pulling-Effektes (Kap.8.1.5) erzielt werden. Eine Durchstimmung über einen größeren Bereich kann durch gleichzeitiges Durchstimmen der Etalonfrequenz und proportional hierzu der Frequenz des Resonatormode auch ohne frequency-pulling-Effekt erfolgen. Der Proportionalitätsfaktor ist hierbei abhängig vom Verhältnis der Etalonlänge zur Resonatorlänge.

Nachteil dieser Anordnungen ist jedoch die Empfindlichkeit bezüglich mechanischer Resonanzen, welche in einer Verschiebung von Laserresonator- und Etalonfrequenz resultiert, ebenso wie die Notwendigkeit der Stabilisierung der Modenfrequenzen zumindest in Bezug auf die Temperatur sowohl des Laserresonators als auch des Etalons (typischerweise werden Etalons auf 0.01 °C stabilisiert [8.9]). Der Verkippung sind zudem durch den hiermit verbundenen "walk-off" der optischen Achse (Strahlversatz) bei verkippten Planplatten Grenzen gesetzt.

Weiterhin erhöhen die Reflexionsverluste eines solchen Etalons die gesamten Resonatorverluste, so daß der Laser nur mit höherer Schwelle und geringerer Effizienz betrieben werden kann. Da die Emission aus jenen Bereichen des Lasermaterials unterdrückt wird, in welchen zwar eine Inversion aufgebaut ist, deren zugehöriger Resonatormode jedoch nicht mit der Durchlaßkurve des Etalons korrespondiert, kann die dort herrschende Inversion nicht für die emittierte single-frequency-Laserstrahlung genutzt werden. Die hier aufgebaute Inversion geht somit für den Laserbetrieb verloren: die Effizienz des Lasers wird weiter reduziert [8.10].

Etalons finden meist dann Verwendung, wenn neben der Modenselektion eine kontinuierliche Abstimmung des Lasers gefordert ist, oder die Verstärkungskurve des Lasermaterials sehr breit ist [8.11]. So wurde beispielsweise in einem Er:Glas-Laser, der mit einer Laserdiode bei 980 nm gepumpt wurde, ein 300 µm dickes, unbeschichtetes Etalon verwendet; die Laseremission bei 1.5 µm war einfrequent und konnte kontinuierlich über den gesamten Bereich der Laserverstärkungskurve von 180 GHz abgestimmt werden [8.12].

Die Anforderungen bezüglich der mechanischen Stabilität lassen sich verringern, wenn ein sogenanntes Dünnschicht-Etalon als Abfolge von dielektrischen Schichten zum Beispiel direkt auf einen Laserkristall aufgedampft wird [8.13]. Dieses Etalon ist somit mechanisch starr mit dem Laserkristall verbunden, und die zusätzliche Temperaturstabilisierung des Etalons entfällt.

Ein weiteres Verfahren zur Reduktion der Lasermoden und Erzeugung von einfrequenter Laserstrahlung beruht darauf, einen sehr dünnen (typisch 5 - 15 nm) Metallfilm in den Resonator einzubringen, der in ähnlicher Weise auf dem Laserkristall aufgedampft sein kann [8.14]. Der Metallfilm sollte hierbei reflektierend für die Laserfrequenz sein; alternativ kann auch ein absorbierender Film Verwendung finden [8.15]. Auf diese Weise werden alle Resonatormoden höhere Verluste im Resonator erleiden bis auf solche, bei welchen der elektrische Feldstärkevektor am Ort des Metallfilmes einen Nulldurchgang aufweist. Dieser Resonatormode wird also bevorzugt anschwingen, und der Laser wird mit reduzierter Modenzahl, bei geeigneter Optimierung sogar im Einfrequenzbetrieb emittieren.

8.1.2 Laser mit gekoppelten Resonatoren

In der Literatur ist eine Vielzahl von Konfigurationen beschrieben, bei welchen mehrere Resonatoren nach dem Schema eines Interferometers gekoppelt wurden. Bei geeigneter Wahl der Resonatorlängen unterschiedlich langer Pfade eines verzweigten Resonators können durch Interferenz bestimmte Moden unterdrückt werden. Eine gute Übersicht über diese Verfahren ist in [8.16] gegeben.

Eine besondere Variante der gekoppelten Resonatoren, welche dem Betrieb eines intracavity-Etalons sehr ähnlich ist, besteht in der definierten Rückkopplung eines Teils der Laserstrahlung, wobei als Rückkopplungselement ein externer Resonator fungiert [8.17, 8.18]. Dieser hat dann ein von seiner Resonanzfrequenz abhängiges Reflexionsvermögen. Man könnte einen solchen externen Resonator somit auch als ein frequenzselektives Spiegelelement betrachten. (Eine detaillierte Analyse dieses Verfahrens findet sich in [8.19, 8.20, 8.21, 8.22]).

Der Laserresonator besteht hierbei aus zwei Spiegeln R1 und R2, wobei R2 in seiner Reflektivität so gewählt wird, daß ein aus diesem und einem dritten Spiegel R3 bestehender externer zweiter Resonator eine Güte hat, die zum eigentlichen Laserresonator, in welchem sich auch das Lasermedium befindet, im gewünschten Verhältnis steht (Abb.8.4).

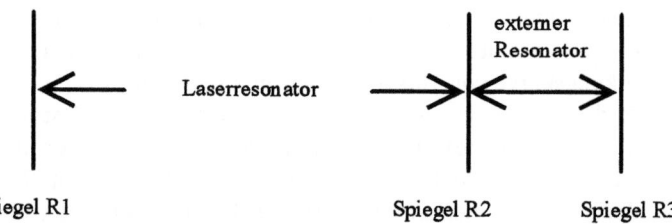

Abb.8.4 Zur Frequenzselektion der verstärkten Resonatormoden durch Kopplung zweier Resonatoren mit unterschiedlicher Frequenz

Dieser Aufbau unterscheidet sich gegenüber der Anordnung mit einem intracavity Etalon, bei welchem der äußere Etalon-Spiegel mit dem Auskoppelspiegel kombiniert ist, lediglich in der Wahl der Spiegelreflektivitäten: ist bei der Etalon-Konfiguration der Reflexionsgrad der intracavity-Spiegel nur gering, so handelt es sich im Gegensatz dazu im Falle der gekoppelten Resonatoren beim mittleren Spiegel tatsächlich um eine Spiegelschicht mit hoher Reflexion. Dieser entspricht somit einem Auskoppelspiegel, so daß der Laser prinzipiell auch ohne einen dritten Spiegel über der Schwelle zu betreiben wäre. Der externe Resonator befindet sich somit nicht eigentlich innerhalb des ersten Resonators (keine intracavity-Anordnung). Im Falle der Etalon-Konfiguration kann man auch von einer starken Kopplung von Resonatoren sprechen, im hier gezeigten Falle von einer schwachen Kopplung.

Beide Verfahren, Etalon-Laser und gekoppelte Resonatoren, erlauben eine Durchstimmung über einen größeren Bereich, wenn gleichzeitig beide Resonatoren definiert gegeneinander verstimmt werden, so daß nach Möglichkeit keine Modensprünge auftreten können.

8.1.3 Ringlaser

Eine effizientere Anordnung, bei der die gesamte aufgebaute Inversion für die Laseremission genutzt werden kann, besteht darin, das spatial hole burning durch eine ringförmige Führung des Resonatormode zu verhindern [8.23] (Abb.8.5). Es bildet sich hierbei keine stehende Welle aus; vielmehr entstehen zunächst zwei in

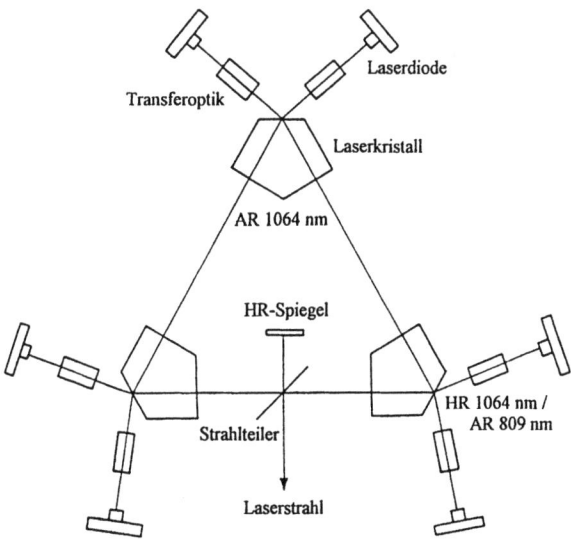

Abb.8.5 Prinzipskizze eines aus drei Pentagonen zusammengesetzten diodengepumpten Ringlasers. Durch die Verwendung von Pentagonen als laseraktivem Material kann gleichzeitig die Umlenkung des Resonatormode erfolgen.

entgegengesetzter Richtung umlaufende Wellenzüge, die in sich ohne Phasensprung geschlossen sind, so daß keine stationären Löcher in die räumliche Inversionsverteilung durch Interferenz der beiden Wellenzüge zu einer stehenden ortsfesten Welle "gebrannt" werden können.

Um nun einem Resonatormode abhängig von seinem Umlaufsinn stärkere resonatorinterne Verluste aufzuprägen, wird üblicherweise ein polarisationsselektives Element in den Resonator eingebracht, sowie mittels des Faraday-Effektes eine umlaufrichtungsabhängige Polarisationsdrehung herbeigeführt. Infolgedessen stehen die Polarisationen der beiden Moden nicht mehr parallel zueinander, so daß bei geeigneter Positionierung der Vorzugsrichtung des polarisationsselektiven Elementes die Verluste für einen der beiden Moden tatsächlich erhöht werden.

Dieses Verfahren ist seit langem bekannt, erfuhr jedoch durch das optische Pumpen mit Laserdioden eine Renaissance, da hierdurch eine spezielle, besonders kompakte und stabile Laserkonfiguration ermöglicht wird [8.24, 8.25, 8.26, 8.27]. Wie in Abb.8.6 veranschaulicht, wird dabei der Resonatormode in einem entsprechend geformten Laserkristall aus der Ebene herausgeführt, so daß durch Totalreflexion an den unter schiefem Winkel zur Aufsichtsebene stehenden Flächen (deshalb auch "nicht-planarer Ring-Oszillator" NPRO genannt) eine polarisationsabhängig mit unterschiedlichem Verlust behaftete Reflexion stattfindet. Somit kann auf ein zusätzliches polarisationsselektives Element verzichtet werden.

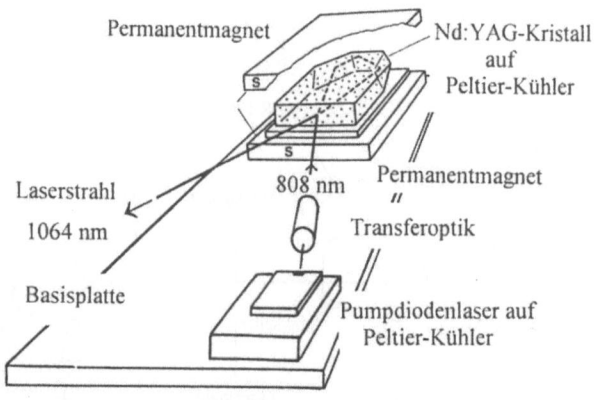

Abb.8.6 Aufbauskizze eines diodengepumpten, nichtplanaren Ringlasers (MISER) [Q8.1]

Durch ein externes Magnetfeld kann unter Ausnutzung der bei Nd:YAG mit 103 Grad T^{-1} m^{-1} (für Nd:GGG 387 Grad T^{-1} m^{-1}) [8.25] relativ hohen Verdet-Konstante eine umlaufrichtungsabhängige Polarisationsdrehung hervorgerufen werden (Faraday-Effekt). Auf diese Weise ist ein monolithischer Aufbau eines Ringlasers (auch "MISER", Monolithic Isolated Single-mode End-pumped Ringlaser, genannt) möglich, welcher an den eingezeichneten Stellen longitudinal mit Laserdioden gepumpt werden kann. Durch die hierbei erreichbare gute Modenüberlappung ist im allgemeinen keine Unterdrückung höherer transversaler Moden notwendig, so daß ein solcher Laser bevorzugt auf einer einzigen Frequenz emittiert.

Die geringe thermische Belastung führt zudem zu einer geringen Linienbreite: experimentell wurde eine Linienbreite von < 3 kHz in einem Meßintervall von 100 ms (auflösungsbedingt) und darunter [8.26, 8.28, 8.29] und ein Intensitätsrauschabstand von > 100 dB/Hz gemessen (über einen Bereich von 0 bis 600 kHz bei einer Emissionswellenlänge λ=1.3 µm und einer Ausgangsleistung von 5.7 mW) [8.28, 8.30]. Durch eine aktive Regelung konnte dieser Wert noch um 37 dB verbessert werden. Diese Werte beziehen sich auf das Maximum des Intensitätsrauschens bei der Frequenz der Relaxationsoszillation.

In einer ähnlichen Anordnung wird der Resonatormode nur geringfügig aus der Ebene herausgeführt (Abb.8.7). Hierbei weicht der Strahl von der Horizontalen um lediglich etwa 1° ab, wohingegen der entsprechende Winkel beim MISER-Design 90° beträgt. Durch diesen quasi-planaren Resonator wird gegenüber dem MISER-Aufbau das erforderliche Magnetfeld erheblich reduziert [8.31].

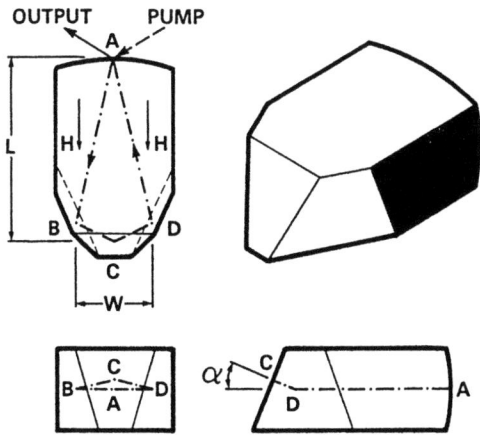

Abb.8.7 Quasi-planarer Ring-Oszillator [Q8.2]

232 Single-frequency-Laser

Für das Rauschverhalten diodengepumpter Festkörperlaser ist wesentlich auch das Rauschverhalten der Pumplaserdioden verantwortlich, welche meist auf mehreren longitudinalen Moden zeitlich instabil emittieren [8.32]. Monolithisch integrierte Ringlaser, welche mit sogenannten "injection-locked" single-frequency-Pumplaserdioden betrieben werden, weisen nicht nur eine höhere Ausgangsleistung auf. Bei einer Pumpleistung von 400 mW (Abb.8.8) wurde auch ein deutlich reduziertes Intensitätsrauschen der Festkörperlaserstrahlung im locking-Betrieb der Laserdiode, verglichen mit freilaufendem Betrieb, festgestellt (Abb.8.9) [8.33].

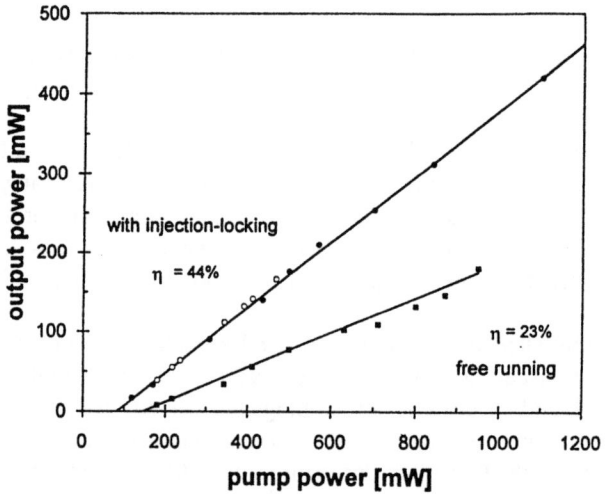

Abb.8.8 Ausgangsleistung eines nichtplanaren Ringlasers bei Anregung mit einem injection-locked single-frequency-Diodenlaser und einem freilaufenden multimode-Diodenlaser [8.33]

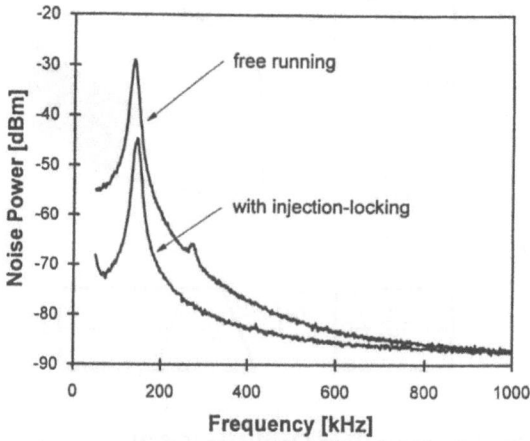

Abb.8.9 Rauschspektrum des Ringlasers von Abb.8.8 [8.33]

Auch planare monolithische Ringlaser (PRO) sind experimentell untersucht worden [8.34]. Die nichtplanaren MISER-Systeme haben mittlerweile eine erhebliche kommerzielle Bedeutung erlangt [8.35]. Mit leistungsstarken Pumpdioden sind Ausgangsleistungen bis 910 mW bei einer Pumpleistung von 1.98 W erreicht worden (Abb.8.10) [8.36, 8.37]. Durch Änderung der Kristalltemperatur kann die Laseremission über typisch 15 GHz kontinuierlich ohne Modensprung durchgestimmt werden [8.38]. Ein durch einen Piezokristall induzierter Stress senkrecht zum Resonatormode ermöglicht zudem eine Abstimmung um 100 MHz mit einer Bandbreite bis zu 100 kHz [8.39].

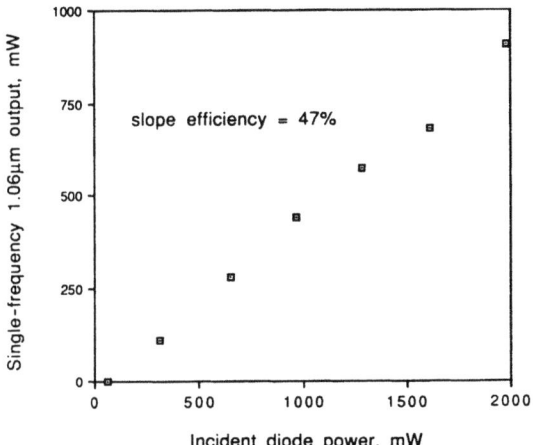

Abb.8.10 Ausgangsleistung eines nichtplanaren Ringlasers als Funktion der Pumpleistung [Q8.3]

Eine andere abstimmbare Ringlaserkonfiguration läßt sich mittels eines in den Resonator eingebrachten elektrooptischen Kristalls realisieren, bei dem aufgrund des ferroelektrischen Effektes die Brechzahl des Kristalls durch ein elektrisches Feld (welches grundsätzlich transversal oder longitudinal angelegt werden kann) verändert wird. Hier wurde eine Abstimmung um 3 GHz erzielt, wobei die Modulationsbandbreite durch die Spannungsversorgung und die Kapazität des elektrooptischen Kristalls und dessen Elektroden begrenzt war [8.40].

Monolithisch integrierte Ringlaser lassen sich aus einer Vielzahl von Lasermaterialien realisieren, so z.B. aus Nd:YAG, Nd:GGG [8.25, 8.41] und Nd:Glas [8.42] sowie außer bei 1.06 μm auch bei anderen Wellenlängen (beispielsweise bei 1.3 μm [8.43] und 2.1 μm [8.44, 8.45]).

Eine weitere Anordnung eines einfrequenten Ringlasers kann mittels eines akustooptischen Modulators realisiert werden, welcher die Funktion der optischen

Diode zur Unterdrückung der gegensinnigen Umlaufrichtung übernimmt. Da der Bragg-Winkel für beide Umlaufrichtungen aufgrund der Dopplerverschiebung davon abhängt, ob sich die Welle gleichsinnig oder gegensinnig zur akustischen Welle ausbreitet, erfährt eine der beiden Wellen höhere Verluste im Resonator, so daß sich letztlich nur die Welle mit den geringeren Verlusten ausbilden kann [8.46, 8.47, 8.48, 8.49].

8.1.4 Twisted-Mode-Cavity Laser

Eine spezielle Form des Ringlasers stellt in gewisser Weise der sogenannte "twisted-mode-cavity" oder TMC-Laser dar [8.50]. Auch hier können die hin- und die zurücklaufende Welle im Resonator keine stehenden Welle bilden, so daß kein spatial hole burning auftritt. Allerdings ist beim TMC-Laser der Ring zu einer geraden Linie entartet.

Beim TMC-Laser befindet sich das laseraktive Material zwischen zwei λ/4-Plättchen. Zwischen einem dieser λ/4-Plättchen und dem Auskoppelspiegel befindet sich ein polarisationsselektives Element wie beispielsweise eine Brewster-Platte, wobei die λ/4-Plättchen unter 45° zur Polarisationsrichtung angeordnet sind (Abb.8.11).

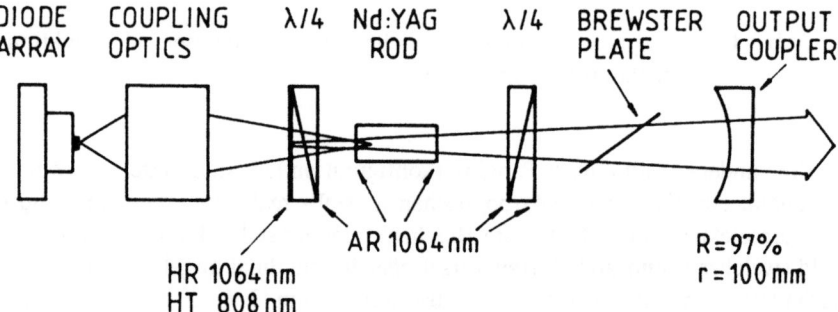

Abb.8.11 Aufbauskizze eines longitudinal diodengepumpten twisted-mode-cavity-Lasers (TMC) mit einem zwischen zwei λ/4-Plättchen plazierten Laserkristall [8.51]

Geht man von einer vom Auskoppelspiegel reflektierten Welle definierter Polarisation aus gemäß

$$\vec{E}_{links} = \frac{E_o}{2} \cdot \left[\left(\vec{e}_x + \vec{e}_y \right) \cdot \cos\left(\vec{k} \cdot \vec{z} - \omega \cdot t \right) \right] \quad (8.3)$$

mit E_o Betrag der elektrischen Feldstärke
$\vec{e}_x, \vec{e}_y$ Einheitsvektoren des Feldes
$\vec{k}$ Wellenvektor
$\vec{z}$ Einheitsvektor der Ausbreitungsrichtung
ω Kreisfrequenz der Welle
t Zeit

(die sich also in Abb.8.11 von rechts nach links fortpflanzt), so wird bei einem hierzu unter 45 Grad plazierten λ/4-Plättchen die Welle zirkular polarisiert, entsprechend einer Verzögerung der einen Polarisation um π/2 gegenüber der anderen Polarisation:

$$\vec{E}_{links} = \frac{E_o}{2} \cdot \left[\vec{e}_x \cdot \cos\left(\vec{k} \cdot \vec{z} - \omega \cdot t + \frac{\pi}{2} \right) + \vec{e}_y \cdot \cos\left(\vec{k} \cdot \vec{z} - \omega \cdot t \right) \right]$$
$$= \frac{E_o}{2} \cdot \left[-\vec{e}_x \cdot \sin\left(\vec{k} \cdot \vec{z} - \omega \cdot t \right) + \vec{e}_y \cdot \cos\left(\vec{k} \cdot \vec{z} - \omega \cdot t \right) \right] \quad (8.4)$$

Diese Welle tritt nun durch das optisch gepumpte Lasermedium hindurch und trifft auf ein zweites λ/4-Plättchen, das hieraus wiederum linear polarisiertes Licht erzeugt:

$$\vec{E}_{links} = -\frac{E_o}{2} \cdot \left[\left(\vec{e}_x + \vec{e}_y \right) \cdot \sin\left(\vec{k} \cdot \vec{z} - \omega \cdot t \right) \right] \quad (8.5)$$

Die Welle wird am zweiten Spiegel reflektiert und breitet sich nun mit gleicher Polarisation, aber umgekehrter Ausbreitungsrichtung (Phasensprung um π) aus:

$$\vec{E}_{rechts} = -\frac{E_o}{2} \cdot \left[\left(\vec{e}_x + \vec{e}_y \right) \cdot \sin\left(-\vec{k} \cdot \vec{z} - \omega \cdot t + \pi \right) \right]$$
$$= \frac{E_o}{2} \cdot \left[\left(\vec{e}_x + \vec{e}_y \right) \cdot \sin\left(-\vec{k} \cdot \vec{z} - \omega \cdot t \right) \right] \quad (8.6)$$

Anschließend tritt die Welle erneut durch dasselbe λ/4-Plättchen hindurch,

236 Single-frequency-Laser

allerdings nun mit in Bezug auf die einfallende Welle umgekehrter zirkularer Polarisationsrichtung:

$$\vec{E}_{rechts} = \frac{E_o}{2} \cdot \left[\vec{e}_x \cdot \sin\left(-\vec{k}\cdot\vec{z} - \omega \cdot t \right) + \vec{e}_y \cdot \cos\left(-\vec{k}\cdot\vec{z} - \omega \cdot t \right) \right] \qquad (8.7)$$

Beim Durchtritt durch das rechte λ/4-Plättchen wird diese Welle wieder in eine lineare Polarisation übergeführt und am Auskoppelspiegel reflektiert, so daß wieder die Anfangsbedingungen gemäß Gl.(8.3) gelten.

Im Lasermedium befinden sich somit zwei sich gegensinnig ausbreitende Wellen mit unterschiedlicher zirkularer Polarisationsrichtung. Diese beiden Polarisationsrichtungen können auch als zwei orthogonal zueinander stehende Wellen mit gleicher Frequenz, jedoch mit einer räumlichen Versetzung um λ/4 betrachtet werden:

$$\vec{E}_{gesamt} = \vec{E}_{links} + \vec{E}_{rechts} \qquad (8.8)$$

$$= E_o \cdot \left[\vec{e}_x \cdot \left(-\cos(-\omega \cdot t) \cdot \sin\left(\vec{k}\cdot\vec{z} \right) \right) + \vec{e}_y \cdot \left(\cos(-\omega \cdot t) \cdot \cos\left(\vec{k}\cdot\vec{z} \right) \right) \right]$$

Aufgrund dieser Phasenversetzung ist die Intensität I des elektrischen Feldes an jedem Punkt des Lasermediums unabhängig von z:

$$I = \left(\vec{E}_{gesamt} \right)^2 = E_o^2 \cdot \cos^2(\omega \cdot t) \qquad (8.9)$$

Das bedeutet, daß die gesamte Inversion abgerufen werden kann und somit kein spatial hole burning auftritt [8.52]. Ein solcher Laser wird somit ebenso wie ein klassischer Ringlaser einfrequent emittieren. (Wenn man sich in Gedanken die Spitzen der Feldstärkevektoren zu einem festen Zeitpunkt mit einem Band verbunden denkt, so ist dieses verdreht ("twisted") mit der Periodizität einer Laserwellenlänge, entsprechend den Maxima der phasenversetzen Kosinus- und Sinus-Wellen im Resonator, woraus sich der Name "twisted-mode-laser" ableitet.)

Gepumpt mit einer 1W-Laserdiode wurden mit einer solchen Konfiguration 255 mW single-frequency-Laserstrahlung in Nd:YAG bei 1.06 μm erzeugt [8.51]. Mittels einer Pumpkonfiguration von drei 1W-Laserdioden, welche über eine Faserweiche gekoppelt waren, konnte eine Leistungssteigerung auf annähernd 500 mW [8.53] und mit einer 3W-Pumplaserdiode auf 1.05 W erzielt werden [8.54, 8.55].

Zur Reduktion der mechanischen Instabilitäten und Verbesserung der Langzeitstabilität wurden in einem speziellen, miniaturisierten Aufbau die Elemente des Lasers optisch miteinander kontaktiert ("angesprengt"), so daß ein quasi-monolithischer Aufbau entstand [8.56] (Abb.8.12). Die Ausgangsleistung betrug 80 mW bei einer Pumpleistung von 310 mW.

Eine weitere Vereinfachung des TMC-Aufbaus läßt sich durch die Verwendung eines Flüssigkristall-Spiegels als Laserspiegel erzielen. Dies hat den Vorteil, daß eines der λ/4-Plättchen aufgrund der diesen Spiegeln eigenen Polarisationseffekte überflüssig wird [8.57]. Durch die Kombination einer TMC-Konfiguration mit einem doppelbrechenden Filter konnte bei Verwendung von Nd:LMA als Lasermedium ein Abstimmbereich von 11 nm im single-frequency-Betrieb erzielt werden [8.58].

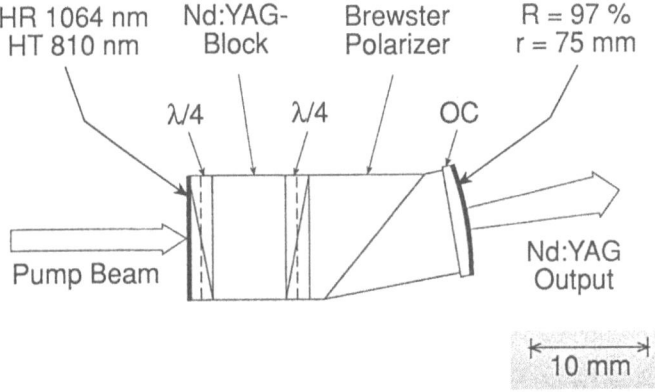

Abb.8.12 Quasi-monolithische Anordnung eines TMC-Lasers, bei dem alle Resonatorelemente optisch miteinander kontaktiert sind [Q8.4]

8.1.5 Mikrokristall-Laser

Mikrokristall-Laser stellen eine besonders einfache Form von einfrequenten Lasern dar. Im einfachsten Fall bestehen sie aus einem Stück eines laseraktiven Kristallmaterials, welches beidseitig plan geschliffen und auf den Planseiten für die Laserwellenlänge optisch verspiegelt ist (monolithische Anordnung) [8.59]. Die Länge eines solchen Kristalls kann im Bereich von etwa 100 µm bis etwa 1.5 mm liegen, mit einem Durchmesser von typisch 2 mm. Ihre Funktionsweise beruht auf einer geeigneten Anpassung der Resonatorlänge an die Verstärkungslinienbreite des Lasermediums, so daß nur ein einziger Resonatormode verstärkt werden kann.

In der Literatur wird auch von "microchip lasers" [8.60, 8.61], "micro-cavity-lasers" [8.62], "cube-lasers" [8.63, 8.64, 8.65], oder auch einfach "micro-lasers" gesprochen, oft pauschal im Falle von Lasern, deren Resonator kürzer als 1 mm ist. Da dies jedoch nur eine recht grobe und beliebige Einteilung darstellt, soll an dieser Stelle eine geeignete Definition des "Mikrokristall-Lasers" aus seiner Funktionsweise gegeben werden.

Abb.8.13 zeigt schematisch das Modenspektrum eines Mikrokristall-Lasers mit zugehörigem Verstärkungsprofil des Lasermediums.

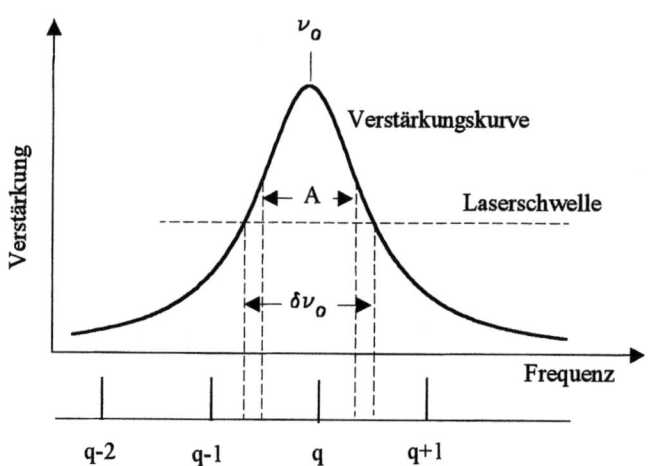

Abb.8.13 Modenspektrum und einfrequente Durchstimmung eines Mikrokristall-Lasers. Der Mode q kann innerhalb des Abstimmbereichs A, der kleiner als die Verstärkungslinienbreite δv_o an der Schwelle ist, abgestimmt werden [8.66].

Einfrequenzemission des Lasers kann erreicht werden, wenn der Resonatormodenabstand größer als die halbe Verstärkungslinienbreite des Lasermediums ist, da es dann möglich ist, daß nur für einen einzigen Mode eine Koinzidenz von Verstärkungsfrequenzbereich und Resonatorfrequenzspektrum gegeben ist. Diese Beziehung dient zur grundlegenden Charakterisierung eines Mikrokristall-Lasers:

$$\Delta v_{res} > \delta v_{verst} / 2 \qquad (8.10)$$

mit Δv_{res} Abstand der Resonatormodenfrequenzen
        δv_{verst} Verstärkungslinienbreite

Der Abstand der Resonatormodenfrequenzen Δv_{res} eines monolithischen Resonators, der ganz aus dem verstärkenden Medium mit einem Brechungsindex n besteht, berechnet sich zu

$$\Delta v_{res} = \frac{c}{2 \cdot n \cdot l} \qquad (8.11)$$

(l: Dicke des Kristalls, identisch mit der geometrischen Länge des Resonators).

Ist der Resonatormodenabstand deutlich größer als die halbe Verstärkungslinienbreite, so kann, wie in Abb.8.13 gezeigt, der Laser bei einfrequenter Emission entsprechend durchgestimmt werden. Im Extremfall, wenn der Resonatormodenabstand mindestens so groß ist wie die Verstärkungslinienbreite, läßt sich ein solcher Laser sogar über die gesamte Breite der Verstärkungskurve abstimmen:

$$\Delta v_{abstimm} \leq Min\, (2\Delta v_{res} - \delta v_{verst}\,;\, \delta v_{verst}) \qquad (8.12)$$

mit $\Delta v_{abstimm}$ einfrequenter Abstimmbereich des Lasers
Δv_{res} Abstand der Resonatormoden
δv_{verst} Verstärkungslinienbreite
Min Minimumsfunktion

Die Verstärkungslinienbreite selbst ist zum einen spezifisch abhängig vom verwendeten laseraktiven Ion (umgekehrt proportional zur Lebensdauer des oberen Laserniveaus, vgl. Kap.5), zum anderen aber auch von den Wechselwirkungen mit dem Wirtsgitter. Weiterhin ist naturgemäß die Verstärkungslinienbreite einer homogen verbreiterten Laserlinie eine Funktion des Verhältnisses von Pumpleistung zu Schwellenpumpleistung (vgl. Gl.(8.1)) , so daß spätestens hier offensichtlich wird, daß eine pauschale Definition von Mikrokristall-Lasern als Laser mit Resonatorlängen kleiner als 1 mm nicht sehr sinnvoll ist. Vielmehr muß eine geeignete Definition den Einfluß der hier beschriebenen physikalischen Größen berücksichtigen. Eine passende Begriffsbestimmung, die die jeweiligen spezifischen Kristalleigenschaften wie auch die Pumpverhältnisse berücksichtigt, ist, Mikrokristall-Laser als solche Laser zu definieren, bei denen der Resonatormodenabstand größer als die halbe Verstärkungslinienbreite des laseraktiven Mediums ist (vgl. Gl.(8.10)).

Von diesem Standpunkt aus beschreibt der Begriff "micro-cavity-laser" diese Definition am besten; da diese Laser jedoch oft monolithisch ausgeführt werden, wobei die Resonatorlänge identisch mit der optischen Länge des laseraktiven Mediums ist (bei kristallinen Festkörpermaterialien mit der optischen Länge des

Laserkristalls), scheint auch die Verwendung der Bezeichnung "Mikrokristall-Laser" sinnvoll, der wir uns hier anschließen wollen.

Die Verstärkungslinienbreite z. B. von Nd:YAG liegt je nach Schwelle und Pumpleistung typisch im Bereich von 160 GHz, so daß in diesem Beispiel monolithische Mikrokristall-Laser mit einer Länge kleiner als etwa 1 mm einfrequent emittieren. Aufgrund dieser kurzen Längen werden solche Laser am effizientesten longitudinal gepumpt, so daß eine gute Überlappung zwischen Pumplicht- und Modenvolumen gegeben ist. Dies ist insbesondere bei plangeschliffenen, monolithischen Mikrokristall-Lasern wichtig, da hier der Laserresonator erst durch die thermisch induzierte Linse stabil wird. Zudem bildet sich bei einem kleinen Pumplichtfokus und einem entsprechend großen radialen Brechungsindexgradienten eine Wellenleitung innerhalb des Pumpbereiches aus [8.67]. Aus dem kurzen Absorptionsweg ergibt sich zwangsläufig, daß geeignete Pumpquellen für Mikrokristall-Laser gut fokussierbar und schmalbandig sein müssen. So sind Mikrokristall-Laser zwar schon relativ frühzeitig untersucht worden [8.63, 8.64], allerdings zeichnete sich ihre Bedeutung erst bei der Verwendung von Laserdioden als Pumplichtquellen ab, deren Abmessungen von derselben Größenordnung sind. In dieser Kombination lassen sich sehr kompakte Laser realisieren, die auch in kommerzieller Hinsicht interessant sind. Zu Laboruntersuchungen werden häufig auch Titan-Saphir-Laser oder Argon-Ionen-Laser als Pumplichtquellen eingesetzt.

Laserdioden weisen im Vergleich zu Lampen als Anregungsquellen nur ein geringes Intensitätsrauschen auf, und so verfügen insbesondere diodengepumpte monolithische Mikrokristall-Laser, die aufgrund ihrer kleinen Abmessungen und hohen mechanischen Stabilität gegenüber akustischen Ankopplungen besonders unempfindlich sind, über eine sehr geringe Linienbreite. So konnten mit freilaufenden, lediglich thermisch stabilisierten diodengepumpten Mikrokristall-Lasern Linienbreiten von kleiner als 40 Hz in 100 ms (Abb.8.14) gemessen werden [8.68], was gemäß

$$L_k = \frac{c}{2\pi \cdot \delta v} \tag{8.13}$$

mit L_k: Kohärenzlänge
δv: Linienbreite des Lasers

in sehr großen Kohärenzlängen von größer als 10^6 m resultiert.

Eine typische Anordnung eines diodengepumpten Mikrokristall-Lasers entspricht dem in Abb.6.27 dargestellten miniaturisierten Aufbau: die Strahlung einer temperaturstabilisierten Laserdiode wird mittels einer geeigneten Ankoppeloptik in einen Mikrokristall fokussiert. Hierbei verwendet man oft stabförmige

Gradienten-Indexlinsen, da diese bei relativ geringen Abmessungen (typisch 1.8 mm Durchmesser, 3.5 mm Länge) recht gute Fokussiereigenschaften aufweisen. Bei einer hinreichend nahen Positionierung des Mikrokristalls vor der Laserdiode kann auch auf die Ankoppeloptik verzichtet werden.

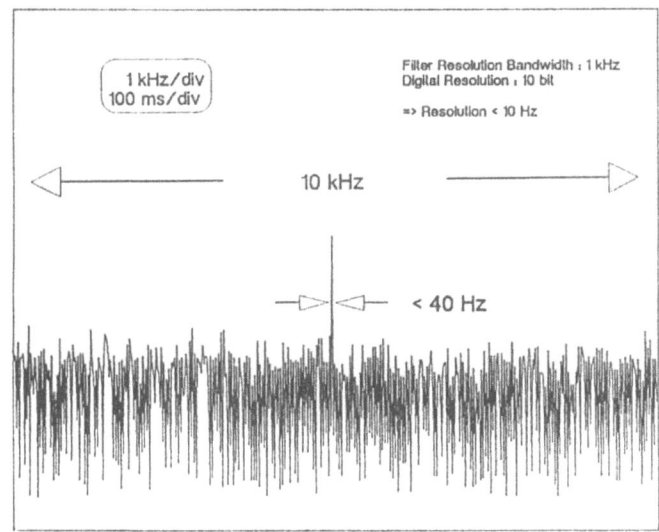

Abb.8.14 Laserlinienbreite eines Mikrokristall-Lasers. Die gemessene Linienbreite betrug 40 Hz bei einem Meßintervall von 100 ms [8.68].

Der Mikrokristall selbst ist entweder beidseitig plangeschliffen oder weist auf mindestens einer Seite eine Krümmung der Oberfläche auf [8.69]. Im Falle des Planschliffes wird durch die thermisch induzierte Linse im Kristall ein stabiler Resonator ausgebildet. Gekrümmte Endflächen können die Stabilität des transversalen Grundmode verbessern und werden entweder durch herkömmliches Schleifen der Mikrokristall-Endflächen hergestellt oder durch photolithographische Verfahren mit anschließendem Ionenätzen [8.70] (insbesondere für Mikrokristall-arrays).

Der Mikrokristall-Laser kann monolithisch aufgebaut sein, wenn keine weiteren intracavity-Elemente benötigt werden. Der Einkoppelspiegel ist dann hochtransmittierend für die Pumpwellenlänge (typ. 98%) und hochreflektierend für die Laserwellenlänge (typ. 99.9%). Der Auskoppelspiegel hat eine typische Reflexion von 98% bis HR. Da der Laserkristall sehr dünn ist und (mit Ausnahme weniger hochdotierter Kristallmaterialien) meist nur ein Bruchteil der Diodenstrahlung absorbiert wird, kann die Auskoppelbeschichtung gleichzeitig noch eine hohe Reflexion für die Pumplichtstrahlung aufweisen, wodurch die

Absorption des Pumplichts erhöht wird. Allerdings ist dann besonderes Augenmerk auf die in die Laserdiode zurückgestrahlte Pumplichtleistung zu richten, was zu Schwankungen der Laserdiodenleistung und des Laserdioden-Emissionsspektrums [8.32], im Extremfall sogar zum Ausfall der Laserdiode führen kann. (Dies läßt sich z.B. durch eine geringe Verkippung der Resonatorachse zur Pumpstrahlachse vemeiden).

Abb.8.15 zeigt die absorbierte Pumplichtleistung in Abhängigkeit von der Kristalldicke unterschiedlicher Kristallmaterialien für einen an der Auskoppelseite verspiegelten Kristall im Vergleich zu Kristallen ohne Pumplichtreflexion.

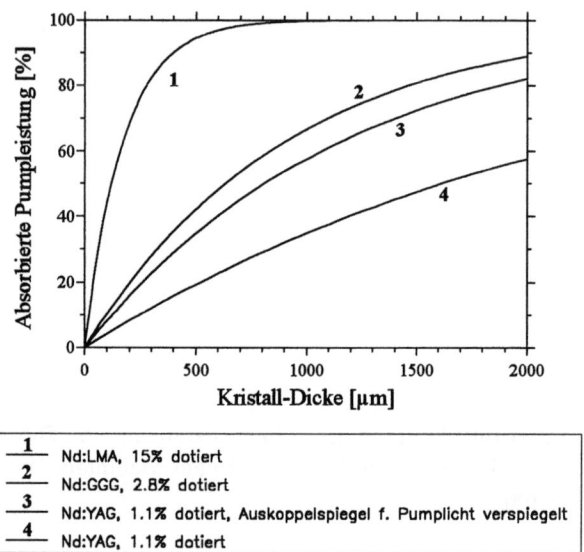

Abb.8.15 Abhängigkeit der absorbierten Pumpleistung von der Kristall-Dicke für unterschiedlich dotierte Laserkristalle

Um einen möglichst hohen Anteil der Pumplichtstrahlung zu absorbieren, wäre ein Mikrokristall möglichst dick zu wählen. Andererseits verkleinert sich dann der Frequenzabstand der axialen Moden, so daß der Laser nicht mehr einfrequent emittieren würde (Abb.8.16). Somit muß immer ein Optimum der Kristalldicke in Bezug auf die Ausgangsleistung einerseits und stabiles single-frequency-Verhalten andererseits gesucht werden.

Abb.8.17 zeigt ein Leistungsdiagramm solcher Mikrokristall-Laser. Bei einer Schwelle von ca. 8-9 mW wurden mit Nd:YAG-Kristallen typische Ausgangsleistungen bis zu 60 mW bei einer Pumpleistung von 250 mW erzielt. Die Laserschwelle lag im Falle des 900µm Nd:YAG Mikrokristall-Lasers bei 4 mW absorbierter Pumplichtleistung, und der differentielle Wirkungsgrad betrug 54.5 %, bezogen auf die im Kristall absorbierte Pumplichtleistung.

Konfigurationen zur Erzeugung monofrequenter Laserstrahlung   243

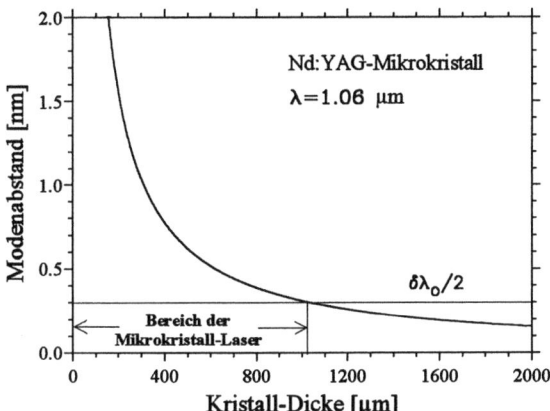

Abb.8.16   Abhängigkeit des Resonator-Modenabstandes von der Kristalldicke für Nd:YAG bei 1.06 µm [8.66]

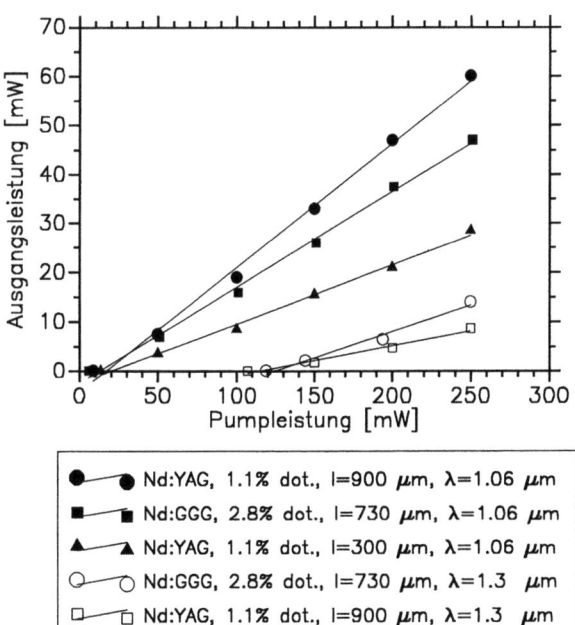

Abb.8.17   Ausgangsleistung als Funktion der Pumpleistung für verschiedene diodengepumpte Mikrokristall-Laser

244 Single-frequency-Laser

Aufgrund des großen Moden-Frequenzabstands ist der Phasenunterschied zwischen benachbarten axialen Resonatormoden groß, so daß diese, wäre die Verstärkungslinie entsprechend breit, ungestört nebeneinander existieren könnten. Nun weisen die meisten mit Lanthaniden dotierten Kristallmaterialien, wie etwa Nd:YAG, zwar Verstärkungslinienbreiten im Bereich von ca. 0.6 nm auf; jedoch führt die Stark-Aufspaltung der Laserniveaus zu einer ganzen Serie möglicher Laserübergänge, die spektral oft nur um wenige Nanometer voneinander getrennt sind (beim 1.4 µm-Übergang in Nd:YAG z.B. auch deutlich mehr [8.71]). Abb.8.18 zeigt ein typisches Emissionsspektrum eines Nd:GGG-Mikrokristall-Lasers (500 µm Resonatorlänge) mit drei simultan emittierten Laserlinien.

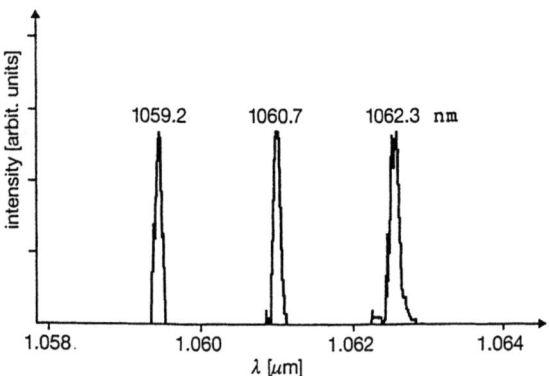

Abb.8.18 Emissionsspektrum eines 500 µm langen Nd:GGG-Mikrokristall-Lasers [Q8.5]

Soll der Mikrokristall-Laser auf nur einer Laserlinie emittieren, ist der Modenabstand so zu wählen, daß nur ein einziger Resonatormode mit einem der Verstärkungsbereiche des Kristallmaterials zur Deckung kommt. Insbesondere wenn der Laser über einen größeren Bereich einfrequent durchgestimmt werden soll, ist zu beachten, daß während der Durchstimmung nicht ein unerwünschter Resonatormode mit einem der Verstärkungsbereiche koinzidiert. Durch eine theoretische Modellierung [8.66] des Lasers unter Beachtung der genauen Lage und Breite der Verstärkungslinien ist es beispielsweise für Nd:YAG möglich, einen Mikrokristall-Laser über mehr als 130 GHz einfrequent ohne Modensprünge und ohne Anschwingen weiterer Laserübergänge kontinuierlich thermisch durchzustimmen [8.68].

Die thermische Abstimmung eines Mikrokristall-Lasers bietet sich insbesondere für die Abstimmung über einen großen Wellenlängenbereich an, im Extremfall bis zur Breite der Verstärkungslinie. Hierbei wird der Laserkristall zum Beispiel mit einem Peltier-Element temperiert, wodurch sich die Kristall-

Länge ändert und der Brechungsindex variiert. Betrachtet man die optische Resonatorlänge in Abhängigkeit von der Temperatur, so läßt sich für einen monolithischen Laser folgender Ansatz finden:

$$l^{opt}(T) = l_o \cdot (1 + \alpha \cdot T) \cdot \left(n_o + \frac{\partial n}{\partial T} \cdot T \right) \qquad (8.14)$$

l^{opt}	optische Resonatorlänge
l_o	geometrische Resonatorlänge
T	Temperatur des Mikrokristalls bzw. Resonators
α	thermischer Ausdehnungskoeffizient des Mikrokristall-Resonators
n_o	Brechungsindex
$\partial n / \partial T$	Änderung des Brechungsindex mit der Temperatur

bzw. für einen halbmonolithischen Laser

$$l^{opt}_{hm} = \sum_{i=0}^{s} l_i \cdot (1 + \alpha_i \cdot T) \cdot \left(n_i + \left[\frac{\partial n}{\partial T}\right]_i \cdot T \right) \qquad (8.15)$$

wobei s die Anzahl der intracavity-Elemente einschließlich des Kristalls angibt und alle Konstanten mit dem Laufindex i sich auf die jeweiligen Elemente beziehen.

Unter Vernachlässigung von Termen, die Produkte von α und $\partial n / \partial T$ enthalten, kann die Änderung der Resonatorlänge mit der Temperatur $\partial l^{opt} / \partial T$ dann für monolithische bzw. analog für halbmonolithische Resonatoren geschrieben werden als

$$\frac{\partial l^{opt}}{\partial T} = l_o \cdot \left[\frac{\partial n}{\partial T} + \alpha \cdot n_o \right] \qquad (8.16)$$

Unter Verwendung von

$$\lambda_r = \frac{2 l^{opt}(T)}{\text{round}\left[2 l^{opt} / \lambda_o \right]} \qquad (8.17)$$

(*round*: Rundung auf die nächste ganze Zahl, λ_o: Mittenwellenlänge des Laserübergangs) für die Resonanzwellenlänge λ_r des der Verstärkungslinienmitte am nächsten liegenden Resonatormode gilt unter der Annahme (ohne

Einschränkung der Allgemeinheit), daß für die Abstimmung über einen Teilbereich der Verstärkungslinie keine Modensprünge auftreten:

$$\text{round}\left[\frac{2l^{opt}}{\lambda_o}\right] \approx \frac{2l^{opt}}{\lambda_o} \qquad (8.18)$$

So kann für die Abstimmung der Laserfrequenz mit der Temperatur $\partial v / \partial T$ ein Koeffizient von

$$\frac{\partial v}{\partial T} = -\frac{v_o}{n_o}\cdot\left[\frac{\partial n}{\partial T} + \alpha\cdot n_o\right] \qquad (8.19)$$

(bei monolithischen Resonatoren) und

$$\frac{\partial v}{\partial T} = -v_o \cdot \sum_{i=0}^{s}\frac{l_i}{\sum_{m=0}^{s} n_m \cdot l_m}\cdot\left[\left[\frac{\partial n}{\partial T}\right]_i + \alpha_i \cdot n_i\right] \qquad (8.20)$$

(bei halbmonolithischen Resonatoren) für einen Modensprung-freien Teilbereich abgeleitet werden.

Die resultierende Verschiebung der Resonatorwellenlänge ist identisch mit der Verschiebung der tatsächlichen Laserwellenlänge, wenn Effekte des "frequency-pulling" (Laserfrequenzverschiebung durch Wechselwirkung von Resonatormode und Verstärkungslinie) vernachlässigt werden können. Die Größe des frequency-pulling Δv_{pull} beträgt [8.72]

$$\Delta v_{pull} = v_r - \frac{Q_g \cdot v_o + Q_r \cdot v_r}{Q_g + Q_r} \qquad (8.21)$$

v_r Resonatorfrequenz
Q_r Resonatorgüte, definiert als $Q_r = 2\pi \cdot l / (\lambda \cdot \delta_{ges})$
      (l: Länge des Resonators, λ: Emissionswellenlänge, δ_{ges}: Gesamtverluste des Resonators)
v_o Mittenfrequenz der Laserlinie

wobei für die "Güte" der Verstärkungslinie

$$Q_g = \frac{\lambda_o}{\delta\lambda_o} \qquad (8.22)$$

eingesetzt wird. Da aber die Verstärkungslinienbreiten der Lasermaterialien typisch im Bereich von 80-200 GHz liegen, die Resonatoren bei einem typischen Auskoppelgrad von 0.3% jedoch eine um etwa drei Größenordnungen höhere Güte von etwa 10^6 gegenüber 10^3 der Verstärkungslinie aufweisen, ist das frequency-pulling quantitativ zu vernachlässigen.

Die thermische Abstimmung eines Mikrokristall-Lasers kann bei geeigneter Optimierung des Resonators zum kontinuierlichen, modensprungfreien Abstimmen über einen großen Bereich bis hin zur Gesamtbreite der Verstärkungslinie ausgenutzt werden. Allerdings ist die Abstimmung relativ langsam, bedingt durch die Konstante der Wärmeleitung. Um einen Mikrokristall-Laser schnell, also mit einer großen Modulationsbandbreite, abzustimmen, ist es daher erforderlich, die Resonatorlänge mit einem anderen Mechanismus zu beeinflussen. Dies läßt sich mit halbmonolithischen Lasern erreichen, bei denen ein externer Spiegel mittels eines beispielsweise piezoelektrischen Aktuators bewegt wird [8.73]. Diese Aktuatoren lassen bei geeigneter Miniaturisierung eine Abstimmung mit einer Bandbreite bis zu 100 kHz zu; allerdings ist der Hub dieser Aktuatoren nur gering. So führt eine typische Auslenkung ∂l des Resonators der Länge l um 1 nm gemäß

$$\frac{\partial v}{\partial l} = -\frac{c}{\lambda_o \cdot 2n \cdot l} \tag{8.23}$$

für einen beispielsweise 0.7 mm dicken Mikrokristall bei $\lambda_o = 1.06$ μm zu einer Frequenzverschiebung von 110 MHz. Für viele Anwendungen ist dieser Hub für eine Modulation mit großer Bandbreite jedoch ausreichend, wobei diese "schnelle" Abstimmung mit einer "langsamen" thermischen Abstimmung zur Erzielung eines größeren Frequenzhubes kombiniert werden kann.

Piezo-Aktuatoren können als sehr dünne Scheiben von etwa 50 μm Dicke oder auch in Form von etwa 9 μm dünnen Polymerfolien (beispielsweise PVDF) hergestellt werden; insbesondere weisen piezoelektrische Polymerfolien eine sehr hohe Resonanzfrequenz auf, so daß diese eine Ansteuerung mit Bandbreiten von über 20 MHz erlauben. Somit ist die Anordnung eines Aktuators im Resonator ohne eine wesentliche Resonatorverlängerung möglich. Eine besonders stabile Resonatoranordnung stellt dabei ein Schichtaufbau dar, bei dem alle Resonatorteile (Laserkristall, Aktuator, Auskoppelspiegel) miteinander verklebt werden ("sandwiching") (Abb.8.19). Ein solchermaßen aufgebauter Laser ist naturgemäß besonders unempfindlich gegen eine mechanische Störung des Resonators. Mit einem solchen geschichteten Laser unter Verwendung von PVDF als Aktuatorelement konnte ein Nd:YAG-Laser bei 1.06 μm mit einer Bandbreite von 20 MHz und einem Hub von 40 MHz durchgestimmt werden [8.74]. Die Abstimmkoeffizienten betragen im Falle von Keramiken typisch 120 MHz/V und bei PVDF-Folien typisch 1.3 MHz/V; Keramiken bieten somit einen größeren Hub bei geringer Bandbreite und PVDF-Folien eine große Bandbreite bei geringem Hub.

Ebenso kann mittels eines Piezo-Aktuators, welcher transversal Stress auf den Kristall ausübt, eine Abstimmung des Lasers erfolgen [8.75, 8.76]. Hierbei liegen die Resonanzfrequenzen des Aktuators bei etwa 5 MHz. Die Abstimmung ist linear mit einem konstanten Abstimmkoeffizienten von 0.3 MHz/V bei einer Bandbreite von 0 bis zu 80 kHz.

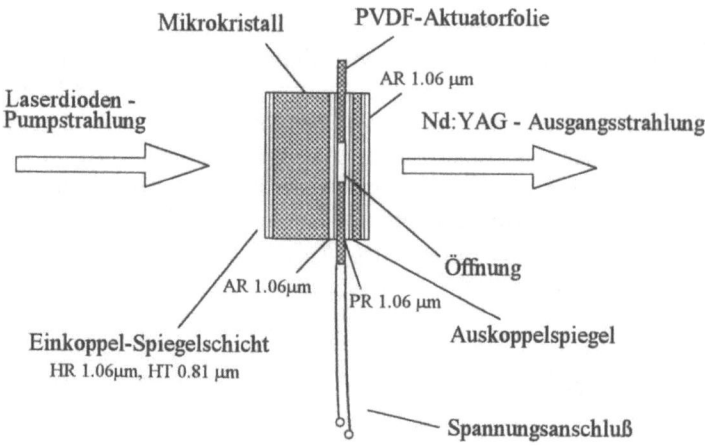

Abb.8.19 Schichtaufbau eines durchstimmbaren, halbmonolithischen Mikrokristall-Lasers [8.74]

Noch höhere Bandbreiten sind mit elektrooptischen Kristallen möglich. Dies beruht auf der Änderung des Brechungsindex in Ferroelektrika (z. B. $LiNbO_3$ oder $LiTaO_3$) unter Einfluß eines äußeren elektrischen Feldes [8.77, 8.78]. Die Kristalle können als Modulatorelemente in den Resonator eingebracht [8.79, 8.80, 8.81] oder aber selbst mit Ionen der Lanthanide dotiert werden [8.82, 8.83]. Ein solcher Nd-dotierter, elektrooptischer Laserkristall kann dann monolithisch aufgebaut sein. Das laseraktive Medium selbst kann durch Anlegen einer äußeren Spannung in seiner optischen Resonatorlänge schnell moduliert und somit der Laser schnell abgestimmt werden [8.84].

In einem halbmonolithischen Aufbau unter Verwendung von Nd:YAG als laseraktivem Material und $LiTaO_3$ als elektrooptischem Modulator wurden Modulationsbandbreiten von 1 MHz bei einem Abstimmkoeffizienten von 10 MHz/V erzielt [8.85], wobei die Modulationsbandbreite lediglich durch die Ansteuerelektronik begrenzt war. Prinzipiell sollten hier Bandbreiten bis in den GHz-Bereich möglich sein [8.86]. Monolithische, dotierte elektrooptische Kristalle (Abb.8.20) sind bereits erfolgreich untersucht worden. Besonderes

Augenmerk ist hier auf eine geeignete Kodotierung zu richten, so daß die bei großen elektrooptischen Konstanten naturgemäß stark ausgeprägte Tendenz zur Photorefraktion minimiert werden kann [8.87, 8.88].

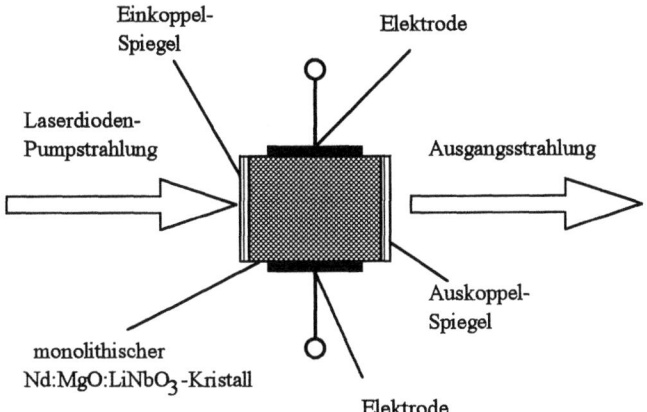

Abb.8.20 Prinzipskizze eines monolithischen, elektrooptisch abstimmbaren Mikrokristall-Lasers aus Nd:MgO:LiNbO$_3$

Eine weitere Methode, Mikrokristall-Laser schnell zu modulieren, besteht in einer Modulation der Laserdioden-Ausgangsleistung. Bei geänderter Pumpleistung ändern sich auch die thermischen Verhältnisse im Mikrokristall; insbesondere ändert sich somit auch die Resonatorlänge. Da Laserdioden schnell modulierbar sind, kann auf diese Weise die Resonatorlänge im Bereich des Lasermode relativ schnell geändert werden. Die Abstimmgeschwindigkeit liegt mit 10 kHz [8.89] zwischen rein thermischer und piezoelektrischer Abstimmung. Allerdings ist der Abstimmkoeffizient nicht mehr linear, sondern abhängig von der Modulationsfrequenz. Ebenso hat die Resonator- und Pumpkonfiguration einen starken Einfluß auf das Abstimmverhalten. Für bestimmte Regelaufgaben kann aber eine nichtlineare dynamische Änderung der Laserfrequenz ohne genaue Kenntnis des Abstimmhubes durchaus ausreichend sein.

Der bereits oben zitierte "Schichtaufbau" von Mikrokristall-Lasern kann auch noch in anderen Konfigurationen verwendet werden. So wurde beispielsweise durch direkte Verbindung eines Nd:GGG-Mikrokristalls von 0.3 mm Dicke mit einem KTP-Kristall von 0.4 mm Dicke ein monofrequenter Mikrokristall-Laser mit einer frequenzverdoppelten Emission bei 0.53 µm durch intracavity-Frequenzverdopplung realisiert [8.90] (s. Kap.9).

Ebenso sind eine Reihe weiterer Wellenlängen etwa bei 0.946 µm [8.91], 1.08 µm [8.92], 1.3 µm [8.73], 1.44 µm [8.71], 1.53 µm [8.93] sowie im Bereich um 2 µm [8.94, 8.95, 8.96] realisiert worden, mit zum Teil sehr kurzen Kristall-Längen (etwa 160 µm im Falle von Tm:YAG bei 2.1 µm [8.97]).

Mikrokristall-Laser weisen die Vorteile hoher Frequenzstabilität sowie großer Abstimmbereiche ohne Modensprünge auf. Sie können auch in arrays zur kohärenten Phasenkopplung angeordnet werden [8.98, 8.99, 8.100]. In Hinsicht auf geeignete Laserkristalle muß jedoch eine Auswahl in Bezug auf die Verstärkungslinienbreite getroffen werden: Zu große Verstärkungslinienbreiten hätten technisch schwer zu realisierende Kristalldicken von weniger als 200 µm zur Folge. Dies könnte jedoch durch epitaktisches Aufwachsen der Laserkristalle in Form von dünnen Schichten [8.101, 8.62] realisiert werden. Weiterhin absorbieren derart dünne Kristalle im allgemeinen nur noch einen verschwindend kleinen Bruchteil des Pumplichts, so daß hierbei stöchiometrische Laserkristalle eine größere Bedeutung erlangen können [8.64].

Ein besonderes Problem stellt die Homogenität sehr dünner Kristallschichten dar. Bereits geringe Gitterdefekte, Verspannungen, Verunreinigungen oder Dotierungs-Inhomogenitäten führen zu einer Deformation des Kristalls und einer Beeinträchtigung des Laserverhaltens. So zeigten sich nicht nur ortsabhängig stark unterschiedliche Schwellen- und Ausgangsleistungen von inhomogenen Laserkristallen; auch eigentlich kubische und somit bezüglich der Polarisation isotrope Laserkristalle weisen nicht korrelierbare Polarisationseigenschaften [8.74] und Doppelbrechungseffekte auf [8.68]. Somit sind bei der Herstellung hochwertiger, homogener Mikrokristalle spezielle Anstrengungen bezüglich der Zuchtverfahren, -bedingungen und Kristallbearbeitung notwendig.

Allerdings bilden zumindest monolithische Mikrokristall-Laser im Aufbau recht einfache "Konverter" von relativ inkohärenter Laserdiodenstrahlung in beugungsbegrenzte Laserstrahlung geringer Linienbreite. In Einheiten der spektralen Strahldichte L_e, definiert als

$$L_e = \frac{P_{aus}}{\Omega \cdot A \cdot \delta \nu} \tag{8.24}$$

mit P_{aus} Ausgangsleistung
Ω Raumwinkel der Emission
A Emissionsfläche
$\delta \nu$ Laserlinienbreite

weist die Festkörperlaserstrahlung eine um viele Größenordnungen verbesserte spektrale Strahldichte gegenüber den Multimoden-Pumplaserdioden auf. Da Mikrokristall-Laser sinnvollerweise jedoch nur longitudinal gepumpt werden können, ist deren Ausgangsleistung bei den meisten Kristallmaterialien auf ca. 20-30% der jeweils maximal zur Verfügung stehenden, aperturbedingt noch gut fokussierbaren Laserdiodenleistung beschränkt. Zur Erzielung höherer Leistungen muß daher auf andere Laserkonfigurationen übergegangen werden. Mikrokristall-Laser sind auch als schmalbandige Master-Oszillatoren oder als "injection-seeder" gut geeignet (s. Kap.6).

8.1.6 Laser mit kurzem, direkt an einem Spiegel plazierten Kristall

Eine weitere Methode zur Erzeugung monofrequenter Strahlung besteht in der Plazierung eines kurzen Lasermediums direkt an einem Laserspiegel (Abb.8.21) [8.102]. Auch wenn dies auf den ersten Blick dem Mikrokristall-Laser sehr ähnelt, ist die Wirkungsweise jedoch völlig anders.

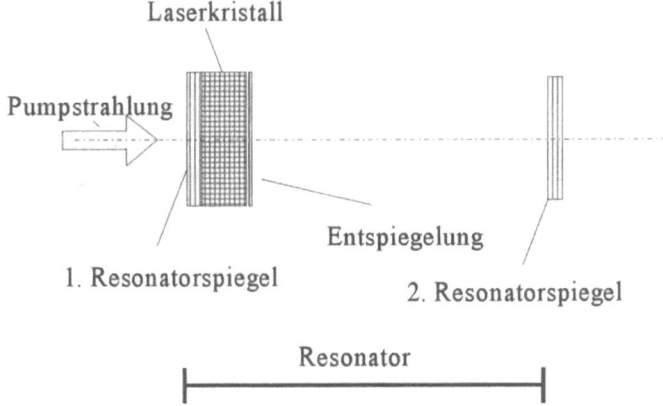

Abb.8.21 Single-frequency-Laseranordnung mit einem kurzen Lasermedium, welches direkt an einem der Laserspiegel plaziert ist

Während beim Mikrokristall-Laser die Resonatorlänge so kurz gewählt sein muß, daß der Modenabstand größer als die halbe Verstärkungslinienbreite ist, wird bei der hier beschriebenen Konfiguration ein relativ langer Resonator mit typisch einigen Millimetern Länge verwendet. Bei einem solchen Resonator könnten prinzipiell mehrere Resonatormoden innerhalb der Verstärkungslinienbreite verstärkt werden. Allerdings wird das verstärkende Lasermedium (der Laserkristall) so dünn gewählt, daß innerhalb des Lasermediums kein spatial hole burning auftreten kann. Außerhalb des Mediums wird ohnehin keine Inversion aufgebaut, und von einem spatial hole burning kann dann im eigentlichen Sinn nicht mehr gesprochen werden, allenfalls von einem Phasenunterschied der Resonatormoden. Alle Resonatormoden sind gerade dadurch ausgezeichnet, daß sich an den Spiegelflächen des Resonators ein Nulldurchgang ("Knoten") der Feldstärke befindet. Somit ist der Feldstärkebetrag aller Resonatormoden in der Nähe der Spiegelflächen im wesentlichen gleich null. Gemäß Abb.8.2 kann ein anderer Mode aufgrund des spatial hole burning erst dort anschwingen, wo ein hinreichender Unterschied im Feldstärkebetrag zum Grundmode entsteht. Dies aber tritt erst in einem von der Spiegelfläche weiter entfernten Bereich auf. Im Nahbereich der Spiegelfläche weisen die Maxima der Feldstärke keinen wesentlichen Phasenunterschied zwischen dem Grundmode und einem weiteren Mode auf.

Bei einem hinreichend kurzen Lasermedium kann kein Nebenmode anschwingen. Die Länge des Lasermediums wird hier so gewählt, daß im Kristall kein spatial hole burning auftreten kann. Das Lasermedium kann sogar etwas länger sein, wenn nur der Bereich, in welchem das Pumplicht absorbiert wird, den oben angegebenen Bedingungen entspricht, da dann im hinteren Bereich des Lasermediums, wo keine oder nur eine geringe Absorption auftritt, ebenfalls keine nennenswerte Inversion ausgebildet wird. Dies ist auch der Fall, wenn durch Energiediffusion das hole burning vermindert ist [8.103, 8.104].

Eine detaillierte theoretische Modellierung dieses Verfahrens findet sich in [8.105]. Experimente mit einem 2 mm dicken $Nd:YVO_4$-Laserkristall (Dotierung 3%) ergaben einfrequente Ausgangsleistungen von 35 mW. In einer anderen Anordnung wurde ein 100 µm dicker $Nd:YVO_4$-Kristall mit 1%iger Dotierung halbmonolithisch mit einer Resonatorlänge von 50 mm aufgebaut. Der Laser emittierte bis zu 100 mW im single-frequency-Betrieb [8.106]. Auch in früheren Experimenten wurde dieses Verfahren erfolgreich angewandt [8.107, 8.108, 8.109, 8.110].

Eine solche Anordnung kann zum Beispiel vorteilhaft sein, wenn (relativ große) intracavity-Elemente in den Resonator eingebracht werden müssen. Da jedoch der Frequenzabstand der Resonatormoden bei dieser Anordnung immer sehr viel kleiner als die Verstärkungslinienbreite ist, kann ein solcher Laser nicht modensprungfrei über einen großen Frequenzbereich abgestimmt werden, da bei einem Frequenzhub, der größer als der Frequenzabstand der Moden ist, immer ein Modensprung stattfindet.

Der Unterschied zwischen dieser Resonatoranordnung und Mikrokristall-Lasern kann darin gesehen werden, daß bei Mikrokristall-Lasern die Resonatorlänge an die Verstärkungslinienbreite, hier jedoch die Kristall-Länge an die räumliche Inversionsverteilung angepaßt wird.

8.2 Aktive Frequenzstabilisierung

Die endliche Lebensdauer des oberen Laserniveaus bedingt schon allein durch die Heisenbergsche Unschärferelation eine Frequenzunschärfe des Laserübergangs. Die Breite der Einhüllenden der Frequenzverteilung wird auch als Verstärkungslinienbreite bezeichnet. Diese "natürliche" Verstärkungslinienbreite wird noch überlagert durch eine Reihe weiterer Effekte, in Festkörpern vornehmlich durch Stöße mit anderen Gitteratomen (phononische Wechselwirkung). Diese Verbreiterung der Verstärkungslinie ist bei Festkörpern aufgrund deren Gitterstruktur und damit auch nahezu ortsfesten Ionen symmetrisch und wird als homogene Verbreiterung bezeichnet. Der Laser kann nun prinzipiell im gesamten Frequenzbereich der Verstärkungslinie emittieren, wenn die Resonatormodenfrequenz zeitlich variiert. Die beobachtete Laseremission ist somit im allgemeinen in ihrer Frequenz nicht konstant; die Einhüllende der Laserfrequenzen wird als Laserlinienbreite bezeichnet und ist im allgemeinen abhängig von der Beobachtungsdauer.

Die gesamte Emission besteht neben der stimulierten Strahlung auch noch aus Anteilen spontaner Emission, die eine breitere spektrale Verteilung hat, so daß die Einhüllende der Laserfrequenzverteilung eine minimale Breite Δv^{ST} (auch bei kurzer Meßzeit) aufweist, die durch die sogenannte Schawlow-Townes-Formel beschrieben wird [8.111]:

$$\Delta v^{ST} = \frac{1}{2\pi \cdot \tau_c^2} \cdot \sqrt{\frac{hv}{P}} \qquad (8.25)$$

mit τ_c mittlere Photonenlebensdauer im Resonator
  P Gesamt-Ausgangsleistung (spontan und stimuliert)
  h Plancksches Wirkungsquantum
  v Laserfrequenz

Reale Laser besitzen aber dennoch meist eine Linienbreite, die einige Größenordnungen breiter ist als das oben angegebene Schawlow-Townes-Limit: Zum einen ist der Laser Langzeitschwankungen unterworfen, welche zum größten Teil auf einer thermischen Ausdehnung und einer Brechungsindexänderung des Laserresonators beruhen, zum anderen auf Kurzzeitschwankungen, bei Festkörperlasern meist bedingt durch akustische und mechanische Störungen. Insgesamt schwankt die Laserlinie in ihrer Frequenz ("jitter"). So resultiert beispielsweise eine vibrationsbedingte Resonatorlängenänderung von 0.3 nm eines 85 mm langen Resonators gemäß

$$\frac{\partial v}{\partial l} = \frac{c}{\lambda \cdot l} \qquad (8.26)$$

(l: optische Resonatorlänge) in einem Linien-jitter von 1 MHz bei einer Emissionswellenlänge von 1.06 μm [8.54].

Dieser jitter der Laserstrahlung kann durch aktive Stabilisierungsmaßnahmen vermindert werden. Hierbei wird neben einer thermischen und akustischen Isolierung (sogenannte passive Stabilisierung) die Laserfrequenz in Relation zu einem Frequenznormal konstant gehalten. Durch besondere Stabilisierungsverfahren können sogar Linienbreiten unterhalb des Schawlow-Townes-Limits erreicht werden [8.112, 8.113].

Eine solche aktive Stabilisierung erfordert zusätzlich mindestens drei Elemente: erstens ein Vergleichsnormal, gegenüber welchem der Laser konstant gehalten wird, zweitens ein Stellglied zur Änderung und Nachführung der Laserfrequenz bei unerwünschten Änderungen, und drittens einen Regelkreis, welcher aus der Abweichung der Laserfrequenz vom Vergleichsnormal ein Stellsignal zur Nachregelung der Laserfrequenz liefert.

Als Vergleichsnormal der Frequenz dient meist ein Resonator, welcher sehr gut passiv stabilisiert ist, so daß Temperatur- oder Brechungsindexschwankungen minimalen Einfluß auf die Resonanzfrequenz nehmen. Da ein solcher Vergleichsresonator im Gegensatz zu einem Laserresonator kein aktives Medium besitzt, kann dies durch Evakuierung einerseits und Aufbau der Resonatorstruktur aus einem Material mit geringer Wärmeausdehnung andererseits gut realisiert werden. Von einem solchen Referenz-Resonator, beispielsweise vom Fabry-Perot-Typ, kann, entweder in Transmission [8.114, 8.54] oder in Reflexion [8.115] betrieben, relativ einfach ein Amplitudensignal abgeleitet werden, welches proportional zur Frequenzabweichung der Laserstrahlung relativ zur Referenz ist.

Als eine weitere Referenz kann ein anderer, frequenzstabiler Laser verwendet werden, dessen Strahlung mit der eines zu stabilisierenden Lasers auf einem Photodetektor überlagert wird, wobei die durch nichtlineare Mischung an diesem Photodetektor entstehende Differenzfrequenz direkt zur Regelung des Lasers abgegriffen werden kann (Heterodyn-Verfahren) [8.26]. Mit einer geeignet ausgelegten elektronischen PLL-Schaltung lassen sich bei relativ geringem optischen Aufwand Linienbreiten von < 1 mHz erzielen [8.43]. Eine Besonderheit bei dieser Anordnung stellt der breite Abstimmbereich der Zwischenfrequenz von 6-34 GHz dar, so daß durch die Überlagerung der frequenzverstimmten Laserstrahlung mit der Strahlung des Referenzlasers an einem Photodetektor auch eine hochstabile synthetische Mikrowelle erzeugt werden kann. Allerdings ist die relative Stabilität $\delta\Lambda/\Lambda$ der synthetischen Mikrowelle Λ wesentlich geringer als die Stabilität $\delta\lambda/\lambda$ der optischen Wellen λ_1, λ_2 gemäß [8.116]

$$\frac{\delta\Lambda}{\Lambda} \approx \frac{\Lambda}{\lambda} \cdot \sqrt{\left(\frac{\delta\lambda_1}{\lambda_1}\right)^2 + \left(\frac{\delta\lambda_2}{\lambda_2}\right)^2} \qquad (8.27)$$

Als Stellglied zur Veränderung der Laserfrequenz dient üblicherweise ein piezoelektrisch verstellbarer Spiegel [8.117] (Kap.8.1.5). Mit elektrooptischen oder akustooptischen Modulatoren kann innerhalb des Laserresonators ebenfalls eine Frequenzverschiebung hervorgerufen werden. Hierbei ist die Regelbandbreite größer, der erzielbare Hub allerdings geringer, so daß diese Verfahren meist mit einem piezoaktuatorisch betriebenen Spiegel kombiniert werden. Eine präzise Stabilisierung mit reiner Ansteuerung eines Piezospiegels in Verbindung mit einem Mikrokristall-Laser ist in [8.118] beschrieben.

Bei der Stabilisierung auf Referenz-Fabry-Perot-Resonatoren werden mehrere Verfahren eingesetzt. Die bekanntesten sind:

- das Differenzverfahren, bei dem die durch ein Fabry-Perot-Interferometer transmittierte Leistung mit der direkt aus dem Laserstrahl ausgekoppelten Leistung verglichen und der Laser auf einen festen Wert des Leistungsverhältnisses stabilisiert wird (am empfindlichsten an einer Kante des Transmissionsbereiches des Fabry-Perot-Resonators).

- das Modulationsverfahren, bei dem der Referenz-Fabry-Perot-Resonator geringfügig in seiner Frequenz periodisch moduliert wird, so daß das Transmissionsmaximum des im Strahlengang befindlichen Fabry-Perot-Interferometers ebenso periodisch durchlaufen wird. Durch einen Phasenvergleich zwischen dem Ansteuersignal der Frequenzmodulation und dem vom Referenz-Fabry-Perot-Resonator transmittierten Signal mittels eines Lock-In-Verstärkers kann die Frequenzabweichung detektiert und als Stellsignal dem Laser beispielsweise mittels eines auf einem Piezoaktuator montierten Spiegels zugeführt werden (Abb. 8.22).

- das sogenannte Pound-Drever oder auch Drever-Hall-Verfahren. Die von einem Referenzresonator reflektierte Strahlung ist in der Nähe der Resonanz gegenphasig zu der vom Laser emittierten Strahlung, wobei die beiden Felder sich bei Überlagerung bis auf einen kleinen Teil auslöschen. Die Amplitude dieses nicht vollständig ausgelöschten Signals ist proportional zur Phasenverschiebung und somit proportional zur Frequenzverschiebung der Laserstrahlung gegenüber der Resonanzfrequenz des Referenzresonators, bei Übereinstimmung der beiden Frequenzen gerade null [8.119]. Durch eine periodische Phasenschiebung des Lasersignals z.B. mittels eines elektrooptischen Modulators kann so die frequenzabhängige Phasendifferenz gemessen und der Laser stabilisiert werden [8.120].

- das Polarisationsverfahren, bei dem ein polarisationsselektives Element in den Vergleichsresonator eingebracht wird. Dies erlaubt die Messung einer Depolarisation als Meßsignal statt des üblichen Amplitudensignals [8.121].

Da die Bandbreite der Regelung wesentlich in die erzielbare stabilisierte Linienbreite des Lasers eingeht, ist es nicht nur notwendig, die Regelglieder elektronisch breitbandig auszulegen; auch das Stellglied muß diese Bandbreite zulassen. Hier bieten akustooptische oder elektrooptische Frequenzmodulatoren erhebliche Vorteile gegenüber reinen piezoelektrischen Stellelementen. Eine

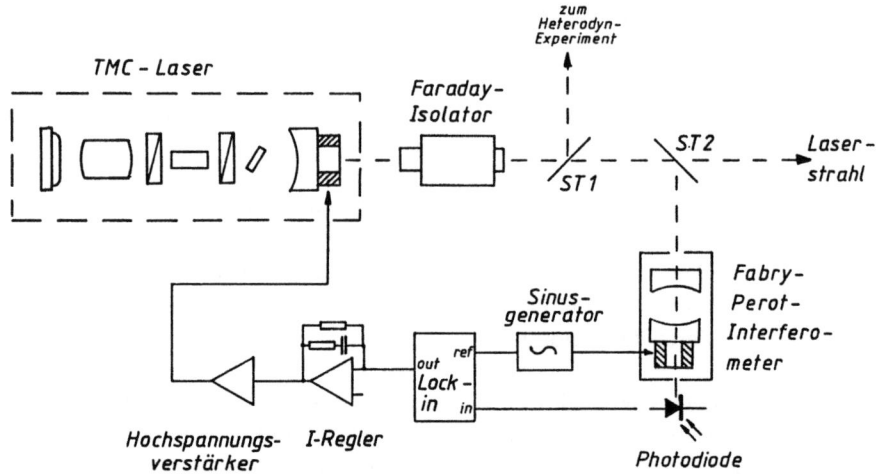

Abb. 8.22 Blockschaltbild einer aktiven Laser-Stabilisierungsanordnung nach dem Modulationsverfahren [8.54]

Verbesserung der dynamischen Eigenschaften erhält man, wenn man statt eines sehr breitbandigen Regelkreises und Stellgliedes mehrere, z.B. drei, Regelkreise und Stellglieder mit in den Randbereichen einander überlappenden Bandbreiten verwendet [8.122, 8.123].

Mit diesem Verfahren wurden beispielsweise Nd:GGG-Ringlaser vom MISER-Typ auf einen externen Fabry-Perot-Resonator stabilisiert [8.124]. Während durch rein passive Stabilisierungsmaßnahmen ein Drift der Laserlinie von 1 MHz/min gemessen wurde, führte die aktive Stabilisierung zu einer Linienbreite von < 30 Hz. Eine Analyse der Messung ließ auf eine natürliche Linienbreite der Laser von 500 µHz schließen. In einer modifizierten Anordnung wurden Linienbreiten von 2.9 Hz erzielt [8.41].

Die Linienbreiten solchermaßen stabilisierter Laserlinien können sehr schmal sein. Insbesondere ist es wichtig, bei Angabe von Linienbreiten die Meßzeit zur Messung derselben anzugeben, da insbesondere bei längeren Meßzeiten der Effekt des Linien-jitter stark in die Messung eingeht, während bei einer sehr kurzen Meßdauer im Grenzfall das Schawlow-Townes-Limit bei einem freilaufenden Laser erreicht werden sollte. Die Linienbreite δv der Laserstrahlung ist, genau genommen, eine Funktion der Meßzeit T:

$$\delta v = \frac{1}{2T} \cdot \lim_{T \to \infty} \int_{-T}^{T} \delta v(t) \cdot dt \qquad (8.28)$$

Bei aktiv stabilisierten Systemen geht insbesondere die Regelungsbandbreite und das Regelverhalten der Stabilisierung in die Messung ein. Es ist dann in Hinsicht auf eine genauere Analyse üblich, nicht mehr die Linienbreite anzugeben, sondern die spektrale Rauschleistungsdichte, aus welcher auch die Frequenz des jitter abgelesen werden kann. Es läßt sich dann eine Autokorrelationsfunktion $\beta(\tau)$ [8.125] definieren als

$$\beta(\tau) = \frac{1}{2T} \cdot \lim_{T \to \infty} \int_{-T}^{T} \delta v(t) \cdot \delta v(t+\tau) \cdot dt \qquad (8.29)$$

Diese Autokorrelationsfunktion ermöglicht es, aus der Linienbreite und deren Schwerpunkt zum Zeitpunkt t Aussagen über die Linienbreite und deren Schwerpunkt zum Zeitpunkt $(t+\tau)$ zu gewinnen.

Aus der Autokorrelationsfunktion läßt sich dann mittels einer Fouriertransformation die spektrale Rauschleistungsdichte $s(f)$ in Abhängigkeit von der Frequenz f gemäß

$$s(f) = \sqrt{\int_{-\infty}^{\infty} \beta(\tau) \cdot \exp(-i \cdot 2\pi \cdot f \cdot t) \cdot dt} \qquad (8.30)$$

mit der Einheit Hz/$\sqrt{\text{Hz}}$ berechnen. Die Linienbreite läßt sich dann wiederum für den Fall weißen Rauschens angeben zu

$$\delta v = \pi \cdot s^2(f) \qquad (8.31)$$

bzw. im Falle eines zusätzlich durch mechanische und akustische Effekte beeinflußten Lasers zu [8.126]

$$(8.32)$$
$$S(F) = 2 \int_{0}^{\infty} \exp\left[-2\pi^2 \cdot \tau^2 \cdot \int_{0}^{\infty} s^2(f) \cdot \left(\frac{\sin(\pi \cdot \tau \cdot f)}{\pi \cdot \tau \cdot f}\right)^2 \cdot df\right] \cdot \cos(2\pi \cdot (F-v) \cdot \tau) \cdot d\tau$$

(F: Rauschfrequenz, v: Laserfrequenz, τ: Beobachtungszeit), wobei die Halbwertsbreite der Funktion $S(F)$ der Linienbreite δv entspricht.

So wurde mit der Pound-Drever-Methode eine spektrale Rauschleistungsdichte eines linearen diodengepumpten Nd:YAG-Laseraufbaus von 12.5 mHz/$\sqrt{\text{Hz}}$ (entsprechend einer Linienbreite von 1 mHz) gemessen, was in diesem Falle unter dem Schawlow-Townes-Limit von 0.13 Hz lag (Abb.8.23) [8.113]. In einer ähnlichen Stabilisierungsanordnung konnte eine Linienbreite von 193 mHz bei einer Rauschleistungsdichte von 335 mHz/$\sqrt{Hz}$ erzielt werden (Abb.8.24) [8.127]. Die Stabilität des Lasers betrug hierbei in Relation zu einem Referenzresonator $2 \cdot 10^{-9}$ über einen Zeitraum von zwei Stunden.

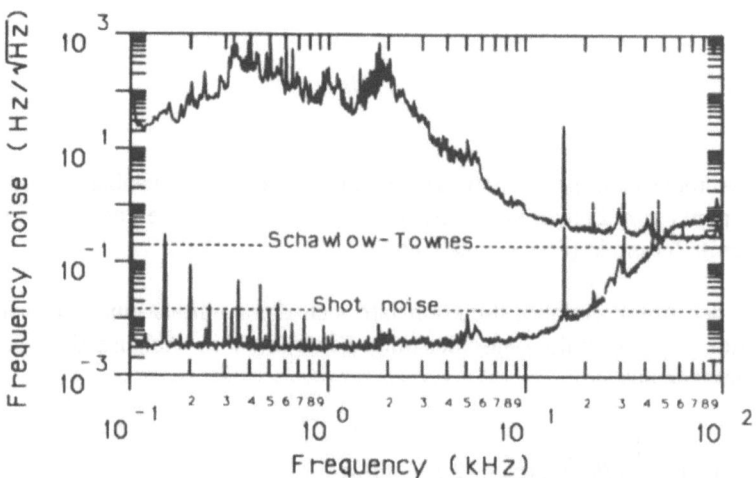

Abb.8.23   Rauschleistungsdichte eines aktiv stabilisierten, diodengepumpten single-frequency-Festkörperlasers [Q8.6]

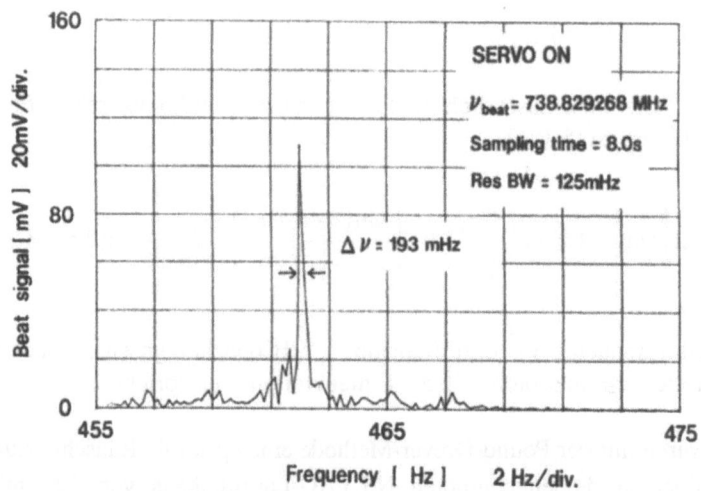

Abb.8.24   Darstellung der Linienbreite eines aktiv stabilisierten, diodengepumpten single-frequency-Festkörperlasers [8.127]

Die bisher aufgeführten Referenzresonatoren erlauben lediglich eine relative Stabilisierung. Durch die Verwendung von Referenzresonatoren wird hierbei die Wellenlänge stabilisiert. Ist die genaue Kenntnis der absoluten Frequenz des Lasers notwendig, so kann man den Laserstrahl durch eine Zelle mit freien Atomen oder Molekülen leiten, welche im Bereich der Laseremission charakteristische Absorptionslinien aufweisen. Diese Absorptionslinien sind beispielsweise für Jod und viele andere Moleküle gut vermessen [8.128] und weisen eine geringe Absorptionslinienbreite auf, so daß die Laserstrahlung in Relation zu diesen Absorptionslinien geregelt werden kann. Die spektrale Lage und Breite dieser Molekül-Absorptionslinien ändert sich bei moderaten Drücken und Temperaturen nur wenig, so daß mittels Absorptionszellen eine präzise absolute Wellenlängenstabilisierung möglich ist.

Bei der Verwendung von Absorptionszellen zur absoluten Frequenzstabilisierung wird für Nd:YAG-Laser bei 1.06 µm im allgemeinen eine Jod-Zelle als Referenz benutzt [8.129]. Hierbei wird ein Teil der Laserstrahlung frequenzverdoppelt und auf die Flanke einer bekannten Jod-Linie stabilisiert. Es wurde dabei eine absolute Stabilität $\delta\lambda/\lambda$ von annähernd 10^{-7} erzielt [8.130].

Auch die unverdoppelte Grundwellenstrahlung von Nd:YAG konnte auf eine Absorptionszelle mit Cäsium stabilisiert werden [8.131]. Hierbei wurde eine Stabilität von $3 \cdot 10^{-8}$ erreicht [8.132]. Laser anderer Wellenlängen können gleichfalls bei geeigneter Wahl des absorbierenden Mediums stabilisiert werden, wie z.B. ein Nd:YAlO$_3$-Laser bei 1.34 µm unter Verwendung von Helium [8.133, 8.134] in einer Hohlkathodenlampe (optogalvanisches Verfahren [8.135]).

8.3 Single-frequency-Laser höherer Leistung

Bei den bisher besprochenen, fast ausschließlich longitudinal gepumpten single-frequency-Lasern ist eine direkte Leistungsskalierung nur beschränkt möglich (z.B. wegen der thermischen Probleme, vgl. Kap.6). Um höhere single-frequency-Ausgangsleistungen zu erzielen, eignen sich vor allem Laserkonfigurationen, bei denen ein Laser geringer Leistung auf eine kleine Linienbreite stabilisiert wird und diese hoch-monochromatische Strahlung dann verstärkt oder einem weiteren Laserresonator aufgezwungen wird ("injection locking").

So kann beispielsweise ein mit zwei polarisationsgekoppelten Laserdioden gepumpter TMC-Laser mit einer Ausgangsleistung von 600 mW mit Hilfe einer diodengepumpten Verstärkeranordnung auf 1W verstärkt werden [8.136]. In einer anderen Konfiguration wurden zwei monolithisch integrierte Ringlaser (MISER) in einem gemeinsamen Resonator betrieben (sogenanntes "injection chaining") bei Ausgangsleistungen von knapp unter einem Watt [8.37].

Deutlich höhere Leistungen werden durch die sogenannte injection-locking-Technik erzielt. Hierbei wird die Strahlung eines hochstabilen "master"-Lasers in den Resonator eines Lasers hoher Ausgangsleistung ("slave"-Laser) modenangepaßt eingestrahlt. Der slave-Laser für sich muß dabei nicht die hohe Frequenzstabilität und geringe Linienbreite des master-Lasers aufweisen, sollte aber im single-frequency-Betrieb (bei deutlich höherer Linienbreite und größerem jitter) emittieren. Ist die Frequenzdifferenz Δv_{ms} zwischen master- und slave-Laser kleiner oder gleich der Breite des locking-Bereichs Δv_{lock} und erfüllt somit die Ungleichung

$$\Delta v_{ms} \leq \Delta v_{lock} = \delta v_s \cdot \sqrt{P_m / P_s} \tag{8.33}$$

mit δv_s Linienbreite des slave-Lasers
P_m Ausgangsleistung des master-Lasers
P_s Ausgangsleistung des slave-Lasers
Δv_{lock} locking-Bereich, identisch mit der Bandbreite der
Regelschleife bei einer Differenzfrequenz gleich null

so wird der master-Laser dem slave-Laser die Frequenz und Linienbreite seiner Strahlung aufzwingen. Der slave-Laser emittiert dann auf genau dieser Frequenz mit deutlich reduzierter Linienbreite gegenüber dem "unlocked" Zustand.

In Abb.8.25 ist ein entsprechender experimenteller Aufbau skizziert [8.137]. Als master-Laser diente ein TMC-Laser, der nach der Pound-Drever-Methode auf einen Referenz-Fabry-Perot-Resonator stabilisiert wurde. Die Ausgangsstrahlung von 100 mW Leistung wurde über einen Faraday-Isolator (um den master-Laser vor Rückreflexionen und Strahlung aus dem slave-Laser zu schützen) in einen als Ringlaser aufgebauten, lampengepumpten slave-Laser modenangepaßt fokussiert. Der lampengepumpte slave-Laser hatte zwei Nd:YAG-Pumpeinheiten, die zur Symmetrisierung der thermooptischen Effekte um 90° gegeneinander verdreht angeordnet waren, mit einem dazwischenliegenden λ/2-Plättchen zur Polarisationsdrehung.

Um die erforderliche Regelbandbreite einzuengen, war der slave-Laser mittels eines piezoaktuatorisch beweglichen Spiegels ebenfalls auf einen (zweiten) Referenz-Fabry-Perot-Resonator grob stabilisiert. Die Auskopplung der Laserstrahlung erfolgte mittels eines variabel einstellbaren Polarisationsteilers. In dieser Anordnung konnte die geringe Linienbreite des master-Lasers direkt auf den slave-Laser übertragen werden, welcher dann mit einer kontinuierlichen Ausgangsleistung von 18 W im single-frequency-Betrieb emittierte [8.137]. Abb.8.26 zeigt das Emissionsspektrum des slave-Lasers bei voller Ausgangsleistung im freilaufenden und im injection-locking-Betrieb.

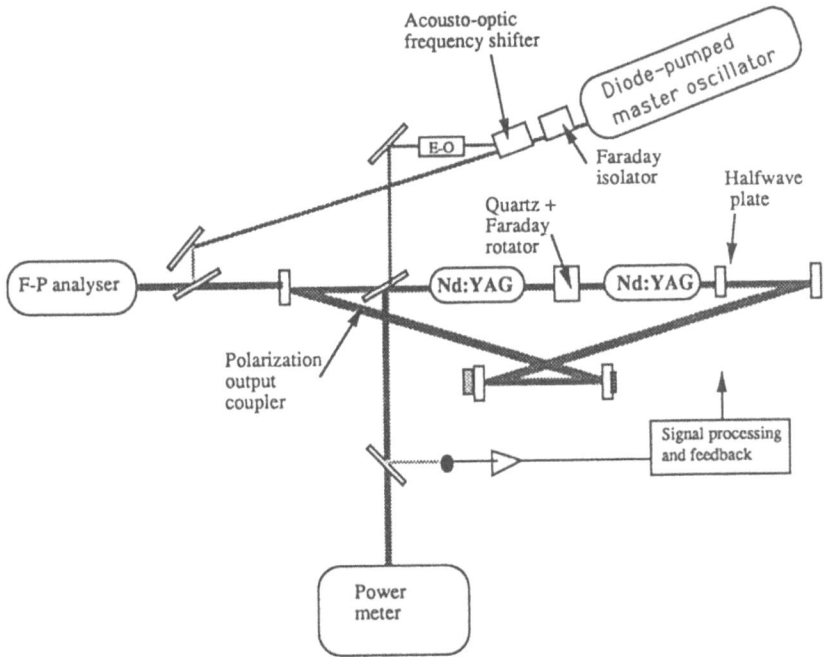

Abb. 8.25 Laseranordnung zum injection-locking eines lampengepumpten cw-Lasers mit einem stabilisierten, diodengepumpten TMC-Laser [8.137]

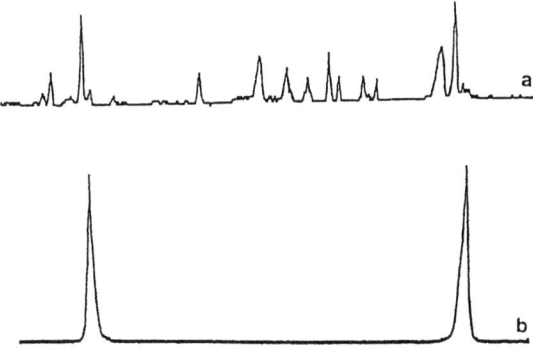

Abb. 8.26 Fabry-Perot-Spektralanalyse des Lasers von Abb. 8.25 bei 18 W Ausgangsleistung (vertikal: Leistung, horizontal: Frequenz), freilaufend (a) und injection-locked mit einem diodengepumpten master-Laser (b) [8.137]. (Freier spektraler Bereich des Fabry-

In einer ähnlichen Anordnung mit einem 40 mW-MISER-Ringlaser als master-Laser wurde mit einem ebenfalls lampengepumpten Nd:YAG-Laser eine Ausgangsleistung von 13 W erzielt [8.138]. Schließlich wurde auch in einer vollständig mit Diodenlasern gepumpten master-slave-Konfiguration eine Ausgangsleistung von 15 W erreicht [8.139].

8.4 Gepulste single-frequency-Laser

Wurden bisher lediglich kontinuierlich strahlende single-frequency-Laser betrachtet, so ist natürlich zu ergänzen, daß solche Laser auch im Pulsbetrieb arbeiten können. Hierbei werden hohe Pulsleistungen sowie kurze Pulsbreiten erzielt, die für eine Reihe von Anwendungen (Spektroskopie, Abstandsmessung, Ausnutzung nichtlinearer Effekte etc.) von großer Bedeutung sind.

In gütegeschaltetem Betrieb konnten beispielsweise in einer einfachen linearen Konfiguration mit einem akustooptischen Güteschalter Puls-Ausgangsleistungen von 125 W mit Pulsbreiten von 40 ns [8.140] und mehr [8.141] erzielt werden. Höhere Pulsleistungen von 6 kW bei Pulsbreiten von 11 ns wurden in einem speziell geformten Ringresonator (Abb.8.27) mit einem akustooptischen Modulator als optischer Diode erreicht [8.142] (vgl. Kap.8.1.3).

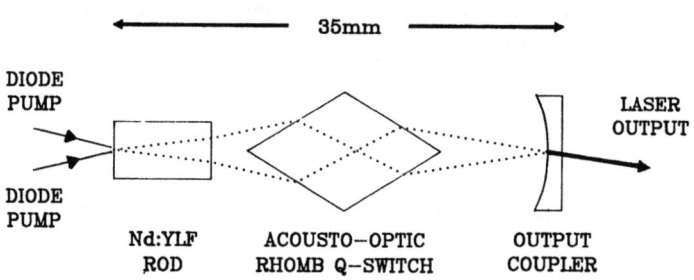

Abb.8.27 Anordnung eines gütegeschalteten Ringlasers mit spezieller Strahlführung, wobei durch einen akustooptischen Modulator eine Richtungsselektion der Resonatormoden erreicht wird [8.142]

Mit gütegeschalteten Mikrokristall-Lasern lassen sich aufgrund der kurzen Resonatorlängen sehr kurze Pulse erzielen [8.143]. Dies kann z.B. erreicht werden, indem man ein abstimmbares Etalon in den Resonator einsetzt. Die Etalon-Durchlaßkurve wird dann gegenüber der Resonatormodenfrequenz schnell verstimmt (Abb.8.28). Aufgrund des bei Mikrokristall-Lasern großen Resonatormodenfrequenz-Abstandes läßt sich dann der Laser güteschalten. Auf diese Weise wurde eine Pulslänge von 6 ns erreicht.

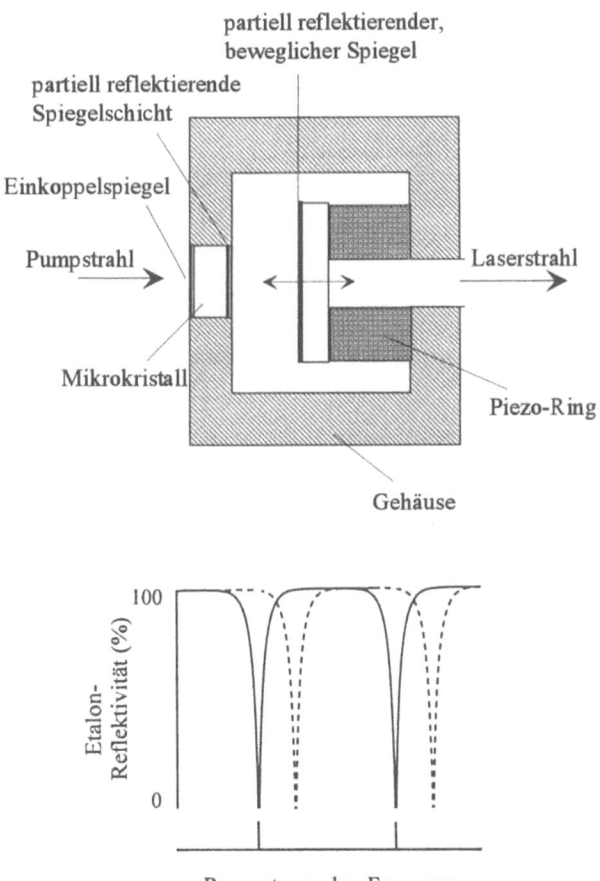

Abb.8.28   Anordnung eines gütegeschalteten Mikrokristall-Lasers mittels eines abstimmbaren Etalons. Oben im Bild die Laseranordnung, unten eine Prinzipskizze zur Güteschaltung durch Verschiebung der Etalonfrequenz (nach [8.143]).

Kürzere Pulse von 760 ps ließen sich durch sogenanntes gain-switching eines Mikrokristall-Lasers erzeugen [8.144]. Dabei wird der Laser zunächst für kurze Zeit ($\leq$ 1 ms) unmittelbar über der Schwelle betrieben, worauf ein starker Pumppuls folgt, so daß dann ein intensiver Relaxationsoszillationspuls emittiert wird [8.145]. (Dieses Verfahren entspricht dem "self-injection-seeding" (Kap.6)).

264 Single-frequency-Laser

Weiterhin ergab eine Anordnung mit einem elektrooptischen Kristall im Resonator eines Mikrokristall-Lasers (Abb.8.29) Pulsbreiten von 270 ps und Pulsspitzenleistungen von 25 kW, wobei als Pumpdiode eine 500 mW-Laserdiode verwendet wurde [8.146]. Der elektrooptische Kristall diente hierbei als abstimmbares Etalon analog zur Anordnung mit einem piezoelektrisch modulierten Spiegel (Abb.8.28).

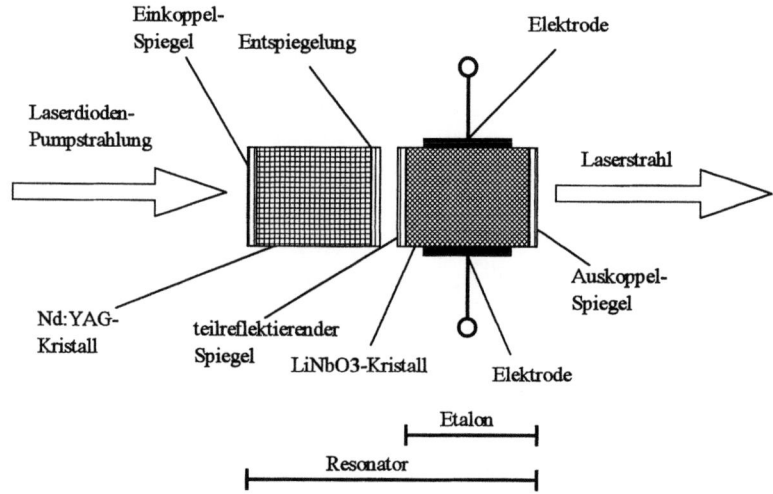

Abb.8.29 Elektrooptisch gütegeschalteter Mikrokristall-Laser (nach [8.146])

Eine weitere Möglichkeit, Mikrokristall-Laser gütezuschalten, ergibt sich, wenn der Laser thermisch so stabilisiert wird, daß die Resonatormodenfrequenz außerhalb am Rande der Verstärkungslinie liegt [8.66]. (Dabei muß der Frequenzabstand der Resonatormoden größer als die Verstärkungslinienbreite sein, so daß der Laser in dieser Situation nicht emittiert). Durch einen beispielsweise piezoelektrisch bewegbaren Spiegel kann die Resonatormodenfrequenz dann sehr schnell in die Mitte der Verstärkungskurve verschoben werden, wobei ein auf diese Weise gütegeschalteter Puls entsteht.

Single-frequency-Pulse höherer Leistung können in einem zum injection-locking analogen Verfahren erzeugt werden, die dann injection-seeding genannt wird (Kap.6). So wurde z.B. ein Tm:YAG-MISER-Ringlaser verwendet, um mit einem leistungsstärkeren Laser bei 2.02 µm hohe Pulsleistungen zu erzeugen [8.44].

Gepulste Festkörperlaser höherer Leistungen werden bei Repetitionsraten im Bereich bis zu einigen 100 Hz mit Quasi-cw-Laserdioden gepumpt (Kap.6). Solche Laser können mit wesentlich größeren Resonatorverlusten betrieben werden, so daß auch von anderen Lasersystemen bekannte Techniken zur Modendiskriminierung, etwa die Verwendung von Beugungsgittern unter einem großen Einfallswinkel, zur Erzeugung monofrequenter gepulster Laserstrahlung eingesetzt werden können [8.147].

8.5 Sensoren auf der Basis diodengepumpter single-frequency-Laser

Wie in den vorangegangenen Kapiteln aufgezeigt, zeichnen sich diodengepumpte single-frequency-Festkörperlaser durch eine sehr geringe Linienbreite und hohe Frequenzstabilität aus. Dadurch können diese Laser in interferometrischen- oder Doppler-Meßverfahren gut eingesetzt werden.

Aber auch bereits geringe Frequenzänderungen des Lasers, beispielsweise durch eine Resonatorlängenänderung hervorgerufen, können empfindlich detektiert werden, so daß die Resonatorlängenänderung selbst als sensorische Meßgröße geeignet ist. Es liegt daher nahe, diodengepumpte Festkörperlaser nicht nur als Strahlungsquelle für die genannten Meßverfahren zu verwenden, sondern auch den Laser selbst in miniaturisierter Bauform als Sensor zu gestalten.

Im folgenden sollen zunächst einige Beispiele für die Anwendung einfrequenter diodengepumpter Festkörperlaser als Strahlquelle für bekannte sensorische Meßverfahren im weiteren Sinne angeführt werden. Im Anschluß daran werden Sensoren auf der Basis diodengepumpter Mikrokristall-Laser diskutiert, bei denen die Laserfrequenzänderung selbst als frequenzproportionales Ausgangssignal ausgewertet werden kann.

In einem Verfahren zur absoluten interferometrischen Abstandsmessung wurden zwei diodengepumpte Mikrokristall-Laser eingesetzt [8.148], von denen der eine als Referenzlaser mit konstanter Frequenz diente und der andere gegen diesen über einen Bereich von 0 bis etwa 70 GHz in der Frequenz abgestimmt wurde. Auf diese Weise ließ sich durch Überlagerung eine abstimmbare, synthetische Mikrowelle mit einer Wellenlänge von "unendlich" bis zu etwa 4.3 mm auf einem Photodetektor erzeugen, so daß auch auf großen Strecken (30 m oder mehr) ein eindeutiges Interferenzsignal gewonnen werden kann. Durch eine Phasenvergleichsmessung in einem Doppel-Superheterodynaufbau wurde eine Phasen-Auflösung von besser als 10^{-2} erreicht. Das System verfügte aufgrund der Messung mit der Schwebungswellenlänge (Differenzfrequenz im Mikrowellenbereich) über einen großen Eindeutigkeitsbereich und eine hohe Störunempfindlichkeit gegenüber kleinen Schwankungen des Meßobjekts, wobei durch Verwendung der optischen Welle als Trägersignal ein stark gebündelter Meßstrahl ausgesandt wird. Aufgrund der hohen Linienstabilität ist eine hohe Auflösung und wegen der großen Kohärenzlänge auch eine Messung über große Strecken möglich.

Leistungsstärkere single-frequency-Laser im Bereich bis zu 20 W cw und höher, meist injection-locked mit einem diodengepumpten Laser geringerer Leistung, eignen sich zum Aufbau sehr großer Interferometer mit Armlängen im Bereich von etwa 1 km für den Nachweis von Gravitationswellen [8.149, 8.150, 8.151, 8.137]. Durch die große Armlänge können bei entsprechend guter Finesse des Interferometers mit solchen Lasern sehr geringer Linienbreite auch kleinste Frequenzverschiebungen im Interferometer nachgewiesen werden, wie sie aufgrund relativistischer Effekte durch die Raumverkrümmung beim Durchgang von (bisher nur postulierten) Gravitationswellen auftreten sollten. Auch hier ist die geringe erzielbare Linienbreite, die hohe Frequenzstabilität, aber auch die lange Betriebsdauer ausschlaggebend für das Gelingen dieser anspruchsvollen Meßvorhaben.

Eine weitere sensorische Meßanwendung stellt das kohärente Laserradar dar. Hierbei wird die Dopplerverschiebung beispielsweise von Aerosolen bei Windbewegungen hochauflösend dadurch gemessen, daß der einfrequente Sendestrahl entweder mit sich selbst oder einem lokalen Oszillator, der wiederum durch einen einfrequenten Laser gebildet wird, kohärent überlagert und daraus die Geschwindigkeit des Meßobjektes bestimmt wird [8.152, 8.153].

Schließlich soll noch etwas ausführlicher auf die bemerkenswerten Möglichkeiten eingegangen werden, die sich ergeben, wenn die Resonatorlängenänderung miniaturisierter diodengepumpter Festkörperlaser, vorzugsweise von Mikrokristall-Lasern, selbst als Sensorgröße herangezogen wird.

Wie in Kap.8.1.5 beschrieben, ändert sich die Laserwellenlänge mit der Änderung der Resonatorlänge. Ist der Modenabstand des Lasers hinreichend groß, wie im Falle der Mikrokristall-Laser, und die Resonatorgüte ebenso groß gegen die "Güte" der Verstärkungslinie (vgl. Gl.(8.22)), so ist die Wellenlängenänderung des Lasers direkt proportional zur Änderung der Resonatorlänge:

$$\frac{\partial \lambda}{\partial l} = \frac{2n}{q} + 2n \cdot l \cdot \frac{\partial}{\partial l}\left(q^{-1}\right) \qquad (8.34)$$

(λ: Laserwellenlänge, l: Resonatorlänge, n: Brechungsindex, q: Anzahl der "Knoten" im Resonator).

Da im modensprungfreien Bereich $\frac{\partial}{\partial l}(q^{-1}) \equiv 0$ ist, folgt für die Änderung der Wellenlänge mit der Änderung der Resonatorlänge

$$\frac{\partial \lambda}{\partial l} = \frac{2n}{q} = \frac{2n}{round\left(\frac{2n \cdot l}{\lambda}\right)} \tag{8.35}$$

bzw. für die Frequenzänderung

$$\frac{\partial \nu}{\partial l} = \frac{c}{\lambda^2} \cdot \frac{2n}{round\left(\frac{2n \cdot l}{\lambda}\right)} \tag{8.36}$$

(*round*: Rundung auf die ganze Zahl).

So führt beispielsweise bei einem Mikrokristall-Laser von 300 µm Resonatorlänge eine Längenänderung von 1 nm bereits zu einer Frequenzverschiebung von fast 1 GHz. Andererseits kann die Laserlinienbreite weniger als 100 Hz (in 100 ms) (s. Kap.8.1.5, Abb.8.15) betragen. Somit läßt sich eine Auflösung von 10^{-7} bis 10^{-9} (für eine Frequenzverschiebung von 100 GHz) im dynamischen Falle (bei einer Abtastrate von über 10 Hz) detektieren.

Diese Werte zeigen, daß diodengepumpte Mikrokristall-Laser, bei denen ein Resonatorspiegel mit einem geeigneten Meßwertaufnehmer für eine Meßgröße wie etwa Weg, Druck, Kraft etc. gekoppelt ist, für hochempfindliche, vielseitige Sensoreinheiten mit einem frequenzproportionalen optischen Ausgangssignal geeignet sind. Dabei sind eine besonders hohe Störsicherheit sowie (aufgrund der großen Frequenzmodulations-Bandbreite) gute Filtermöglichkeiten gewährleistet.

Abb.8.30 zeigt eine solche Anordnung eines Mikrokristall-Lasersensors, bei dem der Auskoppelspiegel mit dem eigentlichen Meßwertaufnehmer verbunden wird. Dieser ist anwendungsspezifisch zu formen (hier nicht eingezeichnet). Um das frequenzgeänderte Lasersignal zu detektieren, wird dieses mit dem frequenzstabilen Lasersignal eines Referenzlasers kohärent überlagert. Dies geschieht, wie eingezeichnet, geeigneterweise durch Mischung in einer Glasfaserweiche, da so die räumliche Orientierung der Polarisation der beiden Emissionswellenlängen ohne Bedeutung ist. Da single-mode-Fasern meist auch die für den Betrieb solcher Laser erforderliche geringe Leistung der Pumpdioden übertragen können, ist in der Abbildung die optische Anregung über eine Faserkopplung mittels derselben Glasfaserweiche vorgesehen. Das eigentliche Lasersignal wird auf der Pumpseite des Laserkristalls aus- und in die Glasfaserweiche eingekoppelt, so daß dieses durch eine Detektordiode am vierten Ausgang der Weiche abgegriffen werden kann.

Um störende Effekte eines Temperaturdrifts der Differenzfrequenz zu minimieren, kann, wie in der Abbildung gezeigt, der Referenzlaser in demselben Laserkristall angeordnet sein, wobei dieser jedoch über einen statischen Resonatorspiegel verfügt. Auf diese Weise sind Temperaturunterschiede zwischen Meß- und Referenzlaser weitgehend minimiert. Ebenso wirken sich etwaige Pumpleistungsschwankungen auf beide Laser gleichzeitig aus. Der Einfluß des Temperaturdrifts kann weiter vermindert werden, wenn als aktives Lasermaterial z.B. Nd:BEL verwendet wird. Dieses läßt sich aufgrund seiner negativen Brechungsindexänderung für Temperaturänderungen kristallographisch so orientieren, daß die Brechungsindexänderung unter Temperatureinfluß die Längenausdehnung weitgehend kompensiert und so die optische Resonatorlänge bei Temperaturänderungen nahezu konstant bleibt [8.154].

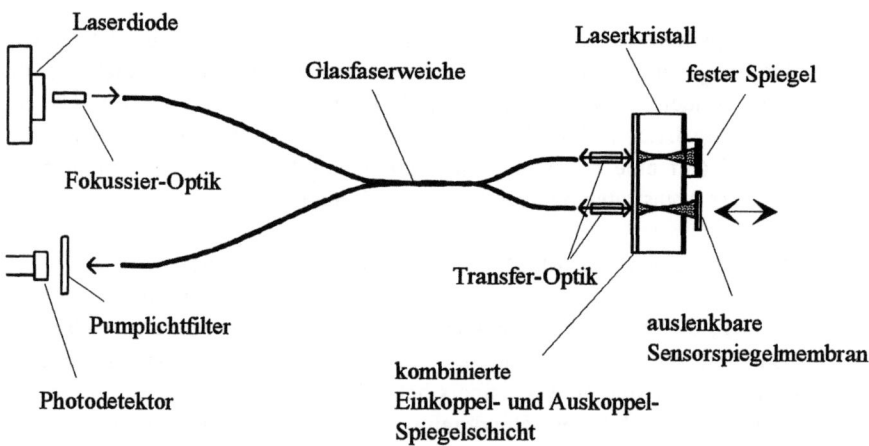

Abb.8.30   Prinzip eines Lasersensors. Das Pumplicht wie auch die Laserstrahlung werden durch eine Glasfaserweiche übertragen.

Solche miniaturisierten, lasergestützten Sensoren können prinzipiell überall dort Verwendung finden, wo kleinste Wegstrecken gemessen werden müssen, etwa beim Raster-Tunnel- oder auch Kraftmikroskop ("atomic force microscope"), oder aber dort, wo eine geeignete Übersetzung einer Meßgröße in eine Auslenkung und somit eine Ankopplung an einen solchen Lasersensor möglich ist. Dies kann z.B. bei einer Kraft- oder Druckmessung durch entsprechend dimensionierte Membranen erfolgen, welche mit dem Laserspiegel starr verbunden sind.

Im Falle der dynamischen Druckmessung kann man auch ein optisches Lasermikrophon realisieren, welches die Luftdruckschwankungen der akustischen Welle über eine geeignete Membran in eine Spiegelauslenkung umsetzt, so daß ein der akustischen Welle proportionales Frequenzsignal am Laserausgang zur Verfügung steht. Die Frequenz ist zunächst proportional zur Intensität der akustischen Welle und die erste Ableitung proportional zur Frequenz der akustischen Welle, so daß durch eine geeignete Filterungstechnik im HF-Bereich und Demodulation der Differenzfrequenz zwischen Meßlaser und Referenzlaser eine breitbandige und gut auswertbare Detektion möglich ist.

Eine weitere Anwendung eines diodengepumpten Festkörperlasers als Kraftsensor beruht auf der Frequenzänderung eines Nd:YAG-single-frequency-Lasers durch transversalen Stress auf den Laserkristall [8.75, 8.76]. Durch diesen Stress wird der Kristall doppelbrechend. Die Frequenzaufspaltung ist proportional zur angelegten Kraft und kann am Ausgang des Lasers anhand des Überlagerungssignals detektiert werden [8.155].

9 Nichtlineare Prozesse mit diodengepumpten Festkörperlasern

Aufgrund der mit den diodengepumpten Lasern erreichbaren hohen Strahlqualität lassen sich optisch nichtlineare Prozesse sehr effizient durchführen, da hierfür große Leistungsdichten und große Wechselwirkungslängen wie auch stabile single-frequency-Laserstrahlung von wesentlichem Vorteil sind. Dies ist gerade im unteren Leistungsbereich, bei Lasern mit kleineren Durchschnittsleistungen, von Bedeutung. Infolgedessen sind zahlreiche neue Konfigurationen entstanden, nicht zuletzt beeinflußt auch durch bessere optisch nichtlineare Materialien. Von den vielen sich hierbei ergebenden Möglichkeiten soll im folgenden zunächst die besonders häufig angewandte Frequenzverdopplung diskutiert werden. Hierfür bieten sich bei Lasern niedriger Ausgangsleistungen, d. h. insbesondere auch bei kontinuierlich gepumpten Lasern, zwei Methoden an, die denjenigen des resonanten Pumpens in gewisser Weise sehr ähnlich sind. Dies sind die sogenannte "intracavity"-Frequenzverdopplung sowie die externe resonante Frequenzverdopplung. Darüber hinaus wird auch das Verfahren der Selbstfrequenzverdopplung behandelt. Weiterhin werden neuere optische parametrische Oszillatoren sowie bei Raumtemperatur betriebene "upconversion"-Laser diskutiert.

9.1 Frequenzverdoppelnde Lasersysteme

9.1.1 Intracavity-Frequenzverdopplung

Bei der intracavity-Verdopplung befindet sich der nichtlineare Kristall im Inneren des Laserresonators, der meist vom "standing wave"-Typ ist. Durch diese Anordnung kann die hohe Intensität des Lasermode im Resonator zur Frequenzverdopplung genutzt werden. Bei einem einfachen, linearen Resonatoraufbau sind beide Resonatorspiegel dann im allgemeinen bei der Grundwellenlänge hochreflektierend, wobei ein Spiegel für die zweite Harmonische antireflektierend beschichtet sein sollte, um eine gute Auskopplung der frequenzverdoppelten Strahlung zu gewährleisten. Wenn man den anderen Laserspiegel für die zweite

Harmonische hochreflektierend gestaltet, läßt sich die ausgekoppelte konvertierte Strahlung weiter erhöhen. Dies ist im Falle einer longitudinalen Pumpanordnung besonders zweckmäßig, da somit auch die Pumpdioden vor der frequenzverdoppelten Strahlung geschützt werden.

Zur Frequenzverdopplung der 1 µm-Strahlung von Nd:YAG, Nd:YLF oder auch Nd:YVO$_4$ wird meist ein KTP-Kristall als nichtlineares Material verwendet, da dieses außer einem großen nichtlinearen Koeffizienten auch eine hohe Zerstörschwelle sowie eine geringe Absorption aufweist [9.1]. Andere, zur Frequenzverdopplung diodengepumpter Laser des unteren Leistungsbereichs geeignete, nichtlineare optische Kristalle sind z. B. MgO:LiNbO$_3$ [9.2], KNbO$_3$ [9.3, 9.4] oder LBO [9.5, 9.6].

Es ist vorteilhaft, den nichtlinearen Kristall in der Taille des Lasermode zu plazieren, da hier die größte Intensität zur Verfügung steht. Besonders gute Ergebnisse kann man mit einem in Form eines "Z" (oder inversen "Z") gefalteten Resonatoraufbau erzielen, wobei dann die Pumpanordnung (und somit der Laserbetrieb bei der fundamentalen Wellenlänge) wie auch die Frequenzverdopplung relativ unabhängig voneinander optimiert werden können [9.6-9.10]. In dem in Abb.9.1 dargestellten Beispiel wurde Nd:YLF als Lasermaterial verwendet, das mit einem Diodenlaser-array longitudinal gepumpt wurde. (Durch die besondere Geometrie des Nd:YLF-Kristalls mit einer Brewster-Fläche ergeben sich zum einen niedrige Verluste für den π-polarisierten Lasermode, zum anderen wirkt der Kristall wie ein anamorphisches Prisma, das eine gute Überlappung des elliptischen Pumpprofils mit dem Lasermode bewirkt. Die sich bei höheren Pumpleistungen im Bereich von 10 W mit dem Nd:YLF-Kristall einstellende astigmatische thermische Linse wird durch die zylindrischen Umlenkspiegel kompensiert).

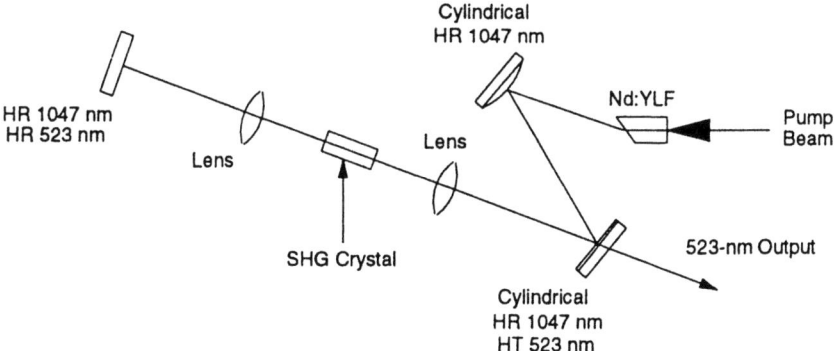

Abb.9.1 Beispiel eines gefalteten Resonatoraufbaus für resonatorinterne

Dieses einfache Verfahren der resonatorinternen Frequenzverdopplung weist jedoch eine besondere Problematik auf. Das Einsetzen des nichtlinearen Kristalls in den Resonator erhöht die Resonatorverluste, was insbesondere bei einem cw-Laser den Wirkungsgrad herabsetzt. Andererseits entsteht durch den nichtlinearen Kristall in einem Resonator, der im allgemeinen viele axiale Moden hat, eine Kopplung dieser Moden, die eine chaotische Modulation der optischen Leistung bewirkt. Dieser Effekt einer permanenten Moden-Konkurrenz ("mode competition", manchmal auch als "green problem" bezeichnet), läßt sich mit dem Prozeß der Summenfrequenzerzeugung erklären, die der Frequenzverdopplung ähnlich ist [9.11].

Man kann diesen Sachverhalt vereinfacht so darstellen, daß der Lasermode mit der jeweils größten Amplitude mit einem größeren Anteil seiner Leistung zur frequenzverdoppelten Strahlung beiträgt als die schwächeren Moden. Somit können diese anwachsen und den ersten Mode übertreffen, worauf der Prozeß wieder von neuem abläuft. Die resultierenden Amplitudenfluktuationen liegen typisch im Bereich einiger µs. Der Kopplungsmechanismus der axialen Moden läßt sich jedoch durch das Einsetzen eines $\lambda/4$-Plättchens in den Resonator unterdrücken (Abb.9.2). Dieses wird so angeordnet, daß die Achsen mit einem Winkel von 45 zu den KTP-Kristallachsen orientiert sind. Somit werden die beiden Eigenpolarisationen des Resonators entkoppelt, wodurch dann die aus der Summenfrequenzerzeugung der beiden entsprechenden Moden entstehenden Instabilitäten weitgehend eliminiert werden [9.12]. Auch durch Einsetzen einer Brewster-Platte in den Resonator konnte eine erhebliche Reduktion der Fluktuationen erreicht werden [9.13].

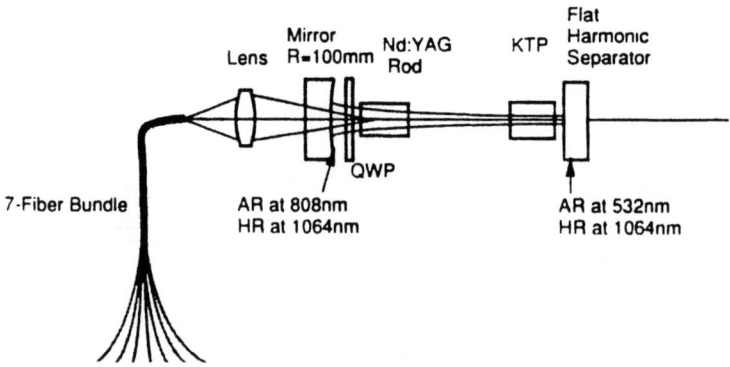

Abb.9.2 Schema eines fasergepumpten linearen Laseraufbaus mit resonatorinterner Frequenzverdopplung. Amplitudenfluktuationen werden mit Hilfe eines $\lambda/4$-Plättchens (QWP) unterdrückt [Q9.1].

Weiterhin wurde beobachtet, daß sich für KTP als nichtlineares optisches Material durch Drehen des Kristalls um die Strahlachse stabile Zustände bei multilongitudinalem Laserbetrieb finden lassen [9.14]. Schließlich ist auch noch eine dynamische Kontrolle eines solchen Lasersystems mittels einer geeigneten Rückkopplungstechnik möglich. Bei diesem, "occasional proportional control" genannten Verfahren, das auf der Basis der Chaos-Theorie entwickelt wurde, werden kleine Änderungen in der Pumpleistung erzeugt, deren Amplitude von der Differenz der Ausgangsleistung zu einem Referenzwert und deren Periode von der Relaxationsfrequenz abhängt [9.15, 9.16].

Eine Möglichkeit, die Problematik der chaotischen Fluktuationen a priori zu umgehen, besteht in der Verwendung eines single-frequency-Lasers, z. B. eines Ringlasers, für die Frequenzverdopplung, wobei dann jedoch im allgemeinen immer noch ein bistabiles Verhalten beobachtet werden kann [9.17].

In der Praxis ist es nicht einfach, einen intracavity-frequenzverdoppelten kontinuierlichen Laser hoher Stabilität zu bauen. Zwar kann man den Laser relativ einfach in einen augenscheinlich stabilen Bereich bringen, jedoch ist damit noch keine Langzeitstabilität erreicht. Um dies zu gewährleisten, ist eine gleichzeitige Kontrolle vieler Parameter erforderlich. So muß die Polarisation im Resonator konstant bleiben. Eine Selektion der Wellenlänge ist wichtig, damit sich die Phasenanpassungsbedingungen nicht ändern können. Weiterhin ist eine gute Kontrolle des transversalen Mode notwendig. Das "spatial hole burning" (Kap.8) muß vollständig unterdrückt sein, da schon ein schwacher Effekt infolge nicht perfekter Komponenten Oszillationen hervorruft. Schließlich ist auch die Verdopplungseffizienz extrem empfindlich bezüglich der Finesse des Laserresonators, die sich nicht ändern darf. Eine ausführliche Diskussion der Problematik resonatorinterner Frequenzverdopplung findet man in [9.17].

Bei niedrigen Verdopplungseffizienzen verschwinden die mode-competition-Effekte, da sich in diesem Falle die Systemdynamik derjenigen eines nicht resonatorintern verdoppelnden Lasers angleicht. Auf diese Weise läßt sich dann aber immer noch signifikante, grüne Strahlung erzeugen. Bei einem mode-locked Laser ist diese Problematik der intracavity-Frequenzverdopplung nicht vorhanden, da hierbei alle longitudinalen Moden miteinander in Phase gebracht werden [9.18].

Eine relativ einfache und effiziente Anordnung eines diodengepumpten Festkörperlasers mit resonatorinterner Frequenzverdopplung ergibt sich mit einem Schichtaufbau aus einem dünnen, hoch dotierten aktiven Material und einem kurzen nichtlinearen Kristall, ähnlich einer Mikrokristall-Laserkonfiguration. Dabei wird durch den kurzen Resonatoraufbau die Anzahl der longitudinalen Moden erheblich reduziert. Dies wurde in einem Aufbau aus einem 0.3 mm langen, mit 3 % dotierten Nd:GGG-Kristall und einem KTP-Kristall von 0.4 mm Dicke demonstriert, wobei ein stabiler grüner Ausgangsstrahl resultierte [9.19] (Abb.9.3).

274 Nichtlineare Prozesse mit diodengepumpten Festkörperlasern

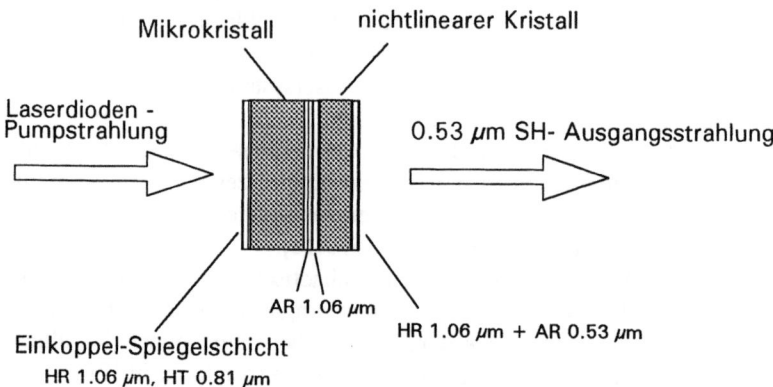

Abb.9.3 Schichtaufbau eines Mikrokristall-Lasers für intracavity-Frequenzverdopplung (nach [9.19])

Eine besonders hohe Verdopplungseffizienz ergab sich mit einem ähnlichen Aufbau, bei dem ein 1.2 mm langer Nd(10 %):LSB-Laserkristall in Verbindung mit einem 1 mm langen KTP-Kristall eingesetzt wurde. Mehr als 95 % der Pumpstrahlung wurde im Laserkristall absorbiert. Mit einer 3 W-Pumpdiode konnte stabile grüne Ausgangsstrahlung von mehr als 500 mW erzeugt werden [9.20]. Von wesentlicher Bedeutung für die Erzielung einer hohen Frequenzverdopplungseffizienz ist offenbar das aktive Medium, das außer einer hohen Absorption niedrige interne Verluste und eine große Sättigungsintensität aufweisen muß. Dies korrespondiert mit einer kleinen Länge des nichtlinearen Materials für eine optimale nichtlineare Kopplung, wie es bei der verwendeten Nd:LSB/KTP-Konfiguration der Fall ist [9.20].

9.1.2 Externe resonante Frequenzverdopplung

Bei dieser Frequenzverdopplungsmethode wird wie beim resonanten optischen Pumpen ein externer Resonator benutzt, in den die zu verdoppelnde Laserstrahlung durch sogenanntes "impedance-" und "mode-matching" eingekoppelt und resonant erhöht wird. In diesem Resonator befindet sich der nichtlineare Kristall, wobei häufig auch der Kristall selbst bei einer entsprechenden Formgebung und optischen Beschichtung als Resonator verwendet wird ("monolithischer" Resonator). Der Resonator kann als linearer ("standing wave") oder als Ringresonator aufgebaut sein. Damit lassen sich selbst bei sehr niedriger Leistung der fundamentalen Strahlung im mW-Bereich außerordentlich hohe Konversionsgrade erreichen.

Das Prinzip wird in Abb.9.4 mit einem monolithischen Ringresonator verdeutlicht [9.21]. Ein solcher Aufbau ist hinsichtlich einer hohen Frequenzstabilität und niedriger Resonatorverluste vorteilhaft. Hierbei sind die Spiegel, die bei der Grundwellenlänge reflektieren und für die frequenzverdoppelte Strahlung transparent sind, direkt auf den polierten Kristallendflächen aufgebracht. Als nichtlineares Material für die Frequenzverdopplung von 1.06 µm-Laserstrahlung eignet sich z. B. MgO:LiNbO$_3$, das geringe intrinsische Verluste und einen großen nichtlinearen Koeffizienten für eine nichtkritische Phasenanpassung besitzt. Die Ring-Geometrie ist nur für den Strahl in Vorwärtsrichtung phasenangepaßt, so daß frequenzverdoppelte Strahlung nur in einer Richtung erzeugt wird.

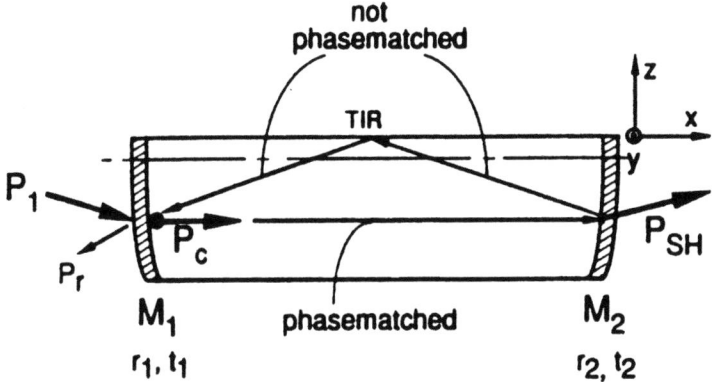

Abb.9.4 Schema eines monolithischen Ringresonators für die externe resonante Frequenzverdopplung. Die Spiegel M$_1$ und M$_2$ sind direkt auf dem Kristall aufgebracht. Die zweite Harmonische wird in einer Richtung entlang der Basis des dreieckförmigen resonatorinternen Strahlverlaufs erzeugt [9.21]

Die Theorie zur resonanten externen Frequenzverdopplung wurde zuerst von Ashkin et al. [9.22] beschrieben und von Kozlowsky et al. [9.2] erweitert. Die durch die im Resonator umlaufende Intensität erzeugte Leistung $P_{2\nu}$ der frequenzverdoppelten Strahlung ist danach gegeben durch

$$P_{2\nu} = \gamma_{2\nu} \cdot P_{Res}^2 \quad , \tag{9.1}$$

wobei $\gamma_{2\nu}$ der nichtlineare Konversionsparameter in W^{-1} [9.23] und P_{Res} die Leistung der umlaufenden fundamentalen Welle im Resonator ist. Für die Leistungs-Reflexions- und -Transmissionskoeffizienten $r_{1,2}$ bzw. $t_{1,2}$ der Spiegel gilt $r_1 + t_1 = r_2 + t_2 = 1$. Man definiert nun einen sogenannten Resonator-Reflektanzparameter r_m, der den Anteil der resonanten fundamentalen Strahlung beschreibt, welcher nach einem Umlauf im Resonator übrigbleibt:

$$r_m = t^2 \cdot (1 - \gamma_{2\nu} \cdot P_{Res}) \cdot r_2 \qquad (9.2)$$

Dabei ist t der sogenannte "single-pass" Leistungs-Transmissionskoeffizient des Materials im Resonator. Die Bedeutung von r_m wird in dem Ausdruck für die vom Resonator reflektierte fundamentale Leistung P_r deutlich. Bei Resonanz gilt

$$\frac{P_r}{P_1} = \frac{\left(\sqrt{r_1} - \sqrt{r_m}\right)^2}{\left(1 - \sqrt{r_1 \cdot r_m}\right)^2} \qquad (9.3)$$

wobei P_1 die Leistung der Strahlung ist, die in den Resonator eingekoppelt werden soll. Für eine vorgegebene Anordnung und Eingangsleistung wählt man nun den Einkopplungsgrad t_1 derart, daß $r_m = 1 - t_1 = r_1$ ist. Unter dieser Bedingung wird die vom Resonator reflektierte Leistung P_r zu null, und die gesamte einfallende Leistung wird in den Resonator eingekoppelt. Damit ist der Resonator "impedance matched", was das Optimum für eine Frequenzkonversion darstellt.

Ein typischer experimenteller Aufbau ist in Abb.9.5 dargestellt. Dabei wird das auf der Einkoppelseite reflektierte Licht, das im Resonanzfalle minimal ist, mit einer Photodiode detektiert. Dieses Signal wird dazu verwendet, um den Ringverdoppler auf der Laserfrequenz zu halten, wofür ein entsprechendes elektrisches Feld über der y-Achse des Kristalls angelegt wird. Durch den elektrooptischen Effekt kann dann die optische Resonatorlänge wie bei einem Fabry-Perot-Interferometer durchgestimmt werden.

Mit dieser Methode könnte man unter idealen Bedingungen prinzipiell eine Konversionseffizienz von 100 % erreichen. Mit der hohen single-frequency-Strahlqualität der diodengepumpten Laser ist hierfür eine ganz wesentliche Voraussetzung erfüllt. Auf diese Weise wurde z. B. mit einem von einer 1 W-Diode gepumpten Nd:YAG-Laser in Verbindung mit einem monolithischen Ringresonator aus MgO:LiNbO$_3$ 200 mW single-frequency-Laserstrahlung erzeugt, wobei die Konversionseffizienz von der fundamentalen Strahlung zur zweiten Harmonischen 65% betrug [9.24]. Mit einem weiter optimierten monolithischen Resonator vom "standing-wave"-Typ, gleichfalls aus MgO:LiNbO$_3$, konnte sogar eine Konversionseffizienz von 82 % bei Ausgangsleistungen im Bereich von 120 mW erreicht werden [9.25] (Abb.9.6). Die Methode der externen resonanten Frequenzverdopplung eignet sich auch für wesentlich höhere Ausgangsleistungen, wobei dann der externe Resonator meist aus diskreten Elementen aufgebaut ist [9.26].

Frequenzverdoppelnde Lasersysteme 277

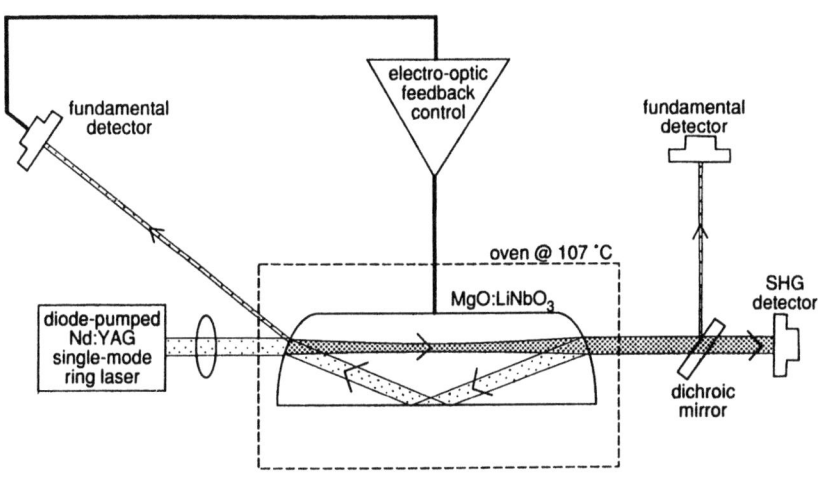

Abb. 9.5 Experimentalaufbau einer Ringverdoppler-Geometrie mit aktiver Frequenzstabilisierung [9.21]

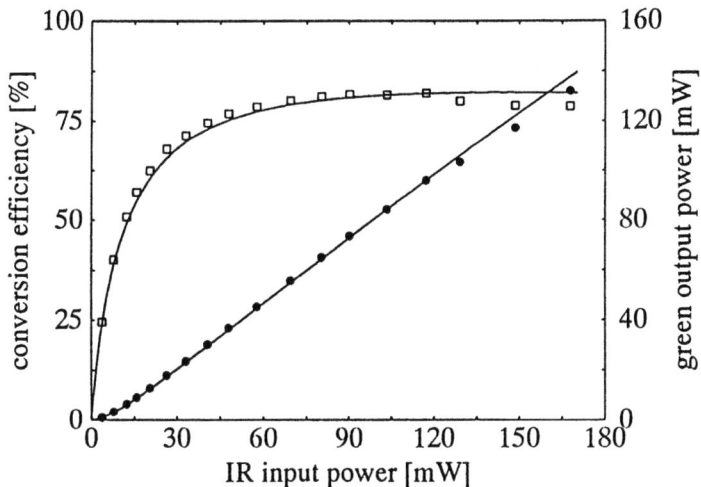

Abb. 9.6 Frequenzverdopplung von 1064 nm-Laserstrahlung mit einem monolithischen MgO:LiNbO$_3$-Resonator. Die offenen Rechtecke stellen die Konversionseffizienz und die Punkte die Ausgangsleistung als Funktion der Eingangsleistung dar [Q9.2].

Mit einem kleinen linearen Aufbau wurde durch resonantes Pumpen eines Nd:YAG-Lasers auch eine effiziente Summenfrequenzerzeugung demonstriert. Dabei wurde die 809 nm-Pumpstrahlung von einer single-frequency-Laserdiode im Laser resonant erhöht und bei nicht-kritischer Typ II-Phasenanpassung in einem KTP-Kristall auf das zirkulierende 1064 nm-Feld summiert. Mit einer Leistung der Pumpdiode von 50 mW ergaben sich 1.2 mW Laserstrahlung bei 459 nm [9.27].

Ein monolithischer Resonator kann auch ohne spezielle Spiegelbeschichtungen gebaut werden, wobei dann die Resonatormoden durch Totalreflexion eingeschlossen werden. In diesem Fall kann man besonders kleine Resonatorverluste erreichen, da lediglich die Verluste des nichtlinearen Kristallmaterials vorhanden sind. Wenn man eine oder beide Resonatorendflächen mit einer Krümmung versieht, so kann man an den Reflexionspunkten mit geeigneten Prismen durch eine Feinjustage des Abstands zum Resonator die Reflektivität sehr empfindlich beeinflussen und somit ein optimales impedance matching bzw. auch eine optimale Auskopplung der harmonischen Welle erreichen (Abb.9.7). Damit ist außerdem eine große Flexibilität hinsichtlich der Wellenlänge verbunden, so daß auch abstimmbare Konfigurationen möglich sind. Mit einem solchen Aufbau wurde bei nur 5 mW eingestrahlter Leistung eine Konversionseffizienz von 50 % (1064 nm → 532 nm) erreicht [9.28].

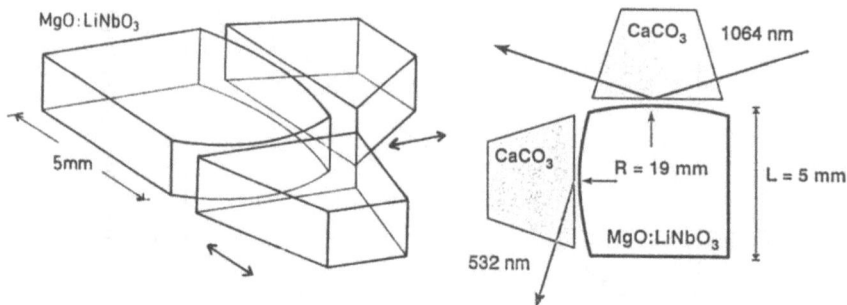

Abb.9.7 Monolithischer Ringresonator für resonante Frequenzverdopplung mit zwei gekrümmten Endflächen. Die Strahlein- und auskopplung erfolgt durch die beiden Prismen. Dabei kann durch die Wahl des Abstands der beiden Prismen von diesen Resonatorflächen die Reflektivität exakt eingestellt werden, so daß ein perfektes "impedance-matching" möglich ist [9.28] u.[Q9.2].

Ein beispielhaftes diodengepumptes Lasersystem, in dem beide Frequenzverdopplungsmethoden angewandt wurden, ist in [9.8] beschrieben. Hierbei wurde zunächst mit einer longitudinalen Pumpgeometrie und intracavity-Frequenzverdopplung mit Nd:YAG und KTP eine kontinuierliche Ausgangsstrahlung von 3.5 W erzeugt, wobei eine optisch-optische Konversionseffizienz (808 nm → 532 nm) von 14 % erreicht wurde. Die grüne Strahlung wurde dann mittels eines externen Resonators mit BBO als nichtlinearem Kristall in Strahlung bei 266 nm mit einer Leistung von 0.8 W konvertiert.

9.1.3 Selbstfrequenzverdopplung

Eine weitere interessante Möglichkeit der Frequenzverdopplung bietet sich mit einem sogenannten selbstfrequenzverdoppelnden Kristall wie NYAB, das eine Kombination eines Festkörperlaser-Materials und eines nichtlinearen optischen Materials in einem Kristall darstellt. In einen geeigneten Resonator mit longitudinaler Pumpgeometrie eingesetzt, kann der Kristall ähnlich dem Nd:YAG diodengepumpt werden, wobei die Laserstrahlung bei 1.063 µm direkt im Kristall frequenzverdoppelt wird [9.29-9.32].

Beide Resonatorspiegel sind dann wie bei interner Frequenzverdopplung hochreflektierend bei der Laserwellenlänge beschichtet. Der Pumpspiegel hat eine hohe Transmission bei der Pumpwellenlänge von etwa 806 nm sowie eine hohe Reflexion bei der Harmonischen, und der Auskoppelspiegel hat eine hohe Transmission für die frequenzverdoppelte Strahlung. Zur Erhöhung der Absorption der Pumpstrahlung kann der auskoppelnde Spiegel zusätzlich auch noch für die Pumpwellenlänge hochreflektierend beschichtet sein. Der Kristall ist negativ uniaxial und hat als chemische Formel $Nd_xY_{1-x}Al_3(BO_3)_4$ mit x = 0.04 bis 0.08. Der nichtlineare Koeffizient d_{11} beträgt 1.7 pm/V und ist damit demjenigen eines BBO-Kristalls vergleichbar. Als Phasenanpassungswinkel für die Frequenzverdopplung der Grundwellenlänge werden 32.9° für Typ I und 51° für Typ II angegeben [9.31].

Außer einem hohen nichtlinearen Koeffizienten hat NYAB eine Reihe von weiteren positiven Eigenschaften. Es besitzt eine gute Wärmeleitfähigkeit, vergleichbar mit YAG, eine hohe Zerstörschwelle von größer als 400 MW/cm^2 sowie ein breites Absorptionsband, das von 800 bis 810 nm reicht [9.30]. Hohe Dotierungskonzentrationen sind möglich, ohne daß wesentliche quenching-Effekte auftreten, woraus ein großer Absorptionskoeffizient von etwa 5 bis 8 cm^{-1} im Pumpband resultiert. Der Absorptionskoeffizient bei 532 nm ist mit 0.94 cm^{-1} relativ groß, so daß Selbstabsorptionseffekte bei der frequenzverdoppelten Wellenlänge berücksichtigt werden müssen. Die Fluoreszenzlebensdauer bei 1.06 µm beträgt 60 µs und die Fluoreszenzlinienbreite 9 nm [9.33].

Unter der Voraussetzung kleiner Resonatormoden- und Pumpstrahlradien, die einerseits für effizienten Laserbetrieb bei der fundamentalen Wellenlänge und andererseits für eine hohe Intensität zur Frequenzverdopplung erforderlich sind, lassen sich mit diesem Kristall hohe Konversionseffizienzen erreichen. Hierfür sind Diodenlaser mit einer hohen Strahlqualität wie z. B. ein injection-locked Diodenlaser-array besonders gut geeignet. Bei Pumpleistungen im Bereich von einigen Watt sind damit optisch-optische Konversionseffizienzen von mehr als 20 % möglich [9.34].

Eine besonders einfache Konfiguration ergibt sich mit einem monolithischen Resonator. So wurde mit einem 0.9 mm langen NYAB-Resonator unter Typ I-Phasenanpassung eine Ausgangsleistung von 20 mW bei 531 nm mit einer hohen Strahlqualität und geringer Rauschamplitude erzielt, wobei zum Pumpen eine 1W-GaAlAs-Diode verwendet wurde [9.35]. Bemerkenswert ist hierbei, daß keine Amplitudenfluktuationen durch mode-competition beobachtet wurden, was auf die Anwendung der Typ I-Frequenzverdopplung zurückgeführt wurde.

Ein anderer Kristall mit der Eigenschaft der Selbstfrequenzverdopplung ist $Nd:MgO:LiNbO_3$ [9.36, 9.37]. $LiNbO_3$ ist aufgrund seines photorefraktiven Effektes eigentlich ein recht problematisches Material, jedoch zeigt sich, daß diese Schwierigkeit durch Hinzufügung von MgO und Pumpen mit Diodenlasern weitestgehend ausgeräumt werden kann [9.38]. Die Eigenschaft der Selbst-Frequenzverdopplung kann auch für $Nd:LaBGeO_5$ erwartet werden, nachdem mit diesem neueren Kristall sowohl effizienter diodengepumpter Laserbetrieb als auch ein hoher Konversionswirkungsgrad bei externer Frequenzverdopplung erzielt wurde [9.39].

9.2 Optische parametrische Oszillatoren

Die Verfügbarkeit von diodengepumpten Festkörperlasern hoher Strahlqualität, insbesondere solcher mit stabiler single-frequency-Strahlung, hat auch die Entwicklung sehr effizienter optischer parametrischer Oszillatoren (OPO) mit sehr niedrigen Pumpschwellen ermöglicht, die sogar kontinuierlich betrieben werden können. Die dabei verwendeten Konfigurationen sind denjenigen für die externe resonante Frequenzverdopplung im Aufbau sehr ähnlich, wobei die Unterschiede hauptsächlich in einem anderen Kristallschnitt und den Spiegelbeschichtungen liegen.

Optische parametrische Oszillatoren können z. B. als einfach resonante Anordnungen betrieben werden. In diesem Fall ist entweder die Signal-Welle oder die "idler"-Welle resonant, und die Schwelle ist proportional zu den Resonatorverlusten der resonanten Welle. In einem doppelt resonanten OPO sind sowohl die Signal-Welle als auch die idler-Welle resonant, wobei dann die Schwelle proportional zum Produkt aus den Resonatorverlusten der beiden Wellen ist. Der einfach resonante OPO hat eine etwa 100 mal größere Schwelle als der doppelt resonante. Im Gegensatz zu einem doppelt resonanten OPO kann dieser jedoch auf einfache Weise über einen großen spektralen Bereich ohne axiale Modensprünge und ohne Änderung des Reflektanzbereiches der Resonatorspiegel durchgestimmt werden.

Schon Ende der achtziger Jahre wurde kontinuierlicher Betrieb mit einem doppelt resonanten OPO mit einem monolithischen Ringresonator aus $LiNbO_3$ erreicht [9.40]. Die Schwelle lag bei nur 10 mW, und mit einer Pumpleistung von nur 20 mW eines frequenzverdoppelten Nd:YAG-Lasers ergab sich eine Konversionseffizienz von 85%. Der OPO konnte durch Temperaturabstimmung in einem Intervall von 1000 nm bis 1120 nm betrieben werden.

Die Vorteile einer einfach resonanten Konfiguration bezüglich der Abstimmbarkeit führten bald auch zur Entwicklung effizienter einfach resonanter OPO mit niedrigen Pumpschwellen. So wurde schließlich auch kontinuierlicher Betrieb eines solchen Aufbaus erreicht, wobei eine Pumpwellenlänge von 532 nm für KTP als nichtlineares Material verwendet wurde [9.41].

Mit diesem nichtlinearen Kristall wurden auch sehr effiziente OPO bei der sogenannten "augensicheren" Wellenlänge von 1.54 µm entwickelt. Mit einem diodengepumpten Nd:YAG- oder Nd:YLF-Laser als Pumplaser bei 1 µm und KTP als nichtlinearem Material konnten bei hohen Repetitionsraten von mehreren kHz elektrisch-zu-optische Gesamtwirkungsgrade von etwa 2 % erzielt werden [9.42, 9.43] (Abb.9.8). Interessant sind auch die Perspektiven, wenn man einen diodengepumpten Ho:YLF-Laser bei 2.05 µm und $AgGaSe_2$ als nichtlineares optisches Material einsetzt. Damit läßt sich ein OPO realisieren, der von etwa 2.5 µm bis 12 µm durchstimmbar ist [9.44].

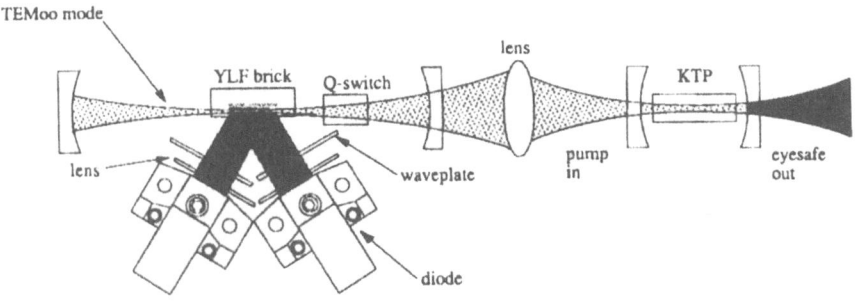

Abb.9.8 Experimentalaufbau eines KTP-OPO zur Erzeugung von 1.54 µm-Laserstrahlung, der mit einem diodengepumpten Nd:YLF-Laser gepumpt wird [9.42]

9.3 Upconversion-Laser

Die sogenannten upconversion-Laser stellen eine besondere Klasse optisch gepumpter Laser dar. Hierbei ist die Emissionswellenlänge kürzer als die Pumpwellenlänge. So können diese Laser aufgrund nichtlinearer Anregungsprozesse z. B. infrarote Pumpstrahlung von Laserdioden in sichtbare Strahlung konvertieren. Upconversion-Pumpen kann somit als Ergänzung zu parametrischen nichtlinearen optischen Prozessen angesehen werden.

In einem "konventionell" optisch gepumpten Festkörperlaser ist die Energie des Pumpphotons höher als die des Laserphotons, und die Absorption eines einzigen Pumpphotons durch ein aktives Ion reicht aus, um das obere Laserniveau anzuregen. Dagegen wird für einen upconversion-Laser mehr als ein Pumpphoton benötigt, um die Energie zur Anregung eines Laserions aufzubringen. Eine solche nichtlineare Anregung kann prinzipiell durch einen "echten" Zwei-Photonenübergang direkt vom Grundzustand in einen höher gelegenen Zustand erreicht werden. Jedoch sind die Wirkungsquerschnitte für eine solche Zwei-Photonenabsorption im allgemeinen zu klein für ein effizientes optisches Pumpen. Wenn aber ein langlebiges Energieniveau zwischen dem Grundzustand und dem oberen Laserniveau vorhanden ist, kann eine nichtlineare, schrittweise Anregung erfolgen, wobei der intermediäre Zustand als Reservoir für die Pumpenergie dient. In geeigneten Materialien können diese metastabilen intermediären Niveaus so effektiv bevölkert werden, daß Besetzungszahlen erreicht werden, die größer als diejenigen des Grundzustandes sind.

Dabei kann man drei verschiedene Anregungsmechanismen unterscheiden (Abb.9.9). Bei der sequentiellen Zwei-Photonenabsorption [9.45] bevölkert ein erstes Photon ein intermediäres Niveau, und ein zweites Photon, das im allgemeinen Fall eine andere Energie hat, pumpt das obere Laserniveau durch "excited state absorption" (ESA).

Alternativ hierzu kann ein Energietransfer zwischen angeregten Ionen zu effizienter upconversion führen, wenn eine ausreichend große Anzahl von Ionen zu einem intermediären Zustand angeregt worden ist. Dabei koppeln zwei benachbarte Ionen in einem nichtstrahlenden Prozeß, in dem ein Ion in den Grundzustand übergeht, während das andere Ion in das obere Laserniveau gelangt [9.46]. Diese Kreuzrelaxationsprozesse finden meist aufgrund elektrischer Dipol-Dipol-Wechselwirkung statt. Energiedifferenzen zwischen Donator- und Akzeptor-Ionen können ausgeglichen werden, indem Phononen an diesen Transferprozessen partizipieren (Kap.5).

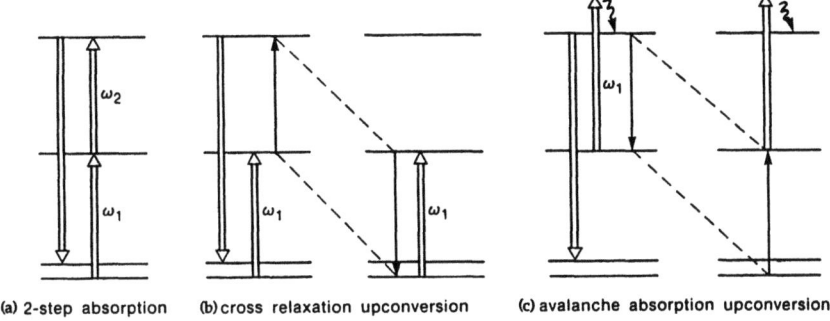

Abb. 9.9 Schemata für verschiedene upconversion-Anregungsmechanismen [Q9.3]

Die dritte Form einer effizienten upconversion-Anregung basiert auf der sogenannten "avalanche" Absorption (oder "photon avalanche") [9.47]. An diesem Prozeß sind sowohl excited state absorption des Pumplichts wie auch interionische Kreuzrelaxation beteiligt.

Besonders attraktive Niveau-Strukturen für upconversion-Laser findet man in Pr^{3+}, Nd^{3+}, Ho^{3+}, Er^{3+} und Tm^{3+}. Diese Ionen weisen viele langlebige intermediäre Niveaus auf, die mittels roter oder infraroter Diodenlaser-Pumpstrahlung bevölkert werden können; andererseits besitzen sie auch metastabile höhere Niveaus, von denen starke sichtbare Strahlung ausgehen kann.

Über erste stimulierte Emission durch upconversion mit gepulster (Blitzlampen-) Anregung wurde schon 1971 berichtet [9.48], doch erst 1986 konnte der erste kontinuierliche upconversion-Laser demonstriert werden [9.49]. Die Anwendung von kontinuierlichen Pumpquellen zur Bevölkerung metastabiler intermediärer Zustände ist besonders effizient, da aufgrund ihrer langen Lebensdauer ein integrierender Effekt entsteht.

In den darauffolgenden Jahren hat sich dieses Gebiet sehr aktiv weiterentwickelt, und es wurden upconversion-Laser bei sehr vielen Wellenlängen entwickelt. Dabei wurden sehr häufig monolithische, zu 1 bis 2 % mit aktiven Ionen dotierte Laserkristalle von 2 bis 3 mm Länge verwendet, bei denen die Spiegelbeschichtungen direkt auf die sphärisch polierten Endflächen mit Krümmungsradien von 1.5 bis 2 cm aufgebracht wurden. Diese Kristalle wurden longitudinal gepumpt, wobei anfangs meist Farbstoff- und Ti:Saphir-Laser verwendet wurden. Die Spiegel auf der Eingangsseite waren hochtransmittierend für die Pumpwellenlänge, und die Auskopplung betrug meist 0.5 bis 1 %. Die meisten dieser frühen upconversion-Laser mußten bei tiefen Temperaturen (≤ 77 K) betrieben werden, wobei der Laserkristall in einem Kryostaten variabler Temperatur eingesetzt war. Doch gelang es bald, Laserbetrieb auch bei Raumtemperatur zu erreichen [9.50].

Das Hauptziel all dieser Entwicklungen besteht darin, diodengepumpten upconversion-Laserbetrieb mit guter Effizienz bei Raumtemperatur zu erzielen. Mehrere Faktoren können allerdings zur Degradation der Lasertätigkeit bei höheren Temperaturen beitragen. Die für die upconversion-Anregung verantwortlichen nichtlinearen Pumpmechanismen sind besonders hinsichtlich dieser temperaturbedingten Effekte empfindlich. Wenn die Temperatur steigt, führen spektrale Verbreiterungseffekte zu einer Reduktion der peak-Emissions- und Absorptionswirkungsquerschnitte. Das heißt, daß eine höhere Populationsinversion erforderlich ist, um die Verluste auszugleichen, während gleichzeitig die Pumpabsorptionseffizienz abnimmt.

Nicht immer ist es möglich, durch eine Erhöhung der Dotierungskonzentration die geringere Absorption zu kompensieren; denn thermisch induzierte Kreuzrelaxation und die Zunahme der Multiphononen-Übergangswahrscheinlichkeit (Kap.5) können dann eine signifikante Reduktion der Lebensdauerwerte der metastabilen Zustände verursachen. Viele der im sichtbaren Bereich liegenden upconversion-Laserübergänge enden in einer Stark-Komponente des Grundzustands oder in einem langlebigen intermediären Zustand des Lanthaniden-Ions. Somit kann auch thermisch induzierte Besetzung dieser unteren Laserniveaus beträchtliche Reabsorptionsverluste hervorrufen.

Zwar stellt die Lösung dieser Probleme eine schwierige Aufgabe dar, doch hat sich gezeigt, daß der Einfluß dieser Effekte vermindert werden kann und sich upconversion-Laserbetrieb bei Raumtemperatur und akzeptablen Pumpleistungen erreichen läßt. Dazu gehören neben der Selektion des Wirtsmaterials die Optimierung der Länge des Lasermediums und der Ionenkonzentration. Auch der Einsatz von Kodotier-Ionen, die mit den Laser-Ionen durch Energietransfer wechselwirken, kann die Pumpeffizienz erhöhen oder auch die Besetzung des unteren Laserniveaus reduzieren. Dies setzt ein gutes Verständnis der spektroskopischen Charakteristiken und des upconversion-Prozesses voraus.

Viele unterschiedliche Wirtsmaterialien sind untersucht worden. Besondere Beachtung fanden dabei die Fluorid-Kristalle und die Fluorid-Gläser. Diese Materialien haben niedrige Phononenfrequenzen bzw. -energien und weisen daher eine langsame, nichtstrahlende Relaxation auf (Kap.5). Aufgrund der resultierenden langen Lebensdauer bei vielen Niveaus sind diese Materialien besonders für upconversion-Laser geeignet. Dabei hat sich gezeigt, daß optische Fluorid-Glasfasern hierfür sehr günstige Voraussetzungen bieten. In der Fasergeometrie ergibt sich aus dem engen optischen Einschluß und der großen Wechselwirkungslänge eine hohe Anregungsdichte und eine effiziente Pumplichtabsorption. Zusätzlich kann die Entleerung des Grundzustandsmultipletts zu einer signifikanten Reduktion der optischen Verluste führen. Typische Faserlängen betragen etwa 1 m, und die Dotierungskonzentrationen liegen bei 500 bis 1000 ppm oder auch etwas höher.

Ein vielversprechender upconversion-Laser bei Raumtemperatur läßt sich mit Erbium-dotiertem Fluorid-Glas realisieren. Dieses kann durch sequentielle Absorption von zwei 971 nm-Photonen eines InGaAs-Diodenlasers angeregt werden, wobei dann grüne Laserstahlung bei 544 nm emittiert wird. In Abb.9.10 ist das zugehörige Anregungsschema dargestellt, wobei insbesondere auch der Unterschied in den Lebensdauerwerten der höheren Niveaus des Fluorid-Glases im Vergleich zum Silikat-Glas ersichtlich ist.

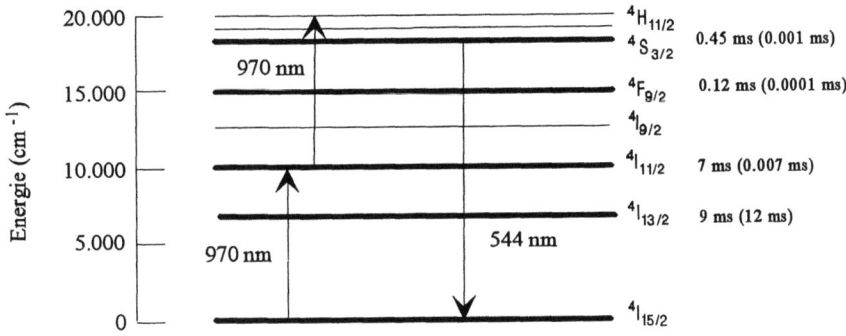

Abb.9.10   Energieniveaus für Erbium-dotiertes Fluorid-Glas bei Raumtemperatur zur Illustration des 970 nm → 544 nm upconversion-Prozesses. Zusätzlich sind die Lebensdauerwerte der metastabilen Niveaus angegeben, wobei die Werte in den Klammern für die entsprechenden Niveaus in Erbium-dotiertem Quarz-Glas gelten (nach [9.51]).

Mit Pumpleistungen von wenig mehr als 50 mW lassen sich mit einem solchen Laser annähernd 15 mW grüne Laserstrahlung erzeugen [9.51]. Ein solcher upconversion-Laser wurde auch mit einer 800 nm-Pumpdiode realisiert [9.52]. Der Er-upconversion-Laser ist besonders interessant, weil hierbei eine hohe Effizienz mit der Möglichkeit kombiniert ist, mit nur einem einzigen InGaAs- oder GaAlAs-Hochleistungsdiodenlaser optisch zu pumpen. Da diese Diodenlaser mittlerweile auch bei höheren Ausgangsleistungen mit einer guten Strahlqualität verfügbar sind, lassen sich auf der Basis des upconversion-Pumpens kompakte und relativ effiziente Laser im sichtbaren Wellenlängenbereich bei Raumtemperatur realisieren.

Ein anderer Laser, der bei 521 und 635 nm emittiert, wurde mit einer Fluorid-Glasfaser entwickelt, die mit 2000 ppm Pr^{3+} und 4000 ppm Yb^{3+} dotiert war [9.53]. Dabei ist das Pr^{3+}-Ion das aktive Laser-Ion, dessen hochliegende Energiezustände durch sequentielle Absorption zweier Photonen angeregt wurden. Der intermediäre Zustand in diesem upconversion-Prozeß ist das $^1G_4$-Niveau, das entweder durch Grundzustandsabsorption oder auch durch Energietransfer eines benachbarten Yb^{3+}-Ions bevölkert werden kann (Abb.9.11).

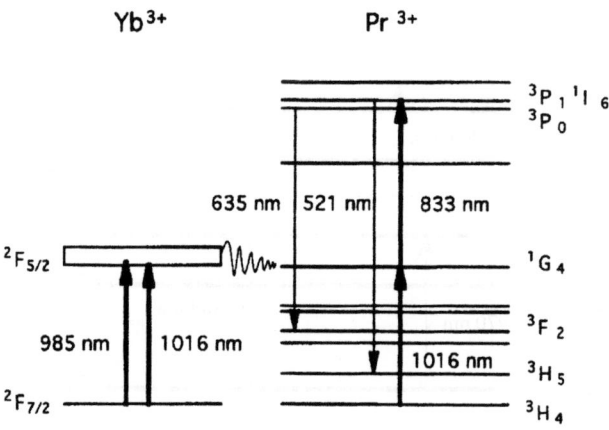

Abb.9.11 Energieniveaus für Yb^{3+} und Pr^{3+} in Fluorid-Glas. Durch Pumpen mit GaAlAs- und InGaAs-Laserdioden wurde bei Raumtemperatur rote und grüne upconversion-Laserstrahlung erzeugt [Q9.4].

Die Faser wurde mit zwei Laserdioden hoher Strahlqualität bei 833 nm (GaAlAs-Diode) und wahlweise 985 nm oder 1016 nm (InGaAs-Dioden) angeregt, wobei die Strahlung der beiden Pumpdioden mittels eines polarisierenden Strahlteilers kombiniert wurde. Bei 1016 nm ist die Absorption durch die Pr^{3+}- und Yb^{3+}-Ionen ungefähr gleich, wohingegen beim Pumpen bei 985 nm die Absorption durch das Yb^{3+}-Ion dominiert und Energietransfer der vorherrschende Pumpmechanismus für das $^1G_4$-Niveau ist. Wenn dieses ausreichend bevölkert ist, werden die höher liegenden Energiezustände mittels excited state absorption der 833 nm-Strahlung durch den $^1G_4 \rightarrow {}^1I_6$ Übergang effizient angeregt. Bei Pumpleistungen der beiden Dioden im Bereich um 100 mW wurden mehr als 6 mW rote Ausgangsstrahlung erzielt. Durch Austausch der Spiegel erreichte man bei niedrigerer Ausgangsleistung auch Laserbetrieb bei 521 nm.

Ein anderes interessantes Beispiel für einen upconversion-Laser wurde mit einer Tm^{3+}-dotierten Fluorid-Glasfaser realisiert, die jedoch nicht mit Laserdioden sondern mit einem bei 1120 nm emittierenden, diodengepumpten Nd:YAG Laser angeregt wurde. Dabei konnte effizienter Laserbetrieb bei 480 nm mit einer Pumpschwelle von 30 mW und einer differentiellen Effizienz von 18 % (bezogen auf die absorbierte Pumpleistung) erreicht werden [9.54].

Neuere Kristallentwicklungen haben dazu geführt, daß effizienter upconversion-Laserbetrieb bei Raumtemperatur auch mit Er-dotierten Fluorid-Kristallen wie Er:YLF und Er:KYF sowie auch mit Er:YAG möglich ist [9.55]. In den ersten Laserexperimenten wurde durch gepulste Anregung mit einem Ti:Saphir-Laser im spektralen Gebiet um 810 nm upconversion-Laserstrahlung bei 551 nm und 562 nm für Er:YLF bzw. Er:KYF erzeugt. Ein besonders hoher Wirkungsgrad konnte mit Er(1%):YLF erzielt werden. Hierfür wurden Pulsenergien von mehr als 0.5 mJ gemessen, wobei mit weniger als 5 mJ gepumpt wurde. Die differentielle Effizienz, bezogen auf die absorbierte Pumpenergie betrug annähernd 20 %. Auch kontinuierlicher Laserbetrieb konnte für Er:YLF nachgewiesen werden [9.56]. Die Ergebnisse dieser Untersuchungen lassen erwarten, daß solche upconversion-Laser mit GaAlAs- oder auch mit InGaAs-Diodenlasern effizient angeregt werden können.

Literatur

Kapitel 1

[1.1]   (z. B.) R.N. Hall, G.E. Fenner, J.D. Kingsley, T.J. Soltys, R.O. Carlson: Coherent light emission from GaAs junctions; Phys. Rev. Lett. 9 (1962) 366

[1.2]   R. Newman: Excitation of the Nd^{3+} fluorescence in $CaWO_4$ by recombination radiation in GaAs; J. Appl. Phys. 34 (1963) 437

[1.3]   R.J. Keyes, T.M. Quist: Injection luminescent pumping of $CaF_2:U^{3+}$ with GaAs diode lasers; Appl. Phys. Lett. 4 (1964) 50

[1.4]   S.A. Ochs, J.I. Pancove: Injection-luminescence pumping of a $CaF_2:Dy^{2+}$ laser; Proc. IEEE 52 (1964) 713

[1.5]   M. Ross: YAG laser operation by semiconductor laser pumping; Proc. IEEE 56 (1968) 196

[1.6]   R.B. Allen, S.J. Scalise: Continuous operation of a YAlG:Nd laser by injection luminescent pumping; Appl. Phys. Lett. 14 (1969) 188

[1.7]   F.W. Ostermayer, Jr., R.B. Allen, E.G. Dierschke: Room-temperature cw operation of a $GaAs_{1-x}P_x$ diode-pumped YAG:Nd laser; Appl. Phys. Lett. 19 (1971) 289

[1.8]   L.J. Rosenkrantz: GaAs diode-pumped Nd:YAG laser; J. Appl. Phys. Lett. 43 (1972) 4603

[1.9]   R.B. Chesler, D.A. Draegert: Miniature diode-pumped Nd:YAG lasers; Appl. Phys. Lett. 23 (1973) 235

[1.10] M Saruwatari, T. Kimura, K. Otsuka: Miniaturized cw $LiNdP_4O_{12}$ laser pumped with a semiconductor laser; Appl. Phys. Lett. 29 (1976) 291

[1.11] K. Kubodera, K. Otsuka: Efficient $LiNdP_4O_{12}$ lasers pumped with a laser diode; Appl. Opt. 18 (1979) 3882

[1.12] L.C. Conant, C.W. Reno: GaAs laser diode pumped Nd:YAG laser; Appl. Opt. 13 (1974) 2457

[1.13] R.J. Smith, R.R. Rice, L.B. Allen, Jr.: 100 mW laser diode pumped Nd:YAG laser; SPIE Bd. 247, Advances in Laser Engineering and Applications (1980) 144

[1.14] D.L. Sipes: Highly efficient Nd:YAG lasers for free-space optical communications; TDA Progress Report 42-80 (1984) 31

[1.15] P. Lacovara, C.A. Wang, H.K. Choi, R.L. Aggarwal, T.Y. Fan: Room-temperature InGaAs diode-pumped Yb:YAG laser; CLEO 91, Tech. Digest, Beitrag CME2 (1991) 36

Kapitel 2

[2.1]   A. Yariv: Quantum Electronics; John Wiley and Sons, New York, 1975
[2.2]   W. Koechner: Solid-State Laser Engineering; Springer-Verlag, Berlin, 1976, 1988, 1992
[2.3]   Svelto: Principles of Lasers; Plenum Press, New York, 1982
[2.4]   A.E. Siegman: Lasers; University Science Books, Mill Valley, Calif., 1986
[2.5]   J. Eichler, H.-J. Eichler: Laser; Springer-Verlag, Berlin, 1990
[2.6]   P. Lacovara, C.A. Wang, H.K. Choi, R.L. Aggarwal, T.Y. Fan: Room-temperature InGaAs diode-pumped Yb:YAG laser; OSA Proc. on Advanced Solid-State Lasers (Hilton Head, 1991), Bd. 10 (1991) 283
[2.7]   C.D. Nabors, T.Y. Fan, H.K. Choi, G.W. Turner, S.J. Eglash: Holmium laser pumped by 1.9-µm diode laser; CLEO 93, Tech. Digest (post dead line papers), Beitrag CPD8 (1993) 16
[2.8]   R. Scheps: Diode pumped Cr^{3+}:LiCaAlF$_6$ laser; CLEO 91, Tech. Digest, Beitrag CME3 (1991) 36
[2.9]   T.Y. Fan, R.L. Byer: Continuous-wave operation of a room-temperature, diode-laser-pumped, 946 nm Nd:YAG laser; Opt. Lett. 12 (1987) 809
[2.10] R.A. Fields, T.S. Rose, M.E. Innocenzi, H.T. Yura, C.L. Fincher: Diode laser end-pumped neodymium lasers: The road to higher powers; OSA Proc. on Tunable Solid State Lasers (North Falmouth, 1989), Bd. 5 (1989) 301
[2.11] T.S. Fan, R.L. Byer: Diode laser-pumped solid-state lasers; IEEE J. Quantum Electron. 24 (1988) 895
[2.12] R.A. Fields, M. Birnbaum, C.L. Fincher: Highly efficient Nd:YVO$_4$ diode-laser end-pumped laser; Appl. Phys. Lett. 51 (1987) 1885
[2.13] R. Scheps, J. Myers, E.J. Schimitschek, D.F. Heller: End-pumped Nd:BEL laser performance; Optical Engineering 27 (1988) 830 (und Referenzen darin)
[2.14] H.G. Danielmeyer: Stoichiometric laser materials; Festkörperprobleme XV (1975) 253
[2.15] D.G. Hall, R.J. Smith, R.R. Rice: Pump-size effects in Nd:YAG lasers; Appl. Opt. 19 (1980) 3041
[2.16] K. Kubodera, K. Otsuka, S. Miyazawa: Stable LiNdP$_4$O$_{12}$ miniature laser; Appl. Opt. 18 (1979) 884
[2.17] K. Kubodera, K. Otsuka: Single-transverse-mode LiNdP$_4$O$_{12}$ slab wave guide laser; J. Appl. Phys. 50 (1979) 653
[2.18] M.J.F. Digonnet, C.J. Gaeta: Theoretical analysis of optical fiber laser amplifiers and oscillators; Appl. Opt. 24 (1985) 333
[2.19] N.P. Schmitt, P. Peuser, W. Waidelich: Optisches Pumpen von Nd:YAG-Lasern mit Laserdioden; in: Optoelektronik in der Technik (Laser 89), Hrsg.: W. Waidelich, Springer-Verlag, Berlin, 1990, S. 166

Kapitel 3

[3.1] K. Kubodera, K. Otsuka: Single-transverse-mode $LiNdP_4O_{12}$ slab waveguide laser; J. Appl. Phys. 50 (1979) 653
[3.2] M.J.F. Digonnet, C.J.Gaeta: Theoretical analysis of optical fiber laser amplifiers and oscillators; Appl. Opt. 24 (1985) 333
[3.3] H.W. Kogelnik, T. Li: Laser beams and resonators; Appl. Opt. 5 (1966) 1550
[3.4] T.S. Fan, R.L. Byer: Modeling and cw operation of a quasi-three-level 946 nm Nd:YAG Laser; IEEE J. Quantum Electron. QE-23 (1987) 605
[3.5] W.P. Risk: Modelling of longitudinally pumped solid-state lasers exhibiting reabsorption losses; J. Opt. Soc. Am. B 5 (1988) 1412
[3.6] L.M. Frantz, J.S. Nodvik: Theory of pulse propagation in a laser amplifier; J. Appl. Phys. 34 (1963) 2346

Kapitel 4

[4.1] H. Kressel, J.K. Butler: Semiconductor Laser and Heterojunction LEDs; Academic Press, New York, 1977
[4.2] G.H.B. Thompson: Physics of Semiconductor Laser Devices; John Wiley and Sons, New York, 1980
[4.3] E. Kapon: Semiconductor Diode Lasers: Theory and Techniques; in Handbook of Solid-State Lasers; Hrsg.: P.K. Cheo, Marcel Dekker, New York, 1989
[4.4] L. Figueroa: High-Power Semiconductor Lasers; in: Handbook of Solid-State Lasers; Hrsg.: P.K. Cheo, Marcel Dekker, New York, 1989
[4.5] M. Fukuda: Reliability and Degradation of Semiconductor Lasers and LEDs; Artech House, Boston, 1991
[4.6] H.C. Casey, M.B. Panish: Heterostructure Lasers; Academic Press, New York, 1978
[4.7] W.T. Tsang: Semiconductors and Semimetals; Bd. 22, Tl. A, Academic Press, New York, 1985
[4.8] J.P. Hirtz, M. Razeghi, M. Bonnet, J.P. Duchemin: GaInAsP Alloy Semiconductors; John Wiley and Sons, New York, 1982
[4.9] D.R. Scifres, W. Streifer, R.D. Burnham: Experimental and analytic studies of coupled multiple stripe diode lasers; IEEE J. Quantum Electron. QE-15 (1979) 917
[4.10] J. Salzman, T. Venkatesan, R. Lang, M. Mittelstein, A. Yariv: Appl. Phys. Lett. 46 (1985) 218
[4.11] R.K. DeFreez, Z. Bao, P.D.Carleson, M.K. Felisky: High-brightness unstable resonator semiconductor lasers; SPIE Bd.1850, Laser Diode Technology and Applications V (1993) 75
[4.12] W.T. Tsang: Low-current-threshold and high-lasing uniformity $GaAs$-$Al_xGa_{1-x}As$ double-heterostructure lasers grown by molecular beam epitaxy; Appl. Phys. Lett. 34 (1979) 473

[4.13] W.T. Tsang: Symmetric separate confinement heterostructure lasers with low threshold and narrow beam divergence by MBE; Electron. Lett. 16 (1980) 939
[4.14] A. Larsson, M. Mittelstein, Y. Arakawa, A. Yariv: High-efficiency broad-area single-quantum-well lasers with narrow single-lobed far-field patterns prepared by molecular beam epitaxy; Electron. Lett. 22 (1986) 79
[4.15] W. Streifer, D.R. Scifres, G.L. Harnagel, D.F. Welch, J. Berger, M. Sakamoto: Advances in diode laser pumps; IEEE J. Quantum Electron. 24 (1988) 883
[4.16] M. Ettenberg, H. Kressel: The reliability of (AlGa)As cw laser diodes; IEEE J. Quantum Electron. QE-16 (1980) 186
[4.17] R.G. Waters, R.K. Bertaska: Degradation phenomenology in (Al)GaAs quantum well lasers; Appl. Phys. Lett. 52 (1988) 179
[4.18] H. Imai, K. Hori, M. Takusagawa, K. Wakita: Activation energy of degradation in GaAlAs double heterostructure laser diodes; J. Appl. Phys. 52 (1981) 3167
[4.19] O. Ueda: Device-degradation phenomena in III-V semiconductor lasers and LEDs; SPIE Bd. 1634, Laser Diode Technology and Applications IV (1992) 215
[4.20] K. Mizuishi, M. Sawai, S. Todoroki, S. Tsuji, M. Hirao, M. Nakamura: Reliability of InGaAsP/InP buried heterostructure 1.3 µm lasers; IEEE J. Quantum Electron. QE-19 (1983) 1294
[4.21] K. Mizuishi: Some aspects of bonding-solder deterioration observed in long-lived semiconductor lasers: Solder migration and whisker growth; J. Appl. Phys. 55 (1984) 289
[4.22] T. E. Stockton; private Mitteilung, SDL Inc., 1994
[4.23] D.J. Hodgson: How power-supply selection can improve laser-diode performance; Laser Focus World, Jan. 1994, S. 129
[4.24] M. Sakamoto, J.G. Endriz, D.R. Scifres: 20 W cw monolithic AlGaAs (810 nm) laser diode arrays; Electron. Lett. 28 (1992) 178
[4.25] M. Sakamoto, J.G. Endriz, D.R. Scifres: 120 W cw output power from monolithic AlGaAs (800 nm) laser diode array mounted on diamond heatsink; Electron. Lett. 28 (1992) 197
[4.26] Lawrence Livermore Nat. Lab., USA, (mit Laserdioden der Firma Siemens); Mitteilung der Firma Siemens, München, Nov. 1993
[4.27] M. Späth: Fachgespräch zum Thema Hochleistungsdiodenlaser, VDI-Technologiezentrum, Düsseldorf, 27. Nov. 1992
[4.28] W. Benett, B. Freitas, D. Ciarlo, R. Beach, S. Sutton, P. Reichert, V. Sperry: Scalable high average power diode arrays using microchannel cooling; CLEO 93, Beitrag CThE8, Tech. Digest (1993) 404
[4.29] M. Jansen, S.S. Ou, J.J. Yang, M. Sergant, T. Roth, L. Mawst, C. Hess, C. Tu, D. Botez: High power cw operation of laser diodes with etched micro-mirrors; SPIE Bd. 1634, Laser Diode Technology and Applications IV (1992) 84
[4.30] B. Groussin, F. Pitard, A. Parent, C. Carriere: 1000 W qcw output power from surface emitting GaAs/AlGaAs laser diode arrays; Electron. Lett. 29 (1993) 370
[4.31] D.F. Welch, R. Parke, A. Hardy, W. Streifer, D.R. Scifres: High-power grating-coupled surface emitters; Electron. Lett. 25 (1989) 819
[4.32] R.G. Waarts, D.F. Welch, R. Parke, A. Hardy, W. Streifer: Coherent linear arrays of grating coupled surface-emitting lasers; Electron. Lett. 26 (1990) 129
[4.33] (z. B.) K. Iga: Surface emitting lasers (Übersichtsartikel); Optical and Quantum Electron. 24 (1992) 97

[4.34] M. Jansen, S.S. Ou, J.J. Yang, M. Sergant, C. Hess, C. Tu, F. Alvarez, H. Bobitch: High power (1.4 W cw) reliable, surface-emitting laser diodes with all-etched mirrors; CLEO 93, Tech. Digest, Beitrag CThE1 (1993) 398

[4.35] D. Welch, R. Craig, W. Streifer, D. Scifres: High reliability, high power single mode laser diodes; Electron. Lett. 26 (1990) 1481

[4.36] R. Waarts, R. Parke, D. Welch, D. Mehuys, W. Streifer, D. Scifres: 1 W coherent, monolithically integrated master oscillator power amplifier; Electron. Lett. 26 (1990) 1926

[4.37] J.N. Walpole, E.S. Kintzer, S.R. Chinn, C.A. Wang, L.J. Misaggia: Single-spatial-mode tapered amplifiers and oscillators; SPIE Bd. 1850, Laser Diode Technology and Applications V (1993) 51

[4.38] R. Parke, D.F. Welch, S. O'Brien, R. Lang: 3.0 W cw diffraction-limited performance from a monolithically integrated master oscillator power amplifier; CLEO 93, Tech. Digest, Beitrag CTuI4 (1993) 108

[4.39] R.G. Waarts, D.W. Nam, D.F. Welch, D. Mehuys, W. Cassarly, J.C. Ehlert, J.M. Finlan, K.M. Flood: Semiconductor laser array in an external Talbot cavity; SPIE Bd. 1634, Laser Diode Technology and Applications IV (1992) 288

[4.40] D.G. Mehuys, J.S. Major, D.F. Welch: High-power high-efficiency antiguide laser arrays; SPIE Bd. 1850, Laser Diode Technology and Applications V (1993) 2

[4.41] C. Zmudzinski, D. Botez, L.J. Mawst, C.T. Tu: Coherent 1 W cw operation of large-aperture resonant arrays of antiguides; SPIE Bd. 1850, Laser Diode Technology and Applications V (1993) 13

[4.42] S. Kobayashi, T. Kimura: Injection locking in AlGaAs semiconductor laser; IEEE J. Quantum Electron. QE-17 (1981) 681

[4.43] L. Goldberg, H.F. Taylor, J.F. Weller: Injection-locking of coupled-stripe diode laser arrays; Appl. Phys. Lett. 46 (1985) 263

[4.44] (z. B.) M. Jansen, D. Botez, L.J. Mawst, T.J. Roth, J.J. Yang, P. Hayashida, L.A. Dozal: Injection locking of antiguided resonant optical waveguide (ROW) arrays; SPIE Bd. 1634, Laser Diode Technology and Applications IV (1992) 21

[4.45] R. Wallenstein: private Mitteilung, Universität Kaiserslautern, Nov. 1993

[4.46] W.D. Laidig, P.J. Caldwell, Y.F. Lin, C.K. Peng: Strained-layer quantum-well injection laser; Appl. Phys. Lett. 44 (1984) 653

[4.47] R.M. Kolbas, N.G. Anderson, W.D. Laidig, Y. Sin, Y.C. Lo, K.Y. Hsieh, Y.J. Yang: Strained-layer InGaAs-GaAs-AlGaAs photopumped and current injection lasers; IEEE J. Quantum Electron. 24 (1988) 1605

[4.48] D.P. Bour, D.B. Gilbert, K.B. Fabian, J.P. Bednarz, M. Ettenberg: Low degradation rate in strained InGaAs/AlGaAs single quantum well lasers; IEEE Photon. Technol. Lett. 2 (1990) 173

[4.49] (z. B.) C.A. Wang, S.H. Groves: New materials for diode laser pumping of solid-state lasers (Übersichtsartikel); IEEE J. Quantum Electron. 28 (1992) 942

[4.50] D.F. Welch, W. Streifer, C.F. Schaus, S. Sun, P.L. Gourley: Gain characteristics of strained quantum well lasers; Appl. Phys. Lett. 56 (1990) 10

[4.51] T. Tanbun-Ek, R.A. Logan, N.A. Olsson, H. Temkin, A.M. Sergent, K.W. Wecht: High power output 1.48-1.51 µm continuously graded index separate confinement strained quantum well lasers; Appl. Phys. Lett. 57 (1990) 224

[4.52] H. Asano, S. Takano, M. Kawaradani, M. Kitamura, I. Mito: 1.48 µm high-power InGaAs/InGaAsP MQW LDs for Er-doped fiber amplifiers; IEEE Photon. Technol. Lett. 3 (1991) 415

[4.53] H.K. Choi, C.A. Wang, D.F. Kolesar, R.L.Aggarwal, J.N. Walpole: High-power, high-temperature operation of AlInGaAs-AlGaAs strained single-quantum-well diode lasers; IEEE Photon. Technol. Lett. 3 (1991) 857

[4.54] D.Z. Garbuzov, N.Yu. Antonishkis, A.D. Bondarev, A.B. Gulakov, S.N. Zhigulin, N.I. Katsavets, A.V. Kochergin, E.V. Rafailov: High-power 0.8 µm InGaAsP-GaAs SCH SQW Lasers; IEEE J. Quantum Electron. 27 (1991) 1531

[4.55] R.S. Geels, D.F. Welch, D.R. Scifres, D.P. Bour, D.W. Treat, R.D. Bringans: 20 W cw monolithic visible laser diode array; CLEO 93, Tech. Digest, Beitrag CThQ3 (1993) 478

[4.56] R.S. Geels, D.P. Bour, D.W. Treat, R.D. Bringans, D.F. Welch, D.R. Scifres: 3 W cw laser diodes operating at 633 nm; Electron. Lett. 28 (1992) 1043

[4.57] J.M. Haden, D.W. Nam, D.F. Welch, J.G. Endriz, D.R. Scifres: High power 60 W quasi-cw, visible laser diode arrays; Electron. Lett. 28 (1992) 451

[4.58] H. Jaeckel, G.L. Bona, H. Richard, P. Roentgen, P. Unger: Reliable 1.2 W cw red-emitting (Al)GaInP diode laser array with AlGaAs cladding layers; Electron. Lett. 29 (1993) 101

[4.59] H.B. Serreze, Y.C. Chen, R.G. Waters, C.M. Harding: Very low threshold, high power GaInP/AlGaInP visible laser diodes; CLEO 91, Tech. Digest, Beitrag CPDP1 (1991) 571

[4.60] R. Solarz, G. Albrecht, L. Hackel, R. Beach, N. Carlson, M. Emanuel, W. Krupke, B. Comaskey, S. Velsko, B. Dane, C. Hamilton, C. Ebbers: High-power, diode-pumped, solid-state laser development at Lawrence Livermore National Laboratory; Beitrag zum Int. Symp. on High Power Lasers and Laser Applications V (SPIE), Wien, 5.-8. April 1994

[4.61] C.D. Nabors, T.Y. Fan, H.K. Choi, G.W. Turner, S.J. Eglash: Holmium laser pumped by 1.9 µm diode laser; CLEO 93, Tech. Digest, Beitrag CPD8-1 (1993) 684

[4.62] S. Forouhar, A. Ksendzov, A. Larsson, H. Temkin: InGaAs/InGaAsP/InP strained-layer quantum well lasers at ~2 µm; Electron. Lett. 28 (1992) 1431

[4.63] J.S. Major, D.W. Nam, J.S. Osinski, D.F. Welch: High power, high efficiency 2.0-µm laser diodes; CLEO 93, Tech. Digest, Beitrag CThE3 (1993) 400

[4.64] M.A. Haase, J. Qiu, J.M. DePuydt, H. Cheng: Blue-green laser diodes; Appl. Phys. Lett. 59 (1991) 1272

[4.65] (z. B.) C.T. Walker, J.M. DePuydt, M.A. Haase, J. Qiu, H. Cheng: Advances in II-VI blue-green laser diodes; OSA Conf. on Advanced Solid-State Lasers and Compact Blue-Green Lasers (New Orleans, 1993), Tech. Digest, Beitrag CTuC2-1 (1993) 309

[4.66] G.L. Harnagel, P.S. Cross: Laser diode pump systems for Nd:YAG; Firmen-Report, Spectra Diode Labs, San Jose, CA 95134-1356, USA

[4.67] J.G. Endriz, M. Vakili, G.S. Browder, M. DeVito, J.M. Haden, G.L. Harnagel, W.E. Plano, M. Sakamoto, D.F. Welch, S. Willing, D.P. Worland, H.C. Yao: High power diode laser arrays; IEEE J. Quantum Electron. 28 (1992) 952

[4.68] D. Evans; private Mitteilung, Spectra Diode Labs, Juni 1993

[4.69] D. Tuckerman, R. Pease: High-performance heatsinking for VLSI; IEEE Electron. Dev. Lett. EDL-2 (1981) 126

[4.70] D. Tuckerman: Heat-transfer microstructures for integrated circuits; Ph.D. Dissertation, Stanford University, CA, USA, 1984
[4.71] H. Seidel, L. Csepregi, A. Heuberger, H. Baumgartel: Anisotropic etching of crystalline silicon in alkaline solutions; J. Electrochem. Soc. 137 (1990) 3612
[4.72] K.Schubert, W. Bier, G. Linder, D. Seidel: Herstellung und Test von kompakten Mikro-Wärmeübertragern; Vortragsmanuskript, GVC-Fachausschuß "Wärme- und Stoffübertragung", Bad Dürkheim, 29.4.1988
[4.73] R.J. Phillips: Forced-convection, liquid-cooled, microchannel heat sinks; Thesis, Master of Science, Massachusetts Institute of Technology, USA, 16. Jan. 1987
[4.74] R. Beach, W.J. Benett, B.L. Freitas, D. Mundinger, B.J. Comaskey, R.W. Solarz, M.A. Emanuel: Modular microchannel cooled heatsinks for high average power laser diode arrays; IEEE J. Quantum Electron. 28 (1992) 966
[4.75] G. Wallis, D. Pomerantz: Field assisted glass-metal sealing; J. Appl. Phys. 40 (1969) 3946
[4.76] W.F. Krupke, R.W. Solarz, R.J. Beach, M.A. Emanuel, W.J. Benett: The economics of high-duty-factor, high-average-power diode-pumped solid-state-lasers; LEOS 93, Conf. Proc. (IEEE), Beitrag EDPL2.1 (1993) sowie H. Weber: private Mitteilung, Festkörperlaser-Institut Berlin, Jan. 1994

Kapitel 5

[5.1] W. Koechner: Solid-State Laser Engineering; Springer-Verlag, Berlin, 1976, 1988, 1992
[5.2] A.A. Kaminskii: Laser Crystals; Springer-Verlag, Berlin, 1981
[5.3] G. Huber, W.W. Krühler, W. Bludau, H.G. Danielmeyer: Anisotropy in the laser performance of NdP_5O_{14} ; J. Appl. Phys. 46 (1975) 3580
[5.4] S.A. Payne, L.L. Chase, L.K. Smith, W.L. Kway, W.F. Krupke: Infrared cross-section measurements for crystals doped with Er^{3+}, Tm^{3+}, and Ho^{3+}; IEEE J. Quantum Electron. 28 (1992) 2619
[5.5] L.L. Chase, L.E. Davis, W.F. Krupke, S.A. Payne: Materials for diode pumped solid state lasers; Proc. Conf. on Lasers in Materials Processing, Medicine and Physics, Grenoble, 9.-11. Juli 1991 (Lawrence Livermore Nat. Lab., Report-Nr. UCRL-JC--107363)
[5.6] T.Y. Fan: Optimizing the efficiency and stored energy in quasi-three-level lasers; IEEE J. Quantum Electron. 28 (1992) 2692
[5.7] T. Miyakawa, D.L. Dexter: Phonon sidebands, multiphonon relaxation of excited states, and phonon-assisted energy transfer between ions in solids; Phys. Rev. B 1 (1970) 2961
[5.8] D.L. Dexter: A theory of sensitized luminescence in solids; J. Chem. Phys. 21 (1953) 836
[5.9] L.A. Riseberg, W.B. Gandrud, H.W. Moos: Multiphonon relaxation of near-infrared excited states of $LaCl_3:Dy^{3+}$; Phys. Rev. 159 (1967) 262
[5.10] L.A. Riseberg, H.W. Moos: Multiphonon orbit-lattice relaxation of excited states of rare-earth ions in crystals; Phys. Rev. 174 (1968) 429

[5.11]   R. Reisfeld: Luminescence and prediction of transition probabilities for solar energy and lasers; J. Less-Common Metals 112 (1985) 9
[5.12]   C.B. Layne, W.H. Lowdermilk, M.J. Weber: Multiphonon relaxation of rare-earth ions in oxide glasses; Phys. Rev. B 16 (1977) 10
[5.13]   J.A. Caird, L.G. DeShazer, J. Nella: Characteristics of room-temperature 2.3 µm laser emission from Tm^{3+} in YAG and $YAlO_3$; IEEE J. Quantum Electron. QE-11 (1975) 874
[5.14]   L. Wetenkamp: Charakterisierung von laseraktiv dotierten Schwermetallfluorid-Gläsern und Faserlasern; Dissertation, Technische Universität Braunschweig, 1991
[5.15]   R. Reisfeld, C.K. Joergensen: Lasers and Excited States of Rare Earths; Springer-Verlag, Berlin, 1977
[5.16]   N. Sims, M.G. Jani, N.P. Barnes: Laterally diode pumped, c-axis Nd:YLF laser; OSA Conf. on Advanced Solid-State Lasers (New Orleans, 1993), Tech. Digest, Beitrag AMB8 (1993) 38
[5.17]   L.R. Marshall, A. Kaz, H.R. Verdun: Power scaling and wavelength conversion of cw diode-pumped lasers; OSA Conf. on Advanced Solid-State Lasers (New Orleans, 1993), Tech. Digest, Beitrag AMD3 (1993) 78
[5.18]   T. Chuang, H.R. Verdun: Energy transfer up-conversion and excited state absorption of 1.047 µm laser radiation in Nd:YLF laser crystals pumped in the 800 nm region; OSA Conf. on Advanced Solid-State Lasers 1994 (Salt Lake City, 1994), Tech. Digest, Beitrag AWC4 (1994) 239
[5.19]   H.G. Danielmeyer: Stoichiometric laser materials; in: Festkörperprobleme, Advances in Solid State Physics Bd. XV (1975) 253 (Pergamon/Vieweg, Braunschweig, 1975)
[5.20]   H.P. Weber: Nd pentaphosphate lasers; Optical and Quantum Electron. 7 (1975) 431
[5.21]   G. Huber: Miniature neodymium lasers; in: Current Topics in Material Science Bd. 4, Hrsg.: E. Kaldis, North Holland Pub. Comp., Amsterdam, 1980, S.1
[5.22]   S.A. Kutovoi, V.V. Laptev, S.Yu. Matsnev: Lanthanum scandoborate as a new highly efficient active medium of solid-state lasers; Sov. J. of Quantum Electron. 21 (1991) 131
[5.23]   J.-P. Meyn, T. Jensen, G. Huber: Diode laser-pumped $Nd:LaSc_3(BO_3)_4$ laser with high efficiency; CLEO 93, Tech. Digest, Beitrag CPD9 (1993) 686
[5.24]   J.-P. Meyn, T. Jensen, G. Huber: Spectroscopic properties and efficient diode-pumped laser operation of neodymium doped lanthanum scandium borate; IEEE J. Quantum Electron. 30 (1994) 913
[5.25]   B. Beier, J.-P. Meyn, R. Knappe, K.-J. Boller, G. Huber, R. Wallenstein: A 180 mW $Nd:LaSc_3(BO_3)_4$ single-frequency TEM_{00} microchip laser pumped by an injection-locked diode-laser array; Appl. Phys. B 58 (1994) 381
[5.26]   J.-P. Meyn, B. Beier, R. Knappe, K.-J. Boller, G. Huber, R. Wallenstein: Efficient and single frequency $Nd:LaSc_3(BO_3)_4$ microchip lasers; Konferenzbeitrag zur CLEO 1994
[5.27]   V.G. Ostroumov, J.A. Shcherbakov, A.J. Zagumennyi: $Nd:GdVO_4$ - a new material for diode-pumped solid-state lasers; OSA Conf. on Advanced Solid-State Lasers (New Orleans, 1993), Tech. Digest, Beitrag AMC1 (1993) 52

[5.28] T. Jensen, J.-P. Meyn, G. Huber, V. Ostroumov, A.J. Zagumennyi, J.A. Shcherbakov: Spectroscopic properties and lasing of Nd:GdVO$_4$ pumped by a diode laser and a Ti:sapphire; CLEO 93, Tech. Digest, Beitrag CFE4 (1993) 590

[5.29] X.X. Zhang, M. Bass, J. Lefaucheur, A. Pham, A.B. Villaverde, B.H.T. Chai: Laser performance of a new laser crystal - Nd:GdLiF$_4$; OSA Conf. on Advanced Solid-State Lasers (New Orleans, 1993), Tech. Digest (1993) 55

[5.30] H. Weidner, R.E. Peale, X.X. Zhang, M. Bass, B.H.T. Chai: Comparison of Nd^{3+} in GdLiF$_4$ and YLiF$_4$ by Fourier spectroscopy; OSA Conf. on Advanced Solid-State Lasers (New Orleans, 1993), Tech. Digest (1993) 47

[5.31] V.G. Ostroumov, E.V. Zharikov, I.A. Shcherbakov, G.B. Loutts, A.I. Zagumenny, C. Pfistner, P. Albers, H.P. Weber: Spectroscopic and laser properties of Sc garnet mixtures doped by Cr^{3+} and Nd^{3+} ions; OSA Proc. on Advanced Solid-State Lasers (Santa Fe, 1992), Bd. 13 (1992) 310

[5.32] E.V. Zharikov, I.A. Shcherbakov: New Sc garnet mixtures for solid-state lasers; OSA Proc. on Advanced Solid-State Lasers (Santa Fe, 1992), Bd. 13 (1992) 315

[5.33] K. Naito, A. Yokotani, T. Sasaki, M. Yamanaka, S. Nakai, T. Fukuda, M.I. Timoschechkin: Laser diode-pumped Nd^{3+} calcium niobium gallium garnet laser; OSA Proc. on Advanced Solid-State Lasers (Santa Fe, 1992), Bd. 13 (1992) 202

[5.34] H.R. Verdun, L.R. Black, G.F. de la Fuente, D.M. Andrauskas: Growth and characterization of Nd-doped aluminates and gallates with the mellilite structure; OSA Proc. on Tunable Solid-State Lasers (North Falmouth, 1989) Bd. 5 (1989) 405

[5.35] F. Hanson, D. Dick, H.R. Verdun, M. Kokta: Optical properties and lasing in Nd:SrGdGa$_3$O$_7$; J. Opt. Soc. B 8 (1991) 1668

[5.36] A.R. Reinberg, L.A. Riseberg, R.M. Brown, R.W. Wacker, W.C. Holton: GaAs:Si LED pumped Yb-doped YAG laser; Appl.Phys. Lett. 19 (1971) 11

[5.37] P. Lacovara, C.A. Wang, H.K. Choi, R.L. Aggarwal, T.Y. Fan: Room-temperature InGaAs diode-pumped Yb:YAG laser; OSA Proc. on Advanced Solid-State Lasers (Hilton Head, 1991), Bd.10 (1991) 283

[5.38] L.D. DeLoach, S.A. Payne, L.L. Chase, L.K. Smith, W.L. Kway, W.F. Krupke: Evaluation of absorption and emission properties of Yb^{3+} doped crystals for laser applications; IEEE J. Quantum Electron. 29 (1993) 1179

[5.39] T.Y. Fan, S. Klunk, G. Henein: Diode-pumped Q-switched Yb:YAG laser; Opt. Lett. 18 (1993) 423

[5.40] P. Lacovara: Diode-Pumped Yb:YAG Lasers; LEOS 92, Conf. Proc., Beitrag SSLT6.2 (1992) 491

[5.41] T.Y. Fan, P.A. Schulz: Aperture guiding in cw, quasi-three-level Yb:YAG lasers; CLEO 93, Tech. Digest, Beitrag CFM2 (1993) 640

[5.42] S.A. Payne, W.F. Krupke, L.K. Smith: Laser properties of Yb-doped fluorapatite; OSA Proc. on Advanced Solid-State Lasers (Santa Fe, 1992), Bd.13 (1992) 227

[5.43] B.W. Woods, S.A. Payne, J.E. Marion, R.S. Hughes, L. E. Davis: Thermomechanical and thermo-optical properties of the LiCaAlF$_6$:Cr^{3+} laser material; J. Opt. Soc. Am. B8 (1991) 970

[5.44] R. Scheps, B.M. Gately, J.F. Myers, D.F. Heller, J.S. Krasinski: Laser diode pumped tunable solid state laser; SPIE Bd.1223, Solid State Lasers (1990) 189

[5.45] R. Scheps, B.M. Gately, J.F. Myers, J.S. Krasinski, D.F. Heller; Alexandrite laser pumped by semiconductor lasers; Appl. Phys. Lett. 56 (1990) 2288

[5.46] R. Scheps, J.F. Myers, T.R. Glesne, H.B. Serreze: Monochromatic end-pumped operation of an alexandrite laser; Opt. Commun. 97 (1993) 363

[5.47] S.A. Payne, L.L. Chase, H.W. Newkirk, L.K. Smith, W.F. Krupke: LiCaAlF$_6$:Cr^{3+}; A promising new solid-state laser material; IEEE J. Quantum Electron. 24 (1988) 2243

[5.48] S.A. Payne, L.L. Chase, L.K. Smith, W.L. Kway, H.W. Newkirk: Laser performance of LiSrAlF$_6$:Cr^{3+}; J. Appl. Phys. 66 (1989) 1051

[5.49] L.K. Smith, S.A. Payne, L.L. Chase, W.L. Kway, B.H.T. Chai: LiSrGaF$_6$ - a new laser material of the colquiriite structure; CLEO 91, Tech. Digest, Beitrag CThH1 (1991) 388

[5.50] L.K. Smith, S.A. Payne, W.L. Kway, L.L. Chase, B.H.T. Chai: Investigation of the laser properties of Cr^{3+}:LiSrGaF$_6$; IEEE J. Quantum Electron. 28 (1992) 2612

[5.51] N.H. Rizvi, P.M.W. French, J.R. Taylor, P.J. Delfyett, L.T. Florez: Generation of pulses as short as 93 fs from self-starting femtosecond Cr:LiSrAlF$_6$ lasers by exploiting multiple-quantum-well absorbers; Opt. Lett. 18 (1993) 983

[5.52] M. Richardson, V. Castillo, P. Beaud, M. Bass, B. Chai, G. Quarles, W. Ignatuk: LiSAF: The next wave in tunability; Photonics Spectra, Oct. 1993, S.86

[5.53] M.D. Perry, S.A. Payne, T. Ditmire, R. Beach, G.J. Quarles, W. Ignatuk, R. Olson, J. Weston: Better materials trigger Cr:LiSAF laser development; Laser Focus World, Sept. 1993, S. 85

[5.54] W.R. Rapoport: Excited-state absorption and upconversion in Cr:LiSAF; OSA Proc. on Advanced Solid-State Lasers (Santa Fe, 1992), Bd. 13 (1992) 21

[5.55] M.A. Noginov, H.P. Jenssen, A. Cassanho: Upconversion in Cr:LiSGaF and Cr:LiSAF; OSA Conf. on Advanced Solid-State Lasers (New Orleans, 1993), Tech. Digest, Beitrag ATuF4 (1993) 279

[5.56] G.J. Dixon. Q. Zhang, B.H.T. Chai; Postdeadline Papers, Sixth Interdisciplinary Laser Science Conference, American Physical Society, New York, Beitrag B3-1 (1990)

[5.57] Q. Zhang, B.H.T. Chai, G.J. Dixon: Laser-pumped Cr:LiSAF laser; CLEO 91, Tech. Digest, Beitrag CThR6 (1991) 430

[5.58] R. Scheps, J.F. Myers, H.B. Serreze, A. Rosenberg, R.C. Morris, M. Long: Diode-pumped Cr:LiSrAlF$_6$ laser; Opt. Lett. 16 (1991) 820

[5.59] Q. Zhang, G.J. Dixon, B.H.T. Chai, P.N. Kean: Electronically tuned diode-laser-pumped Cr:LiSrAlF$_6$ laser; Opt. Lett. 17 (1992) 43

[5.60] F. Balembois, P. Georges, A. Brun: Quasi-continuous-wave and actively mode-locked diode-pumped Cr^{3+}:LiSrAlF$_6$ laser; Opt. Lett. 18 (1993) 1730

[5.61] P.M.W. French, R. Mellish, J.R. Taylor, P.J. Delfyett, L.T. Florez: Mode-locked all-solid-state diode-pumped Cr:LiSAF laser; Opt. Lett. 18 (1993) 1934

[5.62] S.A. Payne, W.F. Krupke, L.K. Smith, W.L. Kway, L.D. DeLoach, J.B. Tassano: 752 nm wing-pumped Cr:LiSAF laser; IEEE J. Quantum Electron. 28 (1992) 1188

[5.63] P. Reichert, K. Moore, R. Beach, J. Davin, S. Velsko, P. Thelin, W. Benett, B. Freitas, S. Mitchell, R. Solarz: Microlens conditioned two-dimensional diode array and energy concentrating optic for high-power density applications; CLEO 93, Tech. Digest, Beitrag CWJ57 (1993) 328

[5.64] M. Stalder, M. Bass, B.H.T. Chai: Thermal quenching of fluorescence in chromium-doped fluoride laser crystals; J. Opt. Soc. Am. B9 (1992) 2271
[5.65] A. Seilmeier; private Mitteilung, Universität Bayreuth, 1994
[5.66] R. Scheps: Diode pumped Cr^{3+}:LiCaAlF$_6$ laser; CLEO 91, Tech. Digest, Beitrag CME3 (1991) 36
[5.67] T.J. Carrig, C.R. Pollock: Tunable, cw operation of a multiwatt forsterite laser; Opt. Lett. 16 (1991) 1662
[5.68] V. Petricevic, A. Seas, R.R. Alfano: Slope efficiency measurements of a chromium-doped forsterite laser; Opt. Lett. 16 (1991) 811
[5.69] A. Seas, V. Petricevic, R.R. Alfano: Continuous-wave mode-locked operation of a chromium-doped forsterite laser; Opt. Lett. 16 (1991) 1668
[5.70] G. Onishchukov, W. Hodel, H.P. Weber, V. Mikhailov, B. Minkov: Cw lasing characteristics of high Cr^{4+}-concentration forsterite; Opt. Commun. 100 (1993) 137
[5.71] W. Jia, H. Eilers, W.M. Dennis, W.M. Yen, A.V. Shestakov: Performance of a Cr^{4+}:YAG laser in the near infrared; OSA Proc. on Advanced Solid-State Lasers (Santa Fe, 1992), Bd. 13 (1992) 31
[5.72] H. Eilers, W.M. Dennis, W.M. Yen, S. Kück, K. Petermann, G. Huber, W. Jia: Performance of a Cr:YAG laser; IEEE J. Quantum Electron. 29 (1993) 2508
[5.73] S. Kück, K. Petermann, G. Huber: Tunable room temperature laser action of Cr^{4+}-doped $Y_3Sc_xAl_{5-x}O_{12}$: OSA Conf. on Advanced Solid-State Lasers (Salt Lake City, 1994), Tech. Digest, Beitrag AMB2 (1994) 7
[5.74] G.T. Maker, A.I. Ferguson: Ti:sapphire laser pumped by a frequency-doubled diode-pumped Nd:YLF laser; Opt. Lett. 15 (1990) 375
[5.75] J. Harrison, A. Finch, D.M. Rines, G.A. Rines, P.F. Moulton: All-solid-state operation of a cw Ti:Al$_2$O$_3$ laser; OSA Proc. on Advanced Solid-State Lasers (Hilton Head, 1991), Bd. 10 (1991) 147
[5.76] R. Allen, L. Esterowitz, L. Goldberg, J. Weller, M. Storm: Diode pumped 2 µm holmium laser; Electron. Lett. 22 (1986) 947
[5.77] T.Y. Fan, G. Huber, R.L. Byer, P. Mitzscherlich: Continuous-wave operation at 2.1 µm of a diode-laser-pumped, Tm-sensitized Ho:$Y_3Al_5O_{12}$ laser at 300 K; Opt. Lett. 12 (1987) 678
[5.78] T.Y. Fan, G. Huber, R.L. Byer, P. Mitzscherlich: Spectroscopy and diode laser-pumped operation of Tm,Ho:YAG; IEEE J. Quantum Electron. 24 (1988) 924
[5.79] G. Huber, E.W. Duczynski, K. Petermann: Laser pumping of Ho-, Tm-, Er-doped garnet lasers at room temperature; IEEE J. Quantum Electron. 24 (1988) 20
[5.80] T.J. Kane, T.S. Kubo: Diode-pumped single-frequency lasers and Q-switched laser using Tm:YAG and Tm,Ho:YAG; OSA Proc. on Advanced Solid-State Lasers (Salt Lake City, 1990), Bd. 6 (1991) 136
[5.81] P.J. Suni, S.W. Henderson: 1-mJ/pulse Tm:YAG laser pumped by a 3-W diode laser; Opt. Lett. 16 (1991) 817
[5.82] S.R. Bowman, J.G. Lynn, S.K. Searles, B.J. Feldman, J. McMahon, W. Whitney, D. Epp, D.J. Quarles, K.J. Riley: High-average-power operation of a Q-switched diode-pumped holmium laser; Opt. Lett. 18 (1993) 1724
[5.83] T. Becker, G. Huber: Dynamic properties of 2-µm Tm and Ho lasers; CLEO 91, Tech. Digest, Beitrag CTuO3 (1991) 130

[5.84] L. Esterowitz: Diode-pumped holmium, thulium, and erbium lasers between 2 and 3 µm operating cw at room temperature; Optical Engineering 29 (1990) 676

[5.85] B.T. McGuckin, R.T. Menzies: Efficient cw diode-pumped Tm,Ho:YLF laser with tunability near 2.067 µm; IEEE J. Quantum Electron. (1992) 1025

[5.86] G.J. Koch, J.P. Deyst, M.E. Storm: Single-frequency lasing of monolithic Ho,Tm:YLF; Opt. Lett. 18 (1993) 1235

[5.87] M.E. Storm: Holmium YLF amplifier performance and the propects for multi-Joule energies using diode-laser pumping; IEEE J. Quantum Electron. 29 (1993) 440

[5.88] C.D. Nabors, T.Y, Fan, H.K. Choi, G.W. Turner, S.J. Eglash: Holmium laser pumped by 1.9 µm diode laser; CLEO 93, Tech. Digest, Beitrag CPD8 (1993) 16

[5.89] D.C. Shannon, D.L. Vecht, S. Re, T.J. Kane, R.W. Wallace: High average power diode-pumped lasers near 2 µm; LEOS 92, Conf. Proc., Beitrag SSLT2.1 (1992) 302

[5.90] R.C. Stoneman, L. Esterowitz: Efficient, broadly tunable, laser-pumped Tm:YAG and Tm:YSGG cw lasers; Opt. Lett. 15 (1990) 486

[5.91] K.L. Schepler, B.D. Smith, F. Heine, G. Huber: Passive Q-switching and mode-locking of 2-µm lasers; SPIE Bd. 1864, Solid State Lasers IV (1993) 186

[5.92] H. Saito, S. Chaddha, R.S.F. Chang, N. Djeu: Efficient 1.94-µm laser in YVO_4 host; Opt. Lett. 17 (1992) 189

[5.93] R.C. Stoneman, J.G. Lynn, L. Esterowitz: Direct upper-state pumping of the 2.8 µm-Er^{3+}:YLF laser; IEEE J. Quantum Electron. 28 (1992) 1041

[5.94] R.C. Stoneman, L. Esterowitz: Efficient resonantly pumped 2.8-µm Er^{3+}:GSGG laser; Opt. Lett. 17 (1992) 816

[5.95] D.W. Anthon, T.J. Pier: Laser-pumped 3-µm Ho:YAG and Ho:GGG lasers; OSA Proc. on Advanced Solid-State Lasers (Salt Lake City, 1990), Bd. 6 (1991) 251

[5.96] W.S. Rabinovich, S.R. Bowman, B.J. Feldman, M.J. Winings: Tunable laser pumped 3 µm Ho:$YAlO_3$ laser; IEEE J. Quantum Electron. 27 (1991) 895

[5.97] S. Nikolov; DLR Oberpfaffenhofen, priv. Mitteilung, Jan. 1994

[5.98] J.A. Hutchinson: Diode array-pumped Er,Yb:Phosphate glass laser; Appl. Phys. Lett. 60 (1992) 1424

[5.99] P. Laporta, S. Longhi, S. Taccheo, O. Svelto, G. Sacchi: Single-mode cw erbium-ytterbium glass laser at 1.5 µm; Opt. Lett. 18 (1993) 31

[5.100] M. Hofer, M.H. Ober, F. Haberl, M.E. Fermann: Characterization of ultrashort pulse formation in passively mode-locked fiber lasers; IEEE J. Quantum Electron. 28 (1992) 720

[5.101] H. Többen: Neue Faserlaser für das nahe und mittlere Infrarot; Dissertation, Technische Universität Braunschweig, 1993

[5.102] N.P. Schmitt, S. Heinemann, A. Mehnert, P. Peuser: Diode-laser pumped miniature solid state lasers; Vortrag im Rahmen des 10. int. Kongresses LASER 91, München, 1991

[5.103] N.P. Schmitt: Untersuchungen zum effizienten Pumpen von Festkörperlasern mit Halbleiter-Laserdioden; Diplomarbeit, Ludwig-Maximilians-Universität München, 1989

[5.104] A.A. Kaminskii: Laser Crystals; Springer Verlag, Berlin, 2. Aufl., 1990, S. 242ff u. 332

[5.105] R. Iffländer: Festkörperlaser zur Materialbearbeitung; Springer-Verlag, Berlin, 1990
[5.106] Hierfür existieren in der Literatur unterschiedliche Werte; die hier angegebenen Daten entsprechen den meistzitierten Werten.
[5.107] F. Hanson: Laser-diode side-pumped Nd:YALO$_3$ laser at 1.08 and 1.34 µm; Opt. Lett. 14 (1989) 674
[5.108] Nd:YAP Laser Kristalle; Firmenprospekt der Firma Heraeus, Hanau
[5.109] L. Schearer, M. Leduc: Tuning characteristics and new laser lines in a Nd:YAP cw laser; IEEE J. Quantum Electron. 22 (1986) 756
[5.110] s. [5.104] S. 237/238 u. 353
[5.111] M. Formoni, A. Bulou, J.M. Breteau, J.Y. Gesland, M. Rousseau: Neodymium concentration measurements in Nd:YLF laser rods: a nondestructive method; Appl. Opt. 29 (1990) 1758
[5.112] T.M. Pollack, W.F. Wing, R.J. Grasso, E.P. Chicklis, H.P. Jenssen: Cw laser operation of Nd:YLF; IEEE J. Quantum Electron. 18 (1982) 159
[5.113] s. [5.104], S. 170
[5.114] D. Milam, M.J. Weber: A.J. Glass: Nonlinear refractive index of fluoride crystals; Appl. Phys. Lett. 31 (1977) 822
[5.115] H. Lundt, WACKER-Chemitronic GmbH, private Mitteilung; April 1989
[5.116] s. [5.104], S. 272
[5.117] Q. Mingxin, D.J. Booth, G.W. Baxter, G.C. Bowkett: Performance of a Nd:YVO$_4$ microchip laser with continuous-wave pumping at wavelengths between 741 and 825 nm; Appl. Opt. 32 (1993) 2085
[5.118] Neodymium doped yttrium orthovanadate Nd:YVO$_4$; Datenblatt der Firma CASTECH-PHOENIX Inc. (CASIX), Fujian, 350002, P. R. China
[5.119] R.K. Jain, D.L. Sipes, T.J. Pier, G.R. Hulse: Diode-pumped 1.3 µm Nd:YVO$_4$ laser; CLEO 88, Tech. Digest, Beitrag THB5 (1988) 298
[5.120] T.Y. Fan, M.R. Kokta: End-pumped Nd:LaF$_3$ and Nd:LaMgAl$_{11}$O$_{19}$ lasers; IEEE J. Quantum Electron. 25 (1989) 1845
[5.121] T.Y. Fan, M.R. Kokta, D.S. Knowles, A. Cassanho: Spectroscopic and laser studies of Nd-doped materials for diode-pumped lasers; OSA Conf. on Tunable Solid State Lasers (North Falmouth, 1989), Tech. Digest, Beitrag TuC3 (1989) 126
[5.122] L.D. Schearer, M. Leduc, D. Vivien, A.-M. Lejus, J. Thery: LNA: a new cw Nd laser tunable around 1.05 and 1.08 µm; IEEE J. Quantum Electron. QE-22 (1986) 713
[5.123] A. Kahn, A.M. Lejus, M. Madsac, J. Thery, D. Vivien: Preparation, structure, optical, and magnetic properties of lanthanide aluminate single crystals (LnMAl$_{11}$O$_{19}$); J. Appl. Phys. 52 (1981) 6864
[5.124] LMA tunable laser crystals at 1.054 and 1.082 µm; Datenblatt der Firma Union Carbide, Washougal, USA, 1990
[5.125] K. Otsuka, T. Yamada, M. Sarutawatari, T. Kimura: Spectroscopy and laser oscillation properties of lithium neodymium tetraphosphate; IEEE J. Quantum Electron. QE-11 (1975) 330
[5.126] K. Kubodera, K. Otsuka, S. Miyazawa: Stable LiNdP$_4$O$_{12}$ miniature laser; Appl. Opt. 18 (1979) 884

[5.127]   W.W. Krühler, R.D. Plättner, W. Stetter: Cw oscillation at 1.05 and 1.32 µm of LiNd(PO$_3$)$_4$ lasers in external resonator and in resonator with directly applied mirrors; Appl. Phys. 20 (1979) 329
[5.128]   K. Kubodera, K. Otsuka: Efficient LiNdP$_4$O$_{12}$ lasers pumped with a laser diode; Appl. Opt. 18 (1979) 3882
[5.129]   R. Scheps, J. Myers, E.J. Schimitschek, D.F. Heller: Nd:BEL laser pumped by laser diodes; SPIE Bd.898, Miniature Optics and Lasers (1988) 91
[5.130]   T. Chin, R.C. Morris, O. Kafri, M. Long, D.F. Heller: Athermal Nd:BEL; CLEO 86, Tech. Digest, Beitrag WM2 (1986) 212
[5.131]   s. [5.104], S. 264
[5.132]   R. Scheps: Efficient laser diode pumped Nd lasers; Appl. Opt. 28 (1989) 89
[5.133]   H.P. Jenssen, R.F. Begley, R. Webb, R.C. Morris: Spectroscopic properties and laser performance of Nd^{3+} in lanthanum beryllate; J. Appl. Phys. 47 (1976) 1496
[5.134]   T.Y. Fan, A. Cordova-Plaza, M.J.F. Digonnet, R.L. Byer, H.J. Shaw: Nd:MgO:LiNbO$_3$ spectroscopy and laser devices; J. Opt. Soc. Am. B 3 (1986) 140
[5.135]   J.O. Tocho, F. Jaque, J.G. Sole: Nd^{3+} active sites in Nd:MgO:LiNbO$_3$ lasers; Appl. Phys. Lett. 60 (1992) 3206
[5.136]   A.A. Kaminskii: Laser and spectroscopic properties of activated ferroelectrics; Sov. Phys. Cryst. 17 (1972) 194

Kapitel 6

[6.1]   D.L. Sipes: Highly efficient neodymium: yttrium aluminum garnet laser end pumped by a semiconductor laser array; Appl. Phys. Lett. 47 (1985) 7
[6.2]   B. Zhou, T.J. Kane, G.J. Dixon, R.L. Byer: Efficient, frequency-stable laser-diode pumped Nd:YAG laser; Opt Lett. 10 (1985) 62
[6.3]   W.J. Kozlovsky, T.Y. Fan, R.L. Byer: Diode-pumped continuous-wave Nd:glass laser; Opt. Lett. 11 (1986) 789
[6.4]   J. Berger, D.F. Welch, D.R. Scifres, W. Streifer, P.S. Cross: High power, high efficient neodymium:yttrium aluminum garnet laser end pumped by a laser diode array; Appl. Phys. Lett. 51 (1987) 1213
[6.5]   R.A. Fields, M. Birnbaum, C.L. Fincher: Highly efficient Nd:YVO$_4$ diode-laser end-pumped laser; Appl. Phys. Lett. 51 (1987) 1885
[6.6]   R. Scheps: Efficient laser diode pumped Nd lasers; Appl. Opt. 28 (1989) 89
[6.7]   R.A.Fields, T.S.Rose, M.E.Innocenzi, H.T.Yura, C.L.Fincher: Diode laser end-pumped neodymium lasers: The road to higher powers; OSA Proc. on Advanced Solid State Lasers (North Falmouth, 1989), Bd. 5 (1989) 301
[6.8]   N.P. Schmitt, P.Peuser, W. Waidelich: Optisches Pumpen von Nd:YAG-Lasern mit Laserdioden; in: Optoelektronik in der Technik (Laser 89), Hrsg.: W. Waidelich, Springer-Verlag, Berlin, 1990, S. 166
[6.9]   T.Y. Fan, A. Sanchez, W.E. DeFeo: Scalable, end-pumped, diode-laser-pumped laser; Opt. Lett. 14 (1989) 1057

[6.10] D.W. Hughes, J.R.M. Barr, D.C. Hanna: A high power, high efficiency, laser-diode-pumped, continuous wave miniature Nd:glass laser: Opt. Commun. 84 (1991) 401

[6.11] D.C. Shannon, R.W. Wallace: High-power Nd:YAG laser end pumped by a cw, 10 mm x 1 µm aperture, 10-W laser-diode bar; Opt. Lett. 16 (1991) 318

[6.12] S.C. Tidwell, J.F. Seamans, C.E. Hamilton, C.H. Muller, D.D. Lowenthal: Efficient, 15-W output power, diode-end-pumped Nd:YAG laser; Opt. Lett. 16 (1991) 584

[6.13] T.S. Rose, J.S. Swenson, R.A. Fields: High-efficiency longitudinal diode bar pumping of solid-state lasers; OSA Proc. on Advanced Solid-State Lasers (Santa Fe, 1992), Bd. 13 (1992) 186

[6.14] S. Yamaguchi, H. Imai: Efficient Nd:YAG laser end-pumped by a 1cm aperture laser-diode bar with a GRIN lens array coupling; IEEE J. Quantum Electron. 28 (1992) 1101

[6.15] L.R. Marshall, A. Kaz, H. Verdun: Cw-diode, end-pumped Nd:YLF laser with an astigmatic resonator; CLEO 93, Tech. Digest, Beitrag CMF5 (1993) 642

[6.16] J. Berger, D.F. Welch, W. Streifer, D.R. Scifres, N.J. Hoffman, J.J. Smith, D. Radecki: Fiber-bundle coupled, diode end-pumped Nd:YAG laser; Opt. Lett. 13 (1988) 306

[6.17] K. Wallmeroth, P. Peuser: Single-frequency TEM_{00} diode-pumped Nd:YAG emits 0.5 W; Laser Focus World, April 1989, S. 38

[6.18] N.P. Schmitt: Untersuchungen zum effizienten Pumpen von Festkörperlasern mit Halbleiter-Laserdioden; Diplomarbeit, Ludwig-Maximilians-Universität München, 1989

[6.19] Y. Kaneda, Oka, H. Masuda, S. Kubota: 7.6W of continuous-wave radiation in a TEM_{00} mode from a laser-diode end-pumped Nd:YAG laser; Opt. Lett. 17 (1992) 1003

[6.20] P. Zeller, K. Altmann, Th. Halldorsson, S. Heinemann, A. Mehnert, G. Reithmeier, P. Steinbach, P. Peuser: Diodengepumpte Festkörperlaser: Praktische Lösungsansätze für das longitudinale und transversale Pumpen im Dauerstrichbetrieb; in: Laser in der Technik (Laser 93), Hrsg.: W. Waidelich, Springer-Verlag, Berlin, 1994, S. 90

[6.21] T.Y. Fan, P.A. Schulz: Aperture guiding in cw, quasi-three-level Yb:YAG lasers; CLEO 93, Tech. Digest, Beitrag CFM2 (1993) 640

[6.22] G. Thompson: The effect of thermally induced gain gradients in solid state lasers; IEEE J. Quantum Electron. 29 (1993) 2225

[6.23] T.M. Baer, M.S. Keirstead: Modeling of end-pumped solid-state lasers; CLEO 93, Tech. Digest, Beitrag CFM1 (1993) 638

[6.24] S.C. Tidwell, J.F. Seamans, M. S. Bowers: Highly efficient 60-W TEM_{00} cw diode-end-pumped Nd:YAG laser; Opt. Lett. 18 (1993) 116

[6.25] S. Tidwell, J. Seamans, M. Bowers, A. Cousins: Scaling cw diode-end-pumped Nd:YAG lasers to high average powers; IEEE J. Quantum Electron. 28 (1992) 997

[6.26] U.O. Farrukh, A.M. Buoncristiani, C.E. Byvik: An analysis of the temperature distribution in finite solid-state laser rods; IEEE J. Quantum Electron. 24 (1988) 2253

[6.27] J. Frauchiger, P. Albers, H.P.Weber: Modeling of thermal lensing and higher order ring mode oscillation in end-pumped cw Nd:YAG lasers; IEEE J. Quantum Electron. 28 (1992) 1046

[6.28] A.K. Cousins: Temperature and thermal stress scaling in finite-length end-pumped laser rods; IEEE J. Quantum Electron. 28 (1992) 1057

[6.29] S.B. Sutton, G.F. Albrecht: Optical distortion in end-pumped solid-state rod lasers; Appl. Opt. 32 (1993) 5256

[6.30] D. Golla, A. Berndt, W. Schöne, I. Kröpke, H. Schmidt: Mit Diodenlasern transversal angeregte Slab-Laser; Laser und Optoelektronik 25(1) (1993) 61

[6.31] D. Golla, H. Zellmer, W. Schöne, I. Freitag, I. Kröpke, H. Welling: 15-W single-frequency operation of a cw, diode laser-pumped Nd:YAG ring laser; CLEO 93, Tech. Digest, Beitrag CThR1 (1993) 480

[6.32] U.J. Greiner, H.H. Klingenberg, D.R. Walker, C.J. Flood, H.M. van Driel: Diode-pumped Nd:YAG laser using reflective pump optics; Appl. Phys. B 58 (1994) 393

[6.33] T.M. Baer, D.F. Head, P. Gooding, G.J. Kintz, S. Hutchinson: Performance of diode-pumped Nd:YAG and Nd:YLF lasers in a tightly folded resonator configuration; IEEE J. Quantum Electron. 28 (1992) 1131

[6.34] R. Scheps, J.F. Myers: Efficient, scalable, internally folded Nd:YAG laser end-pumped by laser diodes; IEEE J. Quantum Electron. 29 (1993) 1515

[6.35] J.D. Cao, B.M. Laliberte, R.A. Minns. H.Po, R.F. Robinson, B.H. Rockney, R.R. Tricca, Y.H. Zhang: Five watt single transverse mode neodymium-doped fiber laser; CLEO 93, Tech. Digest, Beitrag CFJ3 (1993) 622

[6.36] W.M. Grossman, M. Gifford, R.W. Wallace: Short-pulse Q-switched 1.3- and 1-µm diode-pumped lasers; Opt. Lett. 15 (1990) 622

[6.37] H. Plaessman, F. Stahr, W.M. Grossman: Reducing pulse durations in diode pumped Q-switched solid-state lasers; IEEE Phot. Tech. Lett. 3 (1991) 885

[6.38] J.J. Zayhowski, C. Dill: Diode-pumped microchip lasers electro-optically Q-switched at high pulse repetition rates; Opt. Lett. 17 (1992) 1201

[6.39] M.S. Keirstead, T.M. Baer, S.H. Hutchinson, J. Hobbs: High repetition-rate, diode-bar pumped, Q-switched Nd:YVO_4 laser; CLEO 93, Tech. Digest, Beitrag CFM4 (1993) 642

[6.40] S.E. Sverchkov, B.I. Denker, V.V. Osiko, Yu.E. Sverchkov, A.P. Fefelov, S.I. Khomenko: Effective eyesafe frustrated total internal reflection Q-switched erbium glass lasers; SPIE Bd. 1627, Solid State Lasers III (1992) 42

[6.41] B.I. Denker, A.A. Korchagin, V.V. Osiko, S.E. Sverchkov, T.H. Allik, J.A. Hutchinson: Diode-pumped and FTIR Q-switched laser performance of novel Yb-Er glass; OSA Conf. on Advanced Solid-State Lasers (Salt Lake City, 1994), Tech. Digest, Beitrag AThB1 (1994) 320

[6.42] M. Kokta; Union Carbide Corp., private Mitteilung, 1991

[6.43] D.M. Andrauskas, C. Kennedy: Tetravalent chromium solid-state passive Q-switch for Nd:YAG laser systems; OSA Proc. on Advanced Solid-State Lasers (Hilton Head, 1991), Bd. 10 (1991) 393

[6.44] I.V. Klimov, M. Yu. Nikol'skii, V.B. Tsvetkov, I.A. Shcherbakov: Passive Q-switching of pulsed Nd^{3+} lasers using YSGG:Cr^{4+} crystal switches exhibiting phototropic properties; Sov. J. Quantum Electron. 22 (1992) 603

[6.45] I.V. Klimov, L. Leininger, G. Phillipps, V.B. Tsvetkov, I.A. Shcherbakov: Passive Q-switching of Nd-lasers with Cr^{4+}:YSGG-crystals; Festkörperlaser-Institut Berlin GmbH, Interner Bericht, Aug. 1993

[6.46] M.I. Demchuk, V.P. Mikhailov, N.I. Zhavoronkov, N.V. Kuleshov, P.V. Prokoshin, K.V. Yumashev, M.G. Livshits, B.I. Minkov: Chromium-doped forsterite as a solid-state saturable absorber; Opt. Lett. 17 (1992) 929

[6.47] A. Pfeiffer, S. Heinemann, A. Mehnert, N.P. Schmitt, P. Peuser: Passive Q-switching of diode-pumped solid-state lasers with Cr^{4+}:YAG crystals; in: Laser in der Technik (Laser 93), Hrsg.: W. Waidelich, Springer-Verlag, Berlin, 1994, S. 94

[6.48] S. Zhou, K.K. Lee. Y.C. Chen, S. Li: Monolithic self-Q-switched Cr,Nd:YAG laser; Opt. Lett. 18 (1993) 511

[6.49] Y.C. Chen, S. Li, K.K. Lee, S. Zhou: Self-stabilized single-longitudinal-mode operation in a self-Q-switched Cr,Nd:YAG laser; Opt. Lett. 18 (1993) 1418

[6.50] A. Cordova-Plaza, M.J.F. Digonnet, H.J. Shaw: Miniature cw and active internally Q-switched Nd:MgO:$LiNbO_3$ laser; IEEE J. Quantum Electron. QE-23 (1987) 262

[6.51] J.A. Morris, C.R. Pollock: Passive Q-switching of a diode-pumped Nd:YAG laser with a saturable absorber; Opt. Lett. 15 (1990) 440

[6.52] R. Beach, J. Davin, S. Mitchell, W. Benett, B. Freitas, R. Solarz: Passively Q-switched transverse-diode-pumped Nd^{3+}:YLF laser oscillator; Opt. Lett. 17 (1992) 124

[6.53] Y. Tsou, E. Garmire, W. Chen, M. Birnbaum, R. Asthana: Passive Q-switching of Nd:YAG lasers by use of bulk semiconductors; Opt. Lett. 18 (1993) 1514

[6.54] K.L. Vodopyanov, A.V. Lukashev, C.C. Phillips, I.T. Ferguson: Passive mode locking and Q-switching of an erbium 3µm laser using thin InAs epilayers grown by molecular beam epitaxy; Appl. Phys. Lett. 59 (1991) 1658

[6.55] K.L. Vodopyanov, A.V. Lukashev, C.C. Phillips: Nano- and picosecond 3µm Er:YSGG lasers using InAs as passive Q-switchers and mode-lockers; Opt. Commun. 95 (1993) 87

[6.56] F. Könz, M. Frenz, V. Romano, M. Forrer, H.P. Weber: Active and passive Q-switching of a 2.79 µm Er:Cr:YSGG laser; Opt. Commun. 103 (1993) 398

[6.57] S. Basu, R.L. Byer: Continuous-wave mode-locked Nd:glass laser pumped by a laser diode; Opt. Lett. 13 (1988) 458

[6.58] G.T. Maker, S.J. Keen, A.I. Ferguson: Mode-locked and Q-switched operation of a diode laser pumped Nd:YAG laser operating at 1.064 µm; Appl. Phys. Lett. 53 (1988) 1675

[6.59] S.J. Keen, A.I. Ferguson: Subpicosecond pulse generation from an all solid-state laser; Appl. Phys. Lett. 55 (1989) 2164

[6.60] G.T. Maker, A.I. Ferguson: Frequency-modulation mode-locking of a diode-pumped Nd:YAG laser; Opt. Lett. 14 (1989) 788

[6.61] K.J. Weingarten, D.C. Shannon, R.W. Wallace, U. Keller: Two-gigahertz repetiton-rate diode-pumped, mode-locked Nd:YLF laser; Opt. Lett. 15 (1990) 962

[6.62] G.T. Maker, A.I. Ferguson: Frequency modulation mode-locking and Q-switching of a diode-laser-pumped Nd:YLF laser; Electron. Lett. 25 (1989) 1025

[6.63] G.P.A. Malcolm, M. Ebrahimzadeh, A.I. Ferguson: Efficient frequency conversion of mode-locked diode-pumped lasers and tunable all-solid-state laser sources; IEEE J. Quantum Electron. 28 (1992) 1172
[6.64] J. Goodberlet, J. Jacobson, J.G. Fujimoto, P.A. Schulz, T.Y. Fan: Self-starting additive mode-locked diode-pumped Nd:YAG laser; Opt. Lett. 15 (1990) 504
[6.65] G.P.A. Malcolm, P.F. Curley, A.I. Ferguson: Additive-pulse mode-locking of a diode-pumped Nd:YLF laser; Opt. Lett. 15 (1990) 1303
[6.66] M.J. McCarthy, G.T. Maker, D.C. Hanna: Efficient frequency doubling of a self-starting additive-pulse mode-locked diode pumped Nd:YAG laser; Opt. Commun. 82 (1991) 327
[6.67] D.W. Hughes, J.R.M. Barr: Laser diode pumped solid state lasers; J. Phys. D: Appl. Phys. 25 (1992) 563
[6.68] M.H. Ober, E. Sorokin, I. Sorokina, F. Krausz, E. Wintner, I.A. Shcherbakov: Subpicosecond mode locking of a Nd^{3+}-doped garnet laser; Opt. Lett. 17 (1992) 1364
[6.69] U. Keller, T.K. Woodward, D.L. Sivco, A.Y. Cho: Coupled-cavity resonant passive mode-locked Nd:yttrium lithium fluoride laser; Opt. Lett. 16 (1991) 391
[6.70] U. Keller, T.H. Chiu: Resonant passive mode-locked Nd:YLF laser; IEEE J. Quantum Electron. 28 (1992) 1710
[6.71] A.E. Siegman: Lasers; University Science Books, Mill Valley, Calif., 1986
[6.72] G.P.A. Malcolm, A.I. Ferguson: Self-mode-locking of a diode-pumped Nd:YLF laser; Opt. Lett. 16 (1991) 1967
[6.73] K.X. Liu, C.J. Flood, D.R. Walker, H.M. van Driel: Kerr lens mode locking of a diode-pumped Nd:YAG laser; Opt. Lett. 17 (1992) 1361
[6.74] G.P.A. Malcolm, A.I. Ferguson: Mode-locking of diode laser-pumped solid-state lasers; Optical and Quantum Electron. 24 (1992) 705
[6.75] F. Balembois, P. Georges, A. Brun: Quasi-continuous-wave and actively mode-locked diode-pumped Cr^{3+}:$LiSrAlF_6$ laser; Opt. Lett. 18 (1993) 1730
[6.76] Deutsches Patent DE 41 01 522
[6.77] D.W. Anthon, T.J. Pier: Intracavity pumping of solid-state lasers with Nd:YAG; LEOS 91, Conference Digest, Beitrag ELT3.3 (1991) 49
[6.78] R.C. Stoneman, L. Esterowitz: Intracavity-pumped 2.1-µm Ho^{3+}:YAG laser; OSA Proc. on Advanced Solid-State Lasers (Santa Fe, 1992) Bd. 13 (1992) 114
[6.79] W.S. Rabinovich, S.R. Bowman, B.J. Feldman, M.J. Winings: Tunable laser pumped 3µm Ho:$YAlO_3$ laser; IEEE J. Quantum Electron. 27 (1991) 895
[6.80] J.P. Cuthbertson, G.J. Dixon: Pump-resonant excitation of the 946-nm Nd:YAG laser; Opt. Lett. 16 (1991) 396
[6.81] W.J. Kozlovsky, W.P. Risk: Efficient diode-laser pumped 946-nm Nd:YAG laser with resonantly-enhanced pump absorption; CLEO 91, Tech. Digest, Beitrag CME1 (1991) 34
[6.82] M.K. Reed, W.J. Kozlovsky, R.L.Byer, G.L.Harnagel, P.S. Cross: Diode-laser-array-pumped neodymium slab oscillators; Opt. Lett. 13 (1988) 204
[6.83] F. Hanson, D. Haddock: Laser diode side pumping of neodymium laser rods; Appl. Opt. 27 (1988) 80
[6.84] F. Hanson: Laser-diode side-pumped Nd:$YAlO_3$ laser at 1.08 and 1.34µm; Opt. Lett. 14 (1989) 674
[6.85] T.H. Allik, W.W. Hovis, D.P.Caffey, V. King: Efficient diode-array-pumped Nd:YAG and Nd:Lu:YAG lasers; Opt. Lett. 14 (1989) 116

[6.86] D.P.Caffey, R.A. Utano, T.H. Allik: Diode array side-pumped neodymium-doped gadolinium scandium gallium garnet rod and slab lasers; Appl. Phys. Lett. 56 (1990) 808

[6.87] D. Welford, D.M. Rines, B.J. Dinerman: Efficient TEM_{00}-mode operation of a laser-diode side-pumped Nd:YAG laser; Opt. Lett. 16 (1991) 1850

[6.88] L.M. Marshall, A. Kaz, R.L. Burnham: Highly efficient TEM_{00} operation of transversely diode-pumped Nd:YAG lasers; Opt. Lett. 17 (1992) 186

[6.89] H. Ajer, S. Landro, G. Rustad, K. Stenersen: Efficient diode-laser side-pumped TEM_{00}-mode Nd:YAG laser; Opt. Lett. 17 (1992) 1785

[6.90] H. Zbinden, J.E. Balmer: Q-switched Nd:YLF laser end-pumped by a diode-laser bar; Opt. Lett. 15 (1990) 1014

[6.91] H.R. Verdun, T. Chuang: Efficient TEM_{00}-mode operation of a Nd:YAG laser end-pumped by a three-bar high-power diode-laser array; Opt. Lett. 17 (1992) 1000

[6.92] C.F. Rae, J.A.C. Terry, B.D. Sinclair, M.H. Dunn, W. Sibbett: Single-frequency, end-pumped Nd:YLF laser excited by a 12-mJ diode-laser array; Opt. Lett. 17 (1992) 1673

[6.93] A.J.W. Brown, R. Mead, W.R. Bosenberg: High-repetition-rate diode-end-pumped Nd:YLF laser; CLEO 93, Tech. Digest, Beitrag CFM7 (1993) 644

[6.94] T. Graf, J.E. Balmer: High-power Nd:YLF laser end-pumped by a diode-laser bar; Opt. Lett. 18 (1993) 1317

[6.95] R. Beach, P. Reichert, W. Benett, B. Freitas, S. Mitchell, A. Velsko, J. Davin, R. Solarz: Scalable diode-end-pumping technology applied to a 100-mJ Q-switched Nd^{3+}:YLF laser oscillator; Opt. Lett. 18 (1993) 1326

[6.96] C. Larat, M. Schwarz, J.P. Pocholle: High power surface emitting laser diode pumping of Nd:YAG slab; Electron. Lett. 28 (1992) 1630

[6.97] F. Feugnet, M. Schwarz, C. Larat, J.P. Pocholle, M. Papuchon: TEM_{00} high efficiency surface emitting laser diode longitudinally pumped $Nd:YVO_4$ laser; OSA Conf. on Advanced Solid-State Lasers (Salt Lake City, 1994), Tech. Digest, Beitrag AWC2 (1994) 233

[6.98] A. Mehnert, P. Peuser, N.P. Schmitt: New solid state lasers for applications in lidar systems; in: Laser in der Umweltmeßtechnik, Hrsg.: C. Werner, V. Klein, K. Weber; Springer-Verlag, Berlin, 1992, S. 201

[6.99] W. Krichbaumer, H. Herrmann, E. Nagel, R. Häring, J. Streicher, Ch. Werner, A. Mehnert, T. Halldorsson, S. Heinemann, P.Peuser, N.P. Schmitt: A diode-pumped Nd:YAG lidar for airborne cloud measurements; Optics and Laser Technology 25 (1993) 283

[6.100] J.E. Bernard, A.J. Alcock: High-efficiency diode-pumped $Nd:YVO_4$ slab laser; Opt. Lett. 18 (1993) 968

[6.101] T. Brand; private Mitteilung, Festkörperlaser-Institut Berlin, März 1994

[6.102] Y.K. Park, G. Giuliani, R.L.Byer: Single axial mode operation of a Q-switched Nd:YAG oscillator by injection seeding; IEEE J. Quantum Electron. QE-20 (1984) 117

[6.103] N.P. Barnes, J.C. Barnes: Injection seeding I: Theory; IEEE J. Quantum Electron. 29 (1993) 2670

[6.104] R.L. Schmitt, L.A. Rahn: Diode-laser-pumped Nd:YAG laser injection seeding system; Appl. Opt. 25 (1986) 629

[6.105] P. Esherick, A. Owyoung: Polarization feedback stabilization of an injection-seeded Nd:YAG laser for spectroscopic applications; J. Opt. Soc. Am. B 4 (1987) 41

[6.106] C.J. Norrie, B.D. Sinclair, N. Gallaher, M.H. Dunn, W. Sibbett: Single-frequency operation of diode-laser-array transverse-pumped Q-switched Nd:YAG laser; Electron. Lett. 25 (1989)1115

[6.107] T.J. Kane, T.S. Kubo, R.W. Wallace: Diode-pumped, injection-seeded, Q-switched Tm:YAG laser; LEOS 90, Conference Proc., Beitrag SSL1.3/ThL3 (1990) 514

[6.108] S.W. Henderson, C.P. Hale, J.R. Magee: Injection-seeded operation of a Q-switched Cr,Tm,Ho:YAG laser; OSA Proc. on Advanced Solid-State Lasers (Salt Lake City, 1990), Bd. 6 (1991) 127

[6.109] J. Berger, G. Harnagel, D.F. Welch, D.R. Scifres, W. Streifer: Direct modulation of a Nd:YAG laser by combined side and end laser diode pumping; Appl. Phys. Lett. 53 (1988) 268

[6.110] S. Seeger, S. Monajembashi, K.-J. Hutter, G. Futterman, J. Wolfrum, K.O. Greulich: Application of laser optical tweezers in immunology and molecular genetics; Cytometry 12 (1991) 497

[6.111] N.P. Schmitt, S. Heinemann, A. Mehnert, P. Peuser: Diode-pumped miniature solid state lasers; in: Laser in der Technik (Laser 91), Hrsg.: W. Waidelich, Springer-Verlag, Berlin, 1992, S. 599

[6.112] Fa. Spectra Diode Labs (SDL), San Jose, Calif., USA

[6.113] "Auf den Punkt gebracht"; LASER, Juni 1993, S. 26; (siehe auch Prospekt der Firma FISBA Optik, St. Gallen, 1993)

[6.114] L.F. Johnson, A.A. Ballmann: Coherent emission from rare earth ions in electro-optic crystals; J. Appl. Phys. 40 (1969) 297

[6.115] V.T. Gabrielyan, A.A. Kaminskii, L. Li: Absorption and luminescence spectra and energy levels of Nd^{3+} and Er^{3+} ions in $LiNbO_3$ crystals; Phys. Stat. Sol. (a) 3 (1970) K37

[6.116] S.J. Field, D.C. Hanna, D.P. Sheperd, A.C. Tropper, P.J. Chandler, P.D. Townsend, L. Zhang: Ion implanted Nd:YAG waveguide lasers; IEEE J. Quantum Electron. 27 (1991) 428

[6.117] E. Lallier, J.P. Pocholle, M. Papuchon, M. de Micheli, M.J. Li, Q. He, D.B. Ostrowsky, C. Grezes-Besset, E. Pelletier: $LiNbO_3$ with rare earth: lasers and amplifiers; SPIE Bd. 1506, Micro-Optics II (1991) 71

[6.118] E. Lallier, J.P. Pocholle, M. Papuchon, Q. He, M. de Micheli, D.B. Ostrowsky: $Nd:MgO:LiNbO_3$ waveguide laser and amplifier; Opt. Lett. 15 (1990) 682

[6.119] R. Brinkmann, W. Sohler, H. Suche, C. Wersig: Fluorescence and laser operation in single-mode Ti-diffused $Nd:MgO:LiNbO_3$ waveguide structures; IEEE J. Quantum Electron. 28 (1992) 466

[6.120] S. J. Field, D.C. Hanna, A.C. Large, D.P. Sheperd, A.C. Tropper, P.J. Chandler, P.D. Townsend, L. Zhang: Ion implanted Nd:GGG channel waveguide laser; Opt. Lett. 17 (1992) 52

[[6.121] E. Lallier, J.P. Pocholle, M. Papuchon, C. Grezes-Besset, E. Pelletier, M. de Micheli, M.J. Li, Q. He, D.B. Ostrowsky: Laser oscillation of single-mode channel waveguide in $Nd:MgO:LiNbO_3$; Electron. Lett. 25 (1989) 1491

[6.122] E. Lallier, J.P. Pocholle, M. Papuchon, Q. He, M. de Micheli, D.B. Ostrowsky: Integrated Q-switched Nd:MgO:LiNbO$_3$ waveguide laser; Electron. Lett. 28 (1992) 1428

[6.123] E. Lallier, J.P. Pocholle, M. Papuchon, Q. He, M. de Micheli, D.B. Ostrowsky, C. Grezes-Besset, E. Pelletier: Integrated Nd:MgO:LiNbO$_3$ mode-locked waveguide laser; Electron. Lett. 27 (1991) 936

[6.124] L. Figueroa: High-Power Semiconductor Lasers; in: Handbook of Solid-State Lasers; Hrsg.: P.K. Cheo, Marcel Dekker, New York, 1989

[6.125] P. Greve: Optische Probleme diodengepumpter Festkörperlaser; Laser Magazin 6/1988, S. 35

[6.126] A. Naqwi, F. Durst: Focusing of diode laser beams: a simple mathematical model; App. Opt. 29 (1990) 1780

[6.127] T.M. Baer, D.F. Head, M. Sakamoto: High efficiency diode-bar pumped solid state lasers using a tightly folded resonator; CLEO 89, Tech. Digest, Beitrag FJ5 (1989) 416

[6.128] H. Buczek, Centre Suisse d'èlectronique et de microélèctronique S. A.; Mitteilung vom 20.8.1987

[6.129] S. Houde-Walter: Lens designers: Gradient-index optics are in your future; Laser Focus World, April 1989, S. 151

[6.130] The theory and design of the selfoc lens; Nippon Sheet Glass Co., Ltd., Tokyo 105, Japan

[6.131] K. Sono, T. Yamasaki, T. Kishimoto: Graded-index rod lenses; in: The theory and design of the selfoc lens, Nippon Sheet Glass Co., Ltd., Tokyo 105, Japan

[6.132] J. Zehetner, Ch. Speilmann, T. Krausz, E. Wintner: Mode-locked diode-pumped Nd:YLF laser using an elliptic mode cavity; OSA Proc. on Advanced Solid State Lasers (Santa Fe, 1992), Bd. 13 (1992) 215

[6.133] C. Chang-Hasnin, D. P. Worland, D. R. Scifres: High-intensity fibre-coupled diode laser array; Electron. Lett. 22 (1986) 65

[6.134] P. Reichert, K. Moore, R. Beach, J. Davin, S. Velsko, P. Thelin, W. Benett, B. Freitas, S. Mitchell, R. Solarz: Microlens conditioned two-dimensional diode array and energy concentrating optic for high-power density applications; CLEO 93, Tech. Digest. Beitrag CWJ 57 (1993) 328

[6.135] R. Beach, J. Davin, S. Velsko, W. Benett, B. Freitas, P. Reichert, S. Mitchell, R. Solarz: 100-mJ, Q-switched, diode-end-pumped Nd^{3+}:YLF laser oscillator, CLEO 93, Tech. Digest, Beitrag CFM6 (1993) 644

[6.136] W.F. Krupke, L.L. Chase: Ground state depleted (GSD) solid state lasers: principles, characteristics and scaling; SPIE Bd. 1040, High Power and Solid State Lasers II (1989) 68

[6.137] Konstruieren mit faseroptischen Bauteilen; Schott Glaswerke Wiesbaden, S. 13

[6.138] D. Evans: private Mitteilung; Spectra Diode Labs, San Jose, USA, 1989

[6.139] P.J. Morris, W. Lüthy, H.P. Weber: High-intensity rectangular fiber-coupled diode laser array for solid-state laser pumping; Appl. Opt. 32 (1993) 5274

[6.140] Laser diode farfield shaping study; CSEM final presentation at ESTEC, contract 7725/88/NL/DG, 16. Februar 1990

Kapitel 7

[7.1] N. Hodgson, H. Weber: Optische Resonatoren; Springer-Verlag, Berlin, 1992
[7.2] V. Magni, S. De Silvestri, L.-J. Qian, O. Svelto: Rod-imaging unstable resonator for high power solid-state lasers; Opt. Commun. 94 (1992) 87
[7.3] N. Hodgson, G. Bostanjoglo, H. Weber: Multirod unstable resonator for high-power solid-state lasers; Apl. Opt. 32 (1993) 5902
[7.4] N. Hodgson, G. Bostanjoglo, H. Weber: The near-concentric unstable resonator (NCUR) - an improved resonator design for high power solid state lasers; Opt. Commun. 99 (1993) 75
[7.5] Q. Lü, S. Dong, H. Weber: A compact resonator design for high power slab lasers; Opt. Commun. 99 (1993) 201
[7.6] S.P. Timoshenko, J.N. Goodier: Theory of Elasticity; McGraw-Hill, New York, 1970
[7.7] W. Koechner: Solid-State Laser Engineering; Springer-Verlag, Berlin, 1992)
[7.8] J.L. Emmett, W.F. Krupke, W.R. Sooy: The potential of high-average-power solid state lasers; Lawrence Livermore National Laboratory, Report Nr. UCRL-53571, Kalifornien, USA, 25. Sept. 1984
[7.9] M.S. Mangir, D.A. Rockwell: Measurements of heating and energy storage in flashlamp-pumped Nd:YAG and Nd-doped phosphate laser glasses; IEEE J. Quantum Electron. QE-22 (1986) 574
[7.10] N. Hodgson, Q. Lü, S. Dong, B. Epich, U. Wittrock: Hochleistungs-Festkörper-Laser in Stab-, Slab- und Rohr-Geometrie; Laser und Optoelektronik, Bd. 23(3) (1991) 82
[7.11] T.S. Chen, V.L. Anderson, O. Kahan: Measurements of heating and energy storage in diode-pumped Nd:YAG; IEEE J. Quantum Electron. 26 (1990) 6
[7.12] T.Y. Fan: Heat generation in Nd:YAG and Yb:YAG; IEEE J. Quantum Electron. 29 (1993) 1457
[7.13] J.D. Foster, L.M. Osterink: Thermal effects in a Nd:YAG laser; J. Appl. Phys. 41 (1970) 3656
[7.14] W. Koechner, D.K. Rice: Effect of birefringence on the performance of linearly polarized YAG:Nd lasers; IEEE J. Quantum Electron. QE-6 (1970) 557
[7.15] H. Kogelnik: Imaging of optical modes - resonators with internal lenses; Bell Sys. Tech. J. 44 (1965) 455
[7.16] H. Weber: Laserresonatoren und Strahlqualität; Laser und Optoelektronik Nr. 2 (1988) 60
[7.17] N. Hodgson, H. Weber: Influence of spherical aberration of the active medium on the performance of Nd:YAG lasers; IEEE J. Quantum Electron. 29 (1993) 2497
[7.18] G. Thompson: The effect of thermally induced gain gradients in solid state lasers; IEEE J. Quantum Electron. 29 (1993) 2225
[7.19] W.S. Martin, J.P. Chernoch: Multiple internal reflection face pumped laser; US Patent 3633 126, 1972
[7.20] B.A. Boley, J.H. Weiner: Theory of Thermal Stresses; Wiley, New York, 1960
[7.21] H. Weber: Diodengepumpte Festkörperlaser hoher Leistung; Fachgespräch zum Thema Hochleistungsdiodenlaser, VDI-Technologiezentrum, Düsseldorf, 27. Nov. 1992

[7.22] S.E. Stokowski: Nd:Cr:GSGG, will it replace Nd:YAG; SPIE Bd. 736, New Slab and Solid-State Laser Technologies and Applications (1987) 22
[7.23] W.B. Jones: Slab Geometry Lasers; in: Handbook of Solid-State Lasers, Hrsg.: P.K. Cheo, Marcel Dekker, New York 1989
[7.24] L.B. Allen: Scaling and configuring diode pumped slab lasers; SPIE Bd. 736, New Slab and Solid-State Laser Technologies and Applications (1987) 45
[7.25] T. Brand; Dissertation, Techn. Universität Berlin, Optisches Institut, 1994, D83
[7.26] R. Burnham, J. Kasinski, M. Rhoades: High average power diode-pumped solid-state lasers; SPIE Bd. 1865, Diode Pumping of Average Power Solid State Lasers (1993) 28
[7.27] F. Brioschi, E. Nava, G.C. Reali: Gain shaping and beam quality in diode-laser multiarray side-pumped solid-state lasers; IEEE J. Quantum Electron. 28 (1992) 1070
[7.28] R. Burnham, G. Witt, D. DiBiase, K. Le, W. Koechner: Diode-pumped solid-state lasers with kilowatt average power; Int. Symp. on High Power Lasers and Laser Applications V (SPIE), Wien, 5.-8. April 1994
[7.29] B. Comaskey, G. Albrecht, R. Beach, S. Velsko, S. Sutton, S. Mitchell, C. Petty, K. Jancaitis, W. Benett, B. Freitas, R. Solarz: A one kilowatt average power diode pumped Nd:YAG folded zigzag slab laser; SPIE Bd. 1865, Diode Pumping of Average-Power Solid State Lasers (1993) 9
[7.30] B. Comaskey, G. Albrecht, R. Beach, S. Sutton: 1000 W diode-pumped folded zigzag slab laser; CLEO 93, Tech. Digest, Beitrag CWI5 (1993) 276
[7.31] S. Velsko, C. Ebbers, B. Comaskey, G. Albrecht, S. Mitchell: 250 Watt average power electro-optically Q-switched power oscillator; OSA Conf. on Advanced Solid-State Lasers (Salt Lake City,1994), Tech. Digest, Beitrag AME2 (1994) 63
[7.32] J.J. Kasinski, W. Hughes, D. DiBiase, P. Bournes, R. Burnham: One Joule output from a diode-array-pumped Nd:YAG laser with side-pumped rod geometry; IEEE J. Quantum Electron. 28 (1992) 977
[7.33] L.E. Holder, C. Kennedy, L. Long, G. Dube: One Joule per Q-switched pulse diode-pumped laser; IEEE J. Quantum Electron. 28 (1992) 986
[7.34] D. Rockwell: A review of phase-conjugate solid-state lasers; IEEE J. Quantum Electron. 24 (1988) 1124
[7.35] D. Rockwell: Energy scaling of phase-conjugate solid-state lasers; SPIE Bd. 1627, Solid State Lasers III (1992) 56
[7.36] H.J. Eichler, A. Haase, R. Menzel: SBS-phase conjugation for thermal lens compensation in 100 W average power solid-state lasers; Int. Summer School on Applications of Nonlinear Optics, Prag, 16.-20. August 1993
[7.37] H.J. Eichler, A. Haase, R. Menzel: 125 W Nd-laser with SBS phase conjugation aproaching the diffraction limit; Int. Symp. on High Power Lasers and Laser Applications V (SPIE), Wien, 5.-8. April 1994
[7.38] R.J. St.Pierre, H. Injeyan, R.C. Hilyard, M.E. Weber, J.G. Berg, M.G. Wickham, C.S. Hoefer, J.P. Machan: One Joule per pulse, 100 Watt, diode-pumped, near diffraction limited, phase conjugated, Nd:YAG master oscillator power amplifier; OSA Conf. on Advanced Solid-State Lasers (New Orleans, 1993), Tech. Digest, Beitrag AMA1 (1993) 2
[7.39] H. Morris: 700 kW Laser diode pump boosts x-ray lithography; Photonics Spectra, Aug. 1992, S. 83

[7.40]   G. Dube, H. Morris, T. Dellamano, J. Hollister, J. Powers, L. Long, A. Reynolds, J. Abate, E. Miller, J. Forsyth: 700 kilowatt diode pumping system; CLEO 93, Tech. Digest, Beitrag CPD7 (1993) 682
[7.41]   L.E. Zapata, R.J. Beach, C.B. Dane, P. Reichert, J.N. Honig, L.A. Hackel: Advanced laser driver for soft x-ray projection lithography; Int. Symp. on High Power Lasers and Laser Applications V (SPIE), Wien, 5.-8. April 1994
[7.42]   M.M. Tedrow, J.H. Kelly, M.J. Shoup, R. Juhala, A. Reynolds, L.Allen, G. Dube: Characterization of a diode-pumped, 3.8-cm clear-aperture, high-gain, active-mirror laser amplifier using Cr:Nd:GSGG and Nd:GGG; OSA Proc. on Advanced Solid-State Lasers (Santa Fe, 1992), Bd. 13 (1992) 223
[7.43]   R. Beach, P. Reichert, W. Benett, B. Freitas, S. Mitchell, A. Velsko, J. Davin, R. Solarz: Scalable diode-end-pumping technology applied to a 100-mJ Q-switched Nd^{3+}:YLF laser oscillator; Opt. Lett. 18 (1993) 1326
[7.44]   R. Solarz, G. Albrecht, L. Hackel, R. Beach, N. Carlson, M. Emanuel, W. Krupke, B. Comaskey, S. Velsko, B. Dane, C. Hamilton, C. Ebbers: High-power, diode-pumped, solid-state laser development at Lawrence Livermore National Laboratory; Int. Symp. on High Power Lasers and Laser Applications V (SPIE), Wien, 5.-8. April 1994

Kapitel 8

[8.1]   B. Zhou, T.J. Kane, G.J. Dixon, R.L. Byer: Efficient, frequency-stable laser-diode pumped Nd:YAG laser; Opt. Lett. 10 (1985) 62
[8.2]   A.E. Siegman: Lasers; Univ. Science Books, Mill Valley, Calif., USA, 1986, S. 484
[8.3]   H.G. Danielmeyer: Effects of drift and diffusion of excited states on spatial hole burning and laser oscillation; J. Appl. Phys. 25 (1971) 3125
[8.4]   T.K. Kimura, K. Otsuka, M. Saruwatari: Spatial hole-burning effects in a Nd:YAG^{3+} laser; IEEE J. Quantum Electron. QE-7 (1971) 225
[8.5]   P.J. Valle, F. Moreno: Theoretical study of birefringent filters as intracavity wavelength selectors; Appl. Opt. 31 (1992) 528
[8.6]   A.L. Bloom: Modes of a laser resonator containing tilted birefringent plates; J. Opt. Soc. Am. 64 (1974) 447
[8.7]   D.W. Anthon, T.J. Pier: Intracavity pumping of solid-state lasers with Nd:YAG; LEOS 91, Conf. Digest, Beitrag ELT3.3 (1991) 49
[8.8]   S.W. Henderson, C.P. Hale: Tunable single-longitudinal-mode diode laser pumped Tm:Ho:YAG laser; Appl. Opt. 29 (1990) 1716
[8.9]   W. Koechner: Solid-State Laser Engineering; 3. Auflage, Springer-Verlag, Berlin, 1992
[8.10]   W. Culshaw, J. Kannelaud: Two-component-mode filters for optimum single-frequency operation of Nd:YAG lasers; IEEE J. Quantum Electron. QE-7 (1971) 381
[8.11]   T. Chuang, H.J. Metcalf: Tunable diode-laser-pumped solid state LNA laser for helium spectroscopic experiments; Appl. Opt. 30 (1991) 2495

[8.12]   P. Laporta, S. Longhi, S. Taccheo, O. Svelto: Single-mode cw erbium-ytterbium glass laser at 1.5 µm; Opt. Lett.18 (1993) 31
[8.13]   L.S. Lingvay, G.J. Dixon, N. Djeu: Tunable single-frequency 1.3-µm Nd:YALO microlaser; OSA Conf. on Tunable Solid State Lasers (North Falmouth, 1989), Tech. Digest, Beitrag WB3 (1989) 115
[8.14]   P.W. Smith, M.V. Schneider, H.G. Danielmeyer: High-power single-frequency lasers using thin metal film mode-selection filters; Bell Syst. Tech. J. 48 (1969) 1405
[8.15]   Yu. V. Troitskii: Optical resonator with a thin absorbing film as a mode selector; Opt. Spectr. (USSR) 25 (1968) 309
[8.16]   P.W. Smith: Single-frequency lasers; in: Lasers, Hrsg.: A.K. Levine, A.J. DeMaria, Marcel Dekker Inc., NY, USA, 1976
[8.17]   Deutsches Patent DE 4242862
[8.18]   s. [8.2], S. 524
[8.19]   M.J. Adams, J. Buus: Two-segment cavity theory for mode selection in semiconductor lasers; IEEE J. Quantum Electron. 20 (1984) 99
[8.20]   M.B. Spencer, W.E. Lamb: Theory of two coupled lasers; Phys. Rev. A 5 (1972) 893
[8.21]   J.H. Osmundsen, N. Gade: Influence of optical feedback on laser frequency spectrum and threshold conditions; IEEE J. Quantum Electron. 19 (1983) 465
[8.22]   H.K. Choi, K.-L. Chen, S. Wang: Analysis of two-section coupled-cavity semiconductor lasers; IEEE J. Quantum Electron. 20 (1984) 385
[8.23]   R. Scheps, J. Myers: A single frequency Nd:YAG ring laser pumped by laser diodes; IEEE J. Quantum Electron. 26 (1990) 413
[8.24]   T.J. Kane: Coherent laser radiation at 1.06 microns using solid-state lasers; Dissertation, Stanford, USA, August 1986
[8.25]   T.J. Kane, R.L. Byer: Monolithic, unidirectional single-mode Nd:YAG ring laser; Opt. Lett. 10 (1985) 65
[8.26]   T.J. Kane, A.C. Nilsson, R.L. Byer: Frequency stability and offset locking of a laser-diode-pumped Nd:YAG monolithic nonplanar ring oscillator; Opt. Lett. 12 (1987) 175
[8.27]   A.C. Nilsson, E.K. Gustafson, R.L. Byer: Eigenpolarization theory of monolithic nonplanar ring oscillators; IEEE J. Quantum Electron. 25 (1989) 767
[8.28]   L.G. Kazovsky, D.A. Atlas: Miniature Nd:YAG lasers: noise and modulation characteristics; J. Lightwave Tech. 8 (1990) 294
[8.29]   C.C. Chen, M.Z. Win: Frequency noise measurement of diode-pumped Nd:YAG ring lasers; IEEE Photon. Tech. Lett. 2 (1990) 772
[8.30]   T.J. Kane: Intensity noise in diode-pumped single-frequency Nd:YAG lasers and its control by electronic feedback; IEEE Photon. Tech. Lett. 2 (1990) 244
[8.31]   W.R. Trutna Jr., D.K. Donald, M. Nazarathy: Unidirectional diode-laser-pumped Nd:YAG ring laser with a small magnetic field; Opt. Lett.12 (1987) 248
[8.32]   H. Nagai, M. Kume, I. Ohta, H. Shimizu, M. Kazumura: Noise generation in laser diode-pumped solid-state lasers due to mode hopping of pumping diodes; CLEO 92, Tech Digest, Beitrag CWG32 (1992) 280
[8.33]   R. Wallenstein; private Mitteilung, Universität Kaiserslautern, 1994
[8.34]   D.G. Scerbak: Monolithic unidirectional planar ring oscillators; SPIE Bd. 1223, Solid State Lasers (1990) 196

[8.35] Fa. Lightwave Electronics Corp., 897-5A Independence Av., Mountain View, Calif., USA
[8.36] E.A.P. Cheng, T.J. Kane: High-power single-mode diode-pumped Nd:YAG laser using a monolithic nonplanar ring resonator; Opt. Lett. 16 (1991) 478
[8.37] A.P. Cheng, T.A. Kane, R.W. Wallace: Injection chaining of diode-pumped single-frequency ring lasers for free-space communications; SPIE Bd.1417, Free Space Laser Communication Technologies III (1991) 300
[8.38] T.R. Steele: Introduction to diode-pumped solid-state lasers; Lightwave technical information; Lightwave Electr. Corp., 1993, S. 7
[8.39] T.J. Kane, E.A.P. Cheng: Fast frequency tuning and phase locking of diode-pumped Nd:YAG ring lasers; Opt. Lett. 13 (1988) 970
[8.40] I. Schütz, H. Welling, R. Wallenstein: Electrooptically fast tunable miniature diode laser pumped Nd:YAG ring oscillator; CLEO 90, Tech. Digest. Beitrag CMA6 (1990) 6
[8.41] T. Day, E.K. Gustafson, R.L. Byer: Active frequency-stabilization of a 1.062-µm, Nd:GGG diode-laser-pumped nonplanar ring oscillator to less than 3 Hz of relative linewidth; Opt. Lett. 15 (1990) 221
[8.42] E.C. Rea Jr., D. Craven, A.C. Nielsson, R.L. Byer: Single frequency, unidirectional, monolithic Nd:glass nonplanar ring laser; CLEO 89, Tech. Digest, Beitrag WH4 (1989) 222
[8.43] K.J. Williams, L. Goldberg, R.D. Esman, M. Dagenais, J.F. Weller: 6-34 GHz offset phase-locking of Nd:YAG 1319 nm nonplanar ring lasers; Electron. Lett. 25 (1989) 1242
[8.44] T.J. Kane, T.S. Kubo, R.W. Wallace: Diode-pumped, injection-seeded Tm:YAG laser; in: IEEE Lasers and Electro-Optics Society Annual Meeting, 1990, Tech. Digest, Beitrag SSL1.3/ThL3 (1990) 514
[8.45] T.J. Kane, T.S. Kubo: Diode-pumped single-frequency lasers and Q-switched lasers using Tm:YAG and Tm:Ho:YAG; OSA Proc. on Advanced Solid-State Lasers (Salt Lake City, 990), Bd. 6 (1991) 136
[8.46] R. Roy, P.A. Schulz, A. Walther: Acousto-optic modulator as an electronically selectable unidirectional device in a ring laser; Opt. Lett. 12 (1987) 672
[8.47] J. Neev, F.V. Kowalski: Unidirectional device for a ring laser using an acousto-optic modulator; Opt. Lett. 13 (1988) 375
[8.48] W.A. Clarkson, D.C. Hanna: Single frequency q-switched operation of a Nd:YLF ring laser; Opt. Commun. 84 (1991) 51
[8.49] M.K. Reed, W.K. Bischel: Acousto-optic modulators as unidirectional devices in ring lasers; CLEO 92, Tech. Digest, Beitrag CWG 38 (1992) 284
[8.50] V. Evtuhov, A.E. Siegman: A "twisted-mode" technique for optaining axially uniform energy density in a laser cavity; Appl. Opt. 4 (1965) 142
[8.51] K. Wallmeroth, P. Peuser: High-power, cw, single-frequency, TEM_{00}, diode-pumped Nd:YAG laser; Electron. Lett. 24 (1988) 1086
[8.52] D.A. Draegert: Efficient single-longitudinal-mode Nd:YAG laser; IEEE J. Quantum Electron. 8 (1972) 235
[8.53] N.P. Schmitt: Untersuchungen zum effizienten Pumpen von Festkörperlasern mit Halbleiter-Laserdioden; Diplomarbeit, Ludwig-Maximilians-Universität München, 1989
[8.54] J.M. Plorin: Aufbau eines Laserdioden-gepumpten Nd:YAG-Lasers mit hoher Frequenzstabilität; Diplomarbeit, TU München, 1991

314 Literatur

[8.55] J.M. Plorin, A. Mehnert, P. Peuser, N.P. Schmitt: Laser diode-pumped, actively stabilized 1 W single-frequency-laser for optical measurement and testing; in: Laser in der Technik (Laser 91), Hrsg.: W. Waidelich, Springer-Verlag, Berlin, 1992, S. 103

[8.56] K. Wallmeroth: Monolithic integrated Nd:YAG laser; Opt. Lett.15 (1990) 903

[8.57] J.C. Lee, S.D. Jacobs, T. Gunderman, A. Schmid, T.J. Kessler, M.D. Skeldon: TEM_{00}-mode and single-longitudinal-mode laser operation with a cholesteric liquid-crystal laser end mirror; Opt. Lett. 15 (1990) 959

[8.58] C.S. Adams, J. Vorberg, J. Mlynek: Single-frequency operation of a diode-pumped lanthanum-neodymium-hexaaluminate laser by using a twisted-mode cavity; Opt. Lett. 18 (1993) 420

[8.59] S. Heinemann: Laserdioden-gepumpte Mikrokristall-Laser; Diplomarbeit, TU München, 1990

[8.60] J.J. Zayhowski, A. Mooradian: Microchip lasers; OSA Proc. on Tunable Solid State Lasers (North Falmouth, 1989), Bd. 5 (1989) 288

[8.61] J.J. Zayhowski, A. Mooradian: Single-frequency microchip Nd lasers; Opt. Lett. 14 (1989) 24

[8.62] P. Gavrilovic, M.S. O'Neill, K. Meehan, J.H. Zarrabi, S. Singh, W.H. Grodkiewcz: Temperature-tunable, single frequency microcavity lasers fabricated from flux-grown YCeAG:Nd; Appl. Phys. Lett. 60 (1992) 1652

[8.63] G. Winzer, L. Vite, W. Krühler: Laser emission from miniaturized $NdAl_3(BO_3)_4$ crystals with directly applied mirrors; IEEE J. Quantum Electron. QE-14 (1978) 840

[8.64] G. Huber: Miniature Neodymium Lasers; in: Current Topics in Materials Science, Bd.4, Hrsg.: E. Kaldis, North Holland, Amsterdam, 1980, S. 1

[8.65] G.J. Dixon, L.S. Lingvay, R.H. Jarman: Close-coupled pumping of an intracavity-doubled lithium neodymium tetraphosphate laser; SPIE Bd. 1223, Solid-State Lasers (1990) 291

[8.66] N.P. Schmitt, P. Peuser, S. Heinemann, A. Mehnert: A model describing the single and multiple line spectra of tunable microcrystal lasers; Optics and Quantum Electron. 25 (1993) 527

[8.67] J.J. Zayhowski; Thermal Guiding in microchip lasers; OSA Proc. on Advanced Solid-State Lasers (Salt Lake City, 1990), Bd.6 (1991) 9

[8.68] N.P. Schmitt, S. Heinemann, A. Mehnert, P. Peuser: Abstimmbare Festkörperlaser; in: Laser in der Technik (Laser 93), Hrsg.: W. Waidelich, Springer Verlag, Berlin, 1994, S. 8,

[8.69] R. Scheps, D.F. Heller: Single-mode operation of a standing wave miniature Nd-laser pumped by laser diodes; Appl. Opt. 28 (1989) 5288

[8.70] A. Eda, K. Shimomura, F. Shimada, K. Yamada, K.Muro: Microchip lasers fabricated by a novel photolithography technique; CLEO 92, Tech. Digest, Beitrag CWG33 (1992) 282

[8.71] N.P. Schmitt, L. Wetenkamp, P. Steinbach, A. Mehnert, S. Heinemann, P. Peuser: Tunable laser diode pumped Nd:YAG microcrystal lasers at 1.4 μm; IEEE Photon. Tech. Lett. 6 (1994), im Druck

[8.72] s. [8.2], S. 470

[8.73] F. Zhou, A. I. Ferguson: Tunable single frequency operation of a diode laser pumped Nd:YAG microchip at 1.3 μm; Electron. Lett. 26 (1990) 490

[8.74] S. Heinemann, A. Mehnert. N.P. Schmitt, P. Peuser: Diodenlaser-gepumpte Miniatur-Festkörperlaser; Laser und Optoelektronik 24, Nr. 5, Oktober 1992, S. 48

[8.75] A. Owyoung, P. Esherick: Stress-induced tuning of a diode-excited monolithic Nd:YAG laser; Opt. Lett. 12 (1987) 999

[8.76] J.J. Zayhowski, A. Mooradian: Frequency-modulated Nd:YAG microchip lasers; Opt. Lett. 14 (1989) 618

[8.77] A. Yariv, P. Yeh: Optical Waves in Crystals; John Wiley and Sons, New York, 1984

[8.78] A.M. Prokhorov, Y.S. Kuz'minov: Ferroelectric crystals for laser radiation control; Adam Hilger, Bristol, 1990

[8.79] P.A. Schulz, S.R. Henion: Frequency-modulated Nd:YAG laser; Opt. Lett. 16 (1991) 578

[8.80] S.R. Henion, P.A. Schulz: Electrooptically tuned, single frequency Nd:YAG laser; CLEO 90, Tech. Digest, Beitrag CMA4 (1990) 4

[8.81] J.J. Zayhowski, P.A. Schulz, S.R. Henion: Diode-pumped composite-cavity electro-optically tuned microchip lasers; CLEO 93, Tech. Digest, Beitrag CThR4 (1993) 484

[8.82] A.A. Kaminskii: Laser and spectroscopic properties of activated ferroelectrics; Sov. Phys. Crystallography 17 (1972) 194

[8.83] L.F. Johnson, A.A. Ballman: Coherent emission from rare earth ions in electro-optic crystals; J. Appl. Phys. 40 (1969) 297

[8.84] N. MacKinnon, C.J. Norrie, B.D. Sinclair: Laser diode-pumped electro-optically tunable neodymium oxide lithium niobate ($Nd:MgO:LiNbO_3$) microchip laser; CLEO 93, Tech. Digest, Beitrag CThS12 (1993) 496

[8.85] J.A. Keszenheimer, K.F. Wall, S.F. Root: Electro-optic frequency modulation of microchip lasers; OSA Conf. on Advanced Solid-State Lasers (New Orleans, 1993), postdeadline paper PD1 (1993)

[8.86] E. Lallier, J.-P. Pocholle, M. Papuchon, Q. He, M. De Micheli, D.B. Ostrowsky, C. Grezes-Besset, E. Pelletier: Integrated $Nd:MgO:LiNbO_3$ FM mode-locked waveguide laser; Electron. Lett. 27 (1991) 936

[8.87] E. Lallier, J.P. Pocholle, M. Papuchon, C. Grezes-Besset, E. Pelletier, M. De Micheli, M.J. Li, Q. He, D.B. Ostrowsky: Laser oscillation of single-mode channel waveguide in $Nd:MgO:LiNbO_3$; Electron. Lett. 27 (1991) 1491

[8.88] T.Y. Fan, A. Cordova-Plaza, M.J.F. Digonnet, R.L. Byer, H.J. Shaw: $Nd:MgO:LiNbO_3$ spectroscopy and laser devices; J. Opt. Soc. Am. B 3 (1986) 140

[8.89] J.J. Zayhowski, J.A. Keszenheimer: Frequency tuning of microchip lasers using pump-power modulation; IEEE J. Quantum Electron. 28 (1992) 1118

[8.90] N.P. Schmitt, S. Heinemann, A. Mehnert, P. Peuser: Diode-laser pumped miniature solid state lasers; in: Laser in der Technik (Laser 91), Hrsg.: W. Waidelich, Springer-Verlag, Berlin, 1992, S. 599

[8.91] J.P. Cuthbertson, G.J. Dixon: Pump resonant excitation of the 946 nm Nd:YAG laser; Opt. Lett. 16 (1991) 396

[8.92] J.H. Zarrabi, P. Gavrilovic, J.E. Williams, M.S. O'Neill, S. Singh: Single-frequency, diode-pumped, neodymium-doped lanthanium oxysulfide microchip laser; CLEO 93, Tech. Digest, Beitrag CFE3 (1993) 588

[8.93]   P. Laporta, S. Taccheo, S. Longhi, O. Svelto, G. Sacchi: Diode-pumped microchip Er-Yb:glass laser; Opt. Lett. 18 (1993) 1232
[8.94]   M.E. Storm, G.J. Koch, W.W. Rohrbach: Single mode lasing of Ho:Tm:YAG at 2.091 µm in a monolithic crystal; OSA Proc. on Advanced Solid-State Lasers (Salt Lake City, 1990), Bd.6 (1991) 140
[8.95]   M.E. Storm, W.W. Rohrbach: Single-longitudinal-mode lasing of Ho:Tm:YAG at 2.091 µm; Appl. Opt. 28 (1989) 4965
[8.96]   G.J. Koch, J.P. Deyst, M.E. Storm: Single-frequency lasing of monolithic Ho,Tm:YLF; Opt. Lett. 18 (1993) 1235
[8.97]   S.W. Henderson, P.J.M. Suni, C.P. Hale: Diode-pumped 2 µm sources for laser radar; CLEO 92, Tech. Digest, Beitrag CMD3 (1992) 20
[8.98]   C.D. Nabors, A. Sanchez, A. Mooradian: High-power Nd:YAG microchip laser array; LEOS 92, Conf. Proc., Beitrag SSLT6.4 (1992) 495
[8.99]   C.D. Nabors: Coherent coupling of microchip arrays; LEOS 92, Conf. Proc., Beitrag SSLT7.1 (1992) 497
[8.100] C.D. Nabors, J.J. Zayhowski, R.L. Aggarwal, J.R. Ochoa, J.L. Daneu, A. Mooradian: High-power Nd:YAG microchip arrays; OSA Proc. on Advanced Solid-State Lasers (Santa Fe, 1992), Bd. 13 (1992)S. 234
[8.101] I. Chartier, B. Ferrand, D. Pelenc, S.J. Field, D.C. Hanna, A.C. Large, D.P. Shepherd, A.C. Tropper: Growth and low-threshold laser oscillation of an epitaxially grown Nd:YAG waveguide; Opt. Lett. 17 (1992) 810
[8.102] s. [8.2], S. 466
[8.103] J.J. Zayhowski: The effects of spatial hole burning and energy diffusion on the single-mode operation of standing wave lasers; IEEE J. Quantum Electron. 26 (1990) 2052
[8.104] J.J. Zayhowski: Limits imposed by spatial hole burning on the single-mode operation of standing-wave cavities; Opt. Lett. 15 (1990) 431
[8.105] G.J. Kintz, T. Baer: Single-frequency operation in solid state laser materials with short absorption depths; IEEE J. Quantum Electron. 26 (1990) 1457
[8.106] H. Imai, M. Daimon: Single-mode laser using a Nd:YVO$_4$ crystal 100 µm thick in a 50 mm long cavity; CLEO 93, Tech. Digest, Beitrag CWJ27 (1993) 304
[8.107] M. Saratuwatari, T, Kimura, K. Otsuka: Miniaturized cw LiNdP$_4$O$_{12}$ laser pumped with a semiconductor laser; Appl. Phys. Lett. 29 (1976) 291
[8.108] K. Kubodera, K. Otsuka: Efficient LiNdP$_4$O$_{12}$ lasers pumped with a laser diode; Appl. Opt. 18 (1979) 3882
[8.109] K. Kubodera, J. Noda: Pure single-mode LiNdP$_4$O$_{12}$ solid-state laser transmitter for 1.3-µm fiber-optic communications; Appl. Opt. 21 (1982) 3466
[8.110] G.J. Dixon, R.H. Jarman: Properties of miniature lithium neodymium tetraphosphate microlasers with high intensity IR pumping, CLEO 89, Tech. Digest, Beitrag TUJ62 (1989) 112
[8.111] A.L. Schawlow, L.H. Townes: Infrared and optical masers; Phys. Rev. 112 (1958) 1940
[8.112] N. Uehara, K.I. Ueda: 193-mHz beat linewidth of frequency-stabilized laser-diode-pumped Nd:YAG ring lasers; Opt. Lett. 18 (1993) 505
[8.113] D. Shoemaker, A. Brillet, C.N. Man, O. Cregut, G. Kerr: Frequency-stabilized laser-diode-pumped Nd:YAG laser; Opt. Lett. 14 (1989) 609
[8.114] D. Hils, J. Hall: Response of a Fabry-Perot-cavity to phase modulated light; Rev. Sci. Instrum. 58 (1987) 1406

[8.115] G.A. Kerr, N.A. Robertson, J. Hough, C.N. Man: The fast frequency stabilisation of an argon laser to an optical resonator using an extra-cavity electro-optic modulator; Appl. Phys. B 37 (1985) 11
[8.116] K.-D. Salewski: private Mitteilung, Universität Greifswald, 1994
[8.117] W. Demtröder: Laser Spectroscopy; 2. Auflage, Springer-Verlag, Berlin, 1982, S. 296
[8.118] F. Zhou, A.I. Ferguson: Frequency stabilization of a diode-laser-pumped microchip Nd:YAG laser at 1.3 µm; Opt. Lett. 16 (1991) 79
[8.119] R.V. Pound: Electronic frequency stabilization of microwave oscillators; Rev. Sci. Instr. 17 (1946) 490
[8.120] A.S.W. Drever, J.L. Hall, F.V. Kowalski, J. Hough, G.M. Ford, A.J. Munley, H. Ward: Laser phase and frequency stabilization using an optical resonator; Appl. Phys. B 31 (1983) 97
[8.121] T.W. Hänsch, B. Couillaud: Laser frequency stabilization by polarization spectroscopy of a reflecting reference cavity; Opt. Commun. 35 (1980) 441
[8.122] D. Hills, J.L. Hall: Response of a Fabry-Perot cavity to phase modulated light; Rev. Sci. Instrum. 58 (1987) 1406
[8.123] Ch. Salomon, D. Hills, J.L. Hall: Laser stabilization at the millihertz level; J. Opt. Soc. Am. B 5 (1988) 1576
[8.124] T. Day, A.C. Nilsson, M.M. Fejer, A.D. Farinas, E.K. Gustafson, C.D. Nabors, R.L. Byer: 30 Hz-linewidth, diode-laser-pumped Nd:GGG nonplanar ring oscillators by active frequency stabilization; Electron. Lett. 25 (1989) 810
[8.125] R. Müller: Rauschen; Springer-Verlag, Berlin, 1979
[8.126] D. Shoemaker, A. Brillet, C.N. Man, O. Cregut; private Mitteilung, Paris, 1989
[8.127] K. Ueda, N. Uehara: Ultrastabilized solid-state lasers for gravitational wave detection; CLEO 93, Tech. Digest, Beitrag CThR3 (1993) 482
[8.128] S. Gerstenkorn, P. Luc: Atlas du spectre d'absorption de la molecule d'iode; Laboratoire Aimé Cotton, Orsay, Frankreich 1980
[8.129] A. Arie. E.K. Gustafson, R.L. Byer: Absolute frequency stabilization of diode-laser-pumped Nd:YAG lasers using the Doppler-free absorption lines of iodine; CLEO 92, Tech. Digest (post deadline papers), Beitrag CPD4 (1992)
[8.130] R. Heilmann, J. Kuschel: Absolute frequency locking of diode-pumped Nd:YAG laser for application in free-space optical communication; Electron. Lett. 29 (1993) 810
[8.131] K. Wallmeroth, R. Letterer: Cesium frequency standard for lasers at λ =1.06 µm; Opt. Lett. 15 (1990) 812
[8.132] R. Heilmann, J. Kuschel: Frequency stabilization of diode-pumped solid-state lasers for application in free-space communication; CLEO 93 Tech. Digest, Beitrag CWJ105 (1993) 370
[8.133] D. Scarl: Absolute wavelength standard for tunable 1341-nm Nd^{3+}:YALO$_3$ laser; OSA Proc. on Tunable Solid State Lasers (North Falmouth, 1989), Bd.5 (1989) 112
[8.134] D. Scarl: Atomic wavelength reference for a temperature-tunable 1341-nm Nd^{3+}:YALO$_3$ laser; Opt. Lett. 24 (1989) 996
[8.135] A.L.S. Smith, S. Moffatt: Opto-galvanic stabilized CO_2 Laser; Opt. Commun. 30 (1979) 213

[8.136] W. Seelert, W. Skrlac, H.P. Kortz: 1-W single-frequency diode-pumped Nd:YAG laser system; OSA Proc. on Advanced Solid-State Lasers (Hilton Head, 1991), Bd.10 (1991) 261

[8.137] O. Cregut, C.N. Man, D. Shoemaker, A. Brillet, A. Mehnert, P. Peuser, N.P. Schmitt, P. Zeller, K. Wallmeroth: 18 W single-frequency operation of an injection-locked, cw, Nd:YAG laser; Phys. Lett. A 140 (1989) 294

[8.138] C.D. Nabors, A.D. Farinas, T. Day, S.T. Yang, E.K. Gustafson, R.L. Byer: Injection locking of a 13 W cw Nd:YAG ring laser; Opt. Lett. 14 (1989) 1189

[8.139] D. Golla, H. Zellmer, I. Freitag, I. Kropke, H. Welling: 15 W single-frequency operation of a cw, diode laser-pumped Nd:YAG ring laser; CLEO 93 Tech. Digest, Beitrag CThR1 (1993) 480

[8.140] G.T. Maker, A.L. Ferguson: Single-frequency Q-switched operation of a diode-laser-pumped Nd:YAG laser; Opt. Lett. 13 (1988) 461

[8.141] L.J. Bromley, D.C. Hanna: Single-frequency q-switched operation of a diode-laser-pumped Nd:YAG ring laser using an acousto-optic modulator; Opt. Lett. 16 (1991) 378

[8.142] W.A. Clarkson, D.C. Hanna: Acousto-optically induced Q-switched operation of a miniaturized diode-pumped Nd:YLF ring laser; CLEO 91 Tech. Digest, Beitrag CFJ1 (1991) 522

[8.143] J.J. Zayhowski: Pulsed operation of microchip lasers; OSA Proc. on Advanced Solid-State Lasers (Hilton Head, 1991), Bd.10 (1991) 265

[8.144] J.J. Zayhowski, J. Ochoa, A. Mooradian: Gain-switched pulsed operation of microchip lasers; Opt. Lett. 14 (1989) 1318

[8.145] A. Owyoung, G.R. Hadley, P. Esherick, R.L. Schmitt, L.A. Rahn: Gain switching of a monolithic single-frequency laser-diode-excited Nd:YAG laser; Opt. Lett. 10 (1985) 484

[8.146] J.J. Zayhowski, C. Dill III.: Diode-pumped microchip lasers electro-optically Q-switched at high pulse repetition rates; Opt. Lett. 17 (1992) 1201

[8.147] J.E. Bernard, V.D. Lokhnygin, A.J. Alcock: Grating-tuned, single-longitudinal-mode, diode-pumped Nd:YVO$_4$ laser; Opt. Lett. 18 (1993) 2020

[8.148] K.D. Salewski, A. Wolfram, K.H. Bechstein, W. Fuchs, N.P. Schmitt: Absolute Distanzinterferometrie (ADI) mit abstimmbaren Festkörperlasern; 95. Jahrestagung der Deutschen Gesellschaft für angewandte Optik, 24.-28. Mai 1994, Berchtesgaden, Vortrag B 29

[8.149] K. Danzmann, H. Ruder: Gravitationswellen; Phys. Bl. 49, Nr. 2 (1993) 103

[8.150] D. Shoemaker, W. Winkler, K. Maischberger, A. Rüdiger, R. Schilling, L. Schnupp: Progress with the Garching 30-meter prototype for a gravitational wave detector; presented at the Fourth Grossmann Meeting, Rom, Juni 1985

[8.151] W. Winkler, K. Maischberger, A. Rüdiger, R. Schilling, L. Schnupp. D. Shoemaker: Plans for a large gravitational wave antenna in Germany; Fourth Grossmann Meeting, Rom, Juni 1985

[8.152] Ch. Werner, V. Klein, K. Weber: Luftschadstoffmessungen mit Laser; Springer-Verlag, Berlin, 1993

[8.153] R, Kramer, H. Müller, D. Dopheide, J. Czarske, N.P. Schmitt: LDV-system with frequency shift using two modes of a Nd:YAG micro crystal laser; Seventh int. symp. on application of laser techniques to fluid mechanics, Lissabon, Juli 1994

[8.154] T. Chin, R.C. Morris, O. Kafri, M. Long, D.F. Heller: Athermal Nd:BEL lasers; SPIE Bd. 622, High Power and Solid State Lasers (1986) 53
[8.155] W. Holzapfel, M. Finnemann: High-resolution force sensing by a diode-pumped Nd:YAG laser; Opt. Lett. 18 (1993) 2062

Kapitel 9

[9.1] J.D. Bierlein, H. Vanherzeele: Potassium titanyl phosphate: Properties and new applications; J. Opt. Soc. Am. B 6 (1989) 622
[9.2] W.J. Kozlovsky, C.D. Nabors, R.L. Byer: Efficient second harmonic generation of a diode-laser-pumped cw Nd:YAG laser using monolithic $MgO:LiNbO_3$ external resonant cavities; IEEE J. Quantum Electron. 24 (1988) 913
[9.3] J.-C. Baumert, P. Günter: Noncritically phase-matched sum frequency generation and image up-conversion in $KNbO_3$ crystals; Appl. Phys. Lett. 50 (1987) 554
[9.4] W. Seelert, P. Kortz, D. Rytz, B. Zysset, D. Ellgehausen, G. Mizell: Second-harmonic generation and degradation in critically phase-matched $KNbO_3$ with a diode-pumped Q-switched Nd:YLF laser; Opt. Lett. 17 (1992) 1432
[9.5] F. Xie, B. Wu, G. You, C. Chen: characterization of LiB_3O_5 crystal for second-harmonic generation; Opt. Lett. 16 (1991) 1237
[9.6] G.A. Rines, R.A. Schwarz, P.F. Moulton: Diode-laser-pumped, cw, Nd:YLF laser with efficient intracavity second harmonic generation; OSA Conf. on Avanced Solid-State Lasers (Salt Lake City, 1994), Tech. Digest, Beitrag ATuD3 (1994) 178
[9.7] W. Rupp, P. Greve: Cw-intracavity frequency doubling with different crystals; SPIE Bd. 1017, Nonlinear Optical Materials (1988) 162
[9.8] L.Y. Liu, M. Oka, W. Wiechmann, S. Kubota: Longitudinally diode-pumped continuous-wave 3.5-W green laser; Opt. Lett. 19 (1994) 189
[9.9] G. Hollemann, E. Peik, H. Walther: Frequency-stabilized diode-pumped Nd:YAG laser at 946 nm with harmonics at 473 and 237 nm; Opt. Lett. 19 (1994) 192
[9.10] P. Durkin, S.G. Post: Compact, cw, 1.25 Watt green, diode-pumped solid-state laser; OSA Conf. on Avanced Solid-State Lasers (Salt Lake City, 1994), Tech. Digest, Beitrag AMF5 (1994) 95
[9.11] T. Baer: Large-amplitude fluctuations due to longitudinal mode coupling in diode-pumped intracavity-doubled Nd:YAG lasers; J. Opt. Soc. Am. B 3 (1986) 1175
[9.12] M. Oka, S. Kubota: Stable intracavity doubling of orthogonal linearly polarized modes in diode-pumped Nd:YAG lasers; Opt. Lett. 13 (1988) 805
[9.13] H. Nagai, M. Kume, I. Ohta, H. Shimizu, M. Kazumura: Noise reduction in a diode-pumped intracavity-doubled Nd:YAG laser by using a Brewster plate; CLEO 91, Tech. Digest, Beitrag CFJ4 (1991) 524
[9.14] G.E. James, E.M. Harrell II, C. Bracikowski, K. Wiesenfeld, R. Roy: Elimination of chaos in an intracavity-doubled Nd:YAG laser; Opt. Lett. 15 (1990) 1141

[9.15] E.R. Hunt: Stabilizing high-period orbits in a chaotic system: The diode resonator; Phys. Rev. Lett. 67 (1991) 1953
[9.16] R. Roy, T.W. Murphy, Jr., T.D. Maier, Z. Gills, E.R. Hunt: Dynamical control of a chaotic laser: Experimental stabilization of a globally coupled system; Phys. Rev. Lett. 68 (1992) 1259
[9.17] D.W. Anthon, D.L.Sipes, T.J. Pier, M.R. Ressl: Intracavity doubling of cw diode-pumped Nd:YAG lasers with KTP; IEEE J. Quantum Electron. 28 (1992) 1148
[9.18] L.R. Marshall, A. Kaz, A.D. Hays, R.L. Burnham: 3-W continuous-wave diode-pumped 532-nm laser; Opt. Lett. 17 (1992) 1110
[9.19] N.P. Schmitt, S. Heinemann, A. Mehnert, P. Peuser: Diode-laser pumped miniature solid state lasers; in: Laser in der Technik (Laser 91), Hrsg.: W. Waidelich, Springer-Verlag, Berlin, 1992, S. 599
[9.20] J.-P. Meyn, G. Huber: Intracavity frequency doubling of a continuous wave, diode laser-pumped neodymium lanthanum scandium borate laser; Opt. Lett. (1994), im Druck
[9.21] C.D. Nabors, W.J. Kozlovsky, R.L.Byer: Efficient second harmonic generation of a diode-pumped cw Nd:YAG laser using an externally resonant cavity; SPIE Bd. 898, Miniature Optics and Lasers (1988) 105
[9.22] A. Ashkin, G.D. Boyd, J.M. Dziedzic: Resonant optical second harmonic generation and mixing; IEEE J. Quantum Electron. QE-2 (1966) 109
[9.23] G.D. Boyd, D.A. Kleinman: Parametric interaction of focussed Gaussian beams; J. Appl. Phys. 39 (1968) 3597
[9.24] D.C. Gerstenberger, G.E. Tye, R.W. Wallace: Efficient second-harmonic conversion of cw single-frequency Nd:YAG laser light by frequency locking to a monolithic ring frequency doubler; Opt. Lett. 16 (1991) 992
[9.25] R. Paschotta, K. Fiedler, P. Kürz, R. Henking, S. Schiller, J. Mlynek: 82 % efficient cw frequency-doubling of 1.06 µm using a monolithic MgO:LiNbO$_3$ resonator; Opt. Lett. (1994), im Druck
[9.26] S.T. Yang, C.C. Pohalski, E.K. Gustafson, R.L.Byer, R.S. Feigelson, R.J. Raymakers, R.K. Route: 6.5-W, 532-nm radiation by cw resonant external-cavity second-harmonic generation of an 18-W Nd:YAG laser in LiB$_3$O$_5$; Opt. Lett. 16 (1991) 1493
[9.27] P.N. Kean, G.J. Dixon: Efficient sum-frequency upconversion in a resonantly pumped Nd:YAG laser; Opt. Lett. 17 (1992) 127
[9.28] K. Fiedler, S. Schiller, R. Paschotta, P. Kürz, J. Mlynek: 50% conversion efficiency at 5mW for second-harmonic generation in a doubly-resonant cavity; CLEO 93, Tech. Digest, Beitrag CPD17 (1993) 702
[9.29] I. Schütz, I. Freitag, R. Wallenstein: Miniature self-frequency doubling cw Nd:YAB laser pumped by a diode laser; Opt. Commun. 77 (1990) 221
[9.30] S.C. Wang, R.E. Stone, R.C. Spitzer, T.G. Dziura: Performance characteristics of a diode laser-pumped NYAB laser; LEOS 90, Conference Proc., Beitrag ELT8.4 (1990) 150
[9.31] S.C. Wang, R.E. Stone, J.T. Lin: Characteristics of neodymium aluminum borate as a diode-pumped laser material; OSA Proc. on Advanced Solid-State Lasers (Salt Lake City, 1990), Bd.6 (1991) 23
[9.32] H. Hemmati: Diode-pumped self-frequency-doubled Neodymium Yttrium Aluminum Borate (NYAB) laser; IEEE J. Quantum Electron. 28 (1992) 1169

[9.33]   Y.X. Fan, R. Schlecht, M.W. Qiu, D. Luo, A.D. Jiang, Y.C. Huang: Spectroscopic and nonlinear-optical properties of a self-frequency-doubling NYAB crystal; OSA Proc. on Advanced Solid-State Lasers (Santa Fe, 1992) Bd. 13 (1992) 371
[9.34]   R. Wallenstein, private Mitteilung, Universität Kaiserslautern, 1993
[9.35]   J.H. Zarrabi, P. Gavrilovic, S. Singh: Monolithic, self-frequency doubled, neodymium-doped yttrium aluminium borate green laser with low intensity noise; Electron. Lett. 29 (1993) 1769
[9.36]   T.Y. Fan, A. Cordova-Plaza, M.J.F. Digonnet, R.L. Byer: Nd:MgO:LiNbO$_3$ spectroscopy and laser devices; J. Opt. Soc. Am. B 3 (1987) 140
[9.37]   R. Li, C. Xie, J. Wang, X. Liang, K. Peng, G. Xu: Cw Nd:MgO:LiNbO$_3$ self-frequency doubling laser at room temperature; IEEE J. Quantum Electron. 29 (1993) 2419
[9.38]   A. Cordova-Plaza, T.Y. Fan, M.J.F. Digonnet, R.L.Byer, H.J. Shaw: Nd:MgO:LiNbO$_3$ continuous-wave laser pumped by a laser diode; Opt. Lett. 13 (1988) 209
[9.39]   A.A. Kaminski, H.J. Eichler, D. Grebe, R. Macdonald, S.N. Bagaev, A.V. Butashin, E.A. Fedorov: Highly efficient cw-diode-laser pumped stimulated emission of Nd^{3+} doped acentric La$_3$Ga$_{5.5}$Nb$_{0.5}$O$_{14}$, La$_3$Ga$_{5.5}$Ta$_{0.5}$O$_{14}$ and LaBGeO$_5$ single crystals; Appl. Phys. (1994), im Druck
[9.40]   C.D. Nabors, R.C. Eckardt, W.J. Kozlovsky, R.L.Byer: Efficient, single-axial mode operation of a monolithic MgO:LiNbO$_3$ optical parametric oscillator; Opt. Lett. 14 (1989) 1134
[9.41]   S.T. Yang: Cw singly resonant KTP optical parametric oscillator; in R.L. Byer: Diode pumped solid state lasers; Euroschool of Quantum Electronics, Elba, Italien, Sept. 1992
[9.42]   A. Kaz, L.R. Marshall: Continuous wave diode-pumped lasers and parametric oscillators; CLEO 93, Tech. Digest, Beitrag CWD1 (1993) 244
[9.43]   L.R. Marshall, A. Kaz, R. Burnham: Nonlinear cavity dumping; CLEO 93, Tech. Digest, Beitrag CThK7 (1993) 436
[9.44]   G.J. Quarles, C.L.Marquardt, L. Esterowitz: 2µm-pumped AgGaSe$_2$ optical parametric oscillator with continuous tuning between 2.49 and 12.05 µm; LEOS 90, Conference Proc., Beitrag ELT7.1 (1990) 128
[9.45]   N. Bloembergen: Solid state infrared quantum counter; Phys. Rev. Lett. 2 (1959) 84
[9.46]   F. Auzel: Compteur quantique par transfert d'energie entre deux ions de terres rares dans un tungstate mixture et dans un verre; C. R. Acad. Sci., Paris, Bd. 262 (1966) 1016
[9.47]   J.S. Chivian, W.E. Case, D.D. Eden: The photon avalanche: A new phenomenon in Pr^{3+}-based infrared quantum counters; Appl. Phys. Lett. 35 (1979) 124
[9.48]   L.F. Johnson, H.J. Guggenheim: Infrared-pumped visible laser; Appl. Phys. Lett. 19 (1971) 44
[9.49]   A.J. Silversmith, W. Lenth, R.M. Macfarlane: Green infrared-pumped erbium upconversion laser; J. Opt. Soc. Am. A3 (1986) 128 und Appl. Phys. Lett. 51 (1987) 1977
[9.50]   B.M. Antipenko, S.P. Voronin, T.A. Privalova: Anti-Stokes conversion of neodymium laser radiation by cooperative processes; Sov. Phys. Tech. Phys. 32 (1987) 208

[9.51]   D. Piehler: Upconversion process creates compact blue/green lasers; Laser Focus World, November 1993, S. 95
[9.52]   J. Massicott, M.C. Brierley, R. Wyatt, S.T. Davey, D. Szebesta: Low threshold, diode pumped operartion of a green, Er^{3+} doped fluoride fibre laser; Electron. Lett. 29 (1993) 2119
[9.53]   D. Piehler, D. Craven, N. Kwong, H. Zarem: Laser-diode-pumped red and green upconversion fibre lasers; Electron. Lett. 29 (1993) 1857
[9.54]   S.G. Grubb, K.W. Bennett, R.S. Cannon, W.F. Humer: Cw room temperature blue upconversion fibre laser; Electron. Lett. 28 (1992) 1243
[9.55]   R. Brede, E. Heumann, J. Koetke, T. Danger, G. Huber, B. Chai: Green upconversion laser emission in Er-doped crystals at room temperature; Appl. Phys. Lett. 63 (1993) 2030
[9.56]   F. Heine, E. Heumann, T. Danger, T. Schweizer, B. Chai, G. Huber: Green upconversion cw Er^{3+}:$LiYF_4$ laser at room temperature; Appl. Phys. Lett. (1994), im Druck

Abkürzungen:

CLEO: Conference on Lasers and Electro-Optics
IEEE: The Institute of Electrical and Electronics Engineers
LEOS: IEEE Lasers and Electro-Optics Society Annual Meeting
OSA: The Optical Society of America
SPIE: The Society of Photo-Optical Instrumentation Engineers

Quellenverzeichnis

(Angegeben sind diejenigen Quellen, die nicht als Literaturreferenz zitiert sind oder bei denen eine besondere Genehmigung erforderlich war)

Kapitel 1

[Q1.1]   R.J. Keyes, T.M. Quist: Injection luminescent pumping of $CaF_2:U^{3+}$ with GaAs diode lasers; Appl. Phys. Lett. 4 (1964) 50. Mit Genehmigung des American Institute of Physics und R.J. Keyes

Kapitel 2

[Q2.1]   R. Scheps, J. Myers, E.J. Schimitschek: Nd:BEL laser pumped by laser diodes; SPIE Bd. 898, Miniature Optics and Lasers (1988) 91

Kapitel 4

[Q4.1]   D. Evans, SDL Inc., San Jose, USA
[Q4.2]   M. Sakamoto, D.F. Welch, J.G. Endriz, W. Streifer, D.R. Scifres: Fifty-five-Watt continuous-wave monolithic laser diode arrays; CLEO 89, Tech. Digest, Beitrag THS4 (1989) 358
[Q4.3]   F. Baberg, J. Luft: GaAlAs-Halbleiterlaser für hohe Leistungen; Laser und Optoelektronik 20(4) (1988) 49; (mit Genehmigung von U. Brinkmann)
[Q4.4]   R.G. Waters, P.L.Tihanyi, D.S. Hill, B.A. Soltz: Progress in single quantum well structures for high power laser device applications; SPIE Bd.893, High Power Laser Diodes and Applications (1988) 203
[Q4.5]   R.S. Geels, D.F. Welch, D.R. Scifres, D.P. Bour, D.W. Treat, R.D. Bringans: 20-W cw monolithic visible diode array; CLEO 93, Tech. Digest, Beitrag CThQ3 (1993) 478
[Q4.6]   M. Jansen, S.S. Ou, J.J. Yang, M. Sergant, C. Hess, C. Tu, F. Alvarez, H. Bobitch: High power (1.4 W cw), reliable, surface-emitting laser diodes with all-etched mirrors; CLEO 93, Tech. Digest, Beitrag CThE1 (1993) 398
[Q4.7]   S.S. Ou, J.J. Yang, M. Jansen: 635-nm GaInP/GaAlInP surface-emitting laser diodes; CLEO 93, Tech. Digest, Beitrag CTuN18 (1993) 398
[Q4.8]   D.F. Welch, R. Waarts, D. Mehuys, W. Streifer, D.R. Scifres: Uniform, high differential efficiency, grating-coupled-surface-emitting lasers; CLEO 90, Tech. Digest, Beitag CThJ1 (1990) 430
[Q4.9]   J.J. Yang, L. Lee, M. Jansen, M. sergant, S.S. Ou, J. Wilcox: Monolithic two dimensional surface emitting arrays of GaAs/AlGaAs lasers; SPIE Bd. 893, High Power Laser Diodes and Applications (1988) 181

[Q4.10] R. Parke, D.F. Welch, S. O'Brien, R. Lang: 3.0-W cw diffraction-limited performance from a monolithically integrated master oscillator power amplifier; CLEO 93, Tech. Digest, Beitrag CTuI4 (1993) 108
[Q4.11] R. Wallenstein, Universität Kaiserslautern
[Q4.12] SPIE Bd.893, High Power Laser Diodes and Applications (1988) S. 134, panel discussion
[Q4.13] SPIE Bd. 893, High Power Laser Diodes and Applications (1988) S. 163, panel discussion
[Q4.14] W. Benett, B. Freitas, D. Ciarlo, R. Beach, S. Sutton, P. Reichert, V. Sperry: Scalable high average power diode arrays using microchannel cooling; CLEO 93, Tech. Digest, Beitrag CThE8 (1993) 404
[Q4.15] S. Heinemann, TU Berlin

Kapitel 5

[Q5.1] N. Sims, M.G. Jani: Laterally diode pumped c-axis Nd:YLF laser; OSA Conf. on Advanced Solid-State Lasers (New Orleans, 1993), Tech. Digest, Beitrag AMB8 (1993) 38
[Q5.2] A. Pfeiffer, Ludwigs-Maximilians-Universität München
[Q5.3] T. Chuang, H.R. Verdun: Energy transfer up-conversion and excited state absorption of 1.047 µm laser radiation in Nd:YLF laser crystals pumped in the 800 nm region; OSA Conf. on Advanced Solid-State Lasers (Salt Lake City, 1994) Tech. Digest, Beitrag AWC4 (1994) 239
[Q5.4] T. Chin, R.C. Morris, O. Kafri, M. Long, D.F. Heller: Athermal Nd:BEL; CLEO 86, Tech. Digest, Beitrag WM2 (1986) 212
[Q5.5] W.J. Kozlowsky, T.Y. Fan, R.L.Byer: Diode-pumped monolithic cw Nd:glass laser; CLEO 86, Tech. Digest, Beitrag WG4 (1986) 168
[Q5.6] G. Huber, Universität Hamburg
[Q5.7] T. Jensen, J.-P. Meyn, G. Huber, V.G. Ostroumov, A.J. Zagumennyi, J.A. Shcherbakov: Spectroscopic properties and lasing of $Nd:GdVO_4$ pumped by a diode laser and a Ti:sapphire; CLEO 93, Tech. Digest, Beitrag CFE4 (1986) 590
[Q5.8] X.X. Zhang, M. Bass, J. Lefaucheur, A. Pham, A.B. Villaverde, B.H.T. Chai: Laser performance of a new laser crystal - $Nd:GdLiF_4$; OSA Conf. on Advanced Solid-State Lasers (New Orleans, 1993), Tech. Digest, Beitrag AMC2 (1993) 55
[Q5.9] S.A. Payne, W.F. Krupke, L.K. Smith, L.D. DeLoach, W.L. Kway: Laser properties of Yb-doped Fluorapatite; OSA Proc. on Advanced Solid-State Lasers (Santa Fe, 1992), Bd. 13 (1992) 227
[Q5.10] S.A. Payne, W.F. Krupke, L.K. Smith, W.L. Kway, L.D. DeLoach: Wing-pumping of the Cr:LiSAF laser material; OSA Proc. on Advanced Solid-State Lasers (Santa Fe, 1992), Bd. 13 (1992) 56
[Q5.11] L.K. Smith, S.A. Payne, L.L. Chase, W.L. Kway, B.H.T. Chai: $LiSrGaF_6:Cr^{3+}$ - a new laser material of the colquiriite structure; CLEO 91, Tech. Digest, Beitrag CThH1 (1991) 388
[Q5.12] R.C. Stoneman, J.G. Lynn, L. Esterowitz: Laser-pumped 2.8 µm Er^{3+}:GSGG laser; CLEO 91, Tech. Digest, Beitrag CTuO6 (1991) 134
[Q5.13] S. Nikolov, DLR Oberpfaffenhofen

[Q5.14] J. Hecht: Laser action in fibers promises a revolution in communications; Laser Focus World, Feb. 1993, S. 75

Kapitel 6

[Q6.1] J. Plorin; Festkörperlaser-Institut Berlin
[Q6.2] J. Plorin: Aufbau eines Laserdioden-gepumpten Nd:YAG-Lasers mit hoher Frequenzstabilität; Diplomarbeit, Technische Universität München, Feb. 1991
[Q6.3] S.C. Tidwell, J.F. Seamans, M.S. Bowers: Efficient diode-pumped cw Nd:YAG laser with 60 W near-diffraction-limited output; OSA Conf. on Advanced Solid-State Lasers (New Orleans, 1993), Tech. Digest, Beitrag AMA5 (1993) 14
[Q6.4] H. Klingenberg, DLR Stuttgart, 1994
[Q6.5] T.M. Baer, D.F. Head: High efficiency diode-bar pumped solid state laser using a tightly folded resonator; CLEO 89, Tech. Digest, Beitrag FJ5 (1989) 416
[Q6.6] nach G.P.A. Malcolm, A.I. Ferguson: Mode-locking of diode laser-pumped solid-state lasers; Optical and Quantum Electron. 24 (1992) 705
[Q6.7] A. Pfeiffer: Passives Güteschalten miniaturisierter diodengepumpter Festkörperlaser mit Cr^{4+}:YAG; Diplomarbeit, Ludwig-Maximilians-Universität München, 1994
[Q6.8] R. Beach, J. Davin, S. Velsko, W. Benett, B. Freitas, P. Reichert, S. Mitchell, R. Solarz: 100-mJ, Q-switched, diode-end-pumped Nd^{3+}:YLF laser oscillator; CLEO 93, Tech. Digest, Beitrag CFM6 (1993) 644
[Q6.9] Z.D. Popovic, R.A. Sprague, G.A.N. Connell: A process for monolithic fabrication of microlenses on integrated circuits; SPIE Bd. 898, Miniature Optics and Lasers (1988) 23

Kapitel 8

[Q8.1] nach R.L. Byer: Diode laser-pumped solid-state lasers; Science 239 (1988) 742
[Q8.2] W.R. Trutna, Jr., D.K. Donald, M. Nazarathy: Quasiplanar unidirectional ring laser; CLEO 87, Tech. Digest, Beitrag WN2 (1987) 188
[Q8.3] T.J. Kane, E.A.P. Cheng: Fast frequency tuning and phase locking of diode-pumped Nd:YAG ring lasers; Opt. Lett. 13 (1988) 970. Mit Genehmigung der Optical Society of America und T.J. Kane.
[Q8.4] mit Genehmigung von Ch. Werner, DLR Oberpfaffenhofen
[Q8.5] S. Heinemann, A. Mehnert, P. Peuser, N.P. Schmitt: Laserdiodengepumpte Mikrokristall-Laser für die optische Meß- und Prüftechnik; Laser Magazin 3 (1992) 26
[Q8.6] D. Shoemaker, A. Brillet, C.N. Man, O. Cregut, G. Kerr: Frequency-stabilized laser-diode-pumped Nd:YAG laser; Opt. Lett. 14 (1989) 609. Mit Genehmigung der Optical Society of America und A. Brillet.

Kapitel 9

[Q9.1] M.Oka, H. Masuda, Y. Kaneda, S. Kubota: Laser diode pumped 1-W cw green laser; CLEO 90, Tech. Digest, Beitrag CWC5 (1990) 232
[Q9.2] S. Schiller, Universität Konstanz
[Q9.3] W. Lenth, R.M. McFarlane: Upconversion lasers; Optics and Photonics News, Optical Society of America, Bd. 3, Nr. 3, März 1992, S. 8
[Q9.4] D. Piehler, D. Craven, N. Kwong, H. Zarem: Laser diode-pumped visible upconversion fiber laser; CLEO 93, Tech. Digest, Beitrag CThF3 (1993) 406

Sachwortverzeichnis

Aberration, sphärische 200
Absorber, sättigbarer 151, 154
Absorption 16
  (Pumplicht) 179
  optimale 157
Absorptions-
  effizienz 16, 46
  koeffizient .. 16, 31, 33, 139, 179
  profile 211
  wirkungsquerschnitt 137
Abstimmbereich 239, 254
Abstimmung
  einfrequente 233, 238, 265
  elektrooptische 170, 233, 248f
  piezoelektrische 247f
  thermische 244ff
Aktiver-Spiegel-Verstärker 219
Aktivierungsenergie 59
Amplituden-
  fluktuationen 272, 280
  rauschen 56
APM-Verfahren 152
Arbeitspunkt 176
Array bar 67
Arrhenius-Relation 59
ASE 50
Ausbleichen 129
Auskoppel-
  grad 12, 21
  spiegel 6
  verluste 25
Autokorrelationsfunktion 257
Back-plane-cooling 83
Badewannenkurve 59
Bandabstand 44
Bandbreite, spektrale 75
BBO 279
Betriebseffizienz 15
Beugungs-
  effekte 31

gleichung 31
grenze 199
Binäre Optik 183
Boltzmann-Verteilung 33
Brechkraft 198, 199
Brechungs-
  index 25, 52, 198
  index-Profil 43
Brewster-Winkel 144
Broad-area-Laserdiode 50
Bruchgrenze 203, 205
Chaos-Theorie 273
Charakteristik, 1/f 57
Chrom-dotierte Kristalle 78
Chrom-Ion 6
Cladding-Schicht 52
COD 47, 64
Compound 44
Degradation 59ff
Deltafunktion 201
Differenzverfahren 255
Diffusionslänge 42
Diodenlaser, fasergekoppelte 138
Diodenstrompuls 160
DLD 62ff, 77
Doppelbrechendes Filter 225
Doppelbrechung 250, 268f
  induzierte 143, 198
Dotierungskonzentration 33, 132
Drift 256, 267
Durchschnittsleistung 214
Effizienz
  differentielle 11, 15, 28, 127
  Gesamt- 11
  interne 53
  optisch-optische 160
  partielle 20, 21
Eingangsenergiedichte 40
Eingangsleistung 13, 19, 27ff
Einkopplung, longitudinale 16

Elektrooptischer
Kristall 170, 233, 248f, 263
Ellipse.. 145
Emissions-
  linienbreite 55
  spektrum................... 13, 44, 244
  wellenlänge 13
Emissionswirkungsquerschnitt
  .... 12, 25, 29, 99
Energie-
  bandabstand......................... 41
  dichte.................................... 40
  diffusion 222, 252
  migration............................ 123
  transfer 11
Energietransferprozesse............... 18
  interionische...................... 101
ESA................................. 104, 282
Etalon 226f
Excited state absorption............... 18
Extraktionseffizienz 22, 23, 196
Faraday-Isolator 216
Faser
  optische 137
  -laser 7, 8, 131, 148
  -materialien, laseraktive...... 130
  -verstärker 131
Feinabstimmung......................... 13
Fernfeld 49
Filaments 43
Finesse.................................... 226
Finite-Elemente-Rechnungen.... 139
Fluoreszenz-
  lebensdauer........ 12, 25, 29, 138
  profil 145, 146
  verluste................................ 39
Fluorid-Glas, Er-dotiertes.......... 285
Fluorid-Kristalle...................... 287
Flüssigkristall-Spiegel................ 237
Frantz-Nodvik-Gleichung............ 40
Frequency-pulling 246
Frequenz-
  selektion 225ff
  stabilisierung 165, 177, 251ff

  stabilisierung, absolute 258f
  stabilität 255, 259
  verdopplung, resonante..... 274ff
Füllfaktor 67
GaAlAs 42ff
GaAlAs-Diodenlaser............. 13, 15
Gain reduction 202
Gauß-
  Radius 30
  Verteilung..................... 19, 30
Gesamteffizienz 21
  elektrisch-zu-optische........... 23
Gesamtwirkungsgrad,
  elektrisch-zu-optisch............. 14
Gitterkonstante 42, 75
Glas-slab................................. 218
Gravitationswellen................... 266
Green problem 272
GRIN-Linse 184f
GSEL................................ 71, 72
Güte 246f, 266
  -schalter 150ff
  -schalter, elektrooptischer 214
  -schaltung........... 38, 161, 262ff
Halbleiterlaser........................ 42
Halbleiterlaser, II-IV.................. 79
Halbmonolithisch............. 245f, 248
HCSEL 71, 72
Heat spreader 85
Heiz-
  leistung............................. 196
  parameter 196
Heterodyn-Verfahren 254, 265
Hochleistungsdiodenlaser.......... 41ff
Holografisch-optische
  Elemente 169, 183f, 189
Hybridaufbau........................... 165
Idler-Welle 280, 281
Image relaying.......................... 216
Impedance matching 274, 278
Impedanz, thermische................ 87
Indium................................. 139
InGaAs-Diodenlaser..................... 4

Sachwortverzeichnis

Injection-
  chaining 260
  locking 75, 232, 260ff, 265
  seeding 162, 251, 264
Intensität 12
  umlaufende 22
  zirkulierende 35
Intensitätsprofil 139
Interferometer 265f
Intracavity-
  Frequenzverdopplung 270ff
Pumpen 129
Inversion 38, 39
Inversionsdichte 19, 39
Jitter 253f, 257
Kerr-lens-mode-locking 153
Kerr-Linse 154
Kleinsignal-
  Verstärkungskoeffizient 138
  verstärkung 131, 202, 220
Koeffizienten,
  charakteristische 174
Kohärenzlänge 56
Kommunikation, optische 133
Konversions-
  effizienz 276, 281
  parameter, nichtlinearer 275
Konzentrator 187
Kopplung,
  schwache 229
  starke 229
Kreuzrelaxation 102, 123, 282
KTP 214, 273, 279, 281
Kühlmedium 143
Kühlung, thermoelektrische 79ff
L-I-Charakteristik 79
Ladungsträger 41, 42
Lanthaniden-Ionen 6
Laser,
  double heterostructure 42
  halbmonolithischer 7
  homojunction 42
  kontinuierlich gepumpter
  .... 29, 136

puls-gepumpter 159
Quasi-drei-Niveau-
  .... 10, 24, 32ff, 101
Quasi-vier-Niveau- 20
single heterostructure 42
transversal gepumpter .. 7, 29, 36
Vier-Niveau- 33
Zick-zack-slab- 7
Laserbetrieb,
  abstimmbarer 129
  gütegeschalteter 129
Laserdioden
  -effizienz 45
  gain-guided 43
  index-guided 43
  -stabilisierung 171
Laserglas 110
Laserkristalle,
  Cr-dotierte 118f, 122
  Er-dotierte 126
  Ho-dotierte 122ff
  Nd-dotierte 105ff
  stöchiometrische 250
  Ti-dotierte 122
  Tm-dotierte 122ff
  Yb-dotierte 115ff
Laserlinien-
  breite 231, 253, 256ff, 267
Lasermikrophon 269
Lasermode 19, 25, 31
Lasermodenradius 130
Lasermodenvolumen 31
Laserphoton 28
Laserradar 266
Laserresonator, monolithisch 5
Laserschwelle 21, 29, 36, 44
Lasersensor 265ff
Laserstrahlung, abstimmbare 157
Laserverstärker 10
Last, fraktionale
  thermische 140, 197
Lebenserwartung 44, 57
Leistung, absorbierte 16

Sachwortverzeichnis

Leistungs-
 Transmissionskoeffizient 276
 bilanz 69
 dichte, thermische 204
Leitfähigkeit,
 thermische 54, 204, 207
Leitungsband 41
L-I-Kurve 44, 45
Lichtleitfaser 166, 186ff
Linien-
 breite 8, 240f, 253f, 258
 verbreiterung, homogene 222
Linseneffekt, thermischer 129
Linseneffekte,
 thermisch-induzierte 140
LNP 110
Lorentz-Funktion 201
LPE 46
Master-Oszillator-Verstärker-
 Systeme 215
MBE 46
Median life time 58
Metallfilm 227
Mikrokanalkühlung 83ff
Mikrokristall-Laser 165, 237ff, 263ff
Mikrolinsen 221
Mikrolinsen-array 69, 187f
Mikrosystemtechnik 167ff
Mikrowelle 265
Miniaturisierbarkeit 10
Miniaturisierung 164
MOCVD 47
Mode-
 competition 272, 280
 locking 126, 151ff, 170
 locking, passives 153
Moden
 -abstand 55
 axiale 223
 longitudinale 223, 273
 -sprung 246, 252, 266, 281
 -volumen 19, 27, 137
Modulation 163
Modulationsverfahren 255

Monolithisch 231ff, 241ff, 249
MOPA 74, 75
MOVPE 47
MTTF 58
Multi-stripe arrays 48
Multipass-Absorption 156
Multiphononenübergänge 103ff
NAM-Laserdiode 48
Niveaus, metastabile intermediäre
 282
Nusselt-Zahl 90
NYAB 279
Oberflächen-
 emitter 71
 stress 204
 stress, maximaler 195
Optimierung (Pumpoptik) 185
Oszillator-Verstärker-
 Konfiguration 75, 201
Oszillatoren, optische parametrische
 280
Oxid-Streifen-Laser 44
Peltier-Element 79ff
Pentagon 147
Phasenfront-Verzerrungen 141
Phasen-
 konjugation, optische 215ff
 kopplung 48, 184, 189, 250
 raumvolumen 181
Photolithographie 47
Photon avalanche 283
Photonendichte 12, 19, 25f
Piezoaktuator 248
Piezoelektrisch 263
Polarisations-
 kopplung 260
 verfahren 255
 verhältnis 56
Populations-
 dichte 12, 33
 inversionsdichte 24, 33, 138
Pound-Drever-Verfahren ... 255f, 260
Protonen-Implantation 44, 47

Sachwortverzeichnis

Puls-
    Pumpen 37
    energie 150
    laser 150, 159
Pumpanordnung,
    longitudinale 137ff
Pumpeffizienz 128
Pumpen,
    Intracavity- 156
    kontinierliches 38
    resonantes 155
Pump-
    intensität 100, 205, 206, 209ff
    konfigurationen 7
    leistung, absorbierte
            ...... 29, 30, 39, 40, 138
    leistungsdichte 138
    lichtabsorption 131, 242
    lichtfokus 182, 185f
    modul 142
    photon 28
    puls 38, 39, 160
    pulseffizienz 38, 39, 198
    quanteneffizienz
        ..17f, 28, 39, 125, 127, 138, 198
    rate, lokale 25, 26, 38
    rate, totale 27ff, 39
    sättigungsintensitäts-
        parameter 100
    schwelle 281
    spektrum 13, 14
    strahl 19
    strahldurchmesser 180f
    strahlradius 31
    strahltaille 31, 32
    volumen 19
Quanteneffizienz,
    externe differentielle 44
    interne differentielle 44
Quantum well 51
Quarzglas 133, 149
Quasi-cw-
    Betrieb 38
    Laserdioden 57, 160, 265

Quasi-drei-Niveau-System 158
Ratengleichungsanalyse 24
Rauschabstand 231
Rauschleistungsdichte 257f
Ray-tracing 209ff
Rayleigh-Länge 32, 179
Reabsorption 102
Reabsorptionsverluste 32
Reflexionswinkel 39
Region, aktive 42
Rekombinations-
    region 42
    strahlung 41
    zeit 8
Relaxation, nichtstrahlende 25
Relaxations-
    prozesse 101
    schwingungen 163, 164
    term 25, 33
    zeit 207
Resonanz 276
Resonator
    gekoppelter 228f
    monolithischer 276
    -länge, optische 245
    -moden . 30, 223, 252, 238f, 264
    -modenabstand 238f, 243f
    -Reflektanzparameter ... 275, 276
    -verluste 12, 21f, 24f, 31
Ring-
    laser 229ff, 260
    resonator,
        monolithischer 274ff, 182
    verdoppler-Geometrie 277
Rod-
    Geometrie 193ff
    Laser 191
Round-trip-Verlust 33
Sättigungs-
    energiedichte 40, 100
    intensität 12, 27, 35
SCH-Struktur 51
Schawlow-Townes-Limit 253f
Schichtaufbau 167ff, 248f

Schockparameter,
   thermischer 196, 205
Schwellenstrom 44
Schwellenstromdichte 42
Screening 59
Selbstabsorption 24, 36
Selbstfrequenz-
   verdopplung 279, 280
Self-
   injection-seeding 163
   mode-locking 154
   quenching-Prozeß 128
Sensibilisierung 102
Sensoren 265ff
Signal-Welle 280, 281
Silikat-Glas 285
Single-frequency 222ff
Single-frequency-Laser 129
Single-mode-core 148, 150
Single-mode-Faser 130
Slab-Geometrie 191, 202
Slope efficiency 28f, 31
Solid solutions 113, 153
Spatial hole burning 223f, 252
Spektralbereich, freier 226
Spektrum, optisches 44
Spiegelbelastbarkeit 47
Spiegelfacetten 43
SQW-GRINSCH-Laser 51
Stimulierte Brillouin-Streuung .. 216
Stokes-Effizienz 17, 198
Strahl-
   ausbreitungsparameter 138
   dichte 189, 250
   parameterprodukt 199
   qualität 13
   taille, Gaußsche 178ff
   überlappungseffizienz 19
Strained-layer-Konzept 76ff
Stresstensor-Komponenten 194
Stromdichte 42
Submount 80
Summenfrequenzerzeugung 278
Supermoden 49

Temperatur-
   gradient 13
   profil 140
   steuerung 56
   verteilung 193ff
TFR-Laser 147
Thermische Linse 241
Totalreflexion 278
Transfer-
   effizienz 17, 40
   faser 7
   optik 5
   wirkungsgrad 211
Transmission 12, 28, 156
Twisted-Mode-Laser 234ff, 260
Übergänge, strahlungslose 17
Überlappungseffizienz 40
Überspannung 65
Upconversion ... 18, 101ff, 123, 127ff
Upconversion-Laser 282ff
VCSEL 73
Verdet-Konstante 231
Verdopplungseffizienz 274
Vergrößerungsfaktor 181
Verluste, interne 22
Verluste, Ohmsche 52
Verstärker 40
Verstärkung 39, 138, 150, 201
Verstärkungs-
   bandbreite 133, 153
   koeffizient 39
   koeffizient, Kleinsignal- 12
   kurve 200, 223
   linienbreite . 222, 239f, 252, 264
Verteilungsfunktion, spektrale 16
VI-Kurve 44, 45
Volumen, aktives 12, 138
Wachstumsrate 46
Wärmeleitungsgleichung 203
Wärmesenke 54, 80
Wechselwirkungsvolumen 130
Wellenlänge, augensichere 281
Wellenlängenverschiebung 56
Wellenleiter, dotierte 170

Wellenleiter-
   eigenschaften 130
   mode 132
Whisker 64
Widerstand,
   thermischer 54
   totaler thermischer 87
Wirkungsgrad,
   differentieller 200, 212
Wirkungsquerschnitt 138
Zerstörschwelle, optische 99
Zick-zack-slab 37
   -Geometrie 144
   -Laser 192
Zone, aktive 41
Zuverlässigkeit 57
Zwei-Photonenabsorption 282

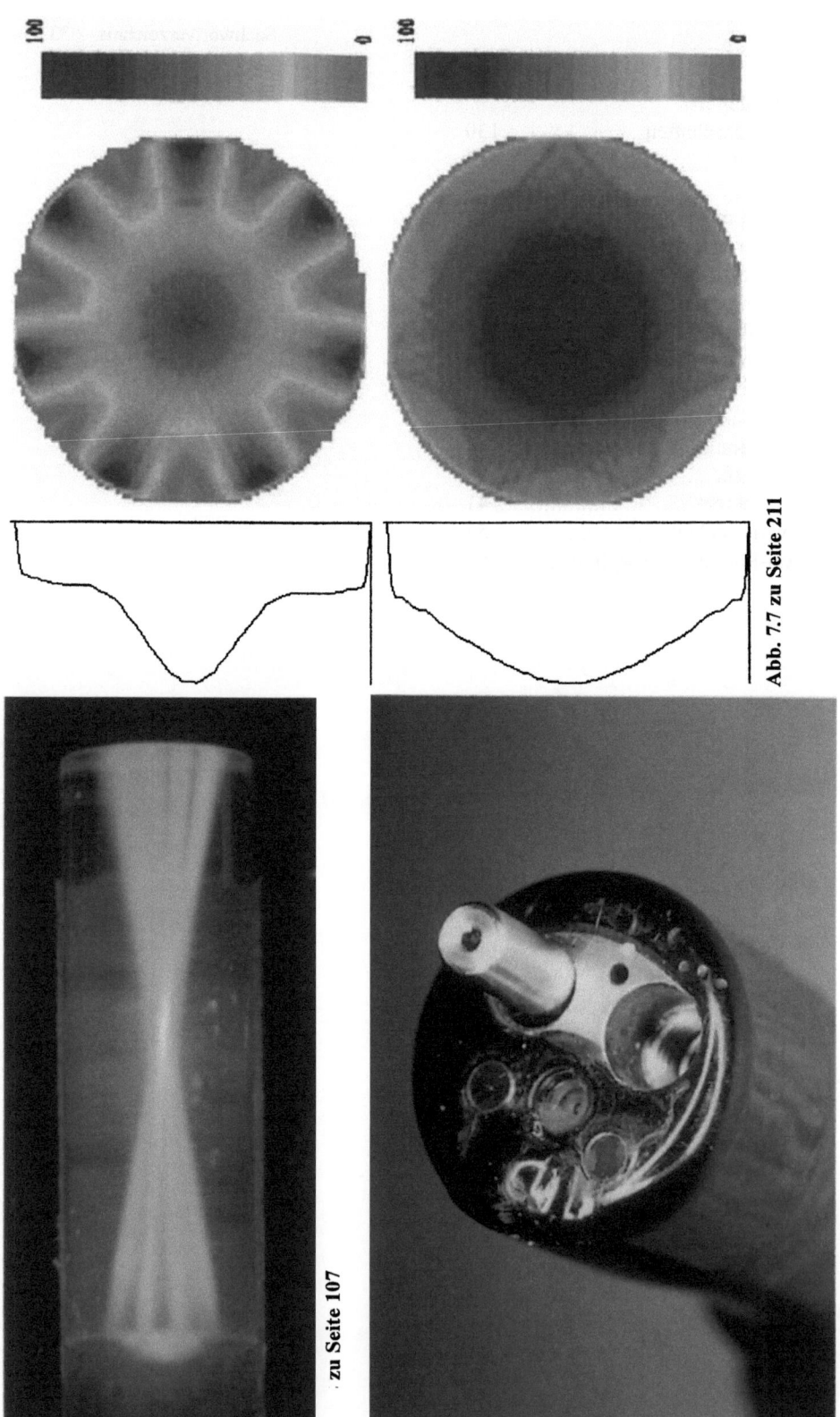

Abb. 7.7 zu Seite 211

zu Seite 107

zu Seite 167

MIX
Papier aus verantwortungsvollen Quellen
Paper from responsible sources
FSC® C105338

If you have any concerns about our products,
you can contact us on
ProductSafety@springernature.com

In case Publisher is established outside the EU,
the EU authorized representative is:
**Springer Nature Customer Service Center GmbH
Europaplatz 3, 69115 Heidelberg, Germany**

Printed by Libri Plureos GmbH
in Hamburg, Germany